高等院校精品课程系列教材

单片机原理与应用

——基于 Proteus 虚拟仿真技术

第 2 版

徐爱钧 徐 阳 编著

机械工业出版社

本书以 Proteus 虚拟仿真技术为基础，阐述 8051 单片机原理与应用，对 8051 单片机基本结构、中断系统、定时器、串行口等功能部件的工作原理进行了完整介绍。在介绍 8051 指令系统的基础上，阐述了汇编语言和 Keil C51 高级语言程序设计方法。详细论述了系统扩展技术、模/数与数/模转换接口技术、键盘与显示器接口技术，以实例方式介绍了在 Proteus 平台上进行应用系统虚拟仿真设计的方法。给出了大量在 Proteus 集成环境 ISIS 中绘制的电路原理图、汇编语言和 C 语言应用程序范例，所有范例均在 Proteus 软件平台上调试通过，可以直接运行。

本书可作为高等学校工业自动化、电子测量仪器、计算机应用等相关专业"单片机原理与应用"课程的教学用书，也可供广大从事单片机应用系统开发的工程技术人员阅读。

图书在版编目（CIP）数据

单片机原理与应用：基于 Proteus 虚拟仿真技术/徐爱钧，徐阳编著. —2 版. —北京：机械工业出版社，2013.8（2018.6 重印）
高等院校精品课程系列教材
ISBN 978-7-111-43271-5

Ⅰ. ①单…　Ⅱ. ①徐…　②徐…　Ⅲ. ①单片微型计算机－高等学校－教材　Ⅳ. ①TP368.1

中国版本图书馆 CIP 数据核字（2013）第 156493 号

机械工业出版社（北京市百万庄大街 22 号　邮政编码 100037）
策划编辑：时　静
责任编辑：时　静　叶安丽
责任印制：李　昂
中国农业出版社印刷厂印刷
2018 年 6 月第 2 版·第 5 次印刷
184mm×260mm·24.75 印张·608 千字
12001—13800 册
标准书号：ISBN 978-7-111-43271-5
　　　　　ISBN 978-7-89405-003-8（光盘）
定价：57.00 元（含 1CD）

前　言

单片机在一块芯片上同时集成了 CPU、ROM、RAM 以及多种外围功能接口，具有体积小、价格低、功能强、可靠性高、使用方便灵活等特点。以单片机为核心设计各种智能化电子设备，周期短，成本低，易于更新换代，维修方便，已成为电子设计中最为普遍的应用手段。目前各种单片机开发工具层出不穷，英国 Labcenter Electronic 公司推出的 Proteus 软件是一款极好的单片机开发平台，它以其特有的虚拟仿真技术很好地解决了单片机及其外围电路的设计和协同仿真问题，可以在没有单片机实际硬件的条件下，利用 PC 进行虚拟仿真实现单片机系统的软、硬件协同设计。采用 Proteus 虚拟仿真技术，可以在原理图设计阶段对系统性能进行评估，验证所设计电路是否达到技术指标要求，使设计过程变得简单容易。

随着单片机应用技术的普及，希望学习单片机的人员越来越多。在全国高等工科院校中，已普遍开设"单片机原理与应用"的相关课程。由于单片机本身的特点，传统教学方法很难在教学中体现单片机的实际运行过程，尤其是一些涉及硬件的操作，如定时器/计数器控制、外围功能接口设计等，仅在课堂上空对空的讲述很难让学生理解，教学效果不好。Proteus 软件的出现带来了契机，利用虚拟仿真技术，可以在教学中通过 PC 现场绘制原理图，并直接在原理图上编写调试应用程序，配合各种虚拟仪表来展现整个单片机系统的运行过程，很好地解决了长期以来困扰单片机教学中软件和硬件无法很好结合的难题。

Proteus 软件已有 20 多年的历史，涵盖了 PIC、AVR、MCS8051、68HC11、ARM 等微处理器模型，以及多种常用电子元器件，包括 74 系列、CMOS4000 系列集成电路、A/D 和 D/A 转换器、键盘、LCD 显示器、LED 显示器，还提供示波器、逻辑分析仪、通信终端、电压/电流表、I^2C/SPI 终端等各种虚拟仪表，这些都可以直接用于虚拟仿真，极大地提高了应用系统设计效率。在单片机教学中采用 Proteus 软件，使单片机的学习过程变得直观形象。基于原理图的虚拟模型仿真，可实现源码级的程序调试，还能看到程序运行后的输入输出效果。在 PC 上修改原理电路图要比在实验箱上修改硬件电路容易得多，成功进行虚拟仿真并获得期望结果之后，再制作实际硬件进行在线调试，可以获得事半功倍的效果。学生普遍反映，利用 Proteus 软件平台学习单片机知识，比以往单纯学习书本知识更易于接受，有效地提高了教学质量。

本书在构思及选材上，注意尽量符合单片机应用系统的发展要求，突出了系统设计方法随时代不断发展进步的特点，对虚拟仿真技术、C 语言编程技术等作了详尽阐述，并给出了在 Proteus 软件平台上予以实现的设计实例，自 2010 年出版以来得到读者广泛好评。这次再版进行了修订，增加了一章专门讨论单片机系统抗干扰技术的内容，以利于读者在学习利用 Proteus 虚拟仿真平台进行单片机系统设计的同时，对实际应用环境中遇到的干扰问题有解决的方法和途径。全书共分为 11 章，第 1 章阐述了 8051 单片机的基本组成、存储器结构及 CPU 时序。第 2 章阐述了 Proteus 虚拟仿真技术，介绍了在 ISIS 集成环境中绘制原理电路图、汇编语言源代码调试以及与 Keil 环境联机仿真的方法。第 3 章阐述了 8051 单片机指令系统与汇编语言程序设计。第 4 章阐述了 Keil C51 应用程序设计，介绍了 C51 的基本语句、数据类型、

Keil C51 对 ANSI C 的扩展以及库函数等。第 5 章阐述了单片机中断系统与定时器/计数器，介绍了它们的基本结构和应用方法。第 6 章阐述了单片机串行口通信技术，介绍了单片机之间以及与 PC 之间进行通信的原理和方法。第 7 章阐述了单片机系统扩展，介绍了存储器扩展、I/O 端口扩展以及 I²C 总线扩展原理和方法。第 8 章阐述了数/模与模/数转换接口技术，介绍了 DAC0832、ADC0809 以及串行转换芯片与单片机的接口方法。第 9 章阐述了键盘与显示器接口技术，介绍了矩阵键盘、数码管、液晶显示器等与单片机的接口方法。第 10 章给出了 4 个完整的单片机应用系统虚拟仿真设计实例。第 11 章讨论了单片机系统的抗干扰技术，介绍了各种干扰源以及软、硬件抗干扰措施。本书各章都给出了大量应用实例，同时采用汇编语言和 C 语言应用编程，所有实例均在 Proteus 平台上仿真通过，并随本书配套光盘提供给读者，对加深理解单片机基本原理以及提高应用设计能力具有极大帮助。

徐阳参加了本书的修订工作，并撰写了第 2 章、第 3 章、第 10 章和第 11 章，其余各章由徐爱钧撰写。本书在编写过程中得到了广州风标电子技术有限公司（http://www.windway.cn）匡载华总经理的大力支持和热情帮助，还得到了朱镕涛、杨青胜、彭秀华、裴顺、杨晶晶、马雪、黄鹏、刘永伟、郑鹏鹏、刘冰、贺媛、许雪怡、方小玲等的协助，在此一并表示感谢。

由于作者水平有限，书中难免会有不妥之处，恳请广大读者批评指正，读者可通过电子邮件：ajxu@tom.com、ajxu41@sohu.com 直接与作者联系。Proteus 的 Demo 软件可到官方网站 http://www.labcenter.com 下载，或者与国内代理商广州风标电子技术有限公司联系购买正版软件。

徐爱钧　徐 阳　于长江大学
2013 年 2 月

目　　录

VI

第1章 8051单片机基本结构

1.1 8051单片机的特点与基本结构

8051系列单片机是在美国Intel公司于20世纪80年代推出的MCS-51系列高性能8位单片机的基础上发展而来的，它在单一芯片内集成了并行I/O口、异步串行口、16位定时器/计数器、中断系统、片内RAM和片内ROM以及其他一些功能部件。现在8051系列单片机已经有了很大的发展，除了Intel公司之外，Philips、Siemens、AMD、Fujitsu、OKI、Atmel、SST、Winbond等公司都推出了以8051为核心的新一代8位单片机，这种新型单片机的集成度更高，在片内集成了更多的功能部件，如A/D、PWM、PCA、WDT以及高速I/O口等。不同公司推出的8051具有各自的功能特点，但它们的内核都是以Intel公司的MCS-51为基础的，并且指令系统兼容，从而给用户带来了广阔的选择范围，同时又可以采用相同的开发工具。

8051系列单片机可分为无片内ROM型和带片内ROM型两种。对于无片内ROM型的芯片，必须外接EPROM才能应用（典型芯片为8031）。带片内ROM型的芯片又分为片内EPROM型（典型芯片为87C51）、片内FLASH型（典型芯片为89C51）、片内掩膜ROM型（典型芯片为8051），一些公司还推出了一种带有片内一次性可编程ROM（One Time Programming，OTP）的芯片（典型芯片为97C51）。一般来说，片内EPROM型或片内FLASH型芯片适合于开发样机和需要现场进一步完善的场合，当样机开发基本成功后，可以采用OTP型芯片进行小批量试生产，完全成功后再采用带掩膜ROM的8051进行大批量生产。

8051系列单片机在存储器的配置上采用所谓"哈佛"结构，即在物理上具有独立的程序存储器和数据存储器，而在逻辑上则采用相同的地址空间，利用不同的指令和寻址方式进行访问，可分别寻址64KB的程序存储器空间和64KB的数据存储器空间，充分满足工业测量控制的需要。8051系列单片机共有111条指令，其中包括乘除指令和位操作指令。中断源有5个（8032/8052为6个），分为2个优先级，每个中断源的优先级是可编程的，在8051系列单片机的内部RAM区中开辟了4个通用工作寄存区，共有32个通用寄存器，可以适用于多种中断或子程序嵌套的情况。另外还在内部RAM中开辟了1个位寻址区，利用位操作指令可以对位寻址区中每个单元的每一个位直接进行操作，特别适合于解决各种开关控制和逻辑问题。ROM型8051在单芯片应用方式下其4个并行I/O口（P0～P3）都可以作为输入输出之用，在扩展应用方式下则需要采用P0和P2口作为片外扩展地址总线之用。8051单片机内部集成了2个（8032/8052为3个）16位定时器/计数器，可以十分方便地进行定时和计数操作，还集成了1个全双工的异步串行接口，可同时发送和接收数据，为单片机之间的相互通信或与上位机通信带来极大的方便。

8051单片机的基本组成如图1-1所示，一个单片机芯片内包括中央处理器CPU，它是单片机的核心，用于产生各种控制信号，并完成对数据的算术逻辑运算和传送。内部数据存储器 RAM，用以存放可以读写的数据。内部程序存储器 ROM，用以存放程序指令或某些常数表格。4 个 8 位的并行 I/O 接口 P0、P1、P2 和 P3，每个口都可以用作输入或者输出。2 个（8051）或 3 个（8052）定时器/计数器，用来作外部事件计数器，也可用来定时。内部中断系统具有 5 个中断源，2 个优先级的嵌套中断结构，可实现两级中断服务程序嵌套，每一个中断源都可用软件程序规定为高优先级中断或低优先级中断。一个串行接口电路，可用于异步接收发送器。内部时钟电路，但晶体和微调电容需要外接，振荡频率可以高达 40MHz。以上各部分通过内部总线相连接。

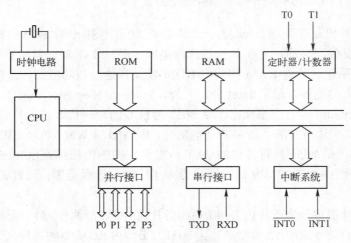

图 1-1　8051 单片机的基本组成

在很多情况下，单片机还要和外部设备或外部存储器相连接，连接方式采用三总线（地址、数据、控制）方式，但在 8051 单片机中，没有单独的地址总线和数据总线，而是与通用并行 I/O 口中的 P0 口及 P2 口共用的，P0 口分时作为低 8 位地址线和 8 位数据线，P2 口则作为高 8 位地址线用，可形成 16 条地址线和 8 条数据线。一定要建立一个明确的概念，单片机在进行外部扩展时的地址线和数据线都不是独立的总线，而是与并行 I/O 口公用的，这是 8051单片机结构上的一个特点。

图 1-2 所示为 8051 单片机的内部结构，其中，中央处理器 CPU 包含运算器和控制器两大部分，运算器完成各种算术和逻辑运算，控制器在单片机内部协调各功能部件之间的数据传送和运算操作，并对单片机外部发出若干控制信息。

1. 运算器

运算器以算术逻辑单元 ALU 为核心，并由累加器 ACC、暂存寄存器 TMP 和程序状态字寄存器 PSW 等所组成。ALU 主要用于完成二进制数据的算术和逻辑运算，并通过对运算结果的判断，影响程序状态字寄存器 PSW 中有关位的状态。累加器 ACC 是一个 8 位的寄存器（在指令中一般写为 A），它通过暂存寄存器 TMP 与 ALU 相连，ACC 的工作最为繁忙，因为在进行算术逻辑运算时，ALU 的一个输入多为 ACC 的输出，而大多数运算结果也需要送到 ACC 中，在作乘除运算时，B 寄存器用来存放一个操作数，它也用来存放乘除运算后的一部分结果，若不作乘除操作时，B 寄存器可用作通用寄存器。程序状态字寄存器 PSW 也是一个 8 位寄存器，用于存放运算结果的一些特征，格式如下：

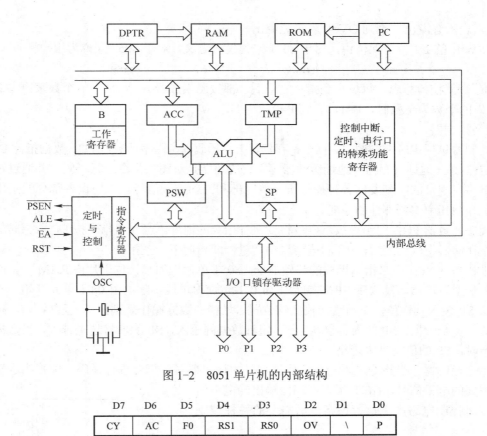

图 1-2　8051 单片机的内部结构

D7	D6	D5	D4	D3	D2	D1	D0
CY	AC	F0	RS1	RS0	OV	\	P

其中各位的意义如下：

CY：进位标志。在进行加法或减法运算时，若运算结果的最高位有进位或借位，CY=1，否则 CY=0，在执行位操作指令时，CY 作为位累加器。

AC：辅助进位标志。在进行加法或减法运算时，若低半字节向高半字节有进位或借位，AC=1，否则 AC=0，AC 还作为 BCD 码运算调整时的判别位。

F0：用户标志。用户可根据自己的需要对 F0 赋以一定的含义，例如可以用软件来测试 F0 的状态以控制程序的流向。

RS1 和 RS0：工作寄存器组选择。可以用软件来置位或复位。它们与工作寄存器组的关系见表 1-1。

表 1-1　RS1，RS0 与工作寄存器组的关系

RS1	RS0	工作寄存器组	片内 RAM 地址
0	0	第 0 组	00H～07H
0	1	第 1 组	08H～0FH
1	0	第 2 组	10H～17H
1	1	第 3 组	18H～1FH

OV：溢出标志。当两个带符号的单字节数进行运算，结果超出-128～+127 的范围时，

OV=1，表示有溢出，否则 OV=0 表示无溢出。

PSW 中的 D1 位为保留位，对于 8051 来说没有意义，对于 8052 来说为用户标志，与 F0 相同。

P：奇偶校验标志。每条指令指行完毕后，都按照累加器 A 中"1"的个数来决定 P 值，当"1"的个数为奇数时，P=1，否则 P=0。

2．控制器

控制器包括定时控制逻辑、指令寄存器、指令译码器、程序计数器 PC、数据指针 DPTR、堆栈指针 SP、地址寄存器和地址缓冲器等。它的功能是对逐条指令进行译码，并通过定时和控制电路在规定的时刻发出各种操作所需的内部和外部控制信号，以协调各部分的工作。下面简单介绍其中主要部件的功能。

程序计数器 PC：用于存放下一条将要执行指令的地址。当一条指令按 PC 所指向的地址从程序存储器中取出之后，PC 的值会自动增量，即指向下一条指令。

堆栈指针 SP：用来指示堆栈的起始地址。8051 单片机的堆栈位于片内 RAM 中，而且属于"上长型"堆栈，复位后 SP 被初始化为 07H，使得堆栈实际上由 08H 单元开始。必要时可以给 SP 装入其他值，重新规定栈底的位置。堆栈中数据操作规则是"先进后出"，每往堆栈中压入一个数据，SP 的内容自动加 1，随着数据的压入，SP 的值将越来越大，当数据从堆栈弹出时，SP 的值将越来越小。

指令译码器：当指令送入指令译码器后，由译码器对该指令进行译码，即把指令转变成为所需要的电平信号，CPU 根据译码器输出的电平信号使定时控制电路产生执行该指令所需的各种控制信号。

数据指针寄存器 DRTR：它是一个 16 位寄存器，由高位字节 DPH 和低位字节 DPL 组成，用来存放 16 位数据存储器的地址，以便对片外 64KB 的数据 RAM 区进行读写操作。

采用 40 引脚双列直插封装（DIP）的 8051 单片机引脚分配如图 1-3 所示。

各引脚功能如下：

V_{SS}（20）：接地。

V_{CC}（40）：接+5V 电源。

XTAL1（19）和 XTAL2（18）：在使用单片机内部振荡电路时，这两个端子用来外接石英晶体和微调电容（图 1-4a）。在使用外部时钟时，则用来输入时钟脉冲，但对 NMOS 和 CMOS 芯片接法不同，图 1-4b 所示为 NMOS 芯片 8051 外接时钟，图 1-4c 所示为 CMOS 芯片 80C51 外接时钟。

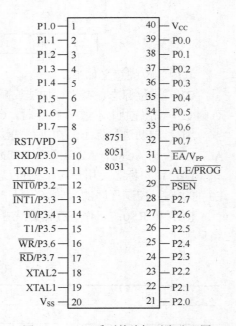

图 1-3　8051 系列单片机引脚分配图

RST/V_{PD}（9）：RST 是复位信号输入端。当此输入端保持两个机器周期（24 个振荡周期）的高电平，就可以完成复位操作。第二功能是 V_{PD}，即备用电源输入端，当主电源发生故障，降低到规定的低电平以下时，V_{PD} 将为片内 RAM 提供备用电源，以保证存储在 RAM 中的信息不丢失。

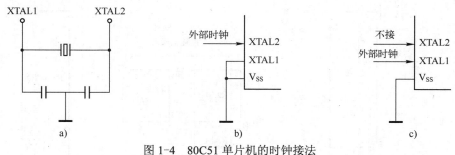

图 1-4　80C51 单片机的时钟接法

a) 外接石英晶体　b) NMOS 芯片 8051 外接时钟　c) CMOS 芯片 80C51 外接时钟

ALE/$\overline{\text{PROG}}$（30）：ALE 是地址锁存允许信号，在访问外部存储器时，用来锁存由 P0 口送出的低 8 位地址信号。在不访问外部存储器时，ALE 以振荡频率 1/6 的固定速率输出脉冲信号。因此它可用作对外输出的时钟。但要注意，只要外接有存储器，则 ALE 端输出的就不再是连续的周期脉冲信号了。第二功能 $\overline{\text{PROG}}$ 是用于对 8751 片内 EPROM 编程的脉冲输入端。

$\overline{\text{PSEN}}$（29）：它是外部程序存储器 ROM 的读选通信号。在执行访问外部 ROM 指令的时候，会自动产生 $\overline{\text{PSEN}}$ 信号，而在访问外部数据存储器 RAM 或访问内部 ROM 时，不产生 $\overline{\text{PSEN}}$ 信号。

$\overline{\text{EA}}$/V_{PP}（31），访问外部存储器的控制信号。当 $\overline{\text{EA}}$ 为高电平时，访问内部程序存储器，但当程序计数器 PC 的值超过 0FFFH（对 8051）或 1FFFH（对（8052）时，将自动转向执行外部程序存储器内的程序。当 $\overline{\text{EA}}$ 保持低电平时，则只访问外部程序存储器，不管是否有内部程序存储器。第二功能 V_{PP} 为对 8751 片内 EPROM 的 21V 编程电源输入。

P0.0～P0.7（39～32）：双向 I/O 口 P0。第二功能是在访问外部存储器时，可分时用作低 8 位地址和 8 位数据线，在对 8751 编程和校验时，用于数据的输入和输出。P0 口能以吸收电流的方式驱动 8 个 LS 型 TTL 负载。

P1.0～P1.7（1～8）：双向 I/O 口 P1。P1 口能驱动（吸收或输出电流）4 个 LS 型 TTL 负载。在对 EPROM 编程和程序验证时，它接收低 8 位地址。在 8052 单片机中，P1.0 还用作定时器 2 的计数触发输入端 T2，P1.1 还用作定时器 2 的外部控制端 T2EX。

P2.0～P2.7（21～28）：双向 I/O 口 P2。P2 口可以驱动（吸收或输出电流）4 个 LS 型 TTL 负载。第二功能是在访问外部存储器时，输出高 8 位地址。在对 EPROM 编程和校验时，它接收高位地址。

P3.0～P3.7（10～17）：双向 I/0 口 P3，P3 口能驱动（吸收或输出电流）4 个 LS 型 TTL 负载。P3 口的每条引脚都有各自的第二功能。

1.2　8051 单片机的存储器结构

图 1-5 所示为 8051 系列单片机的存储器结构图。在物理上它有 4 个存储器空间：片内程序存储器、片外程序存储器、片内数据存储器和片外数据存储器。在访问这几个不同的存储

器时应采用不同形式的指令。

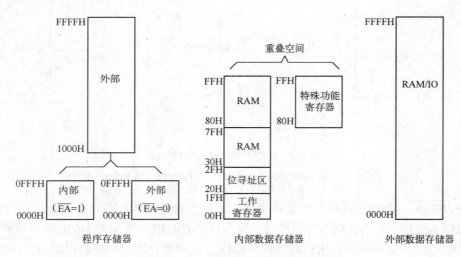

图 1-5　8051 系列单片机的存储器结构

8051 系列单片机的程序存储器 ROM 地址空间为 64KB，其中带片内 ROM 型单片机具有 4KB 的片内 ROM。CPU 的控制器专门提供一个控制信号 $\overline{EA}$ 来区分片内 ROM 和片外 ROM 的公用地址区：当 $\overline{EA}$ 接高电平时，单片机从片内 ROM 的 4KB 字节存储器区取指令，当指令地址超过 0FFFH 后，就自动地转向片外 ROM 取指令；当 $\overline{EA}$ 接低电平时，所有的取指操作均对片外程序存储器进行，这时片外程序存储器的地址范围为 0000H～0FFFFH。目前一些新型的 8051 单片机已经可以将 64KB 的 ROM 存储器全部集成到芯片内部，使用时将 $\overline{EA}$ 接高电平，可以减少外部辐射干扰。对于无 ROM 型的单片机，$\overline{EA}$ 端必须接地。程序存储器中有些单元是保留给系统使用的：0000～0002H 单元是所有执行程序的入口地址，复位后 CPU 总是从 0000H 单元开始执行指令；0003～002AH 单元均匀地分为五段，用于 5 个中断服务程序的入口。

8051 系列单片机的片外数据存储器 RAM 也有 64KB 的寻址区，在地址上是与 ROM 重叠的。8051 单片机通过不同的信号来选通 ROM 或 RAM。当从外部 ROM 中取指令时，用选通信号 $\overline{PSEN}$，而从外部 RAM 中读写数据时则采用读写信号 $\overline{RD}$ 或 $\overline{WR}$ 来选通，因此不会因地址重叠而发生混乱。在某些特殊应用场合，如单片机的开发系统等，需要执行存放在数据存储器 RAM 内的程序，这时可采用将 $\overline{PSEN}$ 和 $\overline{RD}$ 信号作逻辑与的方法将 8051 单片机的外部程序存储器和数据存储器合并为 1 个 64KB 的存储器空间，$\overline{PSEN}$ 和 $\overline{RD}$ 信号逻辑与的结果产生一个低电平有效的读选通信号，用于合并的存储器空间寻址。

8051 系列单片机的片内数据存储器 RAM 有 256 个字节，其中 00H～7FH 地址空间是直接寻址区，该区域内从 00H～1FH 地址为工作寄存器区，安排了 4 组工作寄存器，每组占用 8 个地址单元，记为 R0～R7，在某一时刻，CPU 只能使用其中任意一组工作寄存器，究竟选择哪一组工作寄存器由程序状态字寄存器 PSW 中 RS0 和 RS1 的状态决定，见表 1-1。片内 RAM 的 20H～2FH 地址单元为位寻址区，共 16 个字节，每个字节的每一位都规定了位地址，该区域内每个地址单元除了可以进行字节操作之外，还可进行位操作，图 1-6 所示为片内 RAM

的位地址分配。

片内 RAM 的 80H～FFH 地址空间是特殊功能寄存器（SFR）区，对于 51 子系列只在该区域内安排了 21 个特殊功能寄存器，对于 52 子系列则在该区域内安排了 26 个特殊功能寄存器，同时扩展了 128 个字节的间接寻址片内 RAM，地址也为 80～FFH，与 SFR 区地址重叠，但在使用时，可通过指令加以区别。表 1-2 所列为 8051 单片机特殊功能寄存器地址及符号表，表中带*号的为可位寻址的特殊功能寄存器。

RAM 地址	MSB							LSB	
7FH									127
2FH	7F	7E	7D	7C	7B	7A	79	78	47
2EH	77	76	75	74	73	72	71	70	46
2DH	6F	6E	6D	6C	6B	6A	69	68	45
2CH	67	66	65	64	63	62	61	60	44
2BH	5F	5E	5D	5C	5B	5A	59	58	43
2AH	57	56	55	54	53	52	51	50	42
29H	4F	4E	4D	4C	4B	4A	49	48	41
28H	47	46	45	44	44	42	41	40	40
27H	3F	3E	3D	3C	3B	3A	39	38	39
26H	37	36	35	34	33	32	31	30	38
25H	2F	2E	2D	2C	2B	2A	29	28	37
24H	27	26	25	24	23	22	21	20	36
23H	1F	1E	1D	1C	1B	1A	19	18	35
22H	17	16	15	14	14	12	11	10	34
21H	0F	0E	0D	0C	0B	0A	09	08	33
20H	07	06	05	04	03	02	01	00	32
1FH 18H	工作寄存器 3 区								31 24
17H 10H	工作寄存器 2 区								23 16
0FH 08H	工作寄存器 1 区								15 8
07H 00H	工作寄存器 0 区								7 0

图 1-6 8051 单片机片内 RAM 位地址

内部 RAM 中的各个单元，都可以通过其地址来寻找，而对于工作寄存器，一般使用 R0～R7 表示，对于特殊功能寄存器，也是直接用其符号名较为方便。需要指出的是 8051 单片机的堆栈必须使用片内 RAM，而片内 RAM 空间十分有限，因此要仔细安排堆栈指针 SP 的值，以保证不会发生堆栈溢出而导致系统崩溃。

表 1-2　8051 单片机特殊功能寄存器地址及符号表

特殊功能寄存器符号	片内 RAM 地址	说　明
*ACC	E0H	累加器
*B	F0H	乘法寄存器
*PSW	D0H	程序状态字
SP	81H	堆栈指针
DPL	82H	数据指针（低 8 位）
DPH	83H	数据指针（高 8 位）
*IE	A8H	中断允许寄存器
*IP	B8H	中断优先级寄存器
*P0	80H	P0 口锁存器
*P1	90H	P1 口锁存器
*P2	A0H	P2 口锁存器
*P3	B0H	P3 口锁存器
PCON	87H	电源控制及波特率选择寄存器
*SCON	98H	串行口控制寄存器
SBUF	99H	串行数据缓冲器
*TCON	88H	定时器控制寄存器
TMOD	89H	定时器方式选择寄存器
TL0	8AH	定时器 0 低 8 位
TH0	8BH	定时器 0 高 8 位
TL1	8CH	定时器 1 低 8 位
TH1	8DH	定时器 1 高 8 位

1.3　CPU 时序

　　8051 单片机内部有一个高增益反向放大器，用于构成振荡器，反向放大器的输入端为 XTAL1，输出端为 XTAL2，分别是 8051 的 19 和 18 脚。在 XTAL1 和 XTAL2 之间接一个石英晶体及两个电容，就可以构成稳定的自激振荡器，当振荡在 6MHz～12MHz 时通常取 30pF 左右的电容进行微调，如图 1-7 所示。晶体振荡器的振荡信号经过片内时钟发生器进行 2 分频，向 CPU 提供两相时钟信号 P1 和 P2。时钟信号的周期称为状态时间 S，它是振荡周期的 2 倍，在每个状态的前半周期 P1 信号有效，在每个状态的后半周期 P2 信号有效，CPU 就以这两相时钟信号为基本节拍指挥单片机各部分协调工作。

　　CPU 执行一条指令所需要的时间是以机器周期为单位的，8051 单片机的一个机器周期包括 12 个振荡周期，分为 6 个 S 状态：S1～S6，每个状态又分为 2 拍，即前面介绍的 P1 和 P2 信号，因此一个机器周期中的 12 个振荡周期可表示为 S1P1，S1P2，S2P1，…S6P1，S6P2。当采用 12MHz 的晶体振荡器时，一个机器周期为 1μs。CPU 执行一条指令通常需要 1～4 个机器周期，指令的执行速度与其需要的机器周期数直接有关，所需机器周期数越少速度越快，8051 单片机只有乘、除 2 条指令需要 4 个机器周期，其余均为单周期或双周期指令。

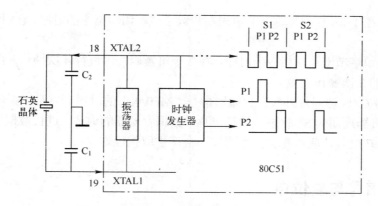

图 1-7　8051 的片内振荡器及时钟发生电路

　　图 1-8 所示为几种典型的取指令和执行时序，从图中可以看到，在每个机器周期之内，地址锁存信号 ALE 两次有效，第一次出现在 S1P2 和 S2P1 期间，第二次出现在 S4P2 和 S5P1 期间。单周期指令的执行从 S1P2 开始，此时操作码被锁存在指令寄存器内。若是双字节指令，则在同一机器周期的 S4 状态读第 2 个字节。若是单字节指令，在 S4 状态仍进行读，但操作无效，且程序计数器 PC 的值不加 1。

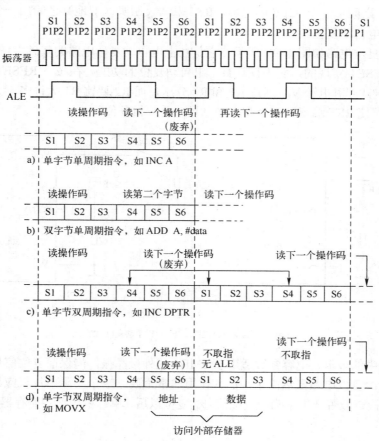

图 1-8　8051 单片机的取指和执行周期时序

图 1-8a 和图 1-8b 分别为单字节单周期和双字节单周期指令的时序,它们都在 S6P2 结束时完成操作。

图 1-8c 为单字节双周期指令的时序,在 2 个机器周期内进行 4 次操作,由于是单字节指令,所以后面的 3 次操作无效。

图 1-8d 为 CPU 访问片外数据存储器指令"MOVX"的时序,它是一条单字节双周期指令,在第一个机器周期的 S5 状态开始送出片外数据存储器的地址,进行数据的读写操作。在此期间没有 ALE 信号,所以在第二个周期不会产生取指操作。

1.4 复位信号与复位电路

8051 单片机与其他微处理器一样,在启动时都需要复位,使 CPU 和系统的各个部件都处于一种确定的初始状态。复位信号从单片机的 RST 引脚输入,高电平有效,其有效电平应维持至少 2 个机器周期,若采用 6MHz 的晶体振荡器,则复位信号至少应持续 4μs 以上,才可以保证可靠复位。

复位操作有上电自动复位和按键手动复位两种方式。上电自动复位是通过外部复位电路的电容充电来实现的,其电路如图 1-9a 所示,只要电源 V_{CC} 电压上升时间不超过 1ms,通过在 V_{CC} 和 RST 之间加一个 22μF 的电容,RST 和 V_{SS} 引脚(即地)之间加一个 1kΩ 的电阻,就可以实现上电自动复位。

按键手动复位电路如图 1-9b 所示,它是在上电自动复位电路的基础上增加一个电阻 R1 和一个按键 RESET 实现的,它不仅具有上电自动复位的功能,在按下 RESET 按钮后,电容 C 通过 R1 放电,同时电源 V_{CC} 通过 R1 和 R2 分压,而 R2 要比 R1 大许多,大部分电压降落在 R2 上,从而使 RST 端得到一个高电平,导致单片机复位。

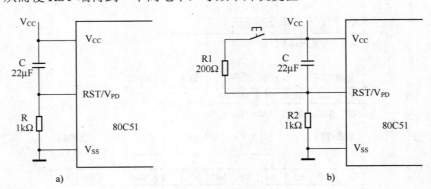

图 1-9 复位电路

a) 上电自动复位电路 b) 按键手动复位电路

上述电路中的电阻、电容参数适用于 6MHz 的外接晶振,能保证复位信号持续 2 个机器周期的高电平。复位电路虽然简单,但其作用非常重要,一个实际单片机应用系统能否正常工作,首先要检查能否产生正确的复位信号。复位以后,单片机内部各寄存器的状态如表 1-3 所示。

表 1-3 复位后单片机内部各寄存器的状态

寄存器	状态	寄存器	状态
PC	0000H	TMOD	00H
ACC	00H	TL0	00H
PSW	00H	TH0	00H
SP	07H	TL1	00H
DPTR	0000H	TH1	00H
P0～P3	FFH	SCON	00H
IP	××000000B	SBUF	不定
IE	0×000000B	PCON	0×××0000B

复位不影响片内 RAM 的内容，当加上电源电压 V_{CC} 以后，RAM 的内容是随机的。

1.5 并行 I/O 端口结构

8051 单片机有 4 个并行 I/O 口，称为 P0、P1、P2、P3，每个口都有 8 根引脚，共有 32 根 I/O 引脚，它们都是双向通道，每一根 I/O 引脚都能独立地用作输入或输出，作输出时数据可以锁存，作输入时数据可以缓冲。P0～P3 口各有一个锁存器，分别对应 4 个特殊功能寄存器地址：80H、90H、A0H、B0H。图 1-10 所示为 P0～P3 各口中的一位逻辑图。这 4 个 I/O 口的功能不完全相同，它们的负载能力也不相同，P1、P2、P3 都能驱动 4 个 LSTTL 门电路，并且不需外加电阻就能直接驱动 MOS 电路。P0 口在驱动 TTL 电路时能带动 8 个 LS 型 TTL 门，但驱动 MOS 电路时若作为地址/数据总线，可直接驱动；而作为 I/O 口时，则需外接上拉电阻才能驱动 MOS 电路。

P0 为三态双向口，它可作为输入输出端口使用，也可作为系统扩展时的低 8 位地址/8 位数据总线使用。P0 口内部有一个 2 选 1 的 MUX 开关，当 8051 以单芯片方式工作而不需要外部扩展时，内部控制信号将使 MUX 开关接通到锁存器，此时 P0 口作为双向 I/O 端口，由于 P0 口没有内部上拉电阻，通常要在外部加一个上拉电阻来提高驱动能力。当 8051 需要进行外部扩展时，内部控制信号将使 MUX 开关接通到内部地址/数据线，此时 P0 口在 ALE 信号的控制下，分时输出低 8 位地址和 8 位数据信号。

P1 口为准双向口，它的每一位都可以分别定义为输入或输出使用。P1 口作为输入口使用时，有两种工作方式，即所谓"读端口"和"读引脚"。读端口时实际上并不从外部读入数据，而只把端口锁存器中的内容读入到内部总线，经过某种运算和变换后，再写回到端口锁存器，属于这类操作的指令很多，如对端口内容取反等。读引脚时才真正地把外部的输入信号读入到内部总线。逻辑图中各有两个输入缓冲器，CPU 根据不同的指令分别发出"读端口"或"读引脚"信号，以完成两种不同的操作。在读引脚，也就是从外部输入数据时，为了保证输入正确的外部输入电平信号，首先要向端口锁存器写入一个"1"，然后再进行读引脚操作，否则，端口锁存器中原来状态有可能为"0"，加到输出驱动场效应晶体管栅极的信号为"1"，该场效应晶体管导通，对地呈现低阻抗。这时即使引脚上输入的是"1"信号，也会因端口的低阻抗而使信号变化，使得外加的"1"信号读入时不一定是"1"。若先执行置"1"操作，则可使驱动场效应晶体管截止，引脚信号直接加到三态缓冲器，实现正确的读入。正是由于 P1 口在进行输入操作之前需要有这样一个附加准备动作，故称之为"准双向口"。P1 作为输出口时，如果要输出"1"，只要将"1"写入 P1 口的某一位锁存器，使输出驱动场效应管截止，该位的输出引脚由内部上拉电阻拉成高电平，即输出为"1"。要输出"0"时，将"0"写入 P1 口的某一位锁存器，使输出驱动场效应晶体管导通，该位的输出引脚被接到地端，即输出为"0"。

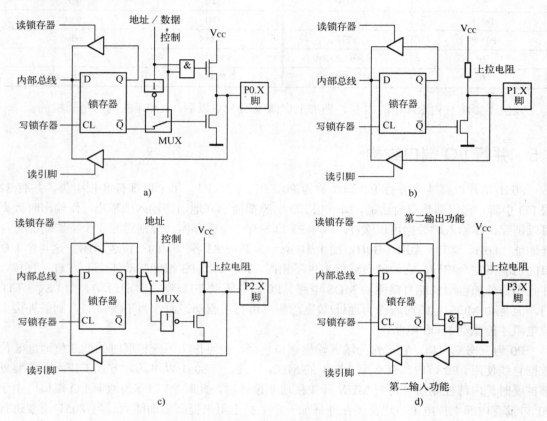

图 1-10　8051 单片机并行 I/O 口一位的逻辑图

a) P0 口的一位　b) P1 口的一位　c) P2 口的一位　d) P3 口的一位

P2 口也是一个准双向口，它有两种使用功能：作为普通 I/O 端口或作为系统扩展时的高 8 位地址总线。P2 口内部结构与 P0 口类似，也有一个 2 选 1 的 MUX 开关，P2 口作 I/O 端口使用时，内部控制信号使 MUX 开关接通到锁存器，此时 P2 口的用法与 P1 口相同。P2 口作外部地址总线使用时，内部控制信号使 MUX 开关接通到内部地址线，此时 P2 口的引脚状态由所输出的地址决定。需要特别指出的是，只要进行了外部系统扩展，由于对片外地址的操作是连续不断的，此时 P0 口和 P2 口就不能再用作 I/O 端口了。

P3 口为多功能口，除了用作通用 I/O 口之外，它的每一位都有各自的第二功能，如表 1-4 所列。P3 口作通用 I/O 口时其使用方法与 P1 口相同，P3 口的第二功能可以单独使用，即不用第二功能的引脚仍可以作通用 I/O 口线使用。

表 1-4　P3 口的第二功能定义

端 口 引 脚	第 二 功 能	端 口 引 脚	第 二 功 能
P3.0	RXD（串行输入口）	P3.4	T0（定时器 0 外部输入）
P3.1	TXD（串行输出口）	P3.5	T1（定时器 1 外部输入）
P3.2	$\overline{INT0}$（外部中断 0 输入）	P3.6	$\overline{WR}$（外部 RAM 写选通）
P3.3	$\overline{INT1}$（外部中断 1 入）	P3.7	$\overline{RD}$（外部 RAM 读选通）

　　8051 单片机没有独立的对外地址、数据和控制"三总线"，当需要进行外部扩展时需要采用 I/O 口的复用功能，将 P0、P2 口用作地址/数据总线，P3 口用其第二功能，形成外部地址、数据和控制总线，如图 1-11 所示。

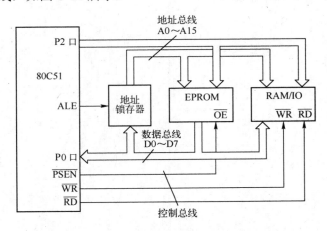

图 1-11　单片机与外部存储器、I/O 端口的连接

　　P0 口在进行外部扩展时分时复用，在读写片外存储器时，P0 口先送出低 8 位地址信号，该信号只能维持很短的时间，然后 P0 又送出 8 位数据信号。为了使在整个读写片外存储器期间，都存在有效的低 8 位地址信号，必须在 P0 口上外接一个地址锁存器，在 ALE 信号有效期间将低 8 位地址锁存于锁存器内，再从这个锁存器对外输出低 8 位地址。P2 口在进行外部扩展时只用作高 8 位地址线，在整个读写期间 P2 口输出信号维持不变，因此 P2 口不需外接锁存器。一般在片外接有存储器时，P0 和 P2 口不能再用作通用 I/O 口，此时只有 P1 口可作通用 I/O 口用，P3 口没有使用第二功能的引脚还可以用作 I/O 口线。另外还要注意，外接程序存储器 ROM 的读写选通信号为 $\overline{PSEN}$，而外接数据存储器 RAM 的读写选通信号为 $\overline{RD}$ 和 $\overline{WR}$，从而保证外部 ROM 和外部 RAM 不会发生混淆。

复习思考题

1. 8051 单片机包含哪些主要逻辑功能部件？画出它的基本结构图。
2. 8051 单片机有几个存储器地址空间？画出它的存储器结构图。
3. 简述 8051 单片机片内 RAM 存储器的地址空间分配。
4. 简述 8051 单片机复位后内部各寄存器的状态。

5. 程序计数器 PC 有何作用？用户是否能够对它直接进行读写？

6. 什么叫堆栈？堆栈指针 SP 的作用是什么？SP 的默认初值是多少？

7. 如何调整 8051 单片机的工作寄存器区？如果希望使用工作寄存器 3 区，应如何设定特殊功能寄存器 PSW 的值？

8. 简述 8051 单片机的 P0～P3 口各有什么特点，以 P1 口为例说明准双向 I/O 端口的意义。

9. 8051 单片机有没有专门的外部"三总线"？它是如何形成外部地址总线和数据总线的？

10. 试画出单片机与外部存储器，I/O 端口的连接图，并说明为什么外扩存储器时 P0 口要加接地锁存器，而 P2 口却不用加接。

第 2 章　Proteus 虚拟仿真技术

英国 Labcenter 公司推出的 Proteus 软件采用虚拟仿真技术，很好地解决了单片机及其外围电路的设计和协同仿真问题，可以在没有单片机实际硬件的条件下，利用个人计算机（PC）实现单片机软件和硬件同步仿真，仿真结果可以直接应用于真实设计，极大地提高了单片机应用系统的设计效率，同时也使得单片机的学习和应用开发过程变得容易和简单。Proteus 软件包提供了丰富的元器件库，可以根据不同要求设计各种单片机应用系统。Proteus 软件已有近 20 年的历史，它针对单片机应用，可以直接在基于原理图的虚拟模型上进行软件编程和虚拟仿真调试，配合虚拟示波器、逻辑分析仪等，用户能看到单片机系统运行后的输入/输出效果。Proteus 在国外已经得到广泛使用，国内一些高校和公司也开始尝试使用该软件进行单片机教学和系统设计，在不需要专门硬件投入的前提下，利用 PC 来学习单片机知识，比单纯从书本学习更易于接受和提高，还可以增加实际编程经验。

2.1　集成环境 ISIS

Proteus 软件包提供一种界面友好的人机交互式集成环境 ISIS，其设计功能强大，使用方便。ISIS 在 Windows 环境下运行，启动后弹出如图 2-1 所示界面，由下拉菜单、快捷工具栏、预览窗口、原理图编辑窗口、元器件列表窗口、元器件方向选择、仿真按钮组成。

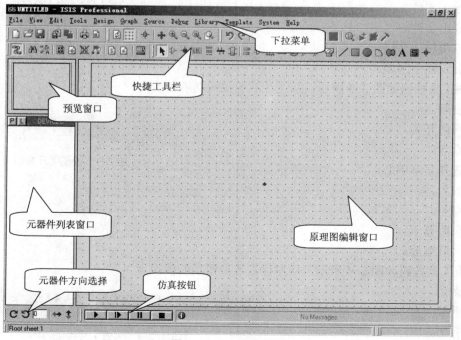

图 2-1　ISIS 环境界面

下拉菜单提供如下功能选项:

File 菜单包括常用的文件功能,如创建一个新设计、打开已有设计、保存设计、导入/导出文件、打印设计文档等。

View 菜单包括是否显示网格、设置网格间距、缩放原理图、显示与隐藏各种工具栏等。

Edit 菜单包括撤销/恢复操作、查找与编辑、剪切、复制、粘贴元器件、设置多个对象的层叠关系等。

Library 菜单包括添加、创建元器件/图标、调用库管理器。

Tools 菜单包括实时标注、实时捕捉、自动布线等。

Design 菜单包括编辑设计属性、编辑图纸属性、进行设计注释等。

Graph 菜单包括编辑图形、添加 Trace、仿真图形、一致性分析等。

Source 菜单包括添加/删除源程序文件、定义代码生成工具、调用外部文本编辑器等。

Debug 菜单包括启动调试、进行仿真、单步执行、重新排布弹出窗口等。

Template 菜单包括设置图形格式、文本格式、设计颜色、节点形状等。

System 菜单包括设置环境变量、工作路径、图纸尺寸大小、字体、快捷键等。

Help 菜单包括版权信息,帮助文件、例程等。

快捷工具栏分为主工具栏和元器件工具栏。主工具栏包括文件工具、视图工具、编辑工具、设计工具 4 个部分,每个工具栏提供若干快捷按钮。

主工具按钮如图 2-2 所示,从左往右各按钮功能依次为

● 新建设计。

● 打开已有设计。

● 保存设计。

● 导入文件。

图 2-2　主工具按钮

● 导出文件。

● 打印设计文档。

● 标识输出区域。

视图工具按钮如图 2-3 所示,从左往右各按钮功能依次为

● 刷新。

● 网格开关。

● 原点。

图 2-3　视图工具按钮

● 选择显示中心。

● 放大。

● 缩小。

● 全图显示。

● 区域缩放。

编辑工具按钮如图 2-4 所示,从左往右各按钮功能依次为

● 撤销。

● 重做。

● 剪切。

● 复制。

图 2-4　编辑工具按钮

- 粘贴。
- 复制选中对象。
- 移动选中对象。
- 旋转选中对象。
- 删除选中对象。
- 从器件库选元器件。
- 制作器件。
- 封装工具。
- 释放元件。

设计工具按钮如图 2-5 所示，从左往右各按钮功能依次为

- 自动布线。
- 查找。
- 属性分配工具。

图 2-5　设计工具按钮

- 设计浏览器。
- 新建图纸。
- 删除图纸。
- 退到上层图纸。
- 生成元件列表。
- 生成电器规则检查报告。
- 创建网络表。

元器件工具栏包括方式选择、配件模型、绘制图形 3 个部分，每个工具栏提供若干快捷按钮。

方式选择按钮如图 2-6 所示，从左往右各按钮功能依次为

- 选择即时编辑元件。
- 选择放置元件。
- 放置节点。
- 放置网络标号。

图 2-6　方式选择按钮

- 放置文本。
- 绘制总线。
- 放置子电路图。

配件模型按钮如图 2-7 所示，从左往右各按钮功能依次为

- 端点方式，有 V_{CC}、地、输出、输入等。
- 器件引脚方式，用于绘制各种引脚。
- 仿真图表。
- 录音机。

图 2-7　配件模型按钮

- 信号发生器。
- 电压探针。
- 电流探针。
- 虚拟仪表。

图形绘制按钮如图 2-8 所示，从左往右各按钮功能依次为

- 绘制直线。
- 绘制方框。
- 绘制圆。
- 绘制圆弧。
- 绘制多边形。
- 编辑文本。
- 绘制符号。
- 绘制原点。

图 2-8　图形绘制按钮

在元器件列表窗口下方有一个元器件方向选择栏 其按钮如图 2-9 所示，从左往右各按钮功能依次为

- 向右旋转 90°。
- 向左旋转 90°。
- 水平翻转。
- 垂直翻转。

图 2-9　元器件方向选择按钮

在原理图编辑窗口下方有一个仿真工具栏，其按钮如图 2-10 所示，从左往右各按钮功能依次为

- 全速运行。
- 单步运行。
- 暂停。
- 停止。

图 2-10　仿真工具按钮

原理图编辑窗口是用来绘制原理图的，蓝色方框内为编辑区，里面可以放置元器件和进行连线。注意，这个窗口没有滚动条，需要用预览窗口来改变原理图的可视范围，也可以用鼠标滚轮对显示内容进行缩放。

预览窗口可显示两种内容，一种是在元器件列表窗口选中某个元件时，将显示该元件的预览图；另一种是当鼠标落在原理图编辑窗口时（即放置元件到原理图编辑窗口后或在原理图编辑窗口中点击鼠标后），将显示整张原理图的缩略图，并会显示一个绿色的方框，绿色方框里面就是当前原理图编辑窗口中显示的内容，可用鼠标改变绿色的方框的位置，从而改变原理图的可视范围。

2.2　绘制原理图

绘制原理图是在原理图编辑窗口中的蓝色方框内完成的，通过下拉菜单 System 中的 Set Sheet Size 选项，可以调整原理图设计页面大小。绘制原理图时首先应根据需要选取元器件，Proteus ISIS 库中提供了大量元器件原理图符号，利用 Proteus ISIS 的搜索功能能很方便地查找需要的元器件。下面以图 2-11 为例来说明绘制原理图的方法。

首先根据需要选择器件。单击元器件列表窗口上边的按钮 P，弹出如图 2-12 所示的元器件选择窗口，在该窗口左上方的"Keywords"栏内键入 8051，窗口中间的"Results"栏将显示出元器件库中所有 8051 单片机，选择其中的 80C51，窗口右上方的"80C51 Preview"栏将

显示出 80C51 图形符号,同时显示该器件的虚拟仿真模型"VSM DLL Model(MCS8051.DLL)",单击"OK"按钮后,选择的器件将出现在器件列表窗口。照此办理选择所有需要的元器件,如果选择的器件显示"No Simulator Model",说明该器件没有仿真模型,将不能进行虚拟仿真。

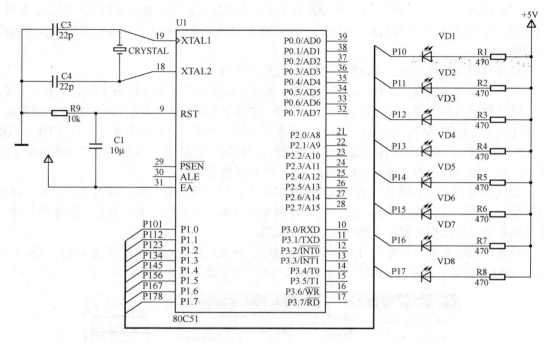

图 2-11 绘制原理图示例

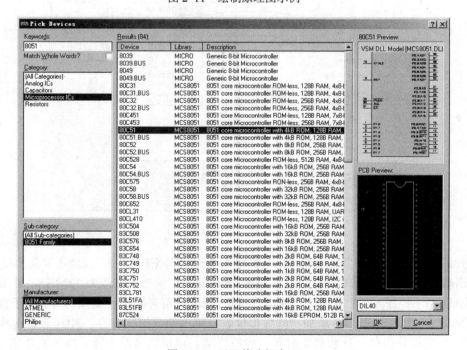

图 2-12 元器件选择窗口

如果遇到库中没有的器件，就需要自己创建。通常有两种方法创建自己的元件：一种是用 PROTEUS VSM SDK 开发仿真模型，并制作元件，另一种是在已有的元件基础上进行改造。关于具体创建方法这里不作介绍，请读者查阅相关资料。

器件选择完毕后，就可以开始绘制原理图了。先用鼠标从器件选择窗口选中需要的器件，预览窗口将出现该器件的图标。再将鼠标指向编辑窗口并单击左键，将选中的器件放置到原理图中。

放置电源和地线端时，要从配件模型按钮栏中选取。

在两个器件之间进行连线的方式很简单，先将鼠标指向第一个器件的连接点并单击左键，再将鼠标移到另一个器件的连接点并单击左键，这两个点就被连接到了一起。对于相隔较远，直接连线不方便的器件，可以用标号的方式进行连接，如图 2-11 中发光二极管 VD1～VD8 与 8051 单片机 P1.0～P1.7 各口线之间就是通过标号相连的，注意这里使用总线方式标明了连接点，但真正起作用的是标号，而总线只是一个标示符号而已。

在编辑窗口中绘制原理图的一般操作总结如下：用左键放置元件，右键选择元件，双击右键删除元件，右键拖选多个元件，先右键后左键编辑元件属性，先右键后左键拖动元件，连线用左键，删除用右键，中键缩放整个原理图。

原理图绘制完成后，给单片机添加应用程序，就可以进行虚拟仿真调试。先用鼠标右键选中 8051 单片机，再单击左键，弹出如图 2-13 所示元器件编辑窗口。

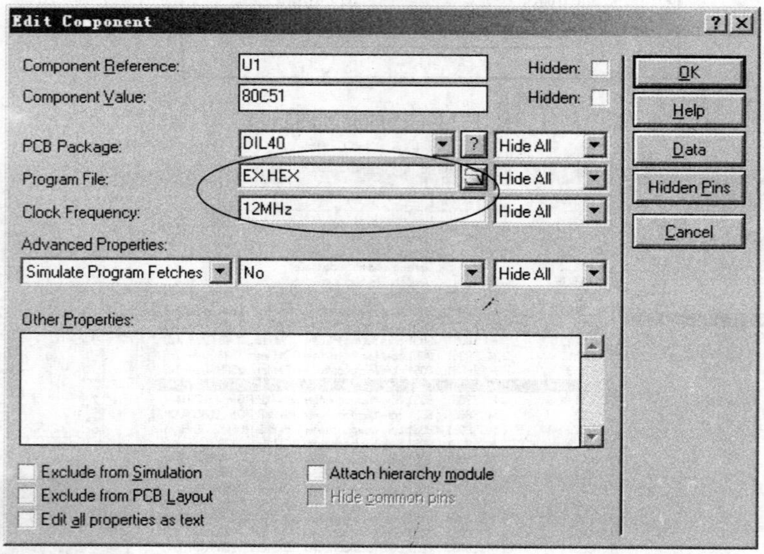

图 2-13　元器件编辑窗口

在元器件编辑窗口中"Program File"栏单击文件夹浏览按钮▣，找到需要仿真的 Hex 文件，单击确定按钮完成添加文件，在"Clock Frequency"中把频率改为 12MHz，单击"OK"按钮退出。这时单击仿真工具栏中全速运行按钮 ▶ 即可开始进行虚拟仿真。为了直观看到仿真过程，还可以在原理图中添加一些虚拟仪表，可用的虚拟仪表有：电压表、电流表、虚拟示波器、逻辑分析仪、计数器定时器、虚拟终端、虚拟信号发生器、序列发生器、I^{2}C 调试器、SPI 调试器等。

2.3 创建汇编语言源代码仿真文件

Proteus 虚拟仿真系统将汇编语言源代码的编辑与编译整合在同一设计环境中，使用户可以在设计中直接编辑汇编语言源程序和生成仿真代码，并且很容易查看源程序经过修改之后对仿真结果的影响。Proteus 软件包自带多种汇编语言工具，对于生成汇编语言源程序仿真代码十分方便。使用时先要设置代码生成工具，单击 Source 下拉菜单中"Define Code Generaation Tools"选项，弹出如图 2-14 所示的定义代码生成工具窗口。

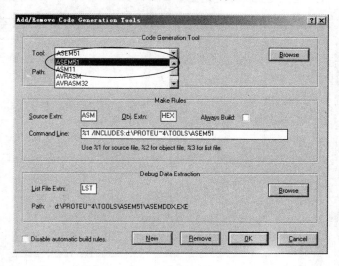

图 2-14 定义代码生成工具窗口

在"Code Generation Tool"栏的"Toll"对话框内选择"ASEM51"，设定 8051 单片机汇编工具；在"Make Rules"栏的"Source Extn"对话框内选择 ASM，在"Obj Extn"对话框内选择 HEX，设定源程序扩展名和目标代码扩展名；在"Debug Data Extraction"栏的"List File Extn"对话框内选择 LST，设定列表文件扩展名，设置完成后单击"OK"按钮退出。

接着要添加源程序文件，单击 Source 下拉菜单中"Add/Remove Source File"选项，弹出如图 2-15 所示添加/删除源程序文件窗口，在"Code Generation Tool"栏内选择 ASEM51，再

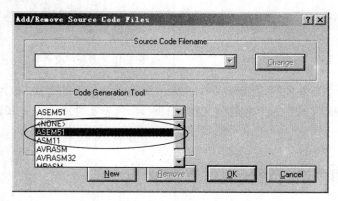

图 2-15 添加/删除源程序文件窗口

单击"New"按钮，弹出如图 2-16 所示源程序文件查找窗口，在"查找范围"栏选中源程序文件的保存文件夹，同时在"文件名"栏键入源程序名，如果该源程序文件已经存在，单击"打开"按钮即完成源程序文件的添加，如果该源程序文件不存在，单击"打开"按钮后将弹出如图 2-17 所示提示对话框，询问是否创建该文件，单击"是"按钮即在选择的文件夹内创建一个新文件。文件添加完成后再单击 Source 下拉菜单，可以看到源程序文件已经位于其中，如图 2-18 所示，此时可以直接点击文件名将其打开进行编辑或修改。

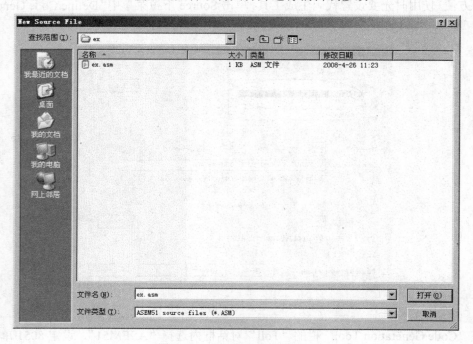

图 2-16　源程序文件查找窗口

图 2-17　创建源程序对话框

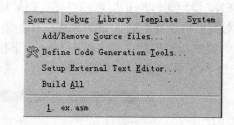

图 2-18　源程序文件被添加到 Source 菜单

已添加的源程序文件编辑修改完成后，单击 Source 菜单中的"Build All"选项，对文件进行汇编连接，生成可执行的十六进制文件（.Hex）、列表文件（.LST）和源代码仿真调试文件（.SDI）。

2.4　在原理图中进行源代码仿真调试

按照前面 2.2 节图 2-13 所示方法，将生成的 Hex 文件添加到原理电路图的 8051 单片机中，即可进行源代码仿真调试。单击仿真工具中的运行按钮 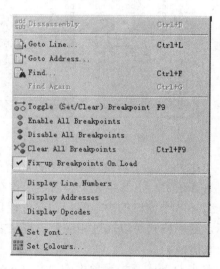，启动程序全速运行，可以查看单片机系统运行结果。也可以先单击仿真工具中的暂停按钮，再单击 Debug 下拉菜单中的"6. 8051 CPU Source Code"选项，弹出如图 2-19 所示的源代码调试窗口。

源代码调试窗口右上角提供如下一些调试按钮：

全速运行（Run）：启动程序全速运行。

单步运行（Step Over）：执行子程序调用指令时，将整个子程序一次执行完。

跟踪运行（Step Into）：遇到子程序调用指令时，跟踪进入子程序内部运行。

跳出运行（Step Out）：将整个子程序运行完成，并返回到主程序。

运行到光标处（Run To）：从当前指令运行到光标所在位置。

设置断点（Toggle Breakpoint）：将光标所在位置设置一个断点。

将鼠标指向源代码调试窗口并单击右键，将弹出如图 2-20 所示的右键快捷菜单，提供如下功能选项：

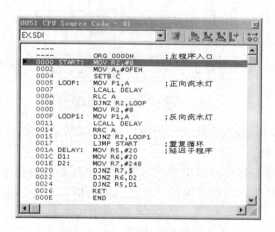

图 2-19　源代码调试窗口

图 2-20　源代码调试窗口中的右键菜单

"Goto Line…"：单击该选项，在弹出的对话框中键入源程序代码的行号，光标立即跳转到指定行。

"Goto Address…"：单击该选项，在弹出的对话框中键入源程序代码的地址，光标立即跳转到指定地址处。

"Find…"：单击该选项，在弹出的对话框中键入希望查找的文本字符，将在源代码调试窗口从当前光标所在位置开始查找指定的字符。

"Find Again…"：重复上次查找内容。

"Toggle Breakpoint"：在光标所在处设置或删除断点。

"Enable All Breakpoints"：允许所有断点。

"Disable All Breakpoints"：禁止所有断点。

"Clear All Breakpoints"：清除所有断点。

"Fix–up All Breakpoints On Load"：装入时修复断点。

"Display Line Numbers"：显示行号。

"Display Addresses"：显示地址。

"Display Opcodes"：显示操作码。

"Set Font…"：单击该选项，在弹出的对话框中设置源代码调试窗口中显示字符的字体。

"Set Colours…"：单击该选项，在弹出的对话框中设置弹出窗口的颜色。

在 Proteus 中进行源代码调试时，Debug 下拉菜单提供了多种弹出式窗口，给调试过程带来了许多方便。单击 Debug 下拉菜单中的"5. 8051 CPU Internal(IDATA) Memory"选项，弹出如图 2-21 所示 8051 单片机片内存储器窗口，其中显示当前片内存储器的内容。

单击 Debug 下拉菜单中的"4. 8051 CPU SFR Memory"选项，弹出如图 2-22 所示的 8051 单片机特殊功能寄存器窗口，其中显示当前特殊功能寄存器的内容。

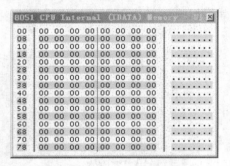

图 2-21　片内存储器窗口 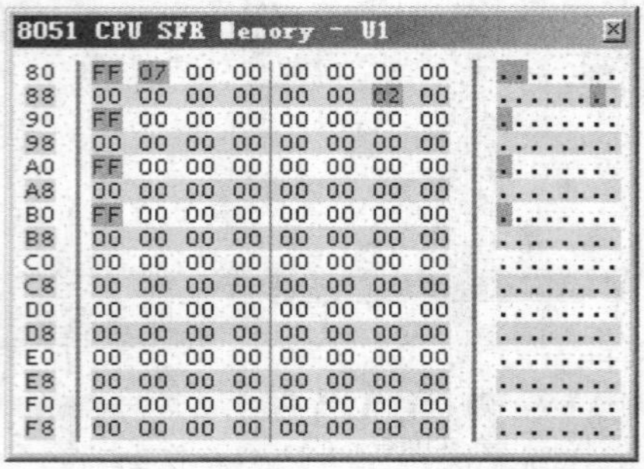　　　　　　　图 2-22　特殊功能寄存器器窗口

单击 Debug 下拉菜单中的"3. 8051 CPU Register"选项，弹出如图 2-23 所示的 8051 单片机寄存器窗口，其中显示当前各个寄存器的值。

上述各个窗口的内容随着调试过程自动发生变化，在单步运行时，发生改变的值会高亮显示，显示格式可以通过相应窗口提供右键菜单选项进行调整。在全速运行时，上述各窗口将自动隐藏。

单击 Debug 下拉菜单中的"2. Watch Window"选项，弹出如图 2-24 所示的观测窗口，观测窗口即使在全速运行期间也将保持实时显示，因此可以在观测窗口中添加一些项目，以便于程序调试期间进行察看。添加项目可以通过观测窗口中的右键菜单实现，也可以先在图 2-21 或图 2-22 中用鼠标左键标记希望进行观测的存储器单元，然后将其直接拖到观测窗口中。

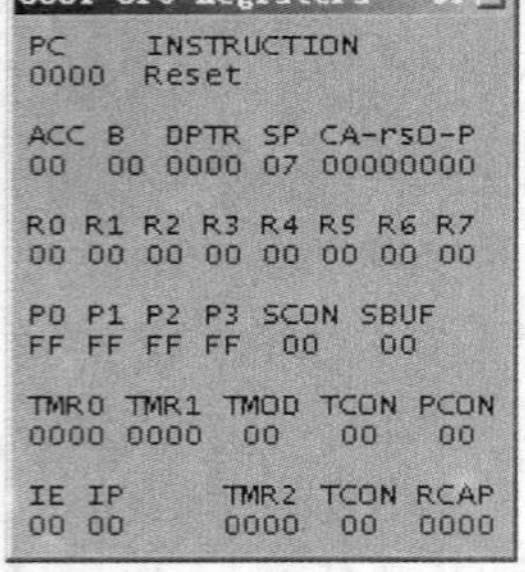

图 2-23　片内寄存器窗口 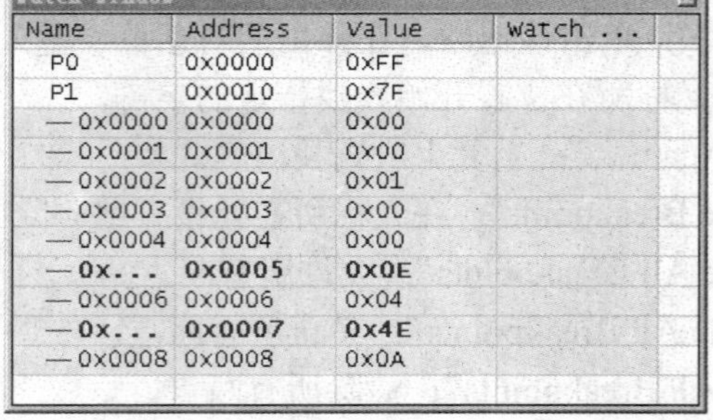　　　　　　　图 2-24　观测窗口

2.5 原理图与 Keil 环境联机仿真调试

德国 Keil Software 公司多年来致力于单片机 C 语言编译器的研究,该公司开发的 Keil C51 是一种专为 8051 单片机设计的高效率 C 语言编译器,符合 ANSI 标准,生成的程序代码运行速度极高,所需要的存储器空间极小,完全可以和汇编语言相媲美。目前 Keil Software 公司推出的 C51 编译器已被完全集成到一个功能强大的全新集成开发环境μVision3 中,包括项目管理、程序编译、连接定位等,并且还可以通过专门驱动软件(Proteus VSM Keil Debugger Driver)与 Proteus 原理图进行联机仿真,为单片机的开发带来极大的方便,驱动软件可以到 labcenter 网站免费下载。下面通过一个简单实例说明采用 Keil 环境编写单片机 C 语言程序以及与 Proteus 原理图进行联机仿真调试的步骤。

启动μVision3 后,用鼠标左键单击"Project 菜单/New Project"选项,在弹出的对话框窗口中输入项目文件名 max,选择合适的保存路径并单击"保存"按钮,创建一个文件名为 max.uv2 的新项目文件,如图 2-25 所示。

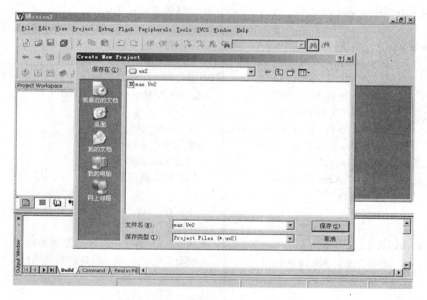

图 2-25   在μVision3 中新建一个项目

项目名保存完毕后将弹出如图 2-26 所示的器件数据库对话框窗口,根据需要选择 CPU 器件 Atmel 公司的 AT89C51。

创建新项目后,会自动包含一个默认的目标 Target 1 和文件组 Source Group 1。用户可以给项目添加其他文件组以及文件组中的的源程序文件。单击"File 菜单/New"选项,从打开的编辑窗口中输入下面例 2-1 的 C51 源程序。

【例 2-1】   求两个输入数据中较大者的 C51 源程序。

```
#include <reg51.h>                    // 预处理命令
#include <stdio.h>
#define uint unsigned int
```

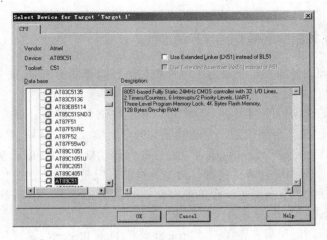

图 2-26　为项目选择 CPU 器件

```
uint max (uint x, uint y);                      // 功能函数 max 说明

main( ) {                                       // 主函数
        uint a, A, c;                           // 主函数的内部变量类型说明
        SCON=0x52;TMOD=0x20;                    // 串行口、定时器初始化
        PCON=0x80;TH1=0x0F3;                    // f_osc=12MHz，波特率=4800
        TL1=0x0F3;TCON=0x69;
        printf ( "\n Please enter two numbers: \n\n");  // 输出提示符
        scanf ("%d   %d", &a, &A);              // 输入变量 a 和 b 的值
        c= max (a,A);                           // 调用 max 函数
        printf ( " \n max =%u \n ", c);         // 输出较大数据的值
          while(1);
}                                               // 主程序结束

uint max (uint x ,    uint y) {                 // 定义 max 函数，x、y 为形式参数
        if ( x > y )    return (x);             // 将计算得到的最大值返回到调用处
        else    return(y) ;
}                                               // max 函数结束
```

程序输入完成后，保存为扩展名为.C 的源程序文件，保存路径一般与项目文件相同。然后将鼠标指向"项目窗口/Files"标签页中的"Source Group 1"文件组并单击鼠标右键，从弹出的右键快捷菜单中选中"Add Files to Group 'Source Group 1'"选项，将刚才保存的源程序文件 max.c 添加到项目中去。

接下来需要对项目进行必要的配置。单击"Project 菜单/Options for Target"选项，弹出如图 2-27 所示的窗口，这是一个十分重要的窗口，包括"Device"、"Target"、"Output"、"Listing"、"C51"、"A51"、"Bl51 Locate"、"BL51 Misc"和"Debug"等多个选项卡，其中一些选项可以直接用其默认值，也可进行适当调整。图 2-27 所示为其中的"Target"配置选项卡,用于设定目标硬件系统的时钟频率 Xtal 为 12.0MHz、编译器的存储器模式为 Small（C51程序中局部变量位于片内数据存储器 DATA 空间）、程序存储器 ROM 空间设为 Large（使用

64KB 程序存储器）、不采用实时操作系统、不采用代码分组设计。

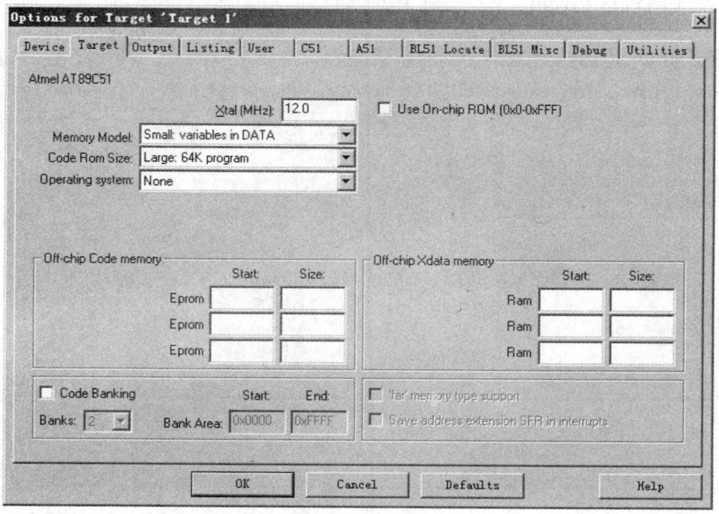

图 2-27 "Target" 配置选项卡

图 2-28 所示为 "Output" 配置选项卡，用于设定当前项目在编译连接之后生成的可执行代码文件，默认为与项目文件同名，也可以指定为其他文件名，存放在当前项目文件所在的目录中，也可以单击 "Select Folder For Objects" 来指定文件的目录路径。选中方形复选框 "Debug Information" 将在输出文件中包含进行源程序调试的符号信息。选中方形复选框 "Browse Information" 将在输出文件中包含源程序浏览信息。选中方形复选框 "Create HEX File" 表示除了生成可执行代码文件之外，还将生成一个 HEX 文件。

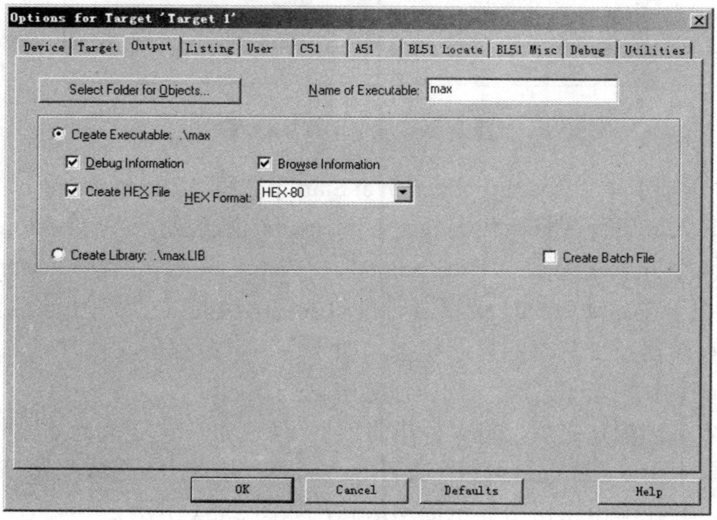

图 2-28 "Output" 配置选项卡

图 2-29 所示为 "Debug" 配置选项卡，用于设定μVision3 调试选项。单击选项卡右上部单选框 "User"，通过下拉列表选择其中的 "Proteus VSM Simulator"，再单击右边的 "Settings"

按钮，弹出如图 2-30 所示的通信配置选项卡。需要注意的是用户的 Windows 系统中必须安装 TCP/IP 协议，才能保证 Proteus 与 Keil 正常通信。

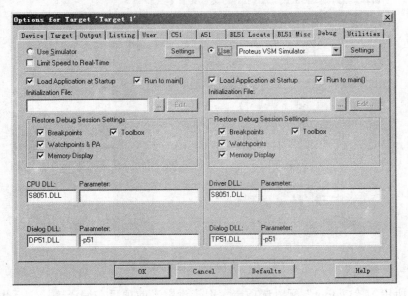

图 2-29　"Debug" 配置选项卡

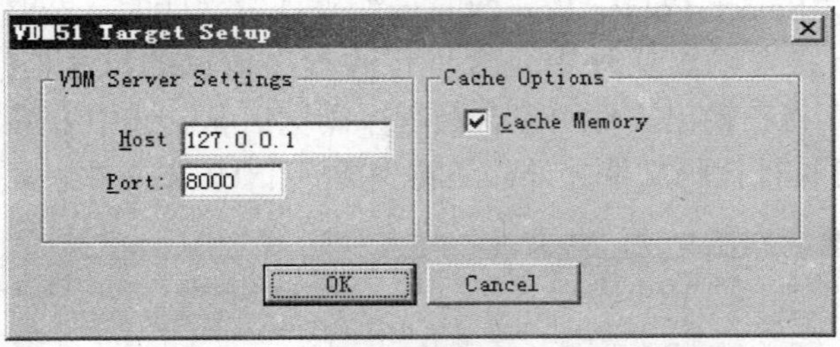

图 2-30　通信配置选项卡

　　单击图 2-29 选项卡中"Load Application at Startup"和"Run to main( )"复选框，可以在启动仿真时自动装入应用程序目标代码并运行到 main( )函数处。在"Restore Debug Session Settings"栏中有 4 个方形复选框："Breafpoints"、"Watchpoints & PA"、"Memery Display"和"Toolbox"，分别用于在启动 Debug 调试器时自动恢复上次调试过程中所设置的断点、观察点与性能分析器、存储器及工具盒的显示状态，如果在编辑源程序文件时就设置了断点并希望在启动 Debug 仿真调试时能够使用，则应该选中这些复选框。

　　完成上述基本选项配置之后，将鼠标指向项目窗口中的文件"max.c"并单击鼠标右键，从弹出的右键菜单中单击"Build target"选项，μVision3 将按以上选项配置自动完成对当前项目中的编译链接，并在输出窗口中显示提示信息，如图 2-31 所示。

　　C51 程序编译链接完成后，先打开 Proteus 原理图，单击 ISIS 环境的"Debug 菜单/Use Remote Debug Monitor"选项，准备与 Protues 原理图进行联机仿真调试，如图 2-32 所示。

　　然后再单击μVision3 环境的"Debug 菜单/Start/Stop Debug Session"选项，启动μVision3

与 Proteus 联机，联机成功后自动装入目标代码并运行到 main( )函数处，项目窗口切换到"Regs"标签页，显示调试过程中单片机内部工作寄存器 R0～R7、累加器 A、堆栈指针 SP、数据指针 DPTR、程序计数器 PC 以及程序状态字 PSW 等的值，如图 2-33 所示。

图 2-31　编译链接完成后输出窗口的提示信息

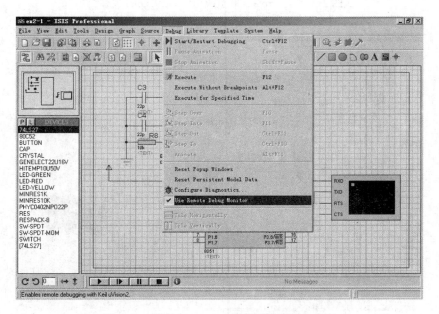

图 2-32　准备与 Protues 原理图进行联机仿真

　　联机仿真状态下，可以直接在μVision3 环境中进行程序调试，同时通过 Proteus 原理图观察程序运行结果。对于本例而言，程序中采用 scanf( )和 printf( )函数所进行的输入和输出操作是通过单片机串行口实现的，为此在 Proteus 原理图中 8051 单片机的串行端口引脚上连接了一个虚拟终端，用以观察运行结果。单击μVision3 环境的"Debug 菜单/Go"选项，启动程序全速运行，然后进入 Proteus 原理图，单击 ISIS 环境的"Debug 菜单/Virtual Terminal"选项，打开虚拟终端窗口，将鼠标指向该窗口并键入两个数字 123 和 456 后按〈Enter〉键，即可看到程序运行结果，如图 2-34 所示。

图 2-33　与 Proteus 联机成功后的μVision3 窗口

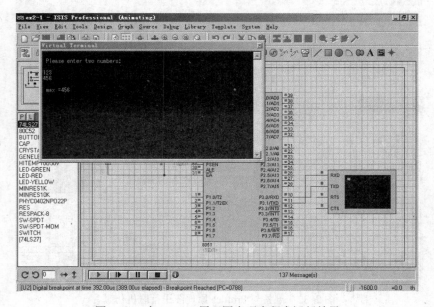

图 2-34　在 Proteus 原理图中观察程序运行结果

μVision3 与 Proteus 原理图联机仿真调试的功能十分完善，除了全速运行之外还可以进行单步、设置断点、运行到光标指定位置等多种操作，调试过程中可同时在μVision3 环境与 ISIS

环境中观察局部变量以及用户设置的观察点状态、存储器状态、片内集成外围功能状态等，非常方便。关于 μVision3 的详细介绍请参阅作者撰写的另一本书《Keil Cx51 V7 单片机高级语言编程与 μVision2 应用实践》。

复习思考题

1. Proteus 软件有哪些主要功能？
2. 集成环境 ISIS 下拉菜单提供了哪些功能选项？
3. 绘制电路原理图应在集成环境 ISIS 的哪个窗口内进行？
4. 如何创建汇编语言源代码仿真文件？
5. 如何在原理图中进行汇编语言源代码仿真调试？
6. 如何实现 Keil C51 与 Proteus 原理图进行高级语言源代码仿真调试？

第3章 指令系统与汇编语言程序设计

指令系统是一套控制单片机执行操作的编码，它是单片机能直接识别的命令。指令系统在很大程度上决定了单片机的功能和使用是否方便灵活。指令系统对于用户来说也是十分重要的，只有详细了解了单片机的指令功能，才能编写出高效的软件程序。本节介绍8051单片机的指令系统。

3.1 指令助记符和字节数

指令本身是一组二进制数代码，记忆起来很不方便，为了便于记忆，将这些代码用具有一定含义的指令助记符来表示，助记符一般采用有关英文单词的缩写，这样就容易理解和记忆单片机的各种指令了。下面是两条分别用代码形式和助记符形式书写的指令：

十六进制代码	助记符	功能
740A	MOV A，#0AH	将十六进制数0AH放入累加器A中
2414	ADD A，#14H	累加器A中的内容与十六进制数14H相加，结果放在累加器A中

尽管采用助记符后，书写的字符增多了，但由于增强了可读性，使用时会觉得更方便。采用助记符和其他一些符号来编写的指令程序，称为汇编语言源程序，汇编语言源程序经过汇编之后即可得到可执行的机器代码目标程序。

一条指令通常由两部分组成：操作码和操作数。操作码用来规定这条指令完成什么操作，例如是做加减运算，还是数据传送等。操作数则表示这条指令所完成的操作对象，即是对谁进行操作。操作数可以直接是一个数，或者是一个数所在的内存地址。

操作码和操作数都是二进制代码。在8051单片机中，8位二进制数为一个字节，指令是由指令字节组成的。对于不同的指令，指令的字节数不相同。8051单片机有单字节、双字节或三字节指令。

单字节指令中既包含操作码的信息，也包含操作数的信息。这可能有两种情况，一种是指令的含义和对象都很明确，不必再用另一个字节来表示操作数。例如数据指针加1指令：INC DPTR，由于操作的内容和对象都很明确，故不必再加操作数字节，其指令码为

```
10100011
```

另一种情况是用一个字节中的几位来表示操作数或操作数所在的位置。例如从工作寄存器向累加器A传送数据的指令：MOV A, Rn，其中Rn可以是8个工作寄存器中的一个，在指令码中分出三位来表示这8个工作寄存器，用其余各位表示操作码的作用，指令码为

```
11101rrr
```

其中最低 3 位码用来表示从哪个寄存器取数，故一个字节也就够了。8051 单片机共有 49 条单字节指令。

双字节指令一般是用一个字节表示操作码，另一个字节表示操作数或操作数的地址。这时操作数或其地址就是一个 8 位的二进制数，因此必须专门用一个字节来表示。例如 8 位二进制数传送到累加器 A 的指令：MOV A，#data，其中#data 表示 8 位二进制数，也叫立即数，这就是双节指令，其指令码为

01110100	#data

双字节指令的第二个字节，也可以是操作数所在的地址。8051 单片机共有 45 条双字节指令。

三字节指令则是一个字节的操作码，两个字节的操作数。操作数可以是数据，也可以是地址，因此，可能有四种情况

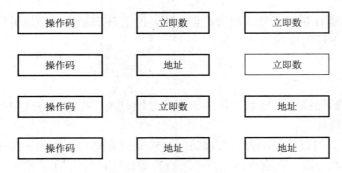

8051 单片机共有 17 条三字节指令，只占全部指令的 15%。一般而言，指令的字节数越少，则其执行速度越快，从这个角度来说，8051 单片机的指令系统是比较合理的。

3.2 寻址方式

所谓寻址，就是寻找操作数的地址。在用汇编语言编程时，数据的存放、传送、运算都要通过指令来完成，编程者必须自始至终十分清楚操作数的位置，以及如何将它们传送到适当的寄存器去运算。因此，如何从各个存放操作数的区域去寻找和提取操作数就变得十分重要。所谓寻址方式就是通过确定操作数所在的地址把操作数提取出来的方法，它是汇编语言程序设计中最基本的内容之一，必须十分熟悉。

在 8051 单片机中，有 7 种寻址方式：

1）寄存器寻址。

2）直接寻址。

3）立即寻址。

4）寄存器间接寻址。

5）变址寻址。

6）相对寻址。

7）位寻址。

分别说明如下。

3.2.1 寄存器寻址

寄存器寻址就是以通用寄存器的内容作为操作数，在指令的助记符中直接以寄存器的名字来表示操作数的位置。在 8051 单片机中，没有专门的通用硬件寄存器，而是把内部数据 RAM 区中 00～1FH 地址单元作为工作寄存器使用，共有 32 个地址单元，分成 4 组，每组 8 个工作寄存器，命名为 R0～R7，每次可以使用其中一组。当以 R0～R7 来表示操作数时，就属于寄存器寻址方式。例如：

   MOV A，R0
   ADD A，R0

前一条指令是将 R0 寄存器的内容传送到累加器 A 中，后一条指令则是对 A 和 R0 的内容作加法运算。

特殊功能寄存器 B 也可当做通用寄存器使用，但用 B 表示操作数地址的指令不属于寄存器寻址，而是属于下面所讲的直接寻址。

3.2.2 直接寻址

在指令中直接给出操作数地址，就属于直接寻址方式。在这种方式中，指令的操作数部分直接是操作数的地址。

8051 单片机中，用直接寻址方式可以访问内部数据 RAM 区中 00～7FH 共 128 个单元以及所有的特殊功能寄存器。在指令助记符中，直接寻址的地址可用 2 位十六进制数表示。对于特殊功能寄存器，可用它们各自的名称符号来表示，这样可以增加程序的可读性。例如：

   MOV A，3AH

就属于直接寻址，其中 3AH 所表示的就是直接地址，即内部 RAM 区中的 3AH 单元。这条指令的功能是将内部 RAM 区中 3AH 单元的内容传送到累加器 A，即 A←(3AH)。该指令的功能如图 3-1 所示。

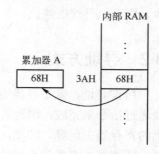

3.2.3 立即寻址

若指令的操作数是一个 8 位或 16 位二进制数，就称为立即寻址，指令中的操作数称为立即操作数。

图 3-1 直接寻址操作

由于 8 位立即数和直接地址都是 8 位二进制数（两位 16 进制数），因此在书写形式上必须有所区别。在 8051 单片机中采用 "#" 号来表示后面的是立即数，而不是直接地址。如#3AH 表示立即数 3AH，而直接写 3AH 则表示 RAM 区中地址为 3AH 的单元。例如指令：

   MOV A，#3AH
   MOV A，3AH

前一条指令为立即寻址，执行后累加器 A 中的内容变为 3AH；后一条指令为直接寻址，执行后累加器 A 中的内容变为 RAM 区中地址为 3AH 单元的内容。在 8051 单片机中，只有一条

16 位立即数指令：

    MOV DPTR，#data16

其功能是将 16 位立即数送往数据指针寄存器。由于是 16 位立即数，需要 2 个字节表示，因此这是一条三字节的指令，即一字节指令码，二字节立即数，指令格式如下：

10010000	立即数高 8 位	立即数低 8 位

3.2.4 寄存器间接寻址

若以寄存器的名称间接给出操作数的地址，则称为寄存器间接寻址。在这种寻址方式下，指令中工作寄存器的内容不是操作数，而是操作数的地址。指令执行时，先通过工作寄存器的内容取得操作数地址，再到此地址所规定的存储单元取得操作数。

8051 单片机可采用寄存器间接寻址方式访问全部内部 RAM 地址单元（8051 为 00H～7FH，8052 为 00H～FFH），也可访问 64KB 的外部 RAM。但是这种寻址方式不能访问特殊功能寄存器。通常用工作寄存器 R0、R1 或数据指针寄存器 DPTR 来间接寻址。为了对寄存器寻址和寄存器间接寻址加以区别，在寄存器名称前面加一个符号@来表示寄存器间接寻址。例如：

    MOV A，@R0

该指令的功能如图 3-2 所示。指令执行之前 R0 寄存器的内容 3AH 是操作数的地址，内部 RAM 区中地址为 3AH 单元的内容 65H 才是操作数，执行后，累加器 A 中的内容变为 65H。若采用寄存器寻址指令：

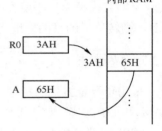

图 3-2 寄存器间接寻址操作

    MOV A，R0

则执行后累加器 A 中的内容变为 3AH。对这两类指令的差别和用法，一定要区分清楚，正确使用。

3.2.5 变址寻址

变址寻址是以某个寄存器的内容为基本地址，然后在这个基址上加以地址的偏移量，才是真正的操作数地址。8051 单片机没有专门的变址寄存器，而是采用数据指针 DPTR 或程序计数器指针 PC 的内容为基本地址，地址偏移量则是累加器 A 中的内容，将基址与偏移量相加，即以 DPTR 或者 PC 的内容与 A 的内容之和作为实际的操作数地址。8051 单片机采用变址寻址方式可以访问 64KB 的外部程序存储器地址空间。例如指令：

    MOVC A，@A+DPTR

该指令的功能如图 3-3 所示。指令执行前(A)=11H，(DPTR)=02F1H，故实际操作数的地址应为 02F1H+11H=0302H。指令执行后将程序存储器 ROM 中 0302H 单元的内容 1EH 传送到累加器 A。需要注意的是，虽然在变址寻址时采用数据指针 DPTR 作为基址寄存器，但变址寻址的区域都是程序存储器 ROM 而不是数据存储器 RAM，另外尽管变址寻址方式的指令助记符和指令操作都较为复杂，但却是一字节指令。

3.2.6 相对寻址

8051 单片机设有转移指令，分为直接转移指令和相对转移指令。相对转移指令需要采用相对寻址方式，此时指令的操作数部分给出的是地址的相对偏移量。在指令中以 rel 表示相对偏移量，rel 为一个带符号的常数，可正也可以负，若 rel 值为负数，则应用补码表示。一般将相对转移指令本身所在的地址称为源地址，转移后的地址称为目的地址，它们的关系为

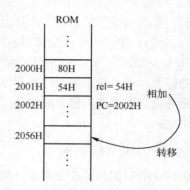

图 3-3 变址寻址操作

$$目的地址=源地址+指令字节数+rel$$

例如，指令：

SJMP rel

该指令的功能如图 3-4 所示。这条指令的机器码为 80, rel，共两个字节。设该指令所在的源地址为 2000H，rel 的值为 54H，则转移后的目的地址为：2000H+02+54H=2056H。

3.2.7 位寻址

图 3-4 相对寻址操作

采用位寻址方式的指令，其操作数是 8 位二进制数中的某一位，在指令中要给出是内部 RAM 单元中的哪一位，即给出位地址，位地址在指令中用 bit 表示。

8051 内部 RAM 中有 1 个可位寻址区，地址为 20H～2FH，共 16 个单元，其中每个单元的每一位都可单独作为操作数，共 128 位。另外如果特殊功能寄存器的地址值能被 8 整除，则该特殊功能寄存器也可以进行位寻址。表 3-1 列出了这些特殊功能寄存器及其位地址。

表 3-1　可以位寻址的特殊功能寄存器

特殊功能寄存器	单元地址	表示符号	位地址
P0	80H	P0.0～0.7	80H～87H
TCON	88H	TCON.0～TCON.7	88H～8FH
P1	90H	P1.0～.P1.7	90H～97H
SCON	98H	SCON.0～SCON.7	98H～9FH
P2	A0H	P2.0～P2.7	A0H～A7H
IE	A8H	IE.0～IE.7	A8H～AFH
P3	B0H	P3.0～P3.7	B0H～B7H
IP	B8H	IP.0～IP.7	B8H～BFH
PSW	D0H	PSW.0～PSW.7	D0H～D7H
ACC	E0H	ACC.0～ACC.7	E0H～E7H
B	F0	B.0～B.7	F0H～F7H

在 8051 单片机中，位地址的表示可以采用以下几种方式：

1）直接用位地址 00H～FFH 来表示，如 20H 单元的 0～7 位可表示为 20H～27H。

2）采用第 n 单元第 n 位的表示方法，如 25H.5，表示 25H 单元的第 5 位。

3）对于特殊功能寄存器可直接用寄存器名加位数的表示方法，如 ACC.3、PSW.7 等。

4）用汇编语言中的伪指令定义。

3.3 指令分类详解

8051 单片机共有 111 条指令，按指令功能可分为算术运算指令、逻辑运算指令、数据传送指令、控制转移指令及位操作指令五大类。

3.3.1 算术运算指令

算术运算指令包括加、减、乘、除法指令，加法指令又分为普通加法指令、带进位加法指令和加 1 指令。普通加法指令如下：

```
ADD   A, Rn        ;Rn（n=0～7）为工作寄存器
ADD   A, direct    ;direct 为直接地址单元
ADD   A, @Ri       ;Ri（i=0～1）为工作寄存器
ADD   A, #data     ;#data 为立即数
```

这组指令的功能是将累加器 A 的内容与第二操作数的内容相加,结果送回到累加器 A 中。在执行加法的过程中，如果位 7 有进位，则置"1"进位标志 CY，否则清"0" CY。如果位 3 有进位，则置"1"辅助进位标志 AC，否则清"0" AC。如果位 6 有进位而位 7 没有进位，或者位 7 有进位而位 6 没有进位，则置"1"溢出标志 OV，否则清"0" OV。

带进位加法指令如下：

```
ADDC   A, Rn        ;Rn（n=0～7）为工作寄存器
ADDC   A, direct    ;direct 为直接地址单元
ADDC   A, @Ri       ;Ri（i=0～1）为工作寄存器
ADDC   A, #data     ;#data 为立即数
```

这组指令的功能与普通加法指令类似，唯一的不同之处是在执行加法时，还要将上一次进位标志 CY 的内容也一起加进去。对于标志位的影响与普通加法指令相同。

加 1 指令如下：

```
INC   A
INC   Rn           ;Rn（n=0～7）为工作寄存器
INC   direct       ;direct 为直接地址单元
INC   @Ri          ;Ri（i=0～1）为工作寄存器
INC   DPTR         ;DPTR 为 16 位数据指针寄存器
```

这组指令的功能是将所指出操作数的内容加 1，如果原来的内容为 0FFH，则加 1 后将产生上溢出，使操作数的内容变成 00H，但不影响任何标志。指令 INC   DPTR 是对 16 位的数据指针寄存器 DPTR 执行加 1 操作，指令执行时，先对数据指针的低 8 位 DPL 的内容加 1，

当产生上溢出时就对数据指针的高 8 位 DPH 加 1，但不影响任何标志。

十进制调整指令：

    DA   A

这条指令的功能是对累加器 A 中的内容进行 BCD 码调整，通常用于 BCD 码运算程序中，使 A 中的运算结果为两位 BCD 码数。该指令的执行过程如图 3-5 所示。

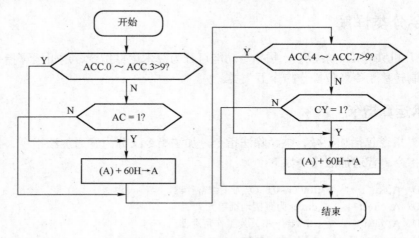

图 3-5　DA A 指令的执行过程

减法指令只有带进位减法和减 1 指令。带进位减法指令如下：

    SUBB   A, Rn   ;Rn（n=0～7）为工作寄存器
    SUBB   A, direct   ;direct 为直接地址单元
    SUBB   A, @Ri   ;Ri（i=0～1）为工作寄存器
    SUBB   A, #data   ;#data 为立即数

这组指令的功能是将累加器 A 的内容与第二操作数的内容相减，同时还要减去上一次进位标志 CY 的内容，结果送回到累加器 A 中。在执行减法的过程中，如果位 7 有借位，则置"1"当前进位标志 CY，否则清"0"CY。如果位 3 有借位，则置"1"辅助进位标志 AC，否则清"0"AC。如果位 6 有借位而位 7 没有借位，或者位 7 有借位而位 6 没有借位，则置"1"溢出标志 OV，否则清"0"OV。

减 1 指令如下：

    DEC   A
    DEC   Rn   ;Rn（n=0～7）为工作寄存器
    DEC   direct   ;direct 为直接地址单元
    DEC   @Ri   ;Ri（i=0～1）为工作寄存器

这组指令的功能是将所指出操作数的内容减 1，如果原来的内容为 00H，则减 1 后将产生下溢出，使操作数的内容变成 0FFH，但不影响任何标志。

单字节乘法指令如下：

    MUL   AB

这条指令的功能是将累加器 A 中的 8 位无符号整数与寄存器 B 中的 8 位无符号整数相乘，乘积为 16 位整数。乘积的低 8 位存放在累加器 A 中，高 8 位存放在寄存器 B 中。如果乘积大于 255(0FFH)，则置"1"溢出标志 OV，否则清"0"OV。进位标志总是被清"0"。

单字节除法指令如下：

    DIV   AB

这条指令的功能是将累加器 A 中的 8 位无符号整数除以寄存器 B 中的 8 位无符号整数，所得商的整数部分存放在累加器 A 中，余数部分存放在寄存器 B 中，清"0"进位标志 CY 和溢出标志 OV。如果原来 B 中的内容为 0（被 0 除），则执行除法后 A 和 B 中的内容不定，并置"1"溢出标志 OV，在任何情况下，进位标志总是被清"0"。

3.3.2 逻辑运算指令

逻辑运算指令分为简单逻辑操作指令、逻辑与指令、逻辑或指令以及逻辑异或指令。简单逻辑指令如下：

    CLR   A   ;对累加器 A 清"0"
    CPL   A   ;对累加器 A 的内容求反
    RL   A   ;累加器 A 的内容向左环移一位
    RLC   A   ;累加器 A 的内容带进位位 CY 向左环移一位
    RR   A   ;累加器 A 的内容向右环移一位
    RRC   A   ;累加器 A 的内容带进位位 CY 向右环移一位
    SWAP A   ;将累加器 A 的高半字节（A.7～A.4）与低半字节（A.3～A.0）交换

逻辑与指令如下：

    ANL   A, Rn   ;(A)∧(Rn)→A, n=0～7
    ANL   A, direct   ;(A)∧(direct)→A
    ANL   A, @Ri   ;(A)∧((Ri))→A, i=0 或 1
    ANL   A, #data   ;(A)∧#data→A
    ANL   direct, A   ;(direct)∧(A)→direct
    ANL   direct, #data   ;(direct)∧#data→direct

这组指令的功能是将两个操作数的内容按位进行逻辑与运算，结果送入累加器 A 或由 direct 所指出的内部 RAM 单元。

逻辑或指令如下：

    ORL   A, Rn   ;(A)∨(Rn)→A, n=0～7
    ORL   A, direct   ;(A)∨(direct)→A
    ORL   A, @Ri   ;(A)∨((Ri))→A, i=0 或 1
    ORL   A, #data   ;(A)∨#data→A
    ORL   direct, A   ;(direct)∨(A)→direct
    ORL   direct, #data   ;(direct)∨#data→direct

这组指令的功能是将两个操作数的内容按位进行逻辑或运算，结果送入累加器 A 或由 direct 所指出的内部 RAM 单元。

逻辑异或指令如下：

XRL A, Rn	;(A) $\oplus$ (Rn)→A, n=0～7
XRL A, direct	;(A) $\oplus$ (direct)→A
XRL A, @Ri	;(A) $\oplus$ ((Ri))→A, i=0 或 1
XRL A, #data	;(A) $\oplus$ #data→A
XRL direct, A	;(direct) $\oplus$ (A)→direct
XRL direct, #data	;(direct) $\oplus$ #data→direct

这组指令的功能是将两个操作数的内容按位进行逻辑异或运算，结果送入累加器 A 或由 direct 所指出的内部 RAM 单元。

3.3.3 数据传送指令

8051 单片机的存储器区域可分为如下三个部分，即

程序存储器	0000H～FFFFH
内部 RAM	00H～FFH
外部 RAM/IO 区	0000H～FFFFH

指令对哪一个存储器区域进行操作是由指令的操作码和寻址方式确定的。对于程序存储器 ROM 只能通过变址寻址方式采用 MOVC 指令访问。对于特殊功能寄存器只能采用直接寻址和位寻址方式，不能采用间接寻址方式。对于 8052 单片机内部 RAM 的高 128B 则只能采用寄存器的间接寻址方式，而内部 RAM 的低 128B 既能间接寻址，也能直接寻址。外部数据存储器 RAM 只能通过间接寻址方式用 MOVX 指令访问。

数据传送到累加器 A 的指令如下：

MOV A, Rn	;n=0～7
MOV A, direct	
MOV A, @Ri	;i=0 或 1
MOV A, #data	

这组指令的功能是把源操作数的内容送入累加器 A。

数据传送到工作寄存器 Rn 的指令如下：

MOV Rn, A	;n=0～7
MOV Rn, direct	;n=0～7
MOV Rn, #data	;n=0～7

这组指令的功能是把源操作数的内容送入当前工作寄存器区中的某一个寄存器 R0～R7。

数据传送到内部 RAM 单元或特殊功能寄存器 SFR 的指令如下：

MOV direct, A	
MOV direct, Rn	;n=0～7
MOV direct, direct	
MOV direct, @Ri	;i=0 或 1
MOV direct, #data	
MOV @Ri, A	;i=0 或 1
MOV @Ri, direct	;i=0 或 1
MOV @Ri, #data	;i=0 或 1
MOV DPTR, #data16	

这组指令的功能是把源操作数的内容送入指定的内部 RAM 单元或特殊功能寄存器。最后一条指令的功能是将 16 位数据送入数据指针寄存器 DPTR。

堆栈操作指令如下：

```
PUSH    direct              ;进栈
POP     direct              ;出栈
```

在 8051 单片机的特殊功能寄存器中有一个堆栈指针寄存器 SP，进栈指令的功能是首先将堆栈指针 SP 的内容加 1，然后将直接地址所指出的内容送入 SP 指出的内部 RAM 单元。出栈指令的功能是将 SP 所指出的内部 RAM 单元的内容送入由直接地址所指出的字节单元，同时将栈指针 SP 的内容减 1。

累加器 A 与外部数据存储器之间的数据传送指令如下：

```
MOVX    A, @DPTR            ;((DPTR))→A
MOVX    A, @Ri             ;((P2Ri))→A, i=0 或 1
MOVX    @DPTR, A            ;(A)→(DPTR)
MOVX    @Ri, A             ;(A)→(P2Ri)
```

这组指令的功能是在累加器 A 与外部数据存储器 RAM 或 I/O 口之间进行数据传送。

查表指令如下：

```
MOVC    A, @A+PC
MOVC    A, @A+DPTR
```

这是两条很有用的查表指令，它们可用来查找存放在程序存储器中的常数表格。其中第一条指令是以程序计数器 PC 作为基址寄存器，累加器 A 的内容作为无符号数偏移量与 PC 的内容（下一条指令的起始地址）相加，得到一个 16 位的地址，并将该地址指出的程序存储器单元的内容送入累加器 A。这条指令的优点是不改变特殊功能寄存器和 PC 的状态，只要根据 A 中的内容就可以取出表格中的常数。缺点是表格只能放在该条查表指令后面的 256 个单元之中，表格的大小受到限制，而且表格只能被一段程序所利用。第二条指令是以数据指针寄存器 DPTR 作为基址寄存器，累加器 A 的内容作为无符号数偏移量与 DPTR 的内容相加，得到一个 16 位的地址，并将该地址指出的程序存储器单元的内容送入累加器 A。这条查表指令的执行结果只与 DPTR 和累加器 A 的内容有关，而与该条指令存放的地址及常数表格存放的地址无关，因此表格的大小和位置可以在 64KB 的程序存储器中任意安排，并且一个表格可以为各个程序块所公用。

字节交换指令如下：

```
XCH     A, Rn              ;n=0~7
XCH     A, direct
XCH     A, @Ri             ;i=0 或 1
```

这组指令的功能是将累加器 A 的内容和源操作数的内容相互交换。

半字节交换指令如下：

```
XCHD A, @Ri              ;i=0 或 1
```

这条指令的功能是将累加器 A 的低 4 位内容和 R(i)所指出的内部 RAM 单元的低 4 位内

容相互交换。

3.3.4 控制转移指令

无条件短跳转指令如下：

AJMP addr11

这是 2KB 范围内的无条件跳转指令，它把程序存储器划分为 32 个区，每个区为 2KB，转移的目标地址必须与 AJMP 后面一条指令的第一个字节在同一个 2KB 的范围之内（即转移目标地址必须与 AJMP 下一条指令的地址 A15～A11 相同），否则将引起混乱。该指令执行时先将 PC 的内容加 2，然后将 11 位地址送入 PC.10～PC.0，而 PC.15～PC.11 保持不变。

相对转移指令如下：

SJMP rel

这是一条无条件跳转指令，执行时在(PC)+2 后，把指令中有符号偏移量 rel 加到 PC 上，计算出偏移地址。因此转移的目标地址可以在这条指令前 128B 到后 127B 之间。

长跳转指令如下：

LJMP addr16

这条指令执行时把指令的第 2 和第 3 字节分别装入 PC 的高 8 位和低 8 位字节中，无条件地转向指定的地址。转移的目标地址可以在 64KB 程序存储器地址空间的任何地方。

散转指令如下：

JMP @A+DPTR

这条指令的功能是把累加器 A 中的 8 位无符号数与数据指针 DPTR 中的 16 位数相加，结果作为下一条指令的地址送入 PC，不改变累加器 A 和数据指针 DPTR 的内容，也不影响标志。

条件转移指令是当满足某一特定条件时执行转移操作的指令。条件满足时转移（相当于一条相对转移指令），条件不满足时则顺序执行下面一条指令。转移的目的地址在以下一条指令的起始地址为中心的 256B 范围之内（-128～+127）。当条件满足时，把 PC 的值加到下一条指令的第一个字节地址，再把有符号的相对偏移量 rel 加到 PC 上，计算出转移地址。

条件转移指令如下：

JZ	rel	;(A)=0 时转移
JNZ	rel	;(A)≠0 时转移
JC	rel	;CY=1 时转移
JNC	rel	;CY=0 时转移
JB	bit, rel	;(bit)=1 时转移
JNB	bit, rel	;(bit)=0 时转移
JBC	bit, rel	;(bit)=1 时转移，并清"0" bit

8051 单片机没有专门的比较指令，但是提供了如下四条比较不相等转移指令：

```
CJNE    A,    direct, rel
CJNE    A,    #data,  rel
CJNE    Rn,   #data,  rel            ;n=0～7
CJNE    @Ri,  #data,  rel            ;i=0 或 1
```

这组指令的功能是比较前面两个操作数的大小，如果它们的值不相等则转移。在把 PC 的值加到下一条指令的起始地址后，再把指令最后一个字节的有符号相对偏移量加到 PC 上，计算出转移地址。如果第一操作数（无符号整数）小于第二操作数（无符号整数），则置"1"进位标志 CY，否则清"0" CY。不影响任何一个操作数的内容。

减 1 不为 0 转移指令如下：

```
DJNZ    Rn,     rel                 ;n=0～7
DJNZ    direct, rel
```

这组指令把源操作数（Rn、direct）的内容减 1，并将结果回送到源操作数中去。 如果相减的结果不为 0 则转移到由相对偏移量 rel 计算得到的目的地址。

8051 单片机提供了两条子程序调用指令，即短调用和长调用指令。短调用指令如下：

```
ACALL   addr11
```

这是一条 2KB 范围内的子程序调用指令。执行时先把 PC 的值加 2 获得下一条指令的地址，然后把获得的 16 位地址压进堆栈（PCL 先进栈 PCH 后进栈），并将堆栈指针 SP 的值加 2，最后把 PC 值的高 5 位与指令提供的 11 位地址 addr11 相连接（PC15～PC11，a10～a0），形成子程序的入口地址并送入 PC，使程序转向执行子程序。所调用的子程序的起始地址必须在与 ACALL 指令后面一条指令的第一个字节在同一个 2KB 区域的程序存储器中。

长调用指令如下：

```
LCALL   addr16
```

这条指令无条件地调用位于 16 位地址 addr16 处的子程序。它把 PC 的值加 3 以获得下条指令的地址并将其压入堆栈（先低位字节后高位字节），同时把 SP 的值加 2，接着把指令的第 2 和第 3 字节（A15～A8，A7～A0）分别装入 PC 的高 8 位和低 8 位字节中，然后从 PC 所指出的地址开始执行程序。LCALL 指令可以调用 64KB 范围内程序存储器中的任何一个子程序。不影响任何标志。

子程序返回指令如下：

```
RET
```

这条指令的功能是从堆栈中弹出 PC 的高 8 位和低 8 位字节，同时把 SP 的值减 2，并从 PC 指向的地址开始继续执行程序。不影响任何标志。

中断返回指令如下：

```
RETI
```

这条指令的功能与 RET 指令相似，不同的是它还清"0"单片机的内部中断状态标志。

空操作指令如下：

NOP

这条指令只完成(PC)+1，而不执行任何其他操作。

3.3.5 位操作指令

8051 单片机内部 RAM 中有一个位寻址区，还有一些特殊功能寄存器也可以位寻址，为此提供了丰富的位操作指令。

位数据传送指令如下：

```
MOV   C, bit
MOV   bit, C
```

这组指令的功能是把由源操作数指出的位变量送到目的操作数指定的位单元去。其中一个操作数必须为进位标志，另一个操作数可以是任何可寻址位。

位变量修改指令如下：

```
CLR   C              ;0→CY
CLR   bit            ;0→bit
CPL   C              ;对 CY 的内容取反
CPL   bit            ;对 bit 位取反
SETB C               ;"1"→CY
SETB bit             ;"1"→bit
```

这组指令对操作数所指出的位进行清"0"、取反、置"1"的操作，不影响其他标志。

位变量逻辑与指令如下：

```
ANL   C, bit
ANL   C, bit
```

这组指令的功能是将进位标志与指定的位变量（或位变量的取反值）相"与"，结果送到进位标志。不影响别的标志。

位变量逻辑或指令如下：

```
ORL   C, bit
ORL   C, bit
```

这组指令的功能是将进位标志与指定的位变量（或位变量的取反值）相"或"，结果送到进位标志。不影响别的标志。

附录 A 按指令功能列出了 8051 的全部指令。

3.4 汇编语言程序格式与伪指令

前面介绍了 8051 单片机的指令系统，实际应用中将这些指令按需要有序地排列成一段完整的程序，就可以完成某一特定的任务。通常把这种程序称为汇编语言源程序，它主要由指令助记符和一些汇编伪指令组成，而把可以直接在计算机上运行的机器语言程序称为目标程序，由汇编语言源程序转换为目标程序的过程称为"汇编"，可以通过查附录 A 的指令表将汇编语言源程序中的指令逐条翻译为机器代码，实际上现在已经有许多可以在个人计算机上运行的专门"汇编程序"（如 ASM51 等），能方便地将汇编语言源程序转换成目标代码。

8051 单片机汇编语言程序由若干条指令行组成，一般格式如下：

　　　　[标号:]　操作码，[操作数] [;注释]

　　其中，"标号"是可选项，它可用来表示程序的地址。"操作码"是 8051 单片机的指令助记符。"操作数"是可选项，它依赖于不同的 8051 指令，有些指令不需要操作数，有些指令则需要 1～3 个操作数，操作数可以是数字、符号或地址。十进制数以字符"D"为后缀，十六进制数以字符"H"为后缀，八进制数以字符"O"为后缀，二进制数以字符"B"为后缀，省略后缀时则默认为十进制数。立即数的前面须冠以符号"#"。"注释"也是可选项，它是为理解程序含义而加上的文字解释，注释文字前面必须有一个分号。

　　在对汇编语言源程序进行汇编时，8051 指令行将被转换为一一对应的目标代码，它们可以被单片机 CPU 执行。另外汇编语言源程序中还包含一些不能被单片机 CPU 执行的指令，称为"汇编伪指令"，它们仅提供汇编控制信息，用于在汇编过程中执行一些特殊操作，而不会被转换为目标代码。下面介绍一些常用的汇编伪指令。

1. 设置起始地址 ORG

一般格式：ORG　nnnn

　　其中，nnnn 为 4 位十六进制数，表示程序的起始地址。ORG 伪指令总是出现在每段程序的开始处，用于对该段程序在程序存储器中进行定位。需要注意的是，由 ORG 设置的程序空间地址应从小到大，并且不能重复。

例如：　　　　　ORG　1000H

　　　MAIN:　MOV　A，20H

　　　　　　　　...

表示该段程序在程序存储器中的起始地址为 1000H，换句话说，这里标号"MAIN"所代表的就是地址值 1000H。

2. 定义字节 DB

一般格式：[标号：] DB　项或项表

　　其中，"项或项表"是单个字节数据，或多个由逗号隔开的单字节数据，它们可以是数值，也可以是用引号括起来的 ASCII 字符串。DB 伪指令的功能是将项或项表的数据存入由标号（地址）开始的连续存储器单元之中。

例如：　　　ORG　1000H

　　　SEG1: DB　　53H，78H

　　　SEG2: DB　'THIS IS A TEST'

注意，项或项表若为数值，其范围为 00～FFH，若为字符串，其长度不能超过 80 个字符。

3. 定义字 DW

一般格式：[标号：] DW　项或项表

DW 的基本含义与 DB 相似，不同之处在于 DW 用于定义 16 位数据。

例如：　　　ORG　1000H

　　　TABLE: DW　1234H，78H

4．保留存储器空间 DS

一般格式：[标号：] DS 表达式

DS 伪指令的功能是从标号指定的存储器地址开始，保留由表达式的值规定的存储器空间单元。

例如：　　　ORG　1000H

　　　TEMP：　DS　10

本例表示从 TEMP 地址（1000H）开始保留 10 个连续的存储器单元。

5．伪标号赋值 EQU

一般格式：字符名 EQU 表达式

EQU 伪指令的功能是将表达式的值赋给"字符名"，"字符名"一旦赋值之后，它的值在整个程序中就不能再改变。注意。这里"字符名"与标号不同，它后面没有冒号。

例如：PPAGE EQU　9000H

　　　EN　　EQU　1

6．源程序结束 END

一般格式：END

END 是一个程序结束标志，通常放在汇编语言源程序的结尾。

3.5　应用程序设计

在进行应用程序设计时，首先要确定算法，算法的优劣很大程度上决定了程序的效率，另外还要尽可能画出程序框图，以便于分析程序流程。具体设计中还有主程序和子程序之分，主程序又称为前台程序，它通常是一个无穷循环，子程序又称为后台程序，它可以是各种功能子程序，也可以是中断服务子程序。在主程序中完成单片机系统的初始化，如内存单元清零、开放中断等。子程序一般完成某个具体任务，如数据采集、存储、运算等。一般在前台主程序的循环体中根据需要不断调用各种后台功能子程序，从而完成单片机应用系统规定的任务。

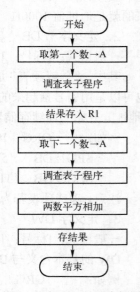

图 3-6　例 3-1 的程序框图

【例 3-1】　用程序实现 $c=a^2+b^2$，假设 a、b、c 分别存放于单片机片内 RAM 的 30H、31H、32H 三个单元。主程序通过调用子程序"SQR"用查表方式分别求得 a^2 和 b^2 的值，然后进行相加得到最后的 c 值。程序框图如图 3-6 所示。

主程序如下：

```
        ORG 0000H           ;程序的复位入口
START:  LJMP MAIN
        ORG 0030H           ;主程序入口
MAIN:   MOV 30H,#03         ;a=3
        MOV 31H,#04         ;b=4
        MOV A,30H           ;取得 a 值
        LCALL SQR           ;调查表子程序
        MOV R1,A            ;a²暂存于 R1 中
        MOV A,31H           ;取得 b 值
```

```
        LCALL SQR              ;调查表子程序
        ADD A,R1               ;计算 a²+b²
        MOV 32H,A              ;存结果
WAIT: SJMP $                   ;循环，等待
```

查表子程序如下：

```
        ORG 0F00H
SQR: MOV DPTR,#TAB
        MOVC A,@A+DPTR         ;查表求得平方值
        RET                   ;子程序返回
TAB: DB 0,1,4,9,16            ;平方表
        DB 25,36,49,64,81
        END                   ;程序结束
```

这是一个包含了主程序、子程序以及汇编伪指令的完整汇编语言程序例子，一般应用程序都可以参照这个方式编写，先编写一个主程序框架，再编写各个功能子程序，为了调用方便，应对子程序的入口和出口条件作尽可能详细地说明，并根据需要对主程序和子程序分别定位到适当的存储器地址，最后在主程序中通过调用子程序来完成所要求的任务。采用 Proteus 仿真本程序十分容易，仿真电路如图 3-7a 所示，先将例 3-1 添加为仿真源程序并编译连接，然后将生成的 HEX 文件装入 8051 单片机，运行到标号"WAIT"处暂停，此时再打开 8051 单片机内部存储器窗口，将观察到片内 30H、31H、32H 单元的内容如图 3-7b 所示。

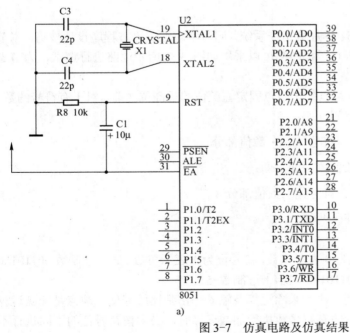
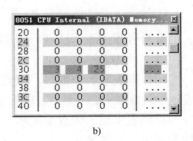

a)   b)

图 3-7   仿真电路及仿真结果

a) 例 3-1 仿真电路   b) 例 3-1 仿真结果

下面是一个利用循环实现软件延时 10ms 的子程序。

【例 3-2】   若单片机的晶振为 6MHz，则一个机器周期为 2μs。子程序的入口条件为：

(R0)=延时毫秒数，(R1)=1ms 预定值。出口条件为：定时时间到，返回。

		机器周期数
ORG 1000H		
DELAY: MOV R0, #10	;延时 10ms 值→R0	1
DL2:　　MOV R1, #MT	;1ms 预定值→R1	1
DL1:　　NOP	;延时 1 个机器周期	1
NOP	;延时 1 个机器周期	1
DJNZ R1, DL1	;1ms 延时循环	2
DJNZ R0, DL2	;10ms 延时循环	2
RET	;延时结束，返回	2

这是一个双重循环程序，内循环的预定值 MT 尚需计算。因为各条指令执行时所需要的机器周期数是确定的，预定延时时间也已经给定 1ms，故 MT 的值可以这样确定：

$$(1+1+2) \times 2 \times MT = 1000\mu s$$

$$MT = 125 = 7DH$$

将 7DH 代替程序中的 MT，即可以实现 10ms 的延时。上面计算中仅考虑了内循环的执行时间，若考虑其他指令的影响，该子程序的精确延时时间应为：

$$(1+2) \times 2 + \{(1+2) \times 2 + (1+1+2) \times 2 \times 125\} \times 10 = 10066\mu s$$

3.6　定点数运算子程序

为了帮助读者进一步熟悉 8051 单片机指令系统，同时学习汇编语言程序设计技巧，本节给出了一套定点数运算子程序。所有子程序都可以采用如图 3-7 所示电路进行调试，为节省篇幅不再给出 Proteus 仿真电路图。

定点数就是小数点固定的数，可以把小数点固定在数值的最高位之前，对于有符号的数，小数点应在符号位与最高数值位之间，即：

符号位　·数值部分

也可以把小数点固定在最低数值位后面，即：

符号位　数值部分·

有符号数的表示法有原码和补码两种。

（1）原码表示法

用原码表示一个数时，符号位为 0 表示正数，符号位为 1 表示负数。如二进制数 00110100 表示十进制数+52；而二进制数 10110100 表示十进制数-52。

原码表示法的优点是简单直观，执行乘除运算及输入输出都比较方便，缺点是加减运算较为复杂。一般来讲，对原码表示的有符号数执行加减运算时，必须按符号位的不同执行不同的运算，运算过程中符号位不直接参加运算。用原码表示的 0 有两个，即正 0(00000000)和负 0(10000000)。

（2）补码表示法

在计算机中一般都采用补码来表示带符号的数。正数的补码表示与原码相同，即最高位为 0，其余位为数值位。负数用补码表示时，最高位为 1，数值位要按位取反后再在最低位加 1，才是该负数的数值。例如，十进制数+51 的二进制补码为 00110011；而十进制数-51 的二进制补码为 11001101。

在补码表示法中，只有一个零（正 0），而数值位为 0 的负数为最小负数。8 位二进制数补码所能表示的数值范围为-128～+127。当负数采用补码表示后，可将减法运算转换成加法运算。例如十进制数+83 的 8 位二进制数补码为 01010011，十进制数-4 的 8 位二进制数补码为 11111100，从而

$$(83-4)_{10} = (83+(-4))_{10} = (01010011)_2 + (11111100)_2 = (01001111)_2 = (79)_{10}$$

补码表示法的优点是加减运算简单，可直接带符号位进行运算，缺点是乘除运算复杂。在执行补码加减运算时，有时会发生溢出，故需要对运算结果进行判断。例如：

$$(+123)_{10} + (+81)_{10} = (+204)_{10},$$

而采用 8 位二进制补码运算时，所能表示的最大值为$(+127)_{10}$，这种情况下就会发生溢出。

下面来分析补码运算时溢出的判断方法。

$$(+123)_{10} = (01111011)_2, \quad (81)_{10} = (01010001)_2$$

$$(01111011)_2 + (01010001)_2 = (11001100)_2$$

这时最高位（符号位）无进位，而次高位（即数值最高位）有进位，从而产生了溢出。由此可见，当带符号数进行补码加减运算时，如果符号位和数值最高位都有进位或者都无进位时，则运算结果没有溢出，否则有溢出。为了方便补码运算的溢出判断，8051 单片机中的特殊功能寄存器 PSW 中设置了一个 OV 位，专门用来表示补码运算中的溢出情况，OV=1 表示发生了补码运算溢出，OV=0 无溢出。

对于补码表示的数执行乘除运算时，常先将其转换成原码，再执行原码的乘除运算，最后再把积转换成补码。

【例 3-3】 双字节数取补子程序。将（R4R5）中的双字节数取补，结果送 R4R5。

```
CMPT: MOV A, R5
      CPL A
      ADD A, #1
      MOV R5, A
      MOV A, R4
      CPL A
      ADDC A, #0
      MOV R4, A
      RET
```

在一个采用位置表示法的数制中，数的左移和右移分别等价于执行乘以或除以基数的操作。对于一个十进制数，左移一位相当于乘以 10，右移一位相当于除以 10。对于二进制数，左移一位相当于乘以 2，右移一位相当于除以 2。由于一般带符号数的最高位为符号位，故在执行算术移位操作时，必须保持符号位不变，并且为了符合乘以或除以基数的要求，在向左或向右移位时，需选择适当的数字移入空位置。下面以带符号的二进制数为例，说明算术移位的规则。

1）正数：由于正数的符号位为 0，故左移或右移都移入 0。

2）原码表示的负数：由于负数的符号位为 1，故移位时符号位不参加移位，并保证左移或右移时都移入 0。

3）补码表示的负数：补码表示的负数左移操作与原码相同，移入 0。右移时，最高位应移入 1。由于负数的符号位为 1，正数的符号位为 0，故对补码表示的数执行右移操作时，最高位可移入符号位。

【例 3-4】 双字节原码数左移一位子程序。将（R2R3）左移一位，结果送 R2R3，不改变符号位，不考虑溢出。

```
DRL1: MOV A, R3
      CLR C
      RLC A
      MOV R3, A
      MOV A, R2
      RLC A
      MOV ACC.7, C          ;恢复符号位
      MOV R2, A
      RET
```

【例 3-5】 双字节原码右移一位子程序。将（R2R3）右移一位，结果送 R2R3，不改变符号位。

```
DRR1: MOV A, R2
      MOV C, ACC.7          ;保护符号位
      CLR ACC.7             ;移入 0
      RRC A
      MOV R2, A
      MOV A, R3
      RRC A
      MOV R3, A
      RET
```

【例 3-6】 双字节补码右移一位子程序。将（R2R3）右移一位，结果送 R2R3，不改变符号位。

```
CRR1: MOV A, R2
      MOV C, ACC.7          ;保护符号位
      RRC A                 ;移入符号位
      MOV R2 , A
      MOV A, R3
      RRC A
      MOV R3, A
      RET
```

补码表示的数可以直接相加，所以双字节无符号数加减程序也适用于补码的加减法。在

例 3-7 和例 3-8 中，当 OV=1 时表示补码运算发生溢出。

【例 3-7】 双字节无符号数加法子程序。将（R2R3）和（R6R7）两个无符号数相加，结果送 R4R5。

```
NADD： MOV A，R3
       ADD A，R7
       MOV R5，A
       MOV A，R2
       ADDC A，R6
       MOV R4，A
       RET
```

【例 3-8】 双字节无符号数减法子程序。将（R2R3）和（R6R7）两个双字节数相减，结果送 R4R5。

```
NSUB1： MOV A，R3
        CLR C
        SUBB A，R7
        MOV R5，A
        MOV A，R2
        SUBB A，R6
        MOV R4，A
        RET
```

对于原码表示的数，不能直接执行加减法运算，必须先按操作数的符号决定运算种类，然后再对数值部分进行操作。对加法运算，首先要判断两个数的符号位是否相同，若相同，则执行加法（注意，这时加法只对数值部分进行，不包括符号位），加法结果有溢出，则最终结果溢出，无溢出时，结果的符号位与被加数相同。如两个数的符号位不同，则执行减法，够减时，结果的符号位等于被加数的符号位，如果不够减，则应对差取补，而结果的符号位等于加数的符号位。对于减法运算，只需先把减数的符号位取反，然后执行加法运算。设被加数（或被减数）为 A，它的符号位为 A_0，数值为 A^*，加数（或减数）为 B，它的符号位为 B_0，数值为 B^*，A、B 均为原码表示的数，则按上述算法可得出如图 3-8 所示的原码加减运算程序框图。

【例 3-9】 双字节原码加减运算子程序。（R2R3）和（R6R7）为两个原码表示的数，最高位为符号位，求（R2R3）±（R6R7）结果送 R4R5。程序中 DADD 为原码加法子程序入口，DSUB 为原码减法子程序入口。出口时 CY=1 发生溢出，CY=0 为正常。

```
DSUB: MOV A, R6              ;减法入口
      CPL ACC.7             ;取反符号位
      MOV R6, A
DADD: MOV A, R2              ;加法入口
      MOV C, ACC.7
      MOV F0, C              ;保存被加数符号位
      XRL A, R6
```

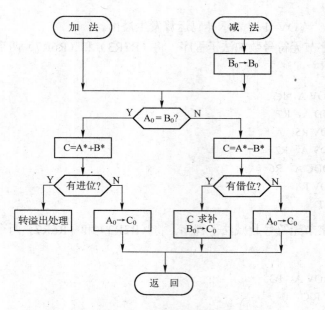

图 3-8　原码加减运算程序框图

```
        MOV C, ACC.7              ;C=1，两数异号，C=0，两数同号
        MOV A, R2
        CLR ACC.7                 ;清 0 被加数符号
        MOV R2, A
        MOV A, R6
        CLR ACC.7                 ;清 0 加数符号
        MOV R6, A
        JC DAB2
        ACALL NADD                ;同号执行加法
        MOV A, R4
        JB ACC.7, DABE
DAB1:   MOV C, F0                 ;恢复结果的符号
        MOV ACC.7, C
        MOV R4, A
        RET
DABE:   SETB C
        RET                       ;溢 出
DAB2:   ACALL NSUB1               ;异号执行减法
        MOV A, R4
        JNB ACC.7, DAB1
        ACALL CMPT                ;不够减，取补
        CPL F0                    ;符号位取反
        SJMP DAB1
```

　　二进制数的乘法运算可以仿照十进制数进行，下式说明了两个二进制数 A=1011 和 B=1001 手算乘法步骤：

$$\begin{array}{r} 1011 \\ \times \quad 1001 \\ \hline 1011 \\ 0000 \\ 0000 \\ 1011 \\ \hline 1100011 \end{array}$$

被乘数
乘数
第一次部分积
第二次部分积
第三次部分积
第四次部分积
累计乘积

在手算过程中，先形成所有的部分积，然后在适当的位置上将这些部分积进行累加。由于计算机一次只能完成两个数相加，故对部分积的累加必须通过多次相加才能实现。把手算乘法改成用重复加法实现的过程如下：

1）清 0 累计乘积。

2）从最低位开始检查各个乘数位。

3）如乘数位为 1，将被乘数加到累计积，否则不加。

4）左移一位被乘数。

5）步骤 1）～4）重复 n 次（n 为字长）。

在实际程序中实现该算法时，把结果单元与乘数联合组成一个双倍字，将左移被乘数改为右移结果单元与乘数，这样一方面可以简化加法，另一方面可以用右移来完成乘数最低位的检查，得到的最终结果为双倍位字。图 3-9 所示为完成该算法的流程图，图 3-10 所示为具体程序框图。

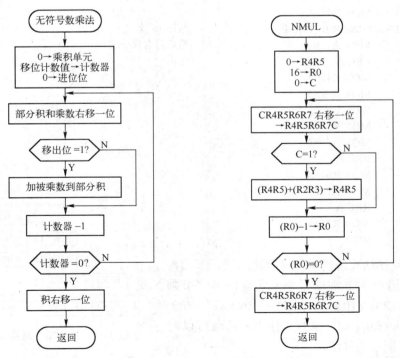

图 3-9　无符号二进制乘法流程图　　　　图 3-10　无符号双字节乘法程序框图

【例 3-10】　无符号二进制乘法程序。将（R2R3）和（R6R7）两个双字节无符号数相乘，结果送 R4R5R6R7。

```
        NMUL：MOV R4，#0
              MOV R5，#0
              MOV R0，#16                    ;16 位二进制数
              CLR C
        NMLP：MOV A，R4                       ;右移一位
              RRC A
              MOV R4，A
              MOV A，R5
              RRC A
              MOV R5，A
              MOV A，R6
              RRC A
              MOV R6，A
              MOV A，R7
              RRC A
              MOV R7，A
              JNC NMLN                       ;C 为移出的乘数最低位，若为 0，不执行加法
              MOV A，R5                       ;执行加法
              ADD A，R3
              MOV R5，A
              MOV A，R4
              ADDC A，R2
              MOV R4，A
        NMLN：DJNZ R0，NMLP                   ;循环 16 次
              MOV A，R4                       ;最后再右移一位
              RRC A
              MOV R4，A
              MOV A，R5
              RRC A
              MOV R5，A
              MOV A，R6
              RRC A
              MOV R6，A
              MOV A，R7
              RRC A
              MOV R7，A
              RET
```

使用重复加法实现的乘法速度比较慢，下面再介绍一种利用单字节乘法指令来实现的多字节乘法。因为 (R2R3) × (R6R7)=((R2) × (R6)) ×2^{16}+((R2) ×(R7)+(R3) × (R6)) ×2^8+(R3) × (R7)，从而可以得到如图 3-11 所示的算法。

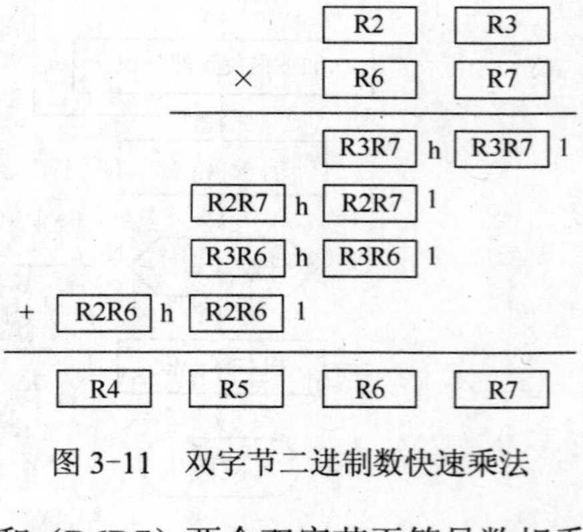

图 3-11　双字节二进制数快速乘法

【例 3-11】　无符号双字节快速乘法。将（R2R3）和（R6R7）两个双字节无符号数相乘，结果送 R4R5R6R7。

```
QMUL: MOV A，R3
      MOV B，R7
      MUL AB              ;R3×R7
      XCH A，R7           ;R7=(R3×R7)L
      MOV R5，B           ;R5=(R3×R7)H
      MOV B，R2
      MUL AB              ;R2×R7
      ADD A，R5
      MOV R4，A
      CLR A
      ADDC A，B
      MOV R5，A           ;R5=(R2×R7)H
      MOV A，R6
      MOV B，R3
      MUL AB              ;R3×R6
      ADD A，R4
      XCH A，R6
      XCH A，B
      ADDC A，R5
      MOV R5，A
      MOV F0，C           ;暂存 CY
      MOV A，R2           ;R2×R6
      MUL AB
      ADD A，R5
      MOV R5，A
      CLR A
      MOV ACC.0，C
      MOV C，F0           ;加以前加法的进位
      ADDC A，B
      MOV R4，A
      RET
```

对原码表示的带符号的二进制数乘法，只需要在乘法之前，先按正正得正、负负得正、正负得负的原则，得出积的符号，然后清零符号位，执行无符号乘法，最后送积的符号。设被乘数为 A，其符号为 A_0，数值为 A^*，乘数 B 的符号位为 B_0，数值为 B^*，积 C 的符号位为 C_0 数值为 C^*，可得原码带符号数的算法如图 3-12 所示。

【例 3-12】 将（R2R3）和（R6R7）中两个原码有符号数相乘，结果送 R4R5R6R7，操作数的符号位在最高位。

```
IMUL: MOV A，R2
      XRL A，R6
      MOV C，ACC.7
      MOV F0，C           ;暂存积的符号
      MOV A，R2
      CLR ACC.7          ;清 0 被乘数符号位
      MOV R2，A
      MOV A，R6
```

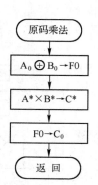

图 3-12 原码带符号数
乘法框图

```
CLR ACC.7              ;清 0 乘数符号位
MOV R6，A
ACALL NMUL             ;调用无符号双字节乘法子程序
MOV A，R4
MOV C，F0              ;回送积的符号
MOV ACC.7，C
MOV R4，A
RET
```

二进制数除法也可以采用类似于人工手算除法的方法来实现。首先对被除数高位和除数进行比较，如果被除数高位大于除数，则商位为 1，并从被除数减去除数，形成一个部分余数；如果被除数高位小于除数，商位为 0，且不执行减法。接着把部分余数左移一位，并与除数再次进行比较。如此循环直至被除数的所有位都处理完为止。一般商如果为 n 位，则需循环 n 次。这种除法先比较被除数和除数的大小，根据比较结果确定商为 1 或 0，并且当商为 1 时才执行减法，我们称之为比较法。一般情况下，如果除数和商均为双字节，则被除数为 4 个字节，如果被除数的高两个字节大于或等于除数，则商不能用双字节表示，此时为溢出。所以在除法之前先检验是否会发生溢出，如果溢出则置溢出标志不执行除法。比较除法的流程如图 3-13 所示，具体程序框图如图 3-14 所示。在图 3-14 中（R2R3R4R5）为被除数，其中 R4R5 又用于存放商，F0 作为溢出标志位，商 1 采用 R5 加 1 的方法，商 0 则不操作，因为此时 R5 的最低位为 0。

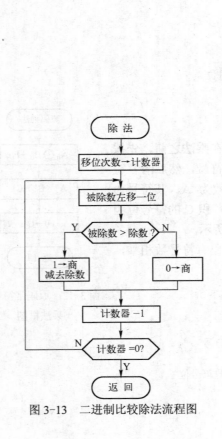

图 3-13　二进制比较除法流程图

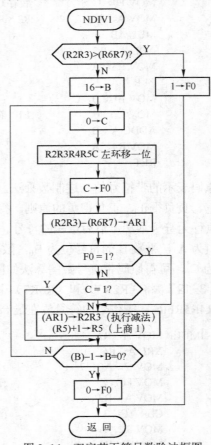

图 3-14、双字节无符号数除法框图

【例 3-13】 将（R2R3R4R5）和（R6R7）中两个无符号数相除，结果商送 R4R5，余数送 R2R3。

```
    NDIV1：MOV A，R3              ;先比较是否发生溢出
          CLR C
          SUBB A，R7
          MOV A，R2
          SUBB A，R6
          JNC NDVE1
          MOV B，#16             ;无溢出，执行除法
    NDVL1：CLR C                 ;执行左移 1 位，移入为 0
          MOV A，R5
          RLC A
          MOV R5，A
          MOV A，R4
          RLC A
          MOV R4，A
          MOV A，R3
          RLC A
          MOV R3，A
          XCH A，R2
          RLC A
          XCH A，R2
          MOV F0，C              ;保存移出的最高位
          CLR C
          SUBB A，R7             ;比较部分余数与除数
          MOV R1，A
          MOV A，R2
          SUBB A，R6
          JB F0，NDVM1
          JC NDVD1
    NDVM1：MOV R2，A             ;执行减法（回送减法结果）
          MOV A，R1
          MOV R3，A
          INC R5                ;商为 1
    NDVD1：DJNZ B，NDVL1         ;循环 16 次
          CLR F0                ;正常出口
          RET
    NDVE1：SETB F0              ;溢出
          RET
```

有符号数原码除法与原码乘法一样，只要在除法之前先计算商的符号（同号为正，异号为负），然后清 0 符号位，执行不带符号的除法，最后送商的符号。

【例 3-14】 原码带符号数双字节除法。将（R2R3R4R5）和（R6R7）两个原码带符号数

58

相除，结果送 R4R5，符号位在操作数的最高位。

```
    IDIV:  MOV A，R2
           XRL A，R6
           MOV C，ACC.7
           MOV 00H，C            ;保存符号位
           MOV A，R2
           CLR ACC.7             ;清 0 被除数符号位
           MOV R2，A
           MOV A，R6
           CLR ACC.7             ;清 0 除数符号位
           MOV R6，A
           ACALL NDIV1           ;调用无符号双字节除法子程序
           MOV A，R4
           JB ACC.7，IDIVE
           MOV C，00H            ;回送商的符号
           MOV ACC.7，C
           MOV R4，A
           RET
    IDIVE: SETB F0               ;溢出
           RET
```

复习思考题

1. 8051 单片机指令系统有哪几种寻址方式？

2. 写出下列指令的寻址方式。

（1）JZ   20H

（2）MOV   A，R2

（3）MOV   DPTR，#4012H

（4）MOV   A，@R0

（5）MOVC   A，@A＋PC

（6）MOV   C，20H

（7）MOV   A，20H

3. 已知 A=7AH R0=30H，(30H)=A6H，PSW=81H，写出以下各条指令执行之后的结果。

（1）XCH A，R0

（2）XCH A，30H

（3）XCH A，@R0

（4）XCHD A，@R0

（5）SWAP A

（6）ADD A，R0

（7）ADD A，30H

（8）ADD A，#30H

（9）ADDC A，30H

（10）SUBB A，30H

（11）SUBB A， #30H

（12）DA A

（13）RL A

（14）RLC A

（15）CJNE A，#30H，00H

（16）CJNE A，30H，00H

4. 指出以下哪些指令是不存在的，并改用其他指令（或 n 条指令）来实现预期的指令功能。

（1）MOV 20H，30H

（2）MOV R1，R2

（3）MOV @R3 ，20H

（4）MOV DPH，30H

（5）MOV C，PSW.1

（6）MOVX R2 @DPTR

（7）XCH R1，R2

5. 设 A=83H，R0=17H，(17H)=34H，问执行以下指令后，A 的值等于什么？

```
ANL A, #17H
ORL 17H, A
XRL A, @R0
CPL A
```

6. 若 SP=26H，PC=2346H，标号 LABEL 所在的地址为 3466H，问执行长调用指令 LCALL LABEL 后，堆栈指针和堆栈的内容发生什么变化？PC 的值等于什么？

7. 若已知 A=76H，PSW=81H，转移指令所在地址为 2080H，当执行以下指令后，程序是否发生转移？PC 的值等于多少？

（1）JNZ 12H

（2）JNC 34H

（3）JB P，66H

（4）JBC AC，78H

（5）CJNE A，#50H，9AH

（6）DJNZ PSW，0BCH

8. 若已知 40H 单元的内容为 08H，下列程序执行之后 40H 单元的内容变为多少？

```
MOV  R1, #40H
MOV  A, @R1
RL   A
MOV  R0, A
RL   A
RL   A
ADD  A, R0
```

MOV @R1，A

9．试编写程序，将片外 8000H 开始的 16 个连续单元清 0。

10．按下面要求编程。

$$(51H) = \begin{cases} -1; & 若（50H）\leqslant 20 \\ 0; & 若\ 20 <（50H）< 40 \\ -1; & 若（50H）\geqslant 40 \end{cases}$$

11．试编写查表程序求 0～8 之间整数的平方。

12．有一个 16 位无符号二进制原码数存放于 50H、51H 单元，编程实现全部二进制数左移一位。

13．两个 16 位有符号二进制原码数分别存放于 30H、31H 单元和 40H、41H 单元，编写用子程序调用方式实现这两个有符号二进制原码数相乘的程序。

14．设计 LED 灯移位程序，要求 P1 口引脚上所接的 8 只发光二极管每次点亮一个，用延时子程序方式实现顺序从低位到高位循环点亮。

15．设计 LED 灯闪烁程序，用延时子程序方式实现 P1 口引脚上所接的 8 个发光二极管交叉点亮。

第 4 章　Keil C51 应用程序设计

4.1　Keil C51 程序设计的基本语法

  Keil C51 是一种专为 8051 单片机设计的高级语言 C 编译器，支持符合 ANSI 标准的 C 语言进行程序设计，同时针对 8051 单片机自身特点作了一些特殊扩展。C 语言对语法的限制不太严格，用户在编写程序时有较大的自由，但它毕竟还是一种程序设计语言，与其他计算机语言一样，采用 C 语言进行程序设计时，仍需要遵从一定的语法规则。为了帮助以前惯于使用汇编语言编程的单片机用户尽快掌握 C51 编程技术，本章对 Keil C51 的一些基本知识和特点进行简要阐述。

4.1.1　Keil C51 程序的一般结构

  与标准 C 语言相同，C51 程序由一个或多个函数构成，其中至少应包含一个主函数 main( )。程序执行时一定是从 main( )函数开始，调用其他函数后又返回 main( )函数，被调函数如果位于主调函数前面可以直接调用，否则要先说明后调用，这里函数与汇编语言中的子程序类似，函数之间也可以互相调用。C51 程序一般结构如下：

```
预处理命令              /*用于包含头文件等 */
全局变量说明            /*全局变量可被本程序的所有函数引用 */
函数 1 说明
……
函数 n 说明

/*主函数 */
main( ){
    局部变量说明；        /*局部变量只能在所定义的函数内部引用 */
    执行语句；
    函数调用(形式参数表)；
}

/*其他函数定义 */
函数 1(形式参数说明){
    局部变量说明；        /*局部变量只能在所定义的函数内部引用 */
    执行语句；
    函数调用(形式参数表)；
}
……
函数 n(形式参数说明){
    局部变量说明；        /*局部变量只能在所定义的函数内部引用 */
```

```
      执行语句；
      函数调用(形式参数表)；
   }
```

由此可见，C51 程序是由函数所组成的，函数之间可以相互调用，但 main( )函数只能调用其他功能函数，不能被其他函数调用。其他功能函数可以是 C51 编译器提供的库函数，也可以由用户按实际需要自行编写。不管 main( )函数处于程序中的什么位置，程序总是从 main( )函数开始执行。编写 C51 程序时要注意如下几点：

- 函数以花括号"{"开始，以花括号"}"结束，包含在"{}"以内的部分称为函数体。花括号必须成对出现，如果一个函数内有多对花括号，则最外层花括号为函数体的范围。为使程序增加可读性，便于理解，可以采用缩进式书写。
- C51 程序没有行号，书写格式自由，一行内可以书写多条语句，一条语句也可以分写在多行上。
- 每条语句最后必须以一个分号"；"结尾，分号是 C51 程序的必要组成部分。
- 每个变量必须先定义后引用。在函数内部定义的变量为局部变量，又称为内部变量，只有定义它的那个函数之内才能够使用。在函数外部定义的变量为全局变量，又称为外部变量，在定义它的那个程序文件中的函数都可以使用它。
- 对程序语句的注释必须放在双斜杠"//"之后，或者放在"/*……*/"之内。

4.1.2 数据类型

C51 数据类型可分为基本数据类型和复杂数据类型，复杂数据类型由基本数据类型构造而成。基本数据类型有 char（字符型）、int（整型）、long（长整型）、float（浮点型）、*（指针型），Keil C51 编译器除了支持以上基本数据类型之外，还支持以下扩充数据类型。

bit：位类型。可定义一个位变量，但不能定义位指针，也不能定义位数组。

sfr：特殊功能寄存器。可以定义 8051 单片机的所有内部 8 位特殊功能寄存器。sfr 型数据占用一个内存单元，其取值范围是 0～255。

sfr16：16 位特殊功能寄存器。它占用两个内存单元，取值范围是 0～65535，可以定义 8051 单片机内部 16 位特殊功能寄存器。

sbit：可寻址位。可以定义 8051 单片机内部 RAM 中的可寻址位或特殊功能寄存器中的可寻址位。

例如，采用采出如下语句可以将 8051 单片机 P0 口地址定义为 80H，将 P0.1 位定义为 FLAG1。

```
      sfr P0=80H；
      sbit FLAG1=P0^1；
```

表 4-1 列出了 Keil C51 编译器能够识别的数据类型。

表 4-1 Keil C51 编译器能够识别的数据类型

数 据 类 型	长　　度	值　　域
unsigned char	单字节	0～255
signed char	单字节	−128～127

数 据 类 型	长　度	值　域
unsigned int	双字节	0～65536
signed int	双字节	−32768～32767
unsigned long	四字节	0～4294967295
signed long	四字节	−2147483648～2147483647
float	四字节	±1.175494E−38～±3.402823E+38
*	1～3 字节	对象的地址
bit	位	0 或　1
sfr	单字节	0～255
sfr16	双字节	0～65536
sbit	位	0 或　1

4.1.3　常量、变量及其存储模式

常量包括整型常量（整型常数）、浮点型常量（有十进制表示形式和指数表示形式）、字符型常量（单引号内的字符，如 'a'）及字符串常量（双引号内的单个或多个字符，如"a"、"Hello"）等。

变量是一种在程序执行过程中其值能不断变化的量。使用一个变量之前，必须先进行定义，用一个标识符作为变量名并指出它的数据类型和存储模式，以便编译系统为它分配相应的存储单元。在 C51 中对变量进行定义的格式如下：

[存储种类] 数据类型　[存储器类型]　变量名表；

其中，"存储种类"和"存储器类型"是可选项。变量的存储种类有四种：自动（auto）、外部（extern）、静态（static）和寄存器（register）。定义变量时如果省略存储种类选项，则该变量将为自动（auto）变量。定义变量时除了需要说明其数据类型之外，Keil C51 编译器还允许说明变量的存储器类型。对于每个变量可以准确地赋予其存储器类型，使之能够在 8051 单片机系统内准确地定位。

表 4-2 列出了 Keil C51 编译器所能识别的存储器类型。

表 4-2　Keil C51 编译器所能识别的存储器类型

存储器类型	说　明
DATA	直接寻址的片内数据存储器（128B），访问速度最快。
BDATA	可位寻址的片内数据存储器（16B），允许位与字节混合访问。
IDATA	间接访问的片内数据存储器（256B），允许访问全部片内地址。
PDATA	分页寻址的片外数据存储器（256B），用 MOVX @Ri 指令访问。
XDATA	片外数据存储器（64KB），用 MOVX @DPTR 指令访问。
CODE	程序存储器（64KB），用 MOVC @A+DPTR 指令访问。

下面是一些变量定义的例子。

```
char data var1;                    /*在 DATA 区定义字符型变量 var1 */
```

```
int    idata var2;                  /*在 IDATA 区定义整型变量 var2 */
char code text[ ]="ENTER PARAMETER:";   /*在 CODE 区定义字符串数组 text[ ] */
long xdata array [100];        /*在 XDATA 区定义长整型数组变量 array[100] */
extern float idata x,y,z;      /*在 idata 区定义外部浮点型变量 x, y, z  */
char bdata flags;              /*在 bdata 区定义字符型变量 flags */
sbit flag0=flags^0;           /*在 bdata 区定义可位寻址变量 flag0 */
sfr P0=ox80;                  /*定义特殊功能寄存器 P0 */
```

定义变量时如果省略"存储器类型"选项，则按编译时使用的存储器模式 SMALL、COMPACT 或 LARGE 来规定默认存储器类型，确定变量的存储器空间，函数中不能采用寄存器传递的参数变量和过程变量也保存在默认的存储器空间。Keil C51 编译器的三种存储器模式对变量的影响如下：

1. SMALL

变量被定义在 8051 单片机的片内数据存储器中，对这种变量的访问速度最快。另外，所有的对象，包括堆栈，都必须位于片内数据存储器中，而堆栈的长度是很重要的，实际栈长取决于不同函数的嵌套深度。

2. COMPACT

变量被定义在分页寻址的片外数据存储器中，每一页片外数据存储器的长度为 256B。这时对变量的访问是通过寄存器间接寻址（MOVX @Ri）进行的，堆栈位于 8051 单片机片内数据存储器中。采用这种编译模式时，变量的高 8 位地址由 P2 口确定，低 8 位地址由 R0 或 R1 的内容决定。采用这种模式的同时，必须适当改变启动配置文件 STARTUP.A51 中的参数：PDATASTART 和 PDATALEN；在用 BL51 进行连接时，还必须采用连接控制命令"PDATA"对 P2 口地址进行定位，这样才能确保 P2 口为所需要的高 8 位地址。

3. LARGE

变量被定义在片外数据存储器中（最大可达 64KB），使用数据指针 DPTR 来间接访问变量（MOVX @DPTR）。这种访问数据的方法效率不高，尤其是对于 2 个以上字节的变量，用这种方法相当影响程序代码长度。

表 4-3 所示为 Keil C51 编译器在不同编译模式下的存储器类型。

表 4-3　Keil C51 编译器在不同编译模式下的存储器类型

编 译 模 式	存储器类型
SMALL	DATA
COMPACT	PDATA
LARGE	XDATA

4.1.4　运算符与表达式

KeilC51 对数据有很强的表达能力，具有十分丰富的运算符。运算符就是完成某种特定运算的符号，表达式则是由运算符及运算对象所组成的具有特定含义的一个式子。在任意一个表达式的后面加一个分号"；"就构成了一个表达式语句。由运算符和表达式可以组成 C51 程序的各种语句。

运算符按其在表达式中所起的作用，可分为赋值运算符、算术运算符、增量与减量运算符、关系运算符、逻辑运算符、位运算符、复合赋值运算符、逗号运算符、条件运算符、指针和地址运算符、强制类型转换运算符等。

1. 赋值运算符

在 C51 程序中，符号"="称为赋值运算符，它的作用是将一个数据的值赋给一个变量，利用赋值运算符将一个变量与一个表达式连接起来的式子称为赋值表达式，在赋值表达式的后面加一个分号";"便构成了赋值语句。在使用赋值运算符"="时应注意不要与关系运算符"=="相混淆。

2. 算术运算符

C 语言中的算术运算符有+（加或取正值）运算符、-（减或取负值）运算符、*（乘）运算符、/（除）运算符、%（取余）运算符。

这些运算符中对于加、减和乘法符合一般的算术运算规则，除法运算有所不同，如果是两个整数相除，其结果为整数，舍去小数部分，如果是两个浮点数相除，其结果为浮点数。取余运算要求两个运算对象均为整型数据。

算术运算符将运算对象连接起来的式子即为算术表达式。在求一个算术表达式的值时，要按运算符的优先级别进行。算术运算符中取负值（-）的优先级最高，其次是乘法（*）、除法（/）和取余（%）运算符，加法（+）和减法（-）运算符的优先级最低。需要时可在算术表达式中采用圆括号来改变运算符的优先级，括号的优先级最高。

3. 增量和减量运算符

C51 中除了基本的加、减、乘、除运算符之外，还提供一种特殊的运算符：

++（增量）运算符、--（减量）运算符。

增量和减量是 C51 中特有的一种运算符，它们的作用分别是对运算对象作加 1 和减 1 运算。增量运算符和减量运算符只能用于变量，不能用于常数或表达式，在使用中要注意运算符的位置。例如，++i 与 i++的意义完全不同，前者为在使用 i 之前先使 i 加 1，而后者则是在使用 i 之后再使 i 的值加 1。

4. 关系运算符

C 语言中有 6 种关系运算符：

>（大于）、<（小于）、>=（大于等于）、<=（小于等于）、==（等于）、!=（不等于）。

前 4 种关系运算符具有相同的优先级，后两种关系运算符也具有相同的优先级；但前 4 种的优先级高于后 2 种。用关系运算符将两个表达式连接起来即成为关系表达式。

5. 逻辑运算符

C51 中有 3 种逻辑运算符：

||（逻辑或）、&&（逻辑与）、!（逻辑非）。

逻辑运算符用来求某个条件式的逻辑值，用逻辑运算符将关系表达式或逻辑量连接起来即为逻辑表达式。

关系运算符和逻辑运算符通常用来判别某个条件是否满足，关系运算和逻辑运算的结果只有 0 和 1 两种值。当所指定的条件满足时结果为 1，条件不满足时结果为 0。

上面几种运算符的优先级为（由高至低）：逻辑非→算术运算符→关系运算符→逻辑与→逻辑或。

6．位运算符

C51 中共有 6 种位运算符：

~（按位取反）、<<（左移）、>>（右移）、&（按位与）、^（按位异或）、|（按位或）。

位运算符的作用是按位对变量进行运算，并不改变参与运算的变量的值。若希望按位改变运算变量的值，则应利用相应的赋值运算。例如先用赋值语句 a=0xEA；将变量 a 赋值为 0xEA，接着对变量 a 进行移位操作 a<<2；其结果是将十六进制数 0xEA 左移 2 位，移空的 2 位补 0，移出的 2 位丢弃，移位的结果为 0xA8，而变量 a 的值在执行后仍为 0xEA!如果希望变量 a 在执行之后为移位操作的结果，则应采用语句 a=a<<2。另外位运算符不能用来对浮点型数据进行操作。位运算符的优先级从高到低依次是：按位取反（~）→左移（<<）和右移（>>）→按位与（&）→按位异或（^）→按位或（|）。

7．复合赋值运算符

在赋值运算符"="的前面加上其他运算符，就构成了所谓复合赋值运算符，C51 中共有 10 种复合赋值运算符：

+=（加法赋值）、-=（减法赋值）、*=（乘法赋值）、/=（除法赋值）、%=（取模赋值）、<<=（左移位赋值）、>>=（右移位赋值）、&=（逻辑与赋值）、|=（逻辑或赋值）、^=（逻辑异或赋值）、~=（逻辑非赋值）。

复合赋值运算首先对变量进行某种运算，然后将运算的结果再赋给该变量。采用复合赋值运算符，可以使程序简化，同时还可以提高程序的编译效率。

8．逗号运算符

在 C51 程序逗号","是一个特殊的运算符，可以用它将两个（或多个）表达式连接起来，称为逗号表达式。程序运行时对于逗号表达式的处理，是从左至右依次计算出各个表达式的值，而整个逗号表达式的值是最右边表达式（即表达式 n）的值。

在许多情况下，使用逗号表达式的目的只是为了分别得到各个表达式的值，而并不一定要得到和使用整个逗号表达式的值。另外还要注意，并不是在程序的任何地方出现的逗号，都可以认为是逗号运算符。有些函数中的参数也是用逗号来间隔的，例如库输出函数 printf（"\n%d %d %d",a,b,c）中的"a,b,c"是函数的三个参数，而不是一个逗号表达式。

9．条件运算符

条件运算符"？："是 C51 中唯一的一个三目运算符，它要求有三个运算对象，用它可以将三个表达式连接构成一个条件表达式。条件表达式的一般形式如下：

逻辑表达式　？　表达式 1：　表达式 2

其功能是首先计算逻辑表达式，当值为真（非 0 值）时，将表达式 1 的值作为整个条件表达式的值；当逻辑表达式的值为假（0 值）时，将表达式 2 的值作为整个条件表达式的值。例如：条件表达式 max=（a>b）? a:b 的执行结果是将 a 和 b 中较大者赋值给变量 max。另外，条件表达式中逻辑表达式的类型可以与表达式 1 和表达式 2 的类型不一样。

10．指针和地址运算符

指针是 C51 中一个十分重要的概念，C51 中专门规定了一种指针类型的数据。变量的指针就是该变量的地址，还可以定义一个指向某个变量的指针变量。为了表示指针变量和它所指向的变量地址之间的关系，C51 提供了两个专门的运算符：

*（取内容）、&（取地址）。

取内容和取地址运算的一般形式分别为

> 变量 = * 指针变量
> 指针变量 = & 目标变量

取内容运算的含义是将指针变量所指向的目标变量的值赋给左边的变量；取地址运算的含义是将目标变量的地址赋给左边的变量。需要注意的是，指针变量中只能存放地址（即指针型数据），不要将一个非指针类型的数据赋值给一个指针变量。例如下面的语句完成对指针变量赋值（地址值）：

```
char data *p            /*定义指针变量 */
p = 30H                 /*给指针变量赋值，30H 为 8051 片内 RAM 地址 */
```

11. C51 对存储器和特殊功能寄存器的访问

虽然可以采用指针变量来对存储器地址进行操作，由于 8051 单片机存储器结构自身的特点，仅用指针方式访问有时会感觉不太方便，C51 提供了另外一种访问方法，即利用库函数中的绝对地址访问头文件 "absacc.h" 来访问不同区域的存储器以及片外扩展 I/O 端口。在 "absacc.h" 头文件中进行了如下宏定义：

> CBYTE[地址] (访问 CODE 区 char 型)
> DBYTE[地址] (访问 DATA 区 char 型)
> PBYTE[地址] (访问 PDATA 区或 I/O 端口 char 型)
> XBYTE[地址] (访问 XDATA 区或 I/O 端口 char 型)
> CWORD[地址] (访问 CODE 区 int 型)
> DWORD[地址] (访问 DATA 区 int 型)
> PWORD[地址] (访问 PDATA 区或 I/O 端口 int 型)
> XWORD[地址] (访问 XDATA 区或 I/O 端口 int 型)

下面语句完成向片外扩展端口地址 7FFFH 写入一个字符型数据：

> XBYTE[0x7FFF] = 0x80;

下面语句将 int 型数据 0x9988 送入外部 RAM 单元 0000H 和 0001H：

> XWORD[0] = 0x9988;

如果采用如下语句定义一个 D/A 转换器端口地址：

> #define DAC0832 XBYTE[0x7FFF]

那么程序文件中所有出现 DAC0832 的地方，就是对地址为 0x7FFFH 的外部 RAM 单元或 I/O 端口进行访问。

8051 单片机具有 100 多个品种，为了方便访问不同品种单片机内部特殊功能寄存器，C51 提供了多个相关头文件，如 reg51.h、reg52.h 等，在头文件中对单片机内部特殊功能寄存器及其有位名称的可寻址位进行了定义，编程时只要根据所采用的单片机，在程序文件开始处用文件包含处理命令 "#include" 将相关头文件包含进来，然后就可以直接引用特殊功能寄存器

（注意必须采用大写字母），例如，由下面语句完成的 8051 定时方式寄存器 TMOD 的赋值：

```
#include <reg51.h>
TMOD = 0x20;
```

12. 强制类型转换运算符

C 语言中的圆括号 "( )" 也可作为一种运算符使用，这就是强制类型转换运算符，它的作用是将表达式或变量的类型强制转换成为所指定的类型。在 C51 程序中进行算术运算时，需要注意数据类型的转换，数据类型转换分为隐式转换和显式转换。隐式转换是在对程序进行编译时由编译器自动处理的，并且只有基本数据类型（即 char、int、long 和 float）可以进行隐式转换。其他数据类型不能进行隐式转换，例如，不能把一个整型数利用隐式转换赋值给一个指针变量，在这种情况下就必须利用强制类型转换运算符来进行显式转换。强制类型转换运算符的一般使用形式为

（类型）= 表达式

显式强制类型转换在给指针变量赋值时特别有用。例如，预先在 8051 单片机的片外数据存储器（xdata）中定义了一个字符型指针变量 px，如果想给这个指针变量赋一初值 0xB000，可以写成：px=(char xdata *)0xB000；这种方法特别适合于用标识符来存取绝对地址。

4.2 C51 程序的基本语句

4.2.1 表达式语句

C51 提供了十分丰富的程序控制语句。表达式语句是最基本的一种语句。在表达式的后边加一个分号 "；" 就构成了表达式语句。表达式语句也可以仅由一个分号 "；" 组成，这种语句称为空语句。空语句在程序设计中有时是很有用的，当程序在语法上需要有一个语句，但在语义上并不要求有具体的动作时，便可以采用空语句。

4.2.2 复合语句

复合语句是由若干条语句组合而成的一种语句，它是用一个大括号 "{}" 将若干条语句组合在一起而形成的一种功能块。复合语句不需要以分号 "；" 结束，但它内部的各条单语句仍需以分号 "；" 结束。复合语句的一般形式为

```
{
局部变量定义;
语句 1;
语句 2;
......
语句 n;
}
```

复合语句在执行时，其中各条单语句依次顺序执行。整个复合语句在语法上等价于一条

单语句。复合语句允许嵌套，即在复合语句内部还可以包含别的复合语句。通常复合语句出现在函数中，实际上，函数的执行部分（即函数体）就是一个复合语句。复合语句中的单语句一般是可执行语句，也可以是变量定义语句。在复合语句内所定义的变量，称为该复合语句中的局部变量，它仅在当前这个复合语句中有效。

4.2.3　条件语句

条件语句又称为分支语句，它是用关键字"if"构成的。C51 提供了三种形式的条件语句：

1．if (条件表达式) **语句**

其含义为：若条件表达式的结果为真（非 0 值），就执行后面的语句；反之若条件表达式的结果为假（0 值），就不执行后面的语句。这里的语句也可以是复合语句。

2．if (条件表达式) **语句 1**

　　　else　语句 2

其含义为：若条件表达式的结果为真（非 0 值），就执行语句 1；反之若条件表达式的结果为假（0 值），就执行语句 2。这里的语句 1 和语句 2 均可以是复合语句。

3．if (条件表达式 1)　**语句 1**

　　　else if(条件式表达 2) 语句 2
　　　else if(条件式表达 3) 语句 3
　　　…　　　　　　…
　　　else if(条件表达式 n) 语句 m
　　　else　　　　　　语句 n

这种条件语句常用来实现多方向条件分支。

4.2.4　开关语句

开关语句也是一种用来实现多方向条件分支的语句。虽然采用条件语句也可以实现多方向条件分支，但是当分支较多时会使条件语句的嵌套层次太多，程序冗长，可读性降低。开关语句直接处理多分支选择，使程序结构清晰，使用方便。开关语句是用关键字 switch 构成的，它的一般形式如下：

```
switch (表达式)
  {
  case   常量表达式 1：语句 1；
                     break;
  case   常量表达式 2：语句 2；
                     break;
   …             …
  case   常量表达式 n：语句 n；
                     break;
  default: 语句 d
  }
```

开关语句的执行过程是：将 switch 后面表达式的值与 case 后面各个常量表达式的值逐个进行比较，若遇到匹配时，就执行相应 case 后面的语句，然后执行 break 语句，break 语句又称间断语句，它的功能是中止当前语句的执行，使程序跳出 switch 语句。若无匹配的情况，则只执行语句 d。

4.2.5　循环语句

实际应用中很多地方需要用到循环控制，如对于某种操作需要反复进行多次等。在 C51 程序中用来构成循环控制的语句有 while 语句、do-while 语句、for 语句以及 goto 语句，分述如下。

采用 while 语句构成循环结构的一般形式如下：

　　while (条件表达式)　语句；

其意义为，当条件表达式的结果为真（非 0 值）时，程序就重复执行后面的语句，一直执行到条件表达式的结果变为假（0 值）时为止。这种循环结构是先检查条件表达式所给出的条件，再根据检查的结果决定是否执行后面的语句。如果条件表达式的结果一开始就为假，则后面的语句一次也不会被执行。这里的语句可以是复合语句。

采用 do-while 语句构成循环结构的一般形式如下：

　　do　语句　while(条件表达式);

这种循环结构的特点是先执行给定的循环体语句，然后再检查条件表达式的结果。当条件表达式的值为真（非 0 值）时，则重复执行循环体语句，直到条件表达式的值变为假（0 值）时为止。因此，用 do-while 语句构成的循环结构在任何条件下，循环体语句至少会被执行一次。

采用 for 语句构成循环结构的一般形式如下：

　　for ([初值设定表达式]; [循环条件表达式]; [更新表达式]) 语句

for 语句的执行过程是：先计算出初值设定表达式的值作为循环控制变量的初值，再检查循环条件表达式的结果，当满足条件时就执行循环体语句并计算更新表达式，然后再根据更新表达式的计算结果来判断循环条件是否满足……一直进行到循环条件表达式的结果为假（0 值）时退出循环体。

4.2.6　goto、break、continue 语句

goto 语句是一个无条件转向语句，它的一般形式为

　　goto　语句标号；

其中语句标号是一个带冒号 ":" 的标识符。将 goto 语句和 if 语句一起使用，可以构成一个循环结构。但更常见的是在 C51 程序中采用 goto 语句来跳出多重循环，需要注意的是只能用 goto 语句从内层循环跳到外层循环，而不允许从外层循环跳到内层循环。

break 语句也可以用于跳出循环语句，它的一般形式为

```
break;
```

对于多重循环的情况，break 语句只能跳出它所处的那一层循环，而不像 goto 语句可以直接从最内层循环中跳出来。由此可见，要退出多重循环时，采用 goto 语句比较方便。需要指出的是，break 语句只能用于开关语句和循环语句之中，它是一种具有特殊功能的无条件转移语句。

continue 是一种中断语句，它的功能是中断本次循环，它的一般形式为

```
continue;
```

continue 语句通常和条件语句一起用在由 while、do-while 和 for 语句构成的循环结构中，它也是一种具有特殊功能的无条件转移语句，但与 break 语句不同，continue 语句并不跳出循环体，而只是根据循环控制条件确定是否继续执行循环语句。

4.2.7 返回语句

返回语句用于终止函数的执行，并控制程序返回到调用该函数时所处的位置。返回语句有两种形式：

（1）return（表达式）；

（2）return；

如果 return 语句后边带有表达式，则要计算表达式的值，并将表达式的值作为该函数的返回值。若使用不带表达式的第 2 种形式，则被调用函数返回主调函数时，函数值不确定。一个函数的内部可以含有多个 return 语句，但程序仅执行其中的一个 return 语句而返回主调用函数。一个函数的内部也可以没有 return 语句，在这种情况下，当程序执行到最后一个界限符"}"处时，就自动返回主调函数。

4.3 函数

4.3.1 函数的定义与调用

从用户的角度来看，有两种函数，即标准库函数和用户自定义函数。标准库函数是 Keil C51 编译器提供的，不需要用户进行定义，可以直接调用。用户自定义函数是用户根据自己需要编写的能实现特定功能的函数，它必须先进行定义之后才能调用。函数定义的一般形式为

```
函数类型  函数名(形式参数表)
{
    局部变量定义
    函数体语句
}
```

其中，"函数类型"说明了自定义函数返回值的类型。

"函数名"是用标识符表示的自定义函数名字。

"形式参数表"中列出的是在主调用函数与被调用函数之间传递数据的形式参数，形式参

数的类型必须要加以说明。ANSI C 标准允许在形式参数表中对形式参数的类型进行说明。如果定义的是无参函数，可以没有形式参数表，但圆括号不能省略。

"局部变量定义"是对在函数内部使用的局部变量进行定义。

"函数体语句"是为完成该函数的特定功能而设置的各种语句。

C51 程序中函数是可以互相调用的。所谓函数调用就是在一个函数体中引用另外一个已经定义了的函数，前者称为主调函数，后者称为被调用函数。函数调用的一般形式为

   函数名(实际参数表)

其中，"函数名"指出被调用的函数。

"实际参数表"中可以包含多个实际参数，各个参数之间用逗号隔开。实际参数的作用是将它的值传递给被调用函数中的形式参数。需要注意的是，函数调用中的实际参数与函数定义中的形式参数必须在个数、类型及顺序上严格保持一致，以便将实际参数的值正确地传递给形式参数。否则在函数调用时会产生意想不到的结果。如果调用的是无参函数，则可以没有实际参数表，但圆括号不能省略。

在 C51 中可以采用三种方式完成函数的调用：

1. 函数语句

在主调函数中将函数调用作为一条语句。这是无参调用，它不要求被调函数返回一个确定的值，只要求它完成一定的操作。

2. 函数表达式

在主调函数中将函数调用作为一个运算对象直接出现在表达式中，这种表达式称为函数表达式。这种函数调用方式通常要求被调函数返回一个确定的值。

3. 函数参数

在主调函数中将函数调用作为另一个函数调用的实际参数。这种在调用一个函数的过程中又调用了另外一个函数的方式，称为嵌套函数调用。

与使用变量一样，在调用一个函数之前（包括标准库函数），必须对该函数的类型进行说明，即"先说明，后调用"。如果调用的是库函数，一般应在程序的开始处用预处理命令#include将有关函数说明的头文件包含进来。

如果调用的是用户自定义函数，而且该函数与调用它的主调函数在同一个文件中，一般应该在主调函数中对被调函数的类型进行说明。函数说明的一般形式为

   类型标识符 被调用的函数名(形式参数表);

其中，"类型标识符"说明了函数返回值的类型。

"形式参数表"中说明各个形式参数的类型。

需要注意的是，函数的定义与函数的说明是完全不同的，二者在书写形式上也不一样，函数定义时，被定义函数名的圆括号后面没有分号"；"，即函数定义还未结束，后面应接着写被定义的函数体部分。而函数说明结束时在圆括号的后面需要有一个分号"；"作为结束标志。

4.3.2 中断服务函数与寄存器组定义

C51 编译器支持在 C 语言源程序中直接编写 8051 单片机的中断服务函数程序，一般形式为

函数类型　函数名(形式参数表) [interrupt n] [using n]

关键字 intrrupt 后面的 n 是中断号，n 的取值范围为 0～31。编译器从 8n+3 处产生中断向量，具体的中断号 n 和中断向量取决于 8051 系列单片机芯片型号，常用中断源和中断向量如表 4-4 所列。

表 4-4　常用中断号与中断向量

中断号 n	中 断 源	中断向量 8n+3
0	外部中断 0	0003H
1	定时器 0	000BH
2	外部中断 1	0013H
3	定时器 1	001BH
4	串行口	0023H

8051 系列单片机可以在片内 RAM 中使用 4 个不同的工作寄存器组，每个寄存器组中包含 8 个工作寄存器（R0～R7）。C51 编译器扩展了一个关键字 using，专门用来选择 8051 单片机中不同的工作寄存器组。using 后面的 n 是一个 0～3 的常整数，分别选中 4 个不同的工作寄存器组。在定义一个函数时 using 是一个选项，如果不用该选项，则由编译器自动选择一个寄存器组作绝对寄存器组访问。

编写 8051 单片机中断函数时应遵循以下规则：

- 中断函数不能进行参数传递，也没有返回值。因此建议在定义中断函数时将其定义为 void 类型，以明确说明没有返回值。
- 在任何情况下都不能直接调用中断函数，否则会产生编译错误。
- 如果在中断函数中调用了其他函数，则被调用函数所使用的寄存器组必须与中断函数相同，否则会产生不正确的结果，这一点必须引起足够的注意。
- C51 编译器从绝对地址 8n+3 处产生一个中断向量，其中 n 为中断号。该向量包含一个到中断函数入口地址的绝对跳转。

4.4　Keil C51 编译器对 ANSI C 的扩展

4.4.1　存储器类型与编译模式

8051 单片机的存储器空间可分为片内外统一编址的程序存储器 ROM、片内数据存储器 RAM 和片外数据存储器 RAM。C51 编译器对于 ROM 存储器提供存储器类型标识符 code，用户的应用程序代码以及各种表格常数被定位在 code 空间。数据存储器 RAM 用于存放各种变量，通常应尽可能将变量放在片内 RAM 中以加快操作速度，C51 编译器对片内 RAM 提供 3 种存储器类型标识符：data、idata、bdata。data 地址范围为：0x00～0x7f，位于 data 空间的变量以直接寻址方式操作，速度最快；idata 地址范围为：0x00～0xff，位于 idata 空间的变量以寄存器间接寻址方式操作，速度略慢于 data 空间；bdata 地址范围为：0x20～0x2f，位于 bdata 空间的变量除了可以进行直接寻址或间接寻址操作之外，还可以进行位寻址操作。片外数据 RAM 简称 XRAM，C51 提供了 2 个存储器类型标识符：xdata 和 pdata，xdata 空间地址范围为 0x0000～0xffff，位于 xdata 空间的变量以 MOVX @DPTR 方式寻址，可以操作整个 64KB 地址范围内的变量，但这种方式速度最慢，pdata 空间又称为片外分页 XRAM 空间，它将地址 0x0000～0xffff 均匀地分成 256 页，每页的地址都为 0x00～0xff，位于 pdata 空间的变量以 MOVX @R0、MOVX @R1 方式寻址。实际上 XRAM 空间并非全部用于存放变量，用户扩展的 I/O 接口也位于 XRAM 地址范围之内。有些新型的 80C51 单片机还提供片内 XRAM，其操作方式与传统 XRAM 相同，但一般要先对相应的特殊功能寄存器（SFR）进行配置之后才能使用。

一些新型 8051 单片机能够进行大容量存储器扩展，如 Philips 公司的 80C51Mx 系列可扩展高达 8MB 的 code 和 xdata 存储器空间，Dallas 公司的 80C390 系列以及 Analog 公司的 Aduc8xx 系列采用 24 位的数据指针（DPTR）以邻接方式可扩展高达 16MB 的 code 和 xdata 存储器空间。C51 编译器针对这种大容量扩展存储器定义了 far 和 const far 两种存储器类型，分别用以操作这种扩展的片外 RAM 和片外 ROM 空间。对于传统的 8051 单片机，如果它具有可以映像到 xdata 的附加存储器空间，或者提供了一种地址扩展特殊功能寄存器（address extension SFR），则可以根据具体硬件电路通过修改配置文件 XBANKING.A51 来使用 far 和 const far 类型的变量。需要注意的是在使用 far 和 const far 存储器类型时必须采用 LX51 扩展连接定位器，同时还必须采用 OMF2 格式的目标文件。

表 4-5 所示为 Keil C51 编译器能够识别的存储器类型，定义变量时，可以采用上述存储器类型明确指出变量的存储器空间。

表 4-5　Keil C51 编译器能够识别的存储器类型

存储器类型	说　　明
code	程序存储器（64KB），用 MOVC @A+DPTR 指令访问
data	直接寻址的片内数据存储器（128B），访问速度最快
idata	间接访问的片内数据存储器（256B），允许访问全部片内地址
bdata	可位寻址的片内数据存储器（16B），允许位与字节混合访问
xdata	片外数据存储器（64KB），用 MOVX @DPTR 指令访问
pdata	分页寻址的片外数据存储器（256B），用 MOVX @R0，MOVX @R1 指令访问
far	高达 16MB 的扩展 RAM 和 ROM，专用芯片扩展访问（Philips 80C51Mx,DS80C390）或用户自定义子程序进行访问

如果定义变量时没有明确指出具体的存储器类型，则按 C51 编译器采用的编译模式来确定变量的默认存储器空间。Keil C51 编译器控制命令 SMALL、COMPACT、LARGE 对变量存储器空间的影响如下：

SMALL：所有变量都被定义在 8051 单片机的片内 RAM 中，对这种变量的访问速度最快。另外，堆栈也必须位于片内 RAM 中，而堆栈的长度是很重要的，实际栈长取决于不同函数的嵌套深度。采用 SMALL 编译模式与定义变量时指定 data 存储器类型具有相同效果。

COMPACT：所有变量被定义在分页寻址的片外 XRAM 中，每一页片外 XRAM 的长度为 256B。这时对变量的访问是通过寄存器间接寻址（MOVX @R0, MOVX @R1）进行的，变量的低 8 位地址由 R0 或 R1 确定，变量的高 8 位地址由 P2 口确定。采用这种模式时，必须适当改变配置文件 STARTUP.A51 中的参数：PDATASTART 和 PDATALEN；同时还必须对 μVision2 的"Options 选项/BL51 Locator 标签栏/pdata 框"中键入合适的地址参数，以确保 P2

口能输出所需要的高 8 位地址。采用 COMPACT 编译模式与定义变量时指定 pdata 存储器类型具有相同效果。

LARGE：所有变量被定义在片外 XRAM 中（最大可达 64KB），使用数据指针 DPTR 来间接访问变量（MOVX @DPTR），这种编译模式对数据访问的效率最低，而且将增加程序的代码长度。采用 LARGE 编译模式与定义变量时指定 xdata 存储器类型具有相同效果。

4.4.2 关于 bit、sbit、sfr、sfr16 数据类型

Keil C51 编译器支持标准 C 语言的数据类型，另外还根据 8051 单片机的特点扩展了 bit、sbit、sfr、sfr16 数据类型。

在 C51 程序中可以定义 bit 类型的变量、函数、函数参数及返回值。例如：

```
static bit done_flag = 0;          /*bit 类型变量 */
bit testfunc (                     /*bit 类型函数  */
    bit flag1,                     /*bit 类型函数参数  */
    bit flag2)
{
 :
return (0);                        /*bit 类型返回值 */
}
```

所有 bit 类型的变量都被定位在 8051 片内 RAM 的可位寻址区。由于 8051 单片机的可位寻址区只有 16 个字节长，所以在某个范围内最多只能声明 128 个 bit 类型变量。声明 bit 类型变量时可以带有存储器类型 data、idata 或 bdata。对于 bit 类型变量有如下限制：如果在函数中采用预处理命令"#pragma disable"禁止了中断，或者在函数声明时采用了关键字"using n"明确进行了寄存器组切换，则该函数不能返回 bit 类型的值，否则 C51 在进行编译时会产生编译错误；另外不能定义 bit 类型指针，也不能定义 bit 类型数组。

关键字 sbit 用于定义可独立寻址访问的位变量，简称可位寻址变量。C51 编译器提供一个存储器类型 bdata，带有 bdata 存储器类型的变量被定位在 8051 单片机片内 RAM 的可位寻址区。带有 bdata 存储器类型的变量可以进行字节寻址，也可以进行位寻址，因此对 bdata 变量可用 sbit 指定其中任一位为可位寻址变量。需要注意的是，采用 bdata 及 sbit 所定义的变量都必须是全局变量，并且采用 sbit 定义可位寻址变量时，要求基址对象的存储器类型为 bdata。例如，可先定义变量的数据类型和存储器类型：

```
int bdata ibase;                   /*定义 ibase 为 bdata 整型变量 */
char bdata bary[4];                /*定义 bary[4]为 bdata 字符型数组  */
```

然后使用 sbit 定义可位寻址变量：

```
sbit mybit0 = ibase^0;             /*定义 mybit0 为 ibase 的第 0 位 */
sbit mybit15 = ibase^15;           /*定义 mybit15 为 ibase 的第 15 位 */
sbit Ary07 = bary[0]^7;            /*定义 Ary07 为 bary[0]的第 7 位 */
sbit Ary37 = bary[3]^7;            /*定义 Ary37 为 bary[3]的第 7 位 */
```

操作符"^"后面的数值范围取决于基址变量的数据类型，对于 char 型而言是 0～7，对于 int

型而言是 0～15，对于 long 型是 0～31。bdata 变量 ibase 和 bdata 数组 bary[4]可以进行字或字节寻址，sbit 变量可以直接操作可寻址位，例如：

```
ibase = -1;                    /*字寻址，对 ibase 赋值为-1 */
bary[3] = 'a';                 /*字节寻址，对 bary[3]赋值为'a' */
Ary37 = 0;                     /*清 0 bary[3]的第 7 位 */
mybit15 = 1;                   /*置 1 ibase 的第 15 位 */
```

对于 bdata 变量可以向 data 变量一样处理，所不同的是 bdata 变量必须位于 8051 单片机的片内 RAM 的可位寻址区，其长度不能超过 16 个字节。

sbit 还可以用于定义结构与联合，利用这一特点可以实现对 float 型数据指定 bit 变量，例如：

```
union lft {
    float mf;
    long ml;
};

bdata struct bad {
    char mc;
    union lft u;
} tcp;

sbit tcpf31 = tcp.u.ml ^ 31;        /*float 数据的第 31 位 */
sbit tcpm10 = tcp.mc ^ 0;
sbit tcpm17 = tcp.mc ^ 7;
```

采用 sbit 类型时需要指定一个变量作为基地址，再通过指定该基地址变量的 bit 位置来获得实际的物理 bit 地址。并不是所有类型变量的物理 bit 地址都与其逻辑 bit 地址相一致，物理上的 bit 0 对应第一个字节的 bit 0，物理上的 bit 8 对应第二个字节的 bit 0。对于 int 类型的数据，由于它是按高字节在前的方式存储的，int 类型数据的 bit 0 应位于第二个字节的 bit 0，因此采用 sbit 指定 int 类型数据 bit 0 时应使用物理上的 bit 8。

8051 单片机片内 RAM 中与 idata 空间相重叠的高 128 个字节（地址范围 80～FFH）称为特殊功能寄存器（SFR）区。单片机内部集成功能的操作都是通过特殊功能寄存器来实现的。为了能够直接访问 8051 系列单片机内部特殊功能寄存器，C51 编译器扩充了关键字 sfr 和 sfr16，利用这种扩充关键字可以在 C51 源程序中直接定义 8051 单片机的特殊功能寄存器。定义方法如下：

sfr 特殊功能寄存器名 = 地址常数；

例如：

```
sfr P0 = 0x80;                 /*定义 P0 寄存器，地址为 0x80 */
sfr SCON = 0x90;               /*定义串行口控制寄存器，地址为 0x90 */
```

这里需要注意的是，在关键字 sfr 后面必须跟一个标识符作为特殊功能寄存器名，名字可任意选取，但应符合一般习惯。等号后面必须是常数，不允许有带运算符的表达式。对于传统 8051 单片机地址常数的范围是 0x80～0xff，对于 Philips 80C51MX 单片机地址常数的范围是 0x180～0x1ff。

在一些新型 8051 单片机中，特殊功能寄存器经常组合成 16 位来使用。采用关键字 sfr16 可以定义这种 16 位的特殊功能寄存器。例如：对于 8052 单片机的定时器 T2，可采用如下的方法来定义：

```
sfr16 T2 = 0xCC;          /*定义 TIMER2，其地址为 T2L=0xCC, T2H=0xCD */
```

这里 T2 为特殊功能寄存器名，等号后面是它的低字节地址，其高字节地址必须在物理上直接位于低字节之后。这种定义方法适用于所有新一代的 8051 单片机中新增加的特殊功能寄存器。

在 8051 单片机应用系统中经常需要访问特殊功能寄存器中的一些特定位，可以利用 C51 编译器提供的扩充关键字 sbit 来定义特殊功能寄存器中的可位寻址对象。定义方法有如下三种：

1. sbit 位变量名 = 位地址；

这种方法将位的绝对地址赋给位变量，位地址必须位于 0x80～0xFF 之间。例如：

```
sbit OV = 0xD2;
sbit CY = 0xD7;
```

2. sbit 位变量名 = 特殊功能寄存器名^位位置；

当可寻址位位于特殊功能寄存器中时可采用这种方法，"位位置"是一个 0～7 之间的常数。例如：

```
sfr PSW = 0xD0;
sbit OV = PSW^2;
sbit CY = PSW^7;
```

3. sbit 位变量名 = 字节地址^位位置；

这种方法以一个常数（字节地址）作为基地址，该常数必须在 0x80H～0xFF 之间。"位位置"是一个 0～7 之间的常数。例如：

```
sbit OV = 0xD0^2;
sbit CY = 0xD0^7;
```

需要注意的是，用 sbit 定义的特殊功能寄存器中的可寻址位是一个独立的定义类（class），不能与其他位定义和位域互换。

4.4.3　一般指针与基于存储器的指针及其转换

Keil C51 编译器支持两种指针类型：一般指针和基于存储器的指针。一般指针需要占用 3 个字节，基于存储器的指针只需要 1～2 个字节。一般指针具有较好的兼容性但运行速度较慢，基于存储器的指针是 C51 编译器专门针对 8051 单片机存储器特点进行的扩展，它只适用于 8051 单片机，但具有较高的运行速度。

定义一般指针的方法与 ANSI C 相同，例如：

```
char    * sptr;                    /*char 型指针 */
int     * numptr                   /*int 型指针 */
```

一般指针在内存中占用 3 个字节，第一个字节存放该指针的存储器类型编码（由编译模式确定），第二和第三个字节分别存放该指针的高位和低位地址偏移量。存储器类型编码值如表 4-6 所列。

表 4-6   一般指针的存储器类型编码

存储器类型 1	idata/data/bdata	xdata	pdata	code
编码值	0x00	0x01	0xFE	0xFF

一般指针可用于存取任何变量而不必考虑变量在 8051 单片机存储器空间的位置，许多 C51 库函数采用了一般指针。函数可以利用一般指针来存取位于任何存储器空间的数据。

定义一般指针时可以在"*"号后面带一个"存储器类型"选项，用以指定一般指针本身的存储器空间位置，例如：

```
char * xdata strptr;               /*位于 xdata 空间的一般指针 */
int * data numptr;                 /*位于 data 空间的一般指针  */
long * idata varptr;               /*位于 idata 空间的一般指针 */
```

由于一般指针所指对象的存储器空间位置只有在运行期间才能确定，编译器在编译期间无法优化存储方式，必须生成一般代码以保证能对任意空间的对象进行存取，因此一般指针所产生的代码运行速度较慢，如果希望加快运行速度，则应采用基于存储器的指针。

基于存储器的指针所指对象具有明确的存储器空间，长度可为 1 个字节（存储器类型为 idata、data、pdata）或 2 个字节（存储器类型为 code、xdata）。定义指针时如果在"*"号前面增加一个"存储器类型"选项，该指针就被定义为基于存储器的指针。例如：

```
char data * str;                   /*指向 data 空间 char 型数据的指针 */
int xdata * num;                   /*指向 xdata 空间 int 型数据的指针 */
long code * pow;                   /*指向 code 空间 long 型数据的指针 */
```

与一般指针类似，定义基于存储器的指针时还可以指定指针本身的存储器空间位置，即在"*"号后面带一个"存储器类型"选项，例如：

```
char data * xdata str;             /*指向 data 空间 char 型数据的指针，指针本身在 xdata 空间*/
int xdata * data num;              /*指向 xdata 空间 char 型数据的指针，指针本身在 data 空间*/
long code * idata pow;             /*指向 code 空间 long 型数据的指针，指针本身在 idata 空间*/
```

基于存储器的指针长度比一般指针短，可以节省存储空间，运行速度快，但它所指对象具有确定的存储器空间，缺乏兼容性。

一般指针与基于存储器的指针可以相互转换。在某些函数调用中进行参数传递时需要采用一般指针，例如 C51 的库函数 printf( )、sprintf( )、gets( )等便是如此，当传递的参数是基于存储器的指针时，若不特别指明，C51 编译器会自动将其转换为一般指针。需要注意的是。如果采用基于存储器的指针作为自定义函数的参数，而程序中又没有给出该函数原型，则基于存储器的指针就自动转换为一般指针。假如在调用该函数时的确需要采用基于存储器的指针（其长度较短）作为传递参数，那么指针的自动转换就可能导致错误。为避免这类错误，应该在程序的开始处用预处理命令"#include"将函数原型说明文件包含进来，或者直接给出函数原型声明。

4.4.4 C51 编译器对 ANSI C 函数定义的扩展

1. C51 编译器支持的函数定义一般形式

C51 编译器提供了几种对于 ANSI C 函数定义的扩展，可用于选择函数的编译模式、规定函数所使用的工作寄存器组、定义中断服务函数、指定再入方式等。在 C51 程序中进行函数定义的一般格式如下：

```
函数类型  函数名（形式参数表）[编译模式] [reentrant] [interrupt n] [using n]
{ 局部变量定义
  函数体语句
}
```

其中，"函数类型"说明了自定义函数返回值的类型。

"函数名"是用标识符表示的自定义函数名字。

"形式参数表"中列出了在主调用函数与被调用函数之间传递数据的形式参数，形式参数的类型必须要加以说明。如果定义无参函数，可以没有形式参数表，但圆括号不能省略。

"局部变量定义"是对在函数内部使用的局部变量进行定义。

"函数体语句"是为完成该函数的特定功能而设置的各种语句。

"编译模式"选项是 C51 对 ANSI C 的扩展，可以是 SMALL、COMPACT 或 LARGE，用于指定函数中局部变量和参数的存储器空间。

"reentrant"选项是 C51 对 ANSI C 的扩展，用于定义再入函数。

"interrupt n"选项是 C51 对 ANSI C 的扩展，用于定义中断服务函数，其中"n"为中断号，可为 0～31，根据中断号可以决定中断服务程序的入口地址。

"using n"选项是 C51 对 ANSI C 的扩展，其中"n"可以是 0～3，用于确定中断服务函数所使用的工作寄存器组。

2. 堆栈及函数的参数传递

函数在运行过程中需要使用堆栈，8051 单片机的堆栈必须位于片内 RAM 空间，其最大范围只有 256B。（对于一些新的扩展型 8051 单片机，C51 编译器可以使用其扩展堆栈区，扩展堆栈区最大可达几千个字节。）为了节省堆栈空间，C51 编译器采用一个固定的存储器区域来进行函数参数的传递。发生函数调用时，主调函数先将实际参数复制到该固定的存储器区域，然后再将程序流程控制交给被调函数，被调函数则从该固定的存储器区域取得所需要的参数进行操作。这样就只需要将函数的返回地址保存到堆栈区中。由于中断服务函数可能要进行工作寄存器组切换，因此需要采用较多的堆栈空间。

C51 编译器可以采用控制命令"REGPARMS"和"NOREGPARMS"来决定是否通过工作寄存器传递函数参数。在默认状态下，C51 编译器可以通过工作寄存器传递最多 3 个函数参数，这种方式可以提高程序执行效率。如果没有寄存器可用，则通过固定的存储器区域来传递函数的参数。

3. 函数的编译模式

不同类型 8051 单片机片内 RAM 空间大小不同，有些衍生产品只有 64B 的片内 RAM，因此在定义函数时要根据具体情况来决定应采用的编译模式。函数参数和局部变量都存放在由编译模式决定的默认存储器空间，可以根据需要对不同函数采用不同的编译模式。在 SMALL 编译模式下函数参数和局部变量被存放在 8051 的片内 RAM 空间，这种方式对数据的处理效率最高。但片内 RAM 空间有限，对于较大的程序若采用 SMALL 编译模式可能不能满足要求，这时就需要采用其他编译模式。下面不同函数采用了不同的编译模式。

```
#pragma small                                    /*默认编译模式为 SMALL */
extern int calc (char i, int b) large reentrant; /*采用 LARGE 编译模式 */
extern int func (int i, float f) large;          /*采用 LARGE 编译模式 */
extern void *tcp (char xdata *xp, int ndx) small; /*采用 SMALL 编译模式 */

int mtest (int i, int y)   {                     /*采用默认编译模式 */
    return (i * y + y * i + func(-1, 4.75));
}

int large_func (int i, int k) {    large         /*采用 Large 编译模式 */
    return (mtest (i, k) + 2);
}
```

4. 寄存器组切换

8051 单片机片内 RAM 中最低 32 个字节平均分为 4 个组，每组 8 个字节都命名为 R0～R7，统称为工作寄存器组，这一特点对于编写中断服务函数或使用实时操作系统都十分有用。利用扩展关键字 "using" 可以在定义函数时规定所使用的工作寄存器组，只要在 "using" 后面跟一个数字 0～3，即可规定所使用的工作寄存器组。

需要注意的是，关键字 using 不能用在以寄存器返回一个值的函数中，并且要保证任何寄存器组的切换都只在仔细控制的区域内发生，如果不做到这一点将产生不正确的函数结果。另外带 "using" 属性的函数原则上不能返回 bit 类型的值。

8051 单片机复位时 PSW 的值为 0x00，因此在默认状态下，所有非中断函数都将使用工作寄存器 0 区。C51 编译器可以通过控制命令 "REGISTERBAN" 为源程序中的所有函数指定一个默认的工作寄存器组，为此用户需要修改启动代码选择不同的寄存器组，然后采用控制命令 "REGISTERBAN" 来指定新的工作寄存器组。

在默认状态下，C51 编译器生成的代码将使用绝对寻址方式来访问工作寄存器 R0～R7，从而提高操作性能。绝对寄存器寻址方式可以通过编译控制命令 "AREGS" 或 "NOARGES" 来激活或禁止。采用了绝对寄存器的函数不能被另一个使用了不同工作寄存器组的函数所调用，否则会导致不可预知的结果。为了使函数对当前工作寄存器组不敏感，该函数必须采用控制命令 "NOARGES" 进行编译，这一点对于需要同时从主程序和使用了不同寄存器组的中断服务程序中调用的函数时十分有用。

特别需要注意的是，C51 编译器对函数之间使用的工作寄存器组是否匹配不作检查，因此使用了交替寄存器组的函数只能调用没有设定缺省寄存器组的函数。

5. 中断函数

利用扩展关键字"interrupt"可以直接在 C51 程序中定义中断服务函数，在"interrupt"后跟一个 0~31 的数字，用于规定中断源和中断入口。关键字"interrupt"对中断函数目标代码的影响如下：

- 在进入中断函数时，特殊功能寄存器 ACC、B、DPH、DPL、PSW 将被保存入栈。
- 如果不使用关键字 using 进行工作寄存器组切换，则将中断函数中所用到的全部工作寄存器都入栈保存。
- 函数退出之前所有的寄存器内容出栈恢复。
- 中断函数由 8051 单片机指令 RETI 结束。
- C51 编译器根据中断号自动生成中断函数入口向量地址。

6. 再入函数

利用 C51 编译器的扩展关键字"reentrant"可以定义一个再入函数。再入函数可以进行递归调用，或者同时被两个以上其他函数同时调用。通常，在实时系统应用中，或中断函数与非中断函数需要共享一个函数时，应将该函数定义为再入函数。

再入函数可被递归调用，无论何时，包括中断服务函数在内的任何函数都可调用再入函数。与非再入函数的参数传递和局部变量的存储分配方法不同，C51 编译器为再入函数生成一个模拟栈，通过这个模拟栈来完成参数传递和存放局部变量。根据再入函数所采用的编译模式，模拟栈可以位于片内或片外存储器空间，SMALL 模式下再入栈位于 data 空间，COMPACT 模式下再入栈位于 pdata 空间，LARGE 模式下再入栈位于 xdata 空间。当程序中包含有多种存储器模式的再入函数时，C51 编译器为每种模式单独建立一个模拟栈并独立管理各自的栈指针。再入函数的局部变量及参数都被放在再入栈中，从而使再入函数可以进行递归调用。而非再入函数的局部变量被放在再入栈之外的暂存区内，如果对非再入函数进行递归调用，则上次调用时使用的局部变量数据将被覆盖。

Keil C51 编译器对于再入函数有如下规定：

- 再入函数不能传送 bit 类型的参数，也不能定义局部位变量，再入函数不能操作可位寻址变量。
- 与 PL/M51 兼容的 alien 函数不能具有 reentrant 属性，也不能调用再入函数。
- 再入函数可以同时具有其他属性，如"interrupt"、"using"等，还可以明确声明其存储器模式（SMALL、COMPACT、LARGE）。
- 在同一个程序中可以定义和使用不同存储器模式的再入函数，每个再入函数都必须具有合适的函数原型，原型中还应包含该函数的存储器模式。
- 在如函数的返回地址保存在 8051 单片机的硬件堆栈内，任意其他的 PUSH 和 POP 指令都会影响 8051 硬件堆栈。
- 不同存储器模式下的再入函数具有其自己的模拟再入栈以及再入栈指针，例如，若在同一个模块内定义了 SMALL 和 LARGE 模式的再入函数，则 C51 编译器会同时生成对应的两种再入栈及其再入栈指针。

8051 单片机的常规栈总是位于内部数据 RAM 中，而且是"向上生长"型的，而模拟再入栈是"向下生长"型的，如果编译时采用 SMALL 模式，常规栈和再入函数的模拟栈将都被放在内部 RAM 中，从而可使有限的内部数据存储器得到充分利用。模拟再入栈及其再入栈指针可以通过配置文件"STARTUP.A51"进行调整，使用再入函数时，应根据需要对该配置文件进行适当修改。

4.5 C51 编译器的数据调用协议

"bit"类型数据只有一位长度，不允许定义位指针和位数组。"bit"对象始终位于 8051 单片机内部可位寻址数据存储器空间（20～2FH），只要有可能，BL51 连接定位器将对位对象进行覆盖操作。

"char"类型数据的长度为一个字节（8 位），可存放于 8051 单片机内部或外部数据存储器中。

"int"和"short"类型数据的长度为 2 个字节（16 位），可存放于 8051 单片机内部或外部数据存储器中。数据在内存中按高字节地址在前、低字节地址在后的顺序存放，例如，一个值为 0x1234 的"int" 类型数据，在内存中的存储格式如下：

地址	+0	+1
内容	0x12	0x34

"long"类型数据的长度为 4 个字节（32 位），可存放于 8051 单片机内部或外部数据存储器中。数据在内存中按高字节地址在前、低字节地址在后的顺序存放，例如，一个值为 0x12345678 的"long"类型数据，在内存中的存储格式如下：

地址	+0	+1	+2	+3
内容	0x12	0x34	0x56	0x78

"float"类型数据的长度为 4 个字节（32 位），可存放于 8051 单片机内部或外部数据存储器中。一个"float" 类型数据的数值范围是 $(-1)^S \times 2^{E-127} \times (1.M)$。在内存中按 IEEE-754 标准单精度 32 位浮点数的格式存储：

地址	+0	+1	+2	+3
内容	SEEEEEEE	EMMMMMMM	MMMMMMMM	MMMMMMMM

其中，S 为符号位，"0"表示正，"1"表示负。E 为用原码表示的阶码，占用 8 位二进制数，存放在两个字节中，E 的取值范围是 1～254。注意，实际上以 2 为底的指数要用 E 的值减去偏移量 127，从而实际幂指数的取值范围为-126～+127。M 为尾数的小数部分，用 23 位二进制数表示，存放在三个字节中。尾数的整数部分永远为 1，因此不予保存，但它是隐含存在的。小数点位于隐含的整数位"1"的后面。

例如，一个值为-12.5 的"float"类型数据，在内存中的存储格式如下：

地址	+0	+1	+2	+3
二进制内容	11000001	01001000	00000000	00000000
十六进制内容	0xC1	0x48	0x00	0x00

按上述规则很容易将用十六进制表示的数据"0xC1480000"转换为浮点数-12.5。

一个浮点数的正常数值范围是：$(-1)^S \times 2^{E-127} \times (1.M)$，其中，E=0～255，S=±1。超过最

大正常数值的浮点数就认为是无穷大，其阶码 E 为全 1(即 255)，小数部分 M 为全 0，表示为：

$$\pm\infty=(-1)^{S}\times2^{128}\times(1.000...000)=\pm2^{128}。$$

对于阶码 E 为全 0，小数部分 M 也为全 0 的浮点数认为是 0，表示为·

$$(-1)^{S}\times2^{-127}\times(1.000...000)=\pm2^{-127}。$$

绝对值最小的正常浮点数为阶码 E 为 1，小数部分 M 为全 0 的数，表示为

$$(-1)^{S}\times2^{-126}\times(1.000...000)=\pm2^{-126}。$$

除了正常数之外，界于$+2^{-126}\sim+2^{-127}$以及$-2^{-126}\sim-2^{-127}$之间的数为非正常数。按 IEEE754 标准，浮点数的数值如果在正常数值之外，即为溢出错误，用下面的二进制数表示：

非正常数：NaN=0FFFFFFFFH

正无穷：+INF=7F800000H

负无穷：−INF=FF800000H

C51 编译器支持"基于存储器"的指针和"一般"指针。基于存储器类型 data、idata 和 pdata 的指针具有 1 个字节的长度,基于存储器类型 xdata 和 code 的指针具有 2 个字节的长度，一般指针具有 3 个字节的长度。在一般指针的 3 个字节中，第一个字节表示存储器类型，第二、第三个字节表示指针的地址偏移量，一般指针在内存中的存储格式为

地址	+0	+1	+2
内容	存储器类型	高字节地址偏移量	低字节地址偏移量

第一个字节中存储器类型的编码如下：

存储器类型	idata/data/bdata	xdata	pdata	code
编码值(8051)	0x00	0x01	0xFE	0xFF
编码值(8051Mx)	0x7F	0x00	0x00	0x80

采用一般指针时必须使用规定的存储器类型编码值。如果使用其他类型的值，将导致不可预测的后果。

例如，将 xdata 类型的地址 0x1234 作为一般指针表示如下：

地址	+0	+1	+2
内容	0x01	0x12	0x34

4.6 绝对地址访问

在进行 8051 单片机应用系统程序设计时，用户十分关心如何直接操作系统的各个存储器地址空间。C51 程序经过编译之后产生的目标代码具有浮动地址，其绝对地址必须经过 BL51 连接定位后才能确定。为了能够在 C51 程序中直接对任意指定的存储器地址进行操作，可以采用扩展关键字"_at_"、指针、预定义宏以及连接定位控制命令，分别介绍如下。

4.6.1 采用扩展关键字"_at_"或指针定义变量的绝对地址

在 C51 源程序中定义变量时，可以利用 Cx51 编译器提供的扩展关键字"_at_"来指定变

量的存储器空间地址，一般格式如下：

[存储器类型] 数据类型 标识符 _at_ 地址常数

其中，"存储器类型"为 idata、data、xdata 等 C51 编译器能够识别的所有类型，如果省略该选项，则按编译模式 LARGE、COMPACT 或 SMALL 规定的默认存储器类型确定变量的存储器空间；"数据类型"除了可用 int、long、float 等基本类型外，还可以采用数组、结构等复杂数据类型；标识符为要定义的变量名；地址常数规定了变量的绝对地址，它必须位于有效存储器空间之内。下面是一个采用关键字"at"进行变量的绝对地址定位的例子。

```
struct link {
    struct link idata *next;
    char code *test;
};
idata struct link list _at_ 0x40;          /*结构变量 list 定位于 idata 空间地址 0x40 */
xdata char text[256] _at_ 0xE000;          /*数组 array 定位于 xdata 空间地址 0xE000 */
xdata int i1 _at_ 0x8000;                  /*int 变量 i1 定位于 xdata 空间地址 0x8000 */
```

利用扩展关键字"_at_"定义的变量称为"绝对变量"，对该变量的操作就是对指定存储器空间绝对地址的直接操作，因此不能对"绝对变量"进行初始化，对于函数和位（bit）类型变量不能采用这种方法进行绝对地址定位。采用关键字"_at_"所定义的绝对变量必需是全局变量，在函数内部不能采用"_at_"关键字指定局部变量的绝对地址。另外在 XDATA 空间定义全局变量的绝对地址时，还可以在变量前面加一个关键字"volatile"，这样对该变量的访问就不会被 C51 编译器优化掉。

利用基于存储器的指针也可以指定变量的存储器绝对地址，其方法是先定义一个基于存储器的指针变量，然后对该变量赋以存储器绝对地址值，下面是一个利用基于存储器的指针进行变量的绝对地址定位的例子。

```
char xdata temp _at_ 0x4000;     /*定义全局变量 temp，地址为 XDATA 空间 0x4000 */
void main(void){
    char xdata *xdp;             /*定义一个指向 XDATA 存储器空间的指针 */
    char data *dp;               /*定义一个指向 DATA 存储器空间的指针 */
    xdp = 0x2000;                /*XDATA 指针赋值，指向 XDATA 存储器地址 0002h */
    temp = *xdp;                 /*读取 XDATA 空间地址 0x2000 的内容送往 0x4000 单元 */
    *xdp = 0xAA;                 /*将数据 0xAA 送往 XDATA 空间 0x2000 地址单元 */
    dp = 0x30;                   /*DATA 指针赋值，指向 DATA 存储器地址 30H */
    *dp = 0xBB;                  /*将数据 0xBB 送往指定的 DATA 空间地址 */
}
```

4.6.2 采用预定义宏指定变量的绝对地址

Cx51 编译器的运行库中提供了如下一套预定义宏：

CBYTE	CWORD	FARRAY
DBYTE	DWORD	FCARRAY
PBYTE	PWORD	FCVAR
XBYTE	XWORD	FVAR

这些宏定义包含在头文件"ABSACC.H"中。在 C51 源程序中可以利用这些宏来指定变量的绝对地址，例如：

```
#include <ABSACC.H>
char    c_var;
int     i_var;
XBYTE[0x12]=c_var;              /*向 XDATA 存储器地址 0012H 写入数据 c_var */
i_var=XWORD[0x100];            /*从 XDATA 存储器地址 0200H 中读取数据并赋值给 i_var */
```

上面第二条赋值语句中采用的是 XWORD[0x100]，它是对地址"2*0x100"进行操作，该语句的意义是将字节地址 0x200 和 0x201 的内容取出来并赋值给 int 型变量 i_var，注意不要将 XWORD 与 XBYTE 混淆。如果将这条语句改成：

```
i_var=XWORD[0x100/2];
```

这样读取的就是 0x100 和 0x101 地址单元中的内容了。用户可以充分利用 C51 运行库中提供的预定义宏来进行绝对地址的直接操作。例如，可以采用如下方法定义一个 D/A 转换接口地址，每向该地址写入一个数据，即可完成一次 D/A 转换：

```
#include <ABSACC.H>
#define DAC0832 XBYTE[0x7fff]      /*定义 DAC0832 端口地址 */
 DAC0832=0x80;                     /*启动一次 D/A 转换 */
```

4.7 Keil C51 库函数

丰富的可直接调用库函数是 Keil C51 的一个重要特征，正确而灵活使用库函数可使程序代码简单，结构清晰，易于调试和维护。每个库函数都在相应头文件中给出了函数原型声明，用户如果需要使用库函数，必须在源程序的开始处采用预处理器命令#include 将有关的头文件包含进来。如果省略了头文件，将不能保证函数的正确运行。下面简要介绍 Keil C51 编译器提供的库函数。

4.7.1 本征库函数

本征库函数是指编译时直接将固定的代码插入到当前行，而不是用汇编语言中的"ACALL"和"LCALL"指令来实现调用，从而大大提高函数的访问效率。非本征库函数则必须由"ACALL"和"LCALL"指令来实现调用。Keil C51 的本征库函数有 9 个，数量虽少，但非常有用，如表 4-7 所列。使用本征函数时，C51 源程序中必须包含预处理命令#include <intrins.h>。

表 4-7 本征库函数

函数名及定义	功 能 说 明
unsigned char _crol_(unsigned char val, unsigned char n)	将字符型数据 val 循环左移 n 位，相当于 RL 指令
unsigned int _irol_(unsigned int val, unsigned char n)	将整型数据 val 循环左移 n 位，相当于 RL 指令
unsigned long _lrol_(unsigned long val, unsigned char n);	将长整型数据 val 循环左移 n 位，相当于 RL 指令

（续）

函数名及定义	功 能 说 明
unsigned char _cror_(unsigned char val, unsigned char n);	将字符型数据 val 循环右移 n 位，相当于 RR 指令
unsigned int _iror_(unsigned int val, unsigned char n);	将整型数据 val 循环右移 n 位，相当于 RR 指令
unsigned long _lror_(unsigned long val, unsigned char n);	将长整型数据 val 循环右移 n 位，相当于 RR 指令
bit _testbit_(bit x);	相当于 JBC bit 指令
unsigned char _chkfloat_(float ual);	测试并返回浮点数状态
void _nop_(void);	产生一个 NOP 指令

4.7.2　字符判断转换库函数

字符判断转换库函数的原型声明在头文件 CTYPE.H 中定义，表 4-8 列出了字符判断转换库函数的功能说明。

表 4-8　字符判断转换库函数

函数名及定义	功 能 说 明
bit isalpha(char c);	检查参数字符是否为英文字母，是则返回 1，否则返回 0
bit isalnum(char c);	检查参数字符是否为英文字母或数字字符，是则返回 1，否则返回 0
bit iscntrl(char c);	检查参数值是否为控制字符（值在 0x00～0x1f 之间或等于 0x7f），是则返回 1，否则返回 0
bit isdigit(char c);	检查参数的值是否为十进制数字 0～9，是则返回 1，否则返回 0
bit isgraph(char c);	检查参数是否为可打印字符（不包括空格），可打印字符的值域为 0x21～0x7e，是则返回 1，否则返回 0
bit isprint(char c);	除了与 isgraph 相同之外，还接受空格符（0x20）
bit ispunct(char c);	检查字符参数是否为标点、空格或格式字符。如果是空格或是 32 个标点和格式字符之一（假定使用 ASCII 字符集中 128 个标准字符），则返回 1，否则返回 0
bit islower(char c);	检查参数字符的值是否为小写英文字母，是则返回 1，否则返回 0
bit isupper(char c);	检查参数字符的值是否为大写英文字母，是则返回 1，否则返回 0
bit isspace(char c);	检查参数字符是否为下列之一：空格、制表符、回车、换行、垂直制表符和送纸（值为 0x09～0x0d，或为 0x20），是则返回 1，否则返回 0
bit isxdigit(char c);	检查参数字符是否为十六进制数字字符，是则返回 1，否则返回 0
char toint(char c);	将 ASCII 字符的 0～9、a～f（大小写无关）转换为十六进制数字，对于 ASCII 字符的 0～9，返回值为 0H～9H，对于 ASCII 字符的 a～f（大小写无关），返回值为 0AH～0FH
char tolower(char c);	将大写字符转换成小写形式，如果字符参数不在'A'～'Z'之间，则该函数不起作用
char _tolower(char c);	将字符参数 c 与常数 0x20 逐位相或，从而将大写字符转换为小写字符
char toupper(char c);	将小写字符转换为大写形式，如果字符参数不在'a'～'z'之间则函数不起作用
char _toupper(char c);	将字符参数 c 与常数 0xdf 逐位相与，从而将小写字符转换为大写字符
char toascii(char c);	该宏将任何字符型参数值缩小到有效的 ASCII 范围之内，即将参数值和 0x7f 相与，从而去掉第 7 位以上的所有数位

4.7.3　输入/输出库函数

输入/输出库函数的原型声明在头文件 STDIO.H 中定义，通过 8051 系列单片机的串行口工作，如果希望支持其他 I/O 接口，只需要改动_getkey( )和 putchar( )函数，库中所有其他 I/O 支持函数都依赖于这两个函数模块。在使用 8051 系列单片机的串行口之前，应先对其进行初始化。例如以 2400 波特率（12MHz 时钟频率）初始化串行口的语句如下：

```
SCON=0x52;              /*SCON  置初值 */
TMOD=0x20;              /*TMOD  置初值 */
TH1=0xf3;               /*T1  置初值 */
TR1=1;                  /*启动  T1 */
```

表 4-9 列出了输入/输出库函数的功能说明。

表 4-9　输入/输出库函数

函数名及定义	功 能 说 明
char _getkey(void);	等待从 8051 串口读入一个字符并返回读入的字符，这个函数是改变整个输入端口机制时应作修改的唯一一个函数
char getchar(void);。	使用_getkey 从串口读入字符，并将读入的字符马上传给 putchar 函数输出，其他与_getkey 函数相同
char * gets(char *s, int n);	该函数通过 getchar 从串口读入一个长度为 n 的字符串并存入由 's' 指向的数组。输入时一旦检测到换行符就结束字符输入。输入成功时返回传入的参数指针，失败时返回 NULL
char ungetchar(char c);	将输入字符回送输入缓冲区，因此下次 gets 或 getchar 可用该字符。成功时返回 char 型值 c，失败时返回 EOF，不能用 ungetchar 处理多个字符
char putchar(char c);	通过 8051 串行口输出字符，与函数_getkey 一样，这是改变整个输出机制所需修改的唯一一个函数
int printf(const char * fmstr [,argument]...);	以第一个参数指向字符串制定的格式通过 8051 串行口输出数值和字符串，返回值为实际输出的字符数
int sprintf(char * s, const char * fmstr [,argument] ...);	与 printf 的功能相似，但数据不是输出到串行口，而是通过一个指针 s，送入内存缓冲区，并以 ASCII 码的形式储存。参数 fmstr 与函数 printf 一致
int puts(const char * s);	利用 putchar 函数将字符串和换行符写入串行口，错误时返回 EOF，否则返回 0
int scanf(const char * fmstr [,argument] ...);	在格式控制串的控制下，利用 getchar 函数从串行口读入数据，每遇到一个符合格式控制串 fmstr 规定的值，就将它按顺序存入由参数指针 argument 指向的存储单元。注意，每个参数都必须是指针。scanf 返回它所发现并转换的输入项数，若遇到错误则返回 EOF
int sscanf(char * s, const char * fmstr [,argument] ...);	与 scanf 的输入方式相似，但字符串的输入不是通过串行口，而是通过指针 s 指向的数据缓冲区
void vprintf(const char * s, char * fmstr, char * argptr);	将格式化字符串和数据值输出到由指针 s 指向的内存缓冲区内。该函数似于 sprintf()，但它接受一个指向变量表的指针而不是变量表。返回值为实际写到输出字符串中的字符数。格式控制字符串 fmstr 与 printf 函数一致

4.7.4　字符串处理库函数

字符串处理库函数的原型声明包含在头文件 STRING.H 中，字符串函数通常接收指针串作为输入值。一个字符串应包括 2 个或多个字符，字符串的结尾以空字符表示。在函数 memcmp、memcpy、memchr、memccpy、memset 和 memmove 中，字符串的长度由调用者明确规定，这些函数可工作在任何模式。表 4-10 列出了字符串处理库函数的功能说明。

表 4-10　字符串处理库函数

函数名及定义	功 能 说 明
void * memchr(void * s1, char val, int len);	顺序搜索字符串 s1 的前 len 个字符，以找出字符 val，成功时返回 s1 中指向 val 的指针，失败时返回 NULL
char memcmp(void * s1, void * s2, int len);	逐个字符比较串 s1 和 s2 的前 len 个字符，成功（相等）时返回 0，如果串 s1 大于或小于 s2，则相应地返回一个正数或一个负数
void * memcpy(void * dest, void * src, int len);	从 src 所指向的内存中复制 len 个字符到 dest 中，返回指向 dest 中最后一个字符的指针。如果 src 与 dest 发生交迭，则结果是不可预测的

（续）

函数名及定义	功 能 说 明
void * memccpy(void * dest, void * src, char val, int len);	复制 src 中 len 个元素到 dest 中。如果实际复制了 len 个字符则返回 NULL。 复制过程在复制完字符 val 后停止，此时返回指向 dest 中下一个元素的指针
void * memmove(void * dest, void * src, int len);	它的工作方式与 memcpy 相同，但复制的区域可以交迭
void memset(void * s, char val, int len);	用 val 来填充指针 s 中 len 个单元
void strcat(char * s1, char * s2);	将串 s2 复制到 s1 的尾部。strcat 假定 s1 所定义的地址区域足以接受两个串。返回指向 s1 串中第一个字符的指针
char * strncat(char * s1, char * s2, int n);	复制串 s2 中 n 个字符到 s1 的尾部，如果 s2 比 n 短，则只复制 s2（包括串结束符）
char strcmp(char * s1, car * s2);	比较串 s1 和 s2，如果相等则返回 0，如果 s1<s2，则返回一个负数，如果 s1>s2，则返回一个正数
char strncmp(char * s1, char * s2, int n);	比较串 s1 和 s2 中的前 n 个字符。返回值与 strcmp 相同
char * strcpy(char *s1, char * s2);	将串 s2，包括结束符，复制到 s1 中，返回指向 s1 中第一个字符的指针
char * strncpy(char * s1, char * s2, int n);	与 strcpy 相似，但它只复制 n 个字符。如果 s2 的长度小于 n，则 s1 串以 0 补齐到长度 n
int strlen(char * s1) ;	返回串 s1 中的字符个数，不包括结尾的空字符
char * strstr(const char * s1, char * s2);	搜索字符串 s2 第一次出现在 s1 中的位置，并返回一个指向第一次出现位置开始处的指针。如果字符串 s1 中不包括的字符串 s2，则返回一个空指针
char * strchr(char * s1, char c);	搜索 s1 中第一个出现的字符 c，如果成功则返回指向该字符的指针，否则返回 NULL。被搜索的字符可以是串结束符，此时返回值是指向串结束符的指针
int strpos(char * s1, char c);	与 strchr 类似，但返回的是字符 c 在串 s1 中第一次出现的位置值，没有找到则返回-1，s1 串首字符的位置值是 0
char * strrchr(char * s1, char c);	搜索 s1 串中最后一个出现的字符 c，如果成功则返回指向该字符的指针，否则返回 NULL。被搜索的字符可以是串结束符
int strrpos(char * s1,char c);	与 strrchr 相似，但返回值是字符 c 在 s1 串中最后一次出现的位置值，没有找到则返回-1
int strspn(char * s1, char * set);	搜索 s1 串中第一个不包括在 set 串中的字符，返回值是 s1 中包括在 set 里的字符个数。如果 s1 中所有字符都包括在 set 里面，则返回 s1 的长度（不包括结束符）。如果 set 是空串则返回 0
int strcspn(char * s1, char * set);	与 strspn 相似。但它搜索的是 s1 串中第一个包含在 set 里的字符
char * strpbrk(char * s1, char * set);	与 strspn 相似，但返回指向搜索到的字符的指针，而不是个数，如果未找到，则返回 NULL
char * strrpbrk(char * s1, char * set);	与 strpbrk 相似，但它返回 s1 中指向找到的 set 字符集中最后一个字符的指针

4.7.5 类型转换及内存分配库函数

类型转换及内存分配库函数的原型声明包含在头文件 STDLIB.H 中，利用该库函数可以完成数据类型转换以及存储器分配操作。表 4-11 列出了类型转换及内存分配库函数的功能说明。

表 4-11 类型转换及内存分配库函数

函数名及定义	功 能 说 明
float atof(char * s1);	将字符串 s1 转换成浮点数值并返回，输入串中必须包含与浮点值规定相符的数。该函数在遇到第一个不能构成数字的字符时，停止对输入字符串的读操作
long atoll(char * s1);	将字符串 s1 转换成一个长整型数值并返回，输入串中必须包含与长整型数格式相符的字符串。该函数在遇到第一个不能构成数字的字符时，停止对输入字符串的读操作
int atoi(char * s1);	将串 s1 转换成整型数并返回。输入串中必须包含与整型数格式相符的字符串。该函数在遇到第一个不能构成数字的字符时，停止对输入字符串的读操作
void * calloc(unsigned int n, unsigned int size);	为 n 个元素的数组分配内存空间，数组中每个元素的大小为 size，所分配的内存区域用 0 进行初始化。返回值为已分配的内存单元起始地址，如不成功则返回

函数名及定义	功 能 说 明
void free(void xdata * p);	释放指针 p 所指向的存储器区域，如果 p 为 NULL，则该函数无效，p 必须是以前用 calloc、malloc 或 realloc 函数分配的存储器区域。调用 free 函数后，被释放的存储器区域就可以参加以后的分配了
void init_mempool(void xdata * p, unsigned int size);	对可被函数 calloc、free、malloc 和 realloc 管理的存储器区域进行初始化，指针 p 表示存储区的首地址，size 表示存储区的大小
void * malloc(unsigned int size);	在内存中分配一个 size 字节大小的存储器空间，返回值为一个 size 大小对象所分配的内存指针。如果返回 NULL，则无足够的内存空间可用
void * realloc(void xdata * p, unsigned int size)	用于调整先前分配的存储器区域大小，参数 p 指示该存储器区域的起始地址，参数 size 表示新分配存储器区域的大小。原存储器区域的内容被复制到新存储器区域中。如果新区域较大，多出的区域将不作初始化。realloc 返回指向新存储器区的指针，如果返回 NULL，则无足够大的内存可用，这时将保持原存储区不变
int rand( );	返回一个 0～32767 之间的伪随机数，对 rand 的相继调用将产生相同序列的随机数
void srand(int n);	用来将随机数发生器初始化成一个已知（或期望）值
unsigned long strtod(const char * s, char **ptr);	将字符串 s 转换为一个浮点型数据并返回它，字符串前面的空格、/、tab 符被忽略
long strtol(const char * s, char **ptr, unsigned char base);	将字符串 s 转换为一个 long 型数据并返回，字符串前面的空格、/、tab 符被忽略
long strtoul(const char * s, char **ptr, unsigned char base);	将字符串 s 转换为一个 unsigned long 型数据并返回，溢出时则返回 ULONG_MAX。字符串前面的空格、/、tab 符被忽略

4.7.6 数学计算库函数

数学计算库函数的原型声明包含在头文件 MATH.H 中。表 4-12 列出了数学计算库函数的功能说明。

表 4-12　数学计算库函数

函数名及定义	功 能 说 明

int abs(int val);
char cabs(char val);
float fabs(float val);
long labs(long val);
	abs 计算并返回 val 的绝对值，如果 val 为正，则不作改变就返回；如果为负，则返回相反数。其余三个函数除了变量和返回值类型不同之外，其他功能完全相同

float exp(float x);
float log(float x);
float log10(float x);
	exp 计算并返回浮点数 x 的指数函数，
	log 计算并返回浮点数 x 的自然对数（自然对数以 e 为底，e=2.718282），
	log10 计算并返回浮点数 x 以 10 为底 x 的对数

float sqrt(float x);	计算并返回 x 的正平方根

float cos(float x);
float sin(float x);
float tan(float x);
	cos 计算并返回 x 的余弦值，
	sin 计算并返回 x 的正弦值，
	tan 计算并返回 x 的正切值，所有函数的变量范围都是 $-\pi/2$～$+\pi/2$，变量的值必须在 ±65535 之间，否则产生一个 NaN 错误

float acos(float x);
float asin(float x);
float atan(float x);
float atan2(float y, float x);
	acos 计算并返回 x 的反余弦值，
	asin 计算并返回 x 的反正弦值，
	atan 计算并返回 x 的反正切值，它们的值域为 $-\pi/2$～$+\pi/2$，
	atan2 计算并返回 y/x 的反正切值，其值域为 $-\pi$～$+\pi$

float cosh(float x);
float sinh(float x);
float tanh(float x);
	cosh 计算并返回 x 的双曲余弦值，
	sinh 计算并返回 x 的双曲正弦值，
	tabh 计算并返回 x 的双曲正切值

float ceil(float x);	计算并返回一个不小于 x 的最小整数（作为浮点数）
float floor(float x);	计算并返回一个不大于 x 的最大整数（作为浮点数）
float modf(float x, float *ip);	将浮点数 x 分成整数和小数两部分，两者都含有与 x 相同的符号，整数部分放入 *ip，小数部分作为返回值
float pow(float x, float y);	计算并返回 xy 的值，如果 x 不等于 0 而 y=0，则返回 1。当 x=0 且 y<=0 或当 x<0 且 y 不是整数时则返回 NaN

复习思考题

1. Keil C51 编译器除了支持基本数据类型之外，还支持哪些扩充数据类型？

2. Keil C51 编译器能够识别哪些存储器类型？

3. 说明以下变量所在的存储器空间：

```
char data var1;
int   idata var2;
char code text[ ]="ENTER PARAMETER:";
long xdata array [100];
extern float idata x,y,z;
char bdata flags;
sbit flag0=flags^0;
sfr P0=ox80;
```

4. 说明存储器类型 data、idata、bdata、xdata、pdata 和 code 所表示的地址范围。

5. C51 编译器的三种存储器模式 SMALL、COMPACT、LARGE 对变量定义有什么影响？

6. 说明 absacc.h 头文件中如下宏定义所访问变量的存储器区域和类型：

```
CBYTE[地址]
DBYTE[地址]
PBYTE[地址]
XBYTE[地址]
CWORD[地址]
DWORD[地址]
PWORD[地址]
XWORD[地址])
```

7. Keil C51 编译器所支持的中断函数一般形式是什么？

8. 编写中断服务函数时应遵循哪些规则？

9. Keil C51 编译器支持哪两种类型的指针？这两种指针有什么区别？

10. 说明以下指针所指向的存储器空间以及指针本身所在的存储器空间：

```
char data * xdata str;
int xdata * data num;
long code * idata pow;
```

11. 采用扩展关键字 "_at_" 来对指定变量存储器空间绝对地址的一般格式是什么？

第5章　中断系统与定时器/计数器

5.1　中断的概念

　　单片机与外部设备之间的数据交换可以采用两种方式，即查询方式和中断方式。查询方式传送数据也称为条件传送，主要用于解决外部设备与 CPU 之间的速度匹配问题。在这种传送方式中，不论是输入还是输出，都是以计算机为主动的一方。为了保证数据传送的正确性，单片机在传送数据之前，首先要查询外部设备是否处于"准备好"状态，对于输入操作，需要知道外设是否已把要输入的数据准备好了；对于输出操作，则要知道外设是否已把上一次单片机输出的数据处理完毕。只有通过查询确信外设已处于"准备好"状态，单片机才能发出访问外设的指令，实现数据交换。查询方式的优点是通用性好，可以用于各类外部设备和 CPU 之间的数据传送，缺点是需要有一个等待查询过程，CPU 在等待查询期间不能进行其他操作，从而导致单片机工作效率降低。

　　中断方式传送数据可以有效提高单片机工作效率，适合于实时控制系统等优点，因而更为常用。当 CPU 正在处理某件事情的时候，外部发生的某一事件（如电平的改变、脉冲边沿跳变、定时器/计数器溢出等）请求 CPU 迅速去处理，于是 CPU 暂时中断当前的工作，转去处理所发生的事件。处理完该事件以后，再回到原来被中断的地方，继续原来的工作。这样的过程称为中断。中断流程如图 5-1 所示。

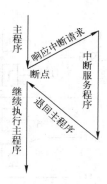

图 5-1　中断流程

　　单片机中实现中断功能的部件称为中断系统，也就是中断管理系统。产生中断的请求源称为中断源，中断源向 CPU 发出的请求称为中断申请，CPU 暂停当前的工作转去处理中断源事件称为中断响应，对整个事件的处理过程称为中断服务，事件处理完毕 CPU 返回到被中断的地方称为中断返回。

　　与查询方式不同，中断方式是外设主动提出数据传送的请求，CPU 在收到这个请求以前，一直在执行着主程序，只是在收到外设希望进行数据传送的请求之后，才中断原有主程序的执行，暂时去与外设交换数据，数据交换完毕立即返回主程序继续执行。中断方式完全消除了 CPU 在查询方式中的等待现象，大大提高了 CPU 的工作效率。中断方式的一个重要应用领域是实时控制。将从现场采集到的数据通过中断方式及时传送给 CPU，经过处理后就可立即作出响应，实现现场控制。而采用查询方式就很难做到及时采集，实时控制。

　　8051 单片机可以接受的中断申请一般不止一个，对于这些不止一个的中断源进行管理，就是中断系统的任务。这些任务一般包括如下几种：

1. 开中断或关中断

　　中断的开放或关闭可以通过指令对相关特殊功能寄存器的操作来实现，这是 CPU 能否接受中断申请的关键，只有在开中断的情况下，才有可能接受中断源的申请。

2．中断的排队

8051 单片机是一个多中断源系统，在开中断的条件下，如果有若干个中断申请同时发生，就需要决定先对哪一个中断申请进行响应，这就是中断排队的问题，也就是要对各个中断源作一个优先级的排序，单片机先响应优先级别高的中断申请。

3．中断的响应

单片机在响应了中断源的申请时，应使 CPU 从主程序转去执行中断服务子程序，同时要把断点地址送入堆栈进行保护，以便在执行完中断服务子程序后能返回到原来的断点继续执行主程序，断点地址入栈是由单片机内部硬件自动完成的。中断系统还要能确定各个被响应中断源的中断服务子程序的入口。

4．中断的撤除

在响应中断申请以后，返回主程序之前，中断申请应该撤除，否则就等于中断申请仍然存在，这将影响对其他中断申请的响应。8051 单片机内部硬件只能对一部分中断申请在响应之后自动撤除，这一点在使用中一定要注意。

5.2　中断系统结构与中断控制

8051 单片机的中断系统结构如图 5-2 所示。

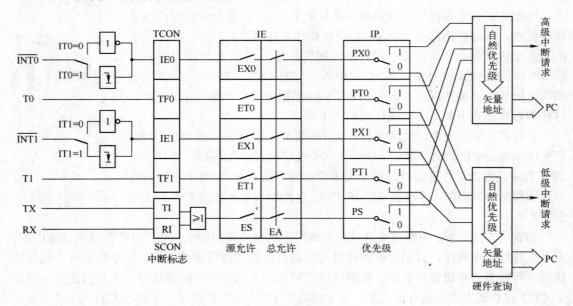

图 5-2　中断系统结构

从图 5-2 中可见，8051 单片机有 5 个中断请求源（8052 有 6 个），4 个用于中断控制的寄存器 IE、IP、TCON 和 SCON，用来控制中断的类型、中断的开 / 关和各种中断源的优先级别。5 个中断源有两个中断优先级，每个中断源可以编程为高优先级或低优先级中断，实现两级中断服务程序嵌套。

从面向用户的角度来看，8051 单片机的中断系统就是如下几个特殊功能寄存器：

- 定时器控制寄存器 TCON。
- 中断允许寄存器 IP。
- 中断优先级寄存器 IE。
- 串行口控制寄存器 SCON。

其中 TCON 和 SCON 只有一部分位是用于中断控制。通过对以上各特殊功能寄存器中相应位的置"1"或清"0",可实现各种中断控制功能。

8051 单片机是多中断源系统,有 5 个中断源,即两个外部中断,两个定时器/计数器中断和一个串行口中断(对 80C52 单片机来说还有一个定时器/计数器 T2,因此它还多一个定时器/计数器 T2 中断)。

两个外部中断源分别从 $\overline{INT0}$ (P3.2)和 $\overline{INT1}$ (P3.3)引脚输入,外部中断请求信号可以有两种方式,即电平触发方式和负边沿触发方式。若是电平触发方式,只要在 $\overline{INT0}$ 或 $\overline{INT1}$ 引脚上检测到低电平信号即为有效的中断申请。若是负边沿触发方式,则需在 $\overline{INT0}$ 或 $\overline{INT1}$ 引脚上检测到从 1 到 0 的负边沿跳变,才属于有效申请。

两个定时器/计数器中断是当 T0 或 T1 溢出(由全"1"进入全"0")时发出的中断申请,属于内部中断。

串行口中断也属于内部中断,它是在串行口每接收或发送完一组串行数据后自动发出的中断申请。

CPU 在检测到有效的中断申请后,使某些相应的标志位置"1",CPU 在下一个机器周期检测这些标志以决定是否要响应中断。这些标志位分别对应于特殊功能寄存器 TCON 和 SCON 的相应位。

TCON 寄存器的地址为 88H,其中各位都可以位寻址,位地址为 88H~8FH。TCON 寄存器中与中断有关的各控制位分布如下:

D7	D6	D5	D4	D3	D2	D1	D0
TF1		TF0		IE1	IT1	IE0	IT0

其中各控制位的含义如下:

IT0:选择外中断 $\overline{INT0}$ 的中断触发方式。IT0=0 为电平触发方式,低电平有效。IT0=1 为负边沿触发方式, $\overline{INT0}$ 脚上的负跳变有效。IT0 的状态可以用指令来置"1"或清"0"。

IE0:外中断 $\overline{INT0}$ 的中断申请标志。当检测到 $\overline{INT0}$ 上存在有效中断申请时,由内部硬件使 IE0 置"1"。当 CPU 转向中断服务,并从中断服务程序返回(执行 RETI 指令)时,由内部硬件清"0" IE0 中断申请标志。

IT1:选择外中断 $\overline{INT1}$ 的触发方式(功能与 TI0 类似)。

IE1:外部中断 $\overline{INT1}$ 的中断申请标志(功能与 IE0 类似)。

TF0:定时器/计数器 T0 溢出中断申请标志。当 T0 溢出时,由内部硬件将 TF0 置"1",当 CPU 转向中断服务,并从中断服务程序返回(执行 RETI 指令)时,由内部硬件将 TF0 清"0"。

TF1:定时器 1 溢出中断申请标志(功能与 TF0 相同)。

由此可见外部中断和定时器/计数器溢出中断的申请标志,在 CPU 响应中断之后能够自动撤除。

8051 单片机串行口的中断申请标志位于特殊功能寄存器 SCON 中，SCON 寄存器的地址为 98H，其中各位都可以位寻址，位地址为 98H～9FH。串行口的中断申请标志只占用 SCON 中的两位，分布如下：

D7	D6	D5	D4	D3	D2	D1	D0
						TI	RI

其中各控制位的含义如下：

TI：发送中断标志。当发送完一帧串行数据后置"1"，必须由软件清"0"。

RI：接收中断标志，当接收完一帧串行数据后置"1"，必须由软件清"0"。

串行口的中断申请标志是由 TI 和 RI 相或以后产生的，并且串行口中断申请在得到 CPU 响应之后不会自动撤除，必须通过软件程序加以撤除。

8051 单片机中断的开放和关闭是由特殊功能寄存器 IE 来实现两级控制的。所谓两级控制是指在寄存器 IE 中有一个总允许位 EA，当 EA=0 时，就关闭了所有的中断申请，CPU 不响应任何中断申请。而当 EA=1 时，对各中断源的申请是否开放，还要看各中断源的中断允许位的状态。

中断允许寄存器 IE 的地址为 A8H，其中各位都可以位寻址，位地址为 A8H～AFH。总允许位 EA 和各中断源允许位在 IE 寄存器中的分布如下：

D7	D6	D5	D4	D3	D2	D1	D0
EA			ES	ET1	EX1	ET0	EX0

其中各控制位的含义如下：

EA：中断总允许位。EA=0 时，CPU 关闭所有的中断申请，只有 EA=1 时，才能允许各个中断源的中断申请，但还要取决于各中断源中断允许控制位的状态。

ES：串行口中断允许位。ES=1，串行口开中断，ES=0，串行口关中断。

ET1：定时器/计数器 T1 的溢出中断允许位。ET1=1 允许 T1 溢出中断，ET1=0 则不允许 T1 溢出中断。

EX1：外部中断 1（$\overline{\text{INT1}}$）的中断允许位。EX1=1 允许外部中断 1 申请中断，EX1=0 则不允许中断。

ET0：定时器/计数器 T0 的溢出中断允许位。ET0=1 允许中断，ET0=0 不允许中断。

EX0：外部中断 0（$\overline{\text{INT0}}$）的中断允许位。EX0=1 允许中断，EX0=0 不允许中断。

8051 单片机在复位时，IE 各位的状态都为"0"，所以 CPU 是处于关中断的状态。对于串行口来说，其中断请求在被响应之后，CPU 不能自动清除其中断标志，在这些情况下要注意用指令来实现中断的开放或关闭，以便进行各种中断处理。

8051 单片机的中断系统具有两个中断优先级，对于每一个中断请求源可编程为高优先级或低优先级中断，以实现两级中断嵌套。每个中断源的优先级别由特殊功能寄存器 IP 来管理。

IP 寄存器的地址为 B8H，其中各控制位是可以位寻址的，位地址为 B8H～BCH。IP 寄存器中各控制位分布如下：

D7	D6	D5	D4	D3	D2	D1	D0
			PS	PT1	PX1	PT0	PX0

其中各位的含义如下：

PS：串行口中断优先级控制位。

PT1：定时器/计数器 T1 中断优级控制位。

PX1：外部中断 $\overline{\text{INT1}}$ 中断优先级控制位。

PT0：定时器/计数器 T0 中断优级控制位。

PX0：外部中断 $\overline{\text{INT0}}$ 中断优先级控制位。

IP 寄存器中若某一个控制位置"1"，则相应的中断源就规定为高优先级中断，反之，若某一个控制位置"0"，则相应的中断源就规定为低优先级中断。一个正在被执行的低优先级中断服务程序能被高优先级中断源的中断申请所中断，形成中断嵌套，如图 5-3 所示。相同级别的中断源不能相互中断其服务程序，也不能被另一个低优先级的中断源所中断。若 CPU 正在执行高优先级的中断服务子程序，则不能被任何中断源所中断。

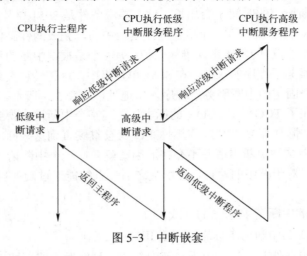

图 5-3　中断嵌套

5.3　中断响应

当有某个中断源请求中断，同时特殊功能寄存器 IE 中相应控制位处于置"1"状态，则 CPU 就可以响应中断。8051 单片机有 5 个中断源，但只有两个中断优先级，因此必然会有若干个中断源处于同样的中断优先级。当两个同样级别的中断申请同时到来时，CPU 应该如何响应呢？在这种情况下，8051 单片机内部有一个固定的查寻次序，当出现同级中断申请时，就按这个次序来处理中断响应。8051 单片机的 5 个中断源及其同级内的优先级次序如表 5-1 所示。

表 5-1　8051 单片机的中断源

中　断　源	入　口　地　址	同级内的优先级顺序	说　　　明
外部中断 0	0003H	最高	来自 P3.2 引脚（$\overline{\text{INT0}}$）的外部中断请求
定时器/计数器 0	000BH		定时器/计数器 T0 溢出中断请求
外部中断 1	0013H		来自 P3.3 引脚（$\overline{\text{INT1}}$）的外部中断请求
定时器/计数器 T1	001BH		定时器/计数器 T1 溢出中断请求
串行口	0023H	最低	串行口完成一帧数据的发送或接收中断

表 5-1 中列出的只是 8051 单片机的 5 个最基本中断源，不同型号单片机除了这 5 个基本中断源之外还有它们各自专有的中断源，如 8052 就还有一个定时器/计数器 T2 溢出中断，T2 的中断入口地址为 002BH。

8051 单片机在接收到发来的中断申请以后，先把这些申请锁定在各自的中断标志位中，然后在下一个机器周期按表 5-1 规定的内部优先顺序和中断优先级分别来查询这些标志，并在一个机器周期之内完成检测和优先排队。响应中断的条件有三个：

1）必须没有同级或更高级别的中断正在得到响应，如果有的话，则必须等 CPU 为它们服务完毕，返回主程序并执行一条指令之后才能响应新的中断申请。

2）必须要等当前正在执行的指令执行完毕以后，CPU 才能响应新的中断申请。

3）若正在执行的指令是 RETI（中断返回）或是任何访问 IE 寄存器或 IP 寄存器的指令，则必须要在执行完该指令以及紧随其后的另外一条指令之后才可以响应新的中断申请。在这种情况之下，响应中断所需的时间就会加长，这个响应条件是 8051 单片机所特有的。

若上述条件满足，CPU 就在下一个机器周期响应中断，完成两件工作：一是把中断点的地址，即当前程序计数器 PC 的内容送入堆栈保护；另一个是根据中断的不同来源把程序的执行转移到相应的中断服务子程序的入口。在 8051 单片机中，这种转移关系是固定的，对于每一种中断源，都有一个固定的中断服务子程序入口地址，如表 5-1 所示。CPU 响应中断的时候，中断请求被锁存了 TCON 和 SCON 的标志位。当某个中断请求得到响应之后，相应的中断标志位应该予以清除（即复"0"），否则 CPU 又会继续查询这些标志位而认为又有新的中断申请来到，实际上这种中断申请并不存在。因此就存在一个中断请求的撤除问题。8051 单片机有 5 个中断源，对于其中的两种，在响应之后，系统能通过硬件自动使标志位复"0"（即撤除），它们是：

● 定时器 0 或 1 的中断请求标志 TF0 或 TF1。

● 外部中断 0 或 1 的中断请求标志 IE0 或 IE1。

在这里需要注意的是外部中断。由于外部中断有两种触发方式：即低电平方式和负边沿方式。对于边沿触发方式比较简单，因为在清除了 IE0 或 IE1 以后，必须再来一个负边沿信号，才可能使标志位重新置"1"。对于低电平触发方式则不同，若仅是由硬件清除了 IE0 或 IE1 标志，而加在 $\overline{INT0}$ 或 $\overline{INT1}$ 引脚上的低电平不撤销，则在下一个机器周期 CPU 检测外中断申请时会发现又有低电平信号加在外中断输入上，又会使 IE0 或 IE1 置"1"，从而产生错误的结果。8051 单片机的中断系统没有对外的联络信号，即中断响应之后没有输出信号去通知外设结束中断申请，因此必须由用户自己来关心和处理这个问题。

对于串行口的中断请求标志 TI 和 RI，中断系统不予以自动撤除。在响应串行口中断之后要先测试这两个标志位，以决定是接收还是发送，故不能立即撤销。但在使用完毕之后应使之清"0"，以结束这次中断申请。TI 和 RI 的清"0"操作可在中断服务子程序中用指令来实现。

8051 单片机在响应中断之前，必须对中断系统进行初始化，也就是对组成中断系统的若干个特殊功能寄存器中的各控制位加以赋值。中断系统的初始化一般需要完成以下操作：

1）开中断。

2）确定各中断源的优先级。

3）若是外部中断，应规定是低电平触发还是负边沿触发。

CPU 响应中断后将转到中断源的入口地址开始执行中断服务程序。8051 单片机的每个中断源都有其固定的入口地址，它们的处理过程也有所区别。一般情况下，中断处理包括两个部分：一是保护现场，二是为中断服务。

所谓保护现场就是将需要在中断服程序中使用而又不希望破坏其中原来内容的工作寄存器压入堆栈中保护起来，等中断服务完成后再从堆栈中弹出以恢复原来的内容。通常需要保护的寄存器有 PSW、A 以及其他工作寄存器。

在编写中断服务程序时，要注意以下几点：

1）8051 各中断源的入口地址之间仅相隔 8 个单元，如果中断服务程序的长度超过 8 个地址单元时，应在中断入口地址处安排一条转移指令，转到其他有足够空余存储器单元的地址空间。

2）若在执行当前中断服务程序时需要禁止更高级中断源，则要用软件指令关闭中断，在中断返回之前再开放中断。

3）在保护和恢复现场时，为了不使现场信息受到破坏或造成混乱，保护现场之前应关中断，若需要允许高级中断，则应在保护现场之后再开中断。同样在恢复现场之前也应先关中断，恢复现场之后再开中断。

4）及时清除那些不能被硬件自动清"0"的中断请求标志，以免产生错误的中断。

最后，说明一下中断的响应时间问题，CPU 并不是在任何情况下都对中断请求立即响应，不同情况下中断相应的时间有所不同，下面以外部中断为例进行说明。

外部中断请求在每个机器周期的 S5P2 期间，经过反向后锁存到 IE0 或 IE1 标志中，CPU 在下一个机器周期才会查询这些标志，这时如果满足响应中断的条件，CPU 相应中断时，需要执行一条两个机器周期的调用指令，以转到相应的中断服务程序入口，这样，从外部中断请求有效到开始执行中断服务程序的第一条指令，至少需要 3 个机器周期。

如果在申请中断时，CPU 正在执行最长的指令（如乘、除指令），则额外等待时间增加 3 个机器周期；若正在执行中断返回（RETI）或访问 IE、IP 寄存器的指令，则额外等待时间又要增加 2 个机器周期。

综合估算，若系统中只有一个中断源，则中断响应时间为 3～8 个机器周期。

5.4 中断系统应用举例

5.4.1 中断源扩展

8051 单片机只有 2 个外部中断源 $\overline{INT0}$ 和 $\overline{INT1}$，当实际应用中需要多个外部中断源时，可采用硬件请求和软件查询相结合的办法进行扩展，把多个中断源通过"或非"门接到外部中断输入端，同时又连到某个 I/O 端口，这样每个中断源都能引起中断，然后在中断服务程序中通过查询 I/O 端口的状态来区分是哪个中断源引起的中断。若有多个中断源同时发出中断请求，则查询的次序就决定了同一优先级中断中的优先级。

利用中断加查询扩展中断源的 Proteus 仿真电路如图 5-4 所示。3 个转换开关 SW1～SW3 通过一个或非门连到 8051 的外中断输入引脚 $\overline{INT0}$，按键 B1 连到 8051 的外中断输入引脚 $\overline{INT1}$。SW1～SW3 的初始位置接地，当 SW1～SW3 中无论哪个转换到高电平时都会使 $\overline{INT0}$

引脚电平变低，向 CPU 提出中断申请，究竟是哪个转换开关提出的中断申请，可以在 $\overline{INT0}$ 中断服务程序中通过查询 P1.0、P1.2、P1.4 的逻辑电平获知，同时单片机通过 P1.1、P1.3、P1.5 输出高电平点亮相应的 LED 指示灯。当按键 B1 按下时（接地）时，将触发外部中断 $\overline{INT1}$，在 $\overline{INT1}$ 中断服务程序中向 P1 口输出低电平，熄灭所有 LED 指示灯。例 5-1 和例 5-2 分别为采用汇编语言和 C 语言编写的应用程序。

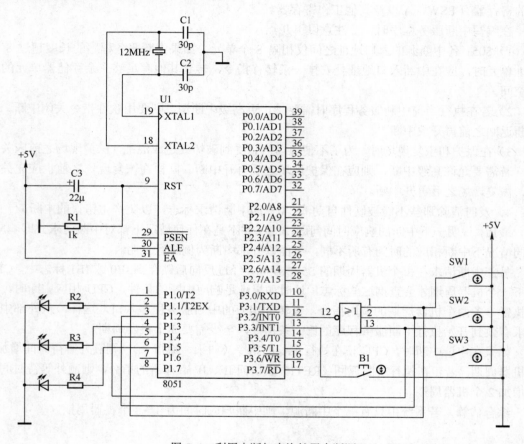

图 5-4   利用中断加查询扩展中断源

【例 5-1】 汇编语言源程序清单。

```
              ORG 0000H          ;复位入口
              LJMP MAIN          ;转到主程序
              ORG 0003H          ;外部中断 入口
              LJMP INT_0         ;转到中断服务程序
              ORG 0013H          ;外部中断 入口
              LJMP INT_1         ;转到中断服务程序
              ORG 0030H          ;主程序入口
MAIN:         ANL P1, #55H       ;主程序开始，熄灭 LED，准备输入查询
              SETB EX0           ;允许 INT0 中断
              SETB IT0           ;负边沿触发方式
              SETB EX1           ;允许 INT1 中断
```

```
        SETB IT1              ;负边沿触发方式
        SETB EA               ;开中断
HERE:   SJMP HERE             ;等待中断
INT_0:  JNB P1.0, L1          ;外中断 0 服务程序，开始查询
        SETB P1.1             ;由外设 1 引起的中断
L1:     JNB P1.2, L2
        SETB P1.3             ;由外设 2 引起的中断
L2:     JNB P1.4, L3
        SETB P1.5             ;由外设 3 引起的中断
L3:     RETI                  ;中断返回
INT_1:  ANL P1, #55H          ;外中断 1 服务程序，熄灭 LED
        RETI
        END
```

　　上面这个例子比较简单，不需要保护现场，当实际应用时如果中断服务程序较复杂，需要采用多个工作寄存器时，一定要注意现场的保护和恢复。

　　【例 5-2】 C 语言源程序清单。

```c
#include<reg52.h>
#define uchar unsigned char
#define uint unsigned int

sbit K1=P1^0;
sbit K2=P1^2;
sbit K3=P1^4;
sbit L1=P1^1;
sbit L2=P1^3;
sbit L3=P1^5;

/************************INT0 中断服务函数*************************/
void int0( ) interrupt 0 {
    if(K1==1) L1=1;
    if(K2==1) L2=1;
    if(K3==1) L3=1;
}

/************************INT1 中断服务函数*************************/
void int1( ) interrupt 2 {
    P1&=0x55;
}

/***************************主函数*******************************/
void main( ){
    P1&=0x55;
    IE=0x85;TCON=0x05;
    while(1);
}
```

5.4.2 中断嵌套

8051 单片机的中断系统具有两个优先级，每个中断源都可以设置为高、低优先级别，多个中断同时发生时，CPU 根据优先级别的高低分先后进行响应，并执行相应的中断服务程序。一个正在被执行的低优先级中断服务程序能被高优先级中断源的中断申请所中断，形成中断嵌套。相同级别的中断源不能相互中断，也不能被另一个低优先级的中断源所中断。若 CPU 正在执行高优先级的中断服务子程序，则不能被任何中断源所中断。

高、低优先级中断服务程序嵌套的 Proteus 仿真电路如图 5-5 所示。在 8051 单片机外部中断 $\overline{INT0}$、$\overline{INT1}$ 端分别通过两个按键接地，单片机的 P0、P1、P2 口分别接 3 个共阳极 LED 数码管。将 $\overline{INT1}$ 设置为高优先级，$\overline{INT0}$ 设置为低优先级，负边沿触发。主程序在开中断后进入循环状态，通过 P0 口循环显示 "1" ～ "8" 字符，此时无论按下 "低优先级" 或 "高优先级" 按键，主程序都会被中断，进入中断服务程序，通过 P2 或 P1 口显示 "1" ～ "8" 字符。如果先按下 "低优先级" 按键，则 P0 口的显示将停在某一数字，进入低优先级中断服务程序，通过 P2 口显示 "1" ～ "8" 字符；在 P2 口显示结束之前按下 "高优先级" 按键，则 P2 口的显示将停在某一数字，进入高优先级中断服务程序，通过 P1 口显示 "1" ～ "8" 字符，高优先级中断服务程序结束后，先返回到低优先级中断服务程序继续执行，即 P2 口从刚才暂停的数字继续显示，P2 口显示结束后返回到主程序执行，即 P0 口从刚才暂停的数字继续循环显示。例 5-3 和例 5-4 分别是采用汇编语言和 C 语言编写的应用程序。

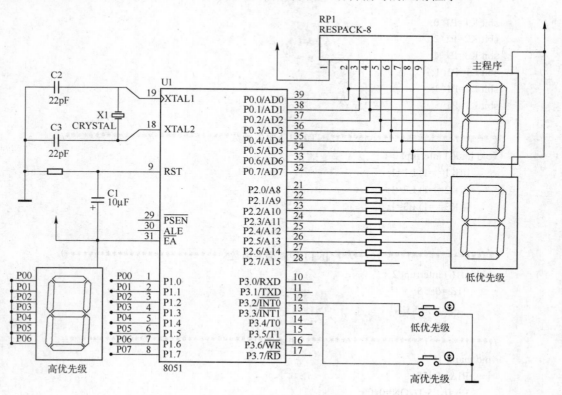

图 5-5　高、低优先级中断服务程序嵌套

【例 5-3】 汇编语言源程序清单。

```
                ORG 0000H
                LJMP MAIN
                ORG 0003H              ;INT0 中断入口地址
                LJMP INT0S
                ORG 0013H              ;INT1 中断入口地址
                LJMP INT1S
                ORG 0040H
MAIN:           MOV IE,#85H            ;主程序，开中断
                MOV TCON,#5            ;设置外部中断为负边沿触发方式
                MOV P3,#0FFH
                SETB PX1               ;设置 INT1 为高优先级
ST0:            MOV A ,#1              ;主程序循环显示 1～8
ST1:            PUSH ACC
                LCALL SEG7
                MOV P0,A
                LCALL DELAY
                POP ACC
                INC A
                CJNE A,#9,ST1
                SJMP ST0


INT0S:          PUSH ACC              ;INT0 中断服务程序显示 1～8
                MOV A,#0
LOOP:           INC A
                PUSH ACC
                LCALL SEG7
                MOV P2,A
                POP ACC
                LCALL DELAY
                CJNE A,#8,LOOP
                POP ACC
                MOV P2,#0FFH
                RETI                  ;INT0 中断返回

INT1S:          PUSH ACC              ;INT1 中断服务程序显示 1～8
                MOV A,#0
LOOP1:          INC A
                PUSH ACC
                LCALL SEG7
                MOV P1,A
                LCALL DELAY
```

```
            POP ACC
            CJNE A,#8,LOOP1
            MOV P1,#0FFH
            POP ACC
            RETI                                            ;INT1 中断返回

DELAY:      MOV R7,#80H                                     ;延时子程序
D1:         MOV R6,#10H
D2:         NOP
            NOP
            DJNZ R6,D2
            DJNZ R7,D1
            RET

SEG7:       INC A                                           ;数码管显示子程序
            MOVC A,@A+PC
            RET
            DB 0C0H,0F9H,0A4H,0B0H,99H,92H,82H,0F8H,80H     ;共阳极 LED 段码表
            END
```

【例 5-4】 C 语言源程序清单。

```
#include<reg52.h>
#define uchar unsigned char
#define uint unsigned int

uchar seg[ ]={0xC0,0xF9,0xA4,0xB0,0x99,0x92,0x82,0xF8,0x80};    //LED 段码表

sbit K1=P3^2;                                               //定义按键
sbit K2=P3^3;

/*************************** 延时函数 ***************************/
void delay( ){
    uint j;
    for(j=0;j<31000;j++);
}

/*********************** INT0 中断服务函数 ***********************/
void int0( ) interrupt 0 using 1{
    uchar i;
    for(i=1;i<9;i++){
        P2=seg[i];delay( );                                 //循环显示 1～8
    }
    P2=0xFF;
```

```
}

/************************ INT1 中断服务函数 ************************/
void int1( ) interrupt 2    using 2{
    uchar i;
    for(i=1;i<9;i++){
        P1=seg[i];delay( );                        //循环显示 1～8
    }
    P1=0xFF;
}

/*************************** 主函数 ***************************/
void main( ){
    uchar i;
    IE=0x85;TCON=0x05;PX1=1;                        //开中断，设置 INT1 为高优先级
    while(1){
        for(i=1;i<9;i++){
            P0=seg[i];delay( );                    //循环显示 1～8
        }
    }
}
```

5.5 定时器/计数器的工作方式与控制

8051 单片机内部有两个 16 位可编程定时器/计数器，记为 T0 和 T1，8052 单片机内除了 T0 和 T1 之外，还有第三个 16 位的定时器/计数器，记为 T2。它们的工作方式可以通过指令对相应的特殊功能寄存器编程来设定，或作定时器用，或作外部事件计数器用。

定时器/计数器在硬件上由双字节加法计数器 TH 和 TL 组成，作定时器使用时，计数脉冲由单片机内部振荡器提供，计数频率为 $f_{osc}/12$，每个机器周期加 1；作计数器使用时，计数脉冲由 P3 口的 P3.4（或 P3.5）即 T0（或 T1）引脚输入，外部脉冲的下降沿触发计数，计数器在每个机器周期的 S5P2 期间采样外部脉冲，若一个周期的采样值为 1，下一个周期的采样值为 0，则计数器加 1，故识别一个从 0 到 1 的跳变需要两个机器周期，所以对外部计数脉冲的最高计数频率为 $f_{osc}/24$，同时还要求外部脉冲的高低电平保持时间均要大于一个机器周期。

8051 单片机定时器/计数器的工作方式由特殊功能寄存器 TMOD 编程决定，定时器/计数器的启动运行由特殊功能寄存器 TCON 编程控制。不论用作定时器还是用作计数器，每当产生溢出时，都会向 CPU 发出中断申请。

方式控制寄存器 TMOD 的地址为 89H，控制字格式如下：

D7	D6	D5	D4	D3	D2	D1	D0
GATE	C/$\overline{T}$	M1	M0	GATE	C/$\overline{T}$	M1	M0

T1方式字段 ←————————→ ←———————— T0方式字段 ——————————→

低 4 位为 T0 的控制字，高 4 位为 T1 的控制字。

GATE 为门控位，它对定时器/计数器的启动起辅助控制作用。GATE=1 时，定时器/计数器的计数受外部引脚 P3.2（$\overline{INT0}$）或 P3.3（$\overline{INT1}$）输入电平的控制，此时只有当 P3 口的 P3.2（或 P3.3）引脚即 $\overline{INT0}$（或 $\overline{INT1}$）上的电平为 1 时，才能启动计数；GATE=0 时，定时器/计数器的运行不受外部引脚输入电平的控制。

$C/\overline{T}$ 为方式选择位。$C/\overline{T}=0$ 为定时器方式，采用单片机内部振荡脉冲的 12 分频信号作为计数脉冲，若采用 12MHz 的晶振，则计数频率为 1MHz，从计数值便可计算出定时时间。$C/\overline{T}=1$ 为计数器方式，采用外部引脚（T0 为 P3.4，T1 为 P3.5）的输入脉冲作为计数脉冲，当 T0（或 T1）上的输入信号发生从高到低的负跳变时，计数器加 1。最高计数频率为单片机晶振频率的 1/24。

M1、M0 二位的状态确定定时器/计数器的工作方式，详见表 5-2。

表 5-2　定时器/计数器的方式选择

M1	M0	工 作 方 式
0	0	方式 0，为 13 位定时器/计数器
0	1	方式 1，为 16 位定时器/计数器
1	0	方式 2，为自动重装常数的 8 位定时器/计数器
1	1	方式 3，仅适用于 T0，分成两个 8 位定时器/计数器

运行控制寄存器 TCON 的地址为 88H，格式如下：

D7	D6	D5	D4	D3	D2	D1	D0
TF1	TR1	TF0	TR0	IE1	IT1	IE0	IT0

TF1 为定时器/计数器 T1 的溢出标志位。当 T1 被允许计数以后，T1 从初值开始加 1 计数，计数器的最高位产生溢出时置"1"TF1，并向 CPU 申请中断，当 CPU 响应中断时，由硬件清"0"TF1。TF1 也可由软件查询清"0"。

TR1 为定时器/计数器的运行控制位，由软件置位和复位。当方式控制寄存器 TMOD 中的 GATE 位为 0 且 TR1 为 1 时，允许 T1 计数，TR1 为 0 时禁止 T1 计数。当 GATE 为 1 时，仅当 TR1 为 1 且 $\overline{INT1}$（P3.2）输入为高电平时才允许 T1 计数，当 TR1 为 0 或 $\overline{INT1}$ 输入为低电平时，都禁止 T1 计数。

TR0 为定时器 T0 的运行控制位，其功能与 TR1 类似。

TF0 为定时器 T0 的溢出标志位，其功能与 TF1 类似。

运行控制寄存器 TCON 的低 4 位与外部中断有关，已在 5.2 节中介绍，这里不再赘述。

定时器/计数器的内部结构相同，下面以定时器/计数器 T1 为例介绍其工作方式。

1. 方式 0 和方式 1

方式 0 为 13 位定时器/计数器，由 TL1 的低 5 位和 TH1 的 8 位构成，方式 1 为 16 位定时器/计数器，TL1 和 TH1 均为 8 位。图 5-6 所示为 T1 工作于方式 0 和方式 1 时的逻辑结构示意图。

图中 TL1 在加 1 计数溢出时向 TH1 进位，当 TH1 加 1 计数溢出时置"1"溢出中断标志 TF1。$C/\overline{T}=0$ 时，电子开关打在上面，振荡器的 12 分频信号（$f_{osc}/12$）作为计数信号，此时

T1 作定时器用。C/$\overline{\text{T}}$=1 时，电子开关打在下面，计数脉冲为 T1（P3.5）引脚上的外部输入脉冲，当 P3.5 发生由高到低的负跳变时，计数器加 1，这时 T1 作外部事件计数器用。由于检测到一次负跳变需要两个机器周期，所以最高的外部计数脉冲频率不能超过单片机振荡器频率的 1/24。

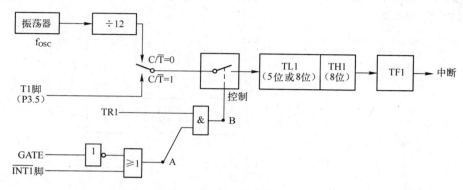

图 5-6　定时器/计数器 T1 工作于方式 0 和方式 1 的逻辑结构

GATE=0 时，A 点电位为常"1"，B 点电位取决于 TR1 的状态。TR1=1 时，B 点为高电平，电子开关闭合，计数脉冲加到 T1，允许 T1 计数；TR1=0 时，B 点为低电平，电子开关断开，禁止 T1 计数。当 GATE=1 时，A 点电位由 $\overline{\text{INT1}}$（P3.3）输入电平确定，仅当 $\overline{\text{INT1}}$ 输入为高电平且 TR1=1 时，B 点才是高电平，使电子开关闭合，允许 T1 计数。

2．方式 2

方式 2 为自动恢复初值，即常数自动重装入的 8 位定时器/计数器。定时器 T1 工作于方式 2 的逻辑结构如图 5-7 所示。TL1 作为 8 位计数器，TH1 作为常数缓冲器。当 TL1 计数器溢出时，在置"1"溢出中断标志 TF1 的同时，将 TH1 中的初始计数值重新装入 TL1，使 TL1 从初始值开始重新计数。

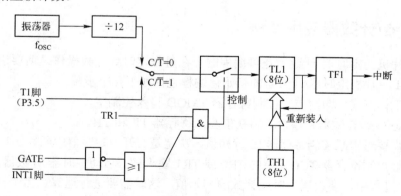

图 5-7　定时器/计数器 T1 工作于方式 2 的逻辑结构

3．方式 3

方式 3 是为了增加一个附加的 8 位定时器/计数器而提供的，它使 8051 单片机具有三个定时器/计数器。方式 3 只适用于 T0，一般情况下，当定时器/计数器 T1 用作串行口波特率发生器时，定时器 T0 才定义为方式 3，以增加一个 8 位计数器。当 T0 定义为方式 3 时，T1 可定义为方式 0、方式 1 和方式 2。

定时器/计数器 T_0 分为两个独立的 8 位计数器 TL0 和 TH0，此时 T0 的逻辑关系结构如图 5-8 所示。这时 TL0 使用状态控制位 C/$\overline{T}$，GATE、TR0、$\overline{INT0}$，而 TH0 被固定为一个 8 位定时器（此时不能用作外部计数方式），并使用定时器/计数器 T1 的状态控制位 TR1 和 TF1，同时占用 T1 的中断源。

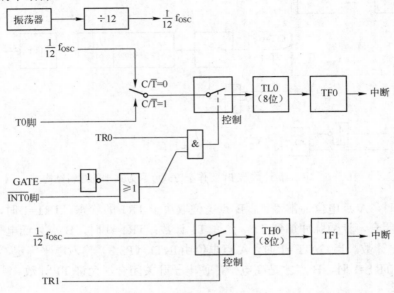

图 5-8   定时器/计数器 T0 工作于方式 3 的逻辑结构

定时器/计数器 T1 没有工作方式 3，若将 T1 设置为方式 3 将导致 T1 立即停止计数，即保持住原有的计数值，其作用相当于使 TR1=0。

5.6   定时器/计数器应用举例

8051 单片机的定时器/计数器是可编程的，在进行定时或计数操作之前要进行初始化编程。通常 8051 单片机定时器/计数器的初始化编程包括如下几个步骤：

1）确定工作方式，即给方式控制寄存器 TMOD 写入控制字。

2）计算定时器/计数器初值，并将初值写入寄存器 TL 和 TH。

3）根据需要对中断控制寄存器 IE 置初值，决定是否开放定时器中断。

4）使运行控制寄存器 TCON 中的 TR0 或 TR1 置 "1"，启动定时器/计数器。

在初始化过程中，要设置定时或计数的初始值，这时需要进行运算。由于计数器是加法计数，并在溢出时产生中断，因此初始值不能是所需要的计数模值，而是要从最大计数值开始，倒退回去一个计数模值才是应当设置的计数初始值。假设计数器的最大计数值为 M（根据不同工作方式，M 可以是 2^{13}、2^{16} 或 2^8），则计算初值 X 的公式如下：

计数方式：$\qquad\qquad\qquad$ X=M - 要求的计数值 $\qquad\qquad$ (5-1)

定时方式：$\qquad\qquad\qquad$ $X=M-\dfrac{\text{要求的定时值}}{12/f_{osc}}$ $\qquad\qquad$ (5-2)

5.6.1　初值和最大定时时间计算

【例 5-5】　假设单片机的振荡频率 f_{OSC}=6MHz，现要求产生 1ms 的定时，试分别计算定时器 T1 在方式 0、方式 1 和方式 2 时的初值。

方式 0：最大计数值为 M=2^{13}，因此定时器的初值应为

$$X = 2^{13}-(1\times10^{-3})s/(12/(6\times10^6)Hz)$$
$$= 7692D$$
$$= 1111000001100B$$

其中高 8 位为 TH1 的初值，即 F0H，低 5 位为 TL1 的初值，注意，这里 TL1 的初值应为 00001100B 即 0CH，而不是 60H，因为在方式 0 时，TL1 的高 3 位是不用的，应都设为 0。

方式 1：最大计数值为 M=2^{16}，因此定时器的初值应为

$$X = 2^{16}-(1\times10^{-3})s/(2\times10^{-6})Hz$$
$$= 65036D$$
$$= 1111111000001100B$$
$$= FE0CH$$

此时高 8 位 TH1 的初值为 FEH，低 8 位 TL1 的初值为 0CH。

方式 2：最大计数值为 M=2^8，因此定时器的初值应为

$$X = 2^8-(1\times10^{-3})s/(2\times10^{-6})Hz$$
$$= 256-500$$
$$= -254$$

计算得到的初值为负值，说明当 f_{OSC}=6MHz 时，不能采用方式 2（即常数自动装入）来产生 1ms 的定时，除非把单片机的时钟频率降得很低。

【例 5-6】　假设单片机的振荡频率 f_{OSC}=6MHz，试计算 T0 在方式 0 和方式 1 下的最大定时时间。

T0 最大定时时间对应于加法计数器 TH0 和 TL0 的各位全为 1，即 TH0=0FFH,TL0=0FFH，若定时器 T0 工作在方式 0，则最大定时值为

$$T_{max}=2^{13}\times(12/6\times10^6 Hz)=16.384ms$$

若工作在方式 1，则最大定时值为

$$T_{max}=2^{16}\times(12/6\times10^6 Hz)= 131.072ms$$

若要增大定时值，可以采用降低单片机振荡频率的方法，但这会降低单片机的运行速度，而且定时误差也会加大，故不是最好的方法，而采用软件、硬件结合的方法则效果较好。

5.6.2　定时器方式应用

采用定时器方式工作时，首先要根据单片机的工作频率和实际需要确定合适的工作方式。当工作频率为 6MHz 时，可以分别计算出定时器在方式 0 下最大定时时间为 16.384ms，在方式 1 下最大定时时间为 131.072ms，在方式 2 下最大定时时间为 512μs，如果需要的定时时间大于上述最大定时值，则需要采用中断的方式来扩展定时时间。

设 8051 单片机的工作频率为 6MHz，利用 T0 中断扩展方式产生 1s 定时，当 1s 定时时间到，从 P1.0 输出一个低电平点亮发光二极管。其 Proteus 仿真电路如图 5-9 所示，例 5-7 和

108

例 5-8 分别是采用汇编语言和 C 语言编写的应用程序。本例中定时器选用方式 1，每隔 100ms 中断一次，中断 10 次即为 1s。定时初值计算如下：

$$X = 2^{16} - (100 \times 10^{-3})s/(2 \times 10^{-6})Hz$$
$$= 15536D$$
$$= 3CB0H$$

因此，TH0 = 3CH，TL0 = B0H。

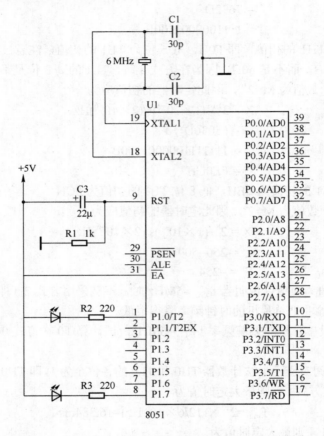

图 5-9 利用 T0 中断扩展方式产生 1s 定时的 Proteus 仿真电路

【例 5-7】 汇编语言程序清单。

```
            ORG   0000H              ;复位入口
            LJMP      MAIN           ;转到主程序
            ORG   000BH              ;T0 中断入口
            LJMP      TT0            ;转到 T0 中断服务程序
            ORG   0030               ;主程序入口
    MAIN:   MOV   SP,#60H             ;设置堆栈指针
            MOV   20H,#0AH            ;设置中断次数
            MOV   TMOD,#01H           ;设置 T0 工作方式
            MOV   TH0,#3CH            ;装入 T0 初值
            MOV   TL0,#0B0H
            SETB TR0                 ;启动 T0
```

```
        SETB  EA                      ;开中断
        SETB  ET0                     ;允许 T0 中断
        SJMP  $                       ;等待中断
TT0:    MOV   TH0,#3CH                ;重装 T0 初值
        MOV   TL0,#0B0H
        DJNZ  20H,LOOP                ;中断次数未到
        CLR   TR0                     ;1s 定时时间到，停止 T0
        CLR   P1.0                    ;从 P1.0 输出高电平
LOOP:   CPL   P1.7
        RETI                          ;中断返回
        END
```

【例 5-8】 C 语言程序清单。

```c
#include<reg52.h>
#define uchar unsigned char
#define uint unsigned int

uchar i=10;
sbit L1=P1^0;   //定义 LED
sbit L2=P1^7;

/************************* T0 中断服务函数*************************/
void t0( ) interrupt 1 using 1{
        TH0=0x3c;TL0=0xb0;                 //重装 T0 初值
        if(i--!=0)L2=~L2;
        else {
                L1=0;TR0=0;
        }
}

/***************************** 主函数 *****************************/
void main( ){
        TMOD=0x01;TH0=0x3c;TL0=0xb0;       //设置 T0 工作方式,装入 T0 初值
        IE=0x82; TR0=1;                    //开中断，启动 T0
        while(1);                          //等待中断
}
```

设 8051 单片机的工作频率为 6MHz，编写利用 T0 实现实时时钟的程序。本例采用中断扩展方式实现 1s 定时。将内存单元 30H、31H、32H 分别作为时、分、秒单元，每当定时 1s 到时，秒单元内容加 1，同时秒指示灯闪；满 60s 则分单元加 1，同时分指示灯闪；满 60min 则时单元加 1，同时时指示灯闪；满 24h 后将时单元清 0，同时熄灭所有指示灯。Proteus 仿真电路如图 5-10 所示，例 5-9 和例 5-10 分别为采用汇编语言和 C 语言编写的应用程序。

【例 5-9】 汇编语言源程序清单。

```
        ORG   0000H                   ;复位入口
        LJMP      MAIN                ;转到主程序
        ORG   000BH                   ;T0 中断入口
```

```
        LJMP    TT0           ;转到 T0 中断服务程序
        ORG  0030             ;主程序入口
MAIN:   MOV  SP,#60H          ;设置堆栈指针
        MOV  20H,#0AH         ;设置中断次数
        MOV  30H,#00H         ;时、分、秒单元清 0
        MOV  31H,#00H
        MOV  32H,#00H
        MOV  TMOD,#01H        ;设置 T0 工作方式
        MOV  TH0,#3CH         ;装入 T0 初值
        MOV  TL0,#0B0H
        SETB TR0              ;启动 T0
        SETB EA               ;开中断
        SETB ET0              ;允许 T0 中断
        SJMP $                ;等待中断
TT0:    PUSH PSW              ;保护现场
        PUSH ACC
        MOV  TH0,#3CH         ;重装 T0 初值
        MOV  TL0,#0B0H
        DJNZ 20H,RT           ;1s 定时未到，返回
        MOV  20H,#0AH         ;重置中断次数
```

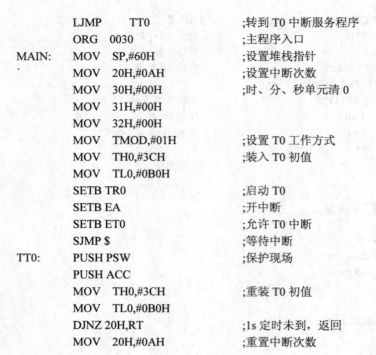
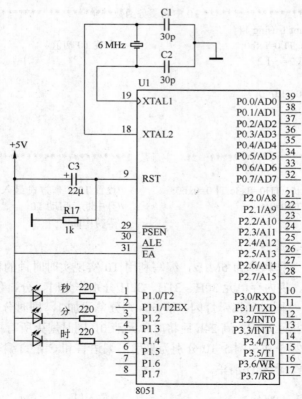

图 5-10 利用 T0 中断扩展方式实现实时时钟的 Proteus 仿真电路

```
        MOV   A,#01H
        ADD   A,32H               ;秒单元加 1
        DA    A                   ;十进制调整
        MOV   32H,A               ;转换为 BCD 码
        CPL   P1.0
        CJNE  A,#60H,RT           ;未到 60s，返回
        MOV   32H,#00H            ;到 60s，秒单元清 0
        MOV   A,#01H
        ADD   A,31H               ;分单元加 1
        DA    A                   ;十进制调整
        MOV   31H,A               ;转换为 BCD 码
        CPL   P1.2
        CJNE  A,#60H,RT           ;未到 60min，返回
        MOV   31H,#00H            ;到 60min，分单元清 0
        MOV   A,#01H
        ADD   A,30H               ;时单元加 1
        DA    A                   ;十进制调整
        MOV   30H,A               ;转换为 BCD 码
        CPL   P1.4
        CJNE  A,#24H,RT           ;未到 24h，返回
        MOV   30H,#00H            ;到 24h，时单元清 0
        MOV   P1,#00H
RT:     POP   ACC                 ;恢复现场
        POP   PSW
        RETI                      ;中断返回
        END
```

【例 5-10】 C 语言源程序清单。

```c
#include<reg52.h>
#define uchar unsigned char
#define uint unsigned int
#define SECOND    10

uchar count=0;
sbit L1=P1^0;                     //定义 LED
sbit L2=P1^2;
sbit L3=P1^4;

struct time   {                   //定义时、分、秒结构变量
    uchar    hour;                //时
    uchar    min;                 //分
    uchar    sec;                 //秒
};
struct time clocktime _at_ 0x30;  //当前时间
```

/************************* T0 中断服务函数**************************/

```
timer0( ) interrupt 1 using 2{
        TH0=0x3c;TL0=0xb0;                              //重装 T0 初值
        if( ++count == SECOND ) {                       //每中断 10 次为 1s
            count = 0; L1=~L1;
            if( ++clocktime.sec == 60 ) {               //60s 为 1min
                clocktime.sec = 0; L2=~L2;
                if( ++clocktime.min == 60 ) {           //60min 为 1h
                    clocktime.min = 0; L3=~L3;
                    if( ++clocktime.hour == 24 ) {      //24h 为 1 天
                        clocktime.hour = 0; P1=0x00;
                    }
                }
            }
        }
}


/*******************************主函数*******************************/
void main( ){
        TMOD=0x01;TH0=0x3c;TL0=0xb0;                    //设置 T0 工作方式,装入 T0 初值
        IE=0x82; TR0=1;                                 //开中断,启动 T0
        while(1);                                       //等待中断
}
```

设 8051 单片机的工作频率为 6MHz, 利用 T0 定时中断在 P1.0 引脚上产生周期为 4ms 方波的程序。Proteus 仿真电路如图 5-11 所示, 在 P1.0 引脚上接虚拟示波器, 例 5-11 和例 5-12 分别为采用汇编语言和 C 语言编写的应用程序, 执行后从虚拟示波器上可看到周期为 4ms 的方波。

【例 5-11】 汇编语言源程序清单。

```
                ORG 0000H               ;复位地址
                LJMP MAIN               ;跳转到主程序
                ORG 000BH               ;定时器 T0 中断入口
                LJMP SQ                 ;跳转到定时器 T0 中断服务程序
                ORG 0030H               ;主程序入口地址
MAIN:           MOV TMOD,#01H           ;主程序, 写入 T0 控制字, 16 位定时方式
                MOV TL0, #18H           ;写入 T0 定时 2ms 初值
                MOV TH0, #0FCH
                MOV IE, #82H            ;开中断
                SETB TR0                ;启动 T0
HERE:           SJMP HERE               ;循环等待
SQ:             CPL P1.0                ;T0 中断服务程序, 取反 P1.0
                MOV TL0, #18H           ;重装 T0 定时初值
                MOV TH0, #0FCH
                RETI                    ;中断返回
                END
```

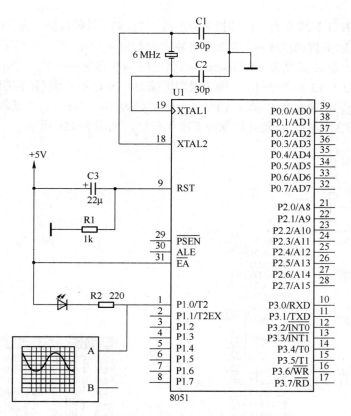

图 5-11　利用定时器产生方波的 Proteus 仿真电路

【例 5-12】　C 语言源程序清单。

```
#include<reg52.h>

sbit L1=P1^0;                                    //定义 LED

/*************************** T0 中断服务函数***************************/
timer0( ) interrupt 1 using 2{
     TH0=0xfc;TL0=0x18;                          //重装 T0 初值
     L1=~L1;
}

/*************************主函数*************************/
void main( ){
     TMOD=0x01;TH0=0xfc;TL0=0x18;               //设置 T0 工作方式，装入 T0 初值
     IE=0x82; TR0=1;                            //开中断，启动 T0
     while(1);                                   //等待中断
}
```

当特殊功能寄存器 TMOD 和 TCON 中的 GATE=1、TR1=1 时，只有 $\overline{INT1}$ 引脚上出现高电平的时候，T1 才被允许计数，利用这一特点可以测量加在 P3.3（即 $\overline{INT1}$ 引脚）上的正脉冲宽度。测量时，先将 T1 设置为定时方式，GATE 设为 1，并在 INT1 引脚为 "0" 时将 TR1

置"1"，这样当 $\overline{INT1}$ 引脚变为"1"时将启动 T1；当 $\overline{INT1}$ 引脚再次变为"0"时将停止 T1，此时 T1 的定时值就是被测正脉冲的宽度。若将定时初值设为 0，当单片机工作频率为 12MHz 时，能测量的最大脉冲宽度为 65.536ms。利用定时器测量脉冲宽度的 Proteus 仿真电路如图 5-12a 所示，例 5-13 和例 5-14 分别为采用汇编语言和 C 语言编写的应用程序，执行后暂停，单击"Debug"下拉菜单"8051 CPU Internal（IDATA）Memory"选项，可以看到片内 RAM 单元 30H 和 31H 中内容随外加脉冲宽度而变化，如图 5-12b 所示。

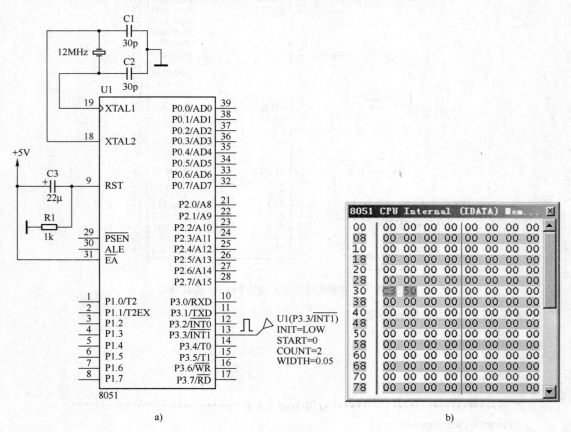

图　5-12

a) 利用定时器测量脉冲宽度　b) 50ms 脉冲宽度的测量结果

【例 5-13】　汇编语言语言源程序清单。

```
            ORG 0000H           ;复位地址
            LJMP MAIN           ;跳转到主程序
            ORG 0030H           ;主程序入口地址
MAIN:       MOV   TMOD,#90H      ;T1 工作于定时方式 1，GATE=1
            MOV   TL1, #00H      ;计数初值设为 0
            MOV   TH1, #00H      ;当 f_osc 为 12MHz 时最大脉冲宽度为 65.536ms
RL1:        JB    P3.3, RL1      ;等待 P3.3 变低
            SETB TR1            ;启动 T1
RL2:        JNB   P3.3, RL2      ;等待 P3.3 变高
```

```
RL3:        JB    P3.3，RL3              ;等待 P3.3 再次变低
            CLR   TR1                    ;停止 T1
            MOV   30H, TH1               ;读取脉冲宽度高低字节值;分别存放于 30H 和 31H 中
            MOV   31H, TL1               ;分别存放于 30H 和 31H 中
            SJMP $
```

【例 5-14】 C 语言语言源程序清单。

```c
#include<reg52.h>
#define uchar unsigned char

uchar Me[2] _at_ 0x30;
sbit Mp=P3^3;                      //定义脉冲输入端

/*****************************主函数*****************************/
void main( ){
    TMOD=0x90;TH1=0x00;TL1=0x00;   //设置 T1 工作方式,装入 T1 初值
    while(Mp);                     //等待 P3.3 变低
    TR1=1;                         //启动 T1
    while(!Mp);                    //等待 P3.3 变高
    while(Mp);                     //等待 P3.3 再次变低
    TR1=0;                         //停止 T1
    Me[0]=TH1;                     //读取脉冲宽度值;分别存放于 30H 和 31H 中
    Me[1]=TL1;
    while(1);
}
```

5.6.3 计数器方式应用

采用计数器方式工作时，外部计数脉冲从 T0 或 T1 引脚输入，计数脉冲的最高计数频率为单片机工作频率的 1/24，同时还要求计数脉冲的高低电平保持时间均大于一个机器周期，外部脉冲的下降沿触发计数，当加法计数器累加到工作方式确定的最大计数值，再来一个外部脉冲将导致计数器溢出。

将 T0 设置为外部脉冲计数方式，在 P3.4（T0）引脚上外接一个单脉冲发生器，每按一次单脉冲按钮，T0 计数一个脉冲，同时将计数值送往 P1 口，从 P1.0～P1.7 外接的 LED 发光二极管可以看到所计数值。T0 作为外部计数器应用的 Proteus 仿真电路如图 5-13 所示，例 5-15 和例 5-16 分别为采用汇编语言和 C 语言编写的应用程序。

【例 5-15】 汇编语言源程序清单。

```
            ORG 0000H                 ;复位地址
            LJMP MAIN                 ;跳转到主程序
            ORG 0030H                 ;主程序入口地址
MAIN:       MOV   TMOD,#05H           ;写入 T0 控制字，16 位外部计数方式
            MOV   TH0, #0             ;写入 T0 计数初值
            MOV   TL0, #0
```

```
        SETB TR0                    ;开始计数
LOOP:   MOV  P1, TL0                ;将计数结果送 P1 口
        LJMP LOOP
        END
```

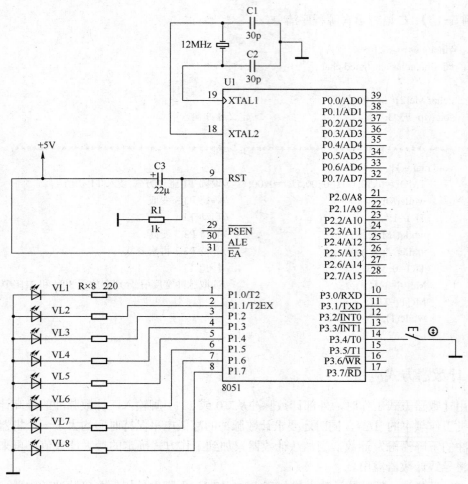

图 5-13　T0 作为外部计数器应用的 Proteus 仿真电路

【例 5-16】　C 语言源程序清单。

```c
#include<reg52.h>

/********************************主函数*********************************/
void main( ){
    TMOD=0x05;TH0=0x00;TL0=0x00;    //设置 T0 工作方式，装入 T0 初值
    TR0=1;                          //启动 T0，开始计数
    while(1){
        P1=TL0;                     //将计数结果送 P1 口
    }
}
```

要求当 P3.4（T0）引脚上的电平发生负跳变时，从 P1.0 输出一个 500μs 的同步脉冲。可以先将 T0 设置为方式 2，外部计数方式，计数初值设为 FFH，当 P3.4 引脚上的电平发生负跳变时，T0 计数器加 1，同时 T0 发生溢出使 TF0 标志置位；然后将 T0 改变为 500μs 定时工作方式，并使 P1.0 输出由 1 变为 0。当 T0 定时时间到产生溢出，使 P1.0 恢复输出高电平，同时 T0 恢复外部计数工作方式。Proteus 仿真电路如图 5-14 所示，例 5-17 和例 5-18 分别为采用汇编语言和 C 语言编写的应用程序，将 P1.0 和 P3.4 引脚分别接到模拟示波器的 A、B 输入端，每次按下按钮时，可以看到 P1.0 输出的同步脉冲信号。

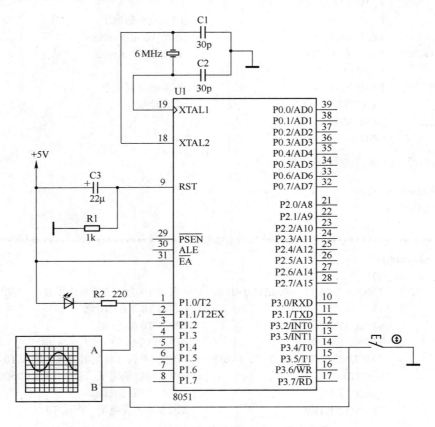

图 5-14　产生同步脉冲的 Proteus 仿真电路

若单片机工作频率为 6MHz，T0 的定时初值应为

$$X = 2^{-8}(500 \times 10^{-6})\text{s}/(2 \times 10^{-6})\text{Hz}$$
$$= 6D$$
$$= 06H$$

【例 5-17】 汇编语言源程序清单。

```
              ORG 0000H                 ;复位地址
              LJMP MAIN                 ;跳转到主程序
              ORG 0030H                 ;主程序入口地址
MAIN:    MOV   TMOD,#06H            ;写入 T0 控制字，8 位外部计数方式
```

```
        MOV   TH0,#0FFH              ;写入 T0 计数初值
        MOV   TL0,#0FFH              ;写入 T0 计数初值
        SETB TR0                     ;启动 T0 计数
LOOP1:  JBC   TF0,PTFO1              ;查询 T0 溢出标志
        SJMP LOOP1
PTFO1:  CLR   TR0                    ;停止计数
        MOV   TMOD,#02H              ;改变 T 为 8 位定时方式
        MOV   TH0,#06H               ;写入 T0 定时初值
        MOV   TL0,#06H
        CLR   P1.0                   ;P1.0 输出低电平
        SETB TR0                     ;启动 T0 定时 500μs
LOOP2:  JBC   TF0,PTFO2              ;查询 T0 溢出标志
        SJMP LOOP2
PTFO2:  SETB P1.0                    ;P1.0 输出高电平
        CLR   TR0                    ;停止计数
        SJMP MAIN
        END
```

【例 5-18】 C 语言源程序清单。

```c
#include<reg52.h>
sbit L=P1^0;

/*****************************主函数*****************************/
void main( ){
    while(1){
        TMOD=0x06;TH0=0xff;TL0=0xff;    //设置 T0 为 8 位外部计数方式，装入 T0 初值
        TR0=1;                          //启动 T0，开始计数
        while(!TF0);                    //查询 T0 溢出标志
        TF0=0; TR0=0;                   //停止计数
        TMOD=0x02;TH0=0x06;TL0=0x06;    //改变 T0 为 8 位定时方式，装入 T0 初值
        L=0;TR0=1;                      //P1.0 输出低电平，启动 T0 定时 500μs
        while(!TF0);                    //查询 T0 溢出标志
        TF0=0;L=1;TR0=1;                //P1.0 输出高电平，停止 T0
    }
}
```

5.7　利用定时器产生音乐

　　声音的频谱范围约在几十到几千赫兹，利用单片机定时器的定时中断功能，可以从一个 I/O 口线上形成一定频率的脉冲，经过滤波和功率放大，接上扬声器就能发出一定频率的声音，若再利用延时程序控制输出脉冲的频率来改变音调，即可实现音乐发生器功能。

　　要让单片机产生音频脉冲，只要计算出某一音频的周期，在将此周期除以 2 得到半周期，利用定时器对此半周期进行定时，每当定时时间到，将某个 I/O 口线上的电平取反，从而在 I/O 口线上得到所需要的音频脉冲。产生音频的定时器初值计算公式如下：

$$t = 2^k - \frac{f_{OSC}/12}{2 \times F_r} \tag{5-3}$$

式中，k 根据单片机工作方式确定，可为 13（方式 0）、16（方式 1）、8（方式 2）；f_{OSC} 为单片机工作频率；F_r 为希望产生的音频。

例如，中音 DO 的频率为 523Hz，若单片机工作频率为 12MHz，定时器 T0 设置为工作方式 1，按公式 5-3 计算得定时器初值为 64580；高音 DO 的频率为 1047Hz，计算得定时器初值为 65058。表 5-3 所示为单片机工作频率为 12MHz 时，C 调各音符频率与定时器初值对照表。

表 5-3　C 调各音符频率与定时器初值对照表（f_{OSC} =12MHz）

音　符	频率/Hz	定时器初值 t	音　符	频率/Hz	定时器初值 t
低 1 DO	262	63628	#4 FA#	740	64860
#1 DO#	277	63731	中 5 SO	784	64898
低 2 RE	294	63835	#5 SO#	831	64934
#2 RE#	311	63928	中 6 LA	880	64968
低 3 ME	330	64021	#6 LA#	932	64994
低 4 FA	349	64103	中 7 SI	988	65030
#4 FA#	370	64185	高 1 DO	1046	65058
低 5 SO	392	64260	#1 DO#	1109	65085
#5 SO#	415	64331	高 2 RE	1175	65110
低 6 LA	440	64400	#2 RE#	1245	65134
#6 LA#	466	64463	高 3 ME	1318	65157
低 7 SI	494	64524	高 4 FA	1397	65178
中 1 DO	523	64580	#4 FA#	1480	65198
#1 DO#	554	64633	高 5 SO	1568	65217
中 2 RE	587	64684	#5 SO#	1661	65235
#2 RE#	622	64732	高 6 LA	1760	65252
中 3 ME	659	64777	#6 LA#	1865	65268
中 4 FA	698	64820	高 7 SI	1967	65283

一段音乐中除了音符之外，还需要节拍，可以通过延时方式来产生不同的节拍。如果 1 拍为 0.4s，则 1/4 拍为 0.1s，只要设定延时时间就可以求得节拍时间。例如一段延时程序 DELAY 为 1/4 拍，则 1 拍只要调用 4 次 DELAY 程序，依此类推。表 5-4 所示为 1/4 和 1/8 节拍的设定。

表 5-4　1/4 和 1/8 节拍的设定（f_{OSC}=12MHz）

1/4 节拍		1/8 节拍	
曲调值	延时时间/ms	曲调值	延时时间/ms
4/4	125	4/4	62
3/4	187	3/4	94
2/4	250	2/4	125

表 5-5 所示为简谱音符与对应的简谱码，表 5-6 所示为节拍与对应的节拍码。

表 5-5　简谱与对应的简谱码（f_{OSC}=12MHz）

简　谱	发　声	简　谱　码	定时器初值
5	低音 SO	1	64260
6	低音 LA	2	64400
7	低音 SI	3	62524
1	中音 DO	4	64580
2	中音 RE	5	64684
3	中音 ME	6	64777
4	中音 FA	7	64820
5	中音 SO	8	64898
6	中音 LA	9	64968
7	中音 SI	A	65030
1	高音 DO	B	65058
2	高音 RE	C	65110
3	高音 ME	D	65157
4	高音 FA	E	65178
5	高音 SO	F	65217
	不发音	0	

表 5-6　节拍与对应的节拍码（f_{OSC}=12MHz）

节　拍　码	节　拍　数	节　拍　码	节　拍　数
1	1/4 拍	1	1/8 拍
2	2/4 拍	2	2/8 拍
3	3/4 拍	3	3/8 拍
4	4/4 拍	4	4/8 拍
5	1 又 1/4 拍	5	5/8 拍
6	1 又 2/4 拍	6	6/8 拍
8	2 拍	8	1 拍
A	2 又 2/4 拍	A	1 又 2/8 拍
C	3 拍	C	1 又 4/8 拍
F	3 又 3/4 拍		

编写音乐程序时，先把乐谱的音符找出，按表 5-5 建立对应的简谱码及定时器初值表，按表 5-6 建立节拍码表。每个音符使用 1 个字节，字节的高 4 位存放音符的高低，低 4 位存放音符的节拍。将音符对应的定时器初值表放在 TABLE1 处，音符节拍码表放在 TABLE 处。"生日快乐"乐谱如下：

|5.5 6 5|1 7 -||5.5 6 5|2 1 -|5.5 5 3|1 7 6|4.4 3 1|2 1 -|

按照上述原理可以编写出"生日快乐"乐曲的汇编语言程序，例 5-19 和例 5-20 分别为采用汇编语言和 C 语言编写的应用程序，Proteus 仿真电路如图 5-15 所示，点击"Play"按钮

执行程序,将从计算机的音箱中听到"生日快乐"乐曲。

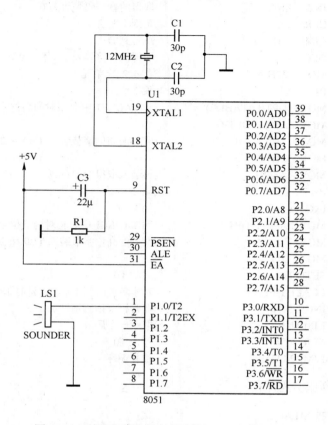

图 5-15　利用定时器产生音乐的 Proteus 仿真电路

【例 5-19】 汇编语言源程序清单。

```
                ORG 0000H              ;复位地址
                LJMP MAIN              ;跳转到主程序
                ORG 000BH              ;T0 中断入口
                LJMP TIM0              ;跳转到 T0 中断服务程序
                ORG 0030H              ;主程序入口地址
MAIN:   MOV     TMOD,#01H              ;写入 T0 控制字, 16 位定时方式
        MOV     IE,#82H                ;开中断
        MOV     30H,#00H               ;取音符节拍码表指针
NEXT:   MOV     A,30H                  ;指针装入 A
        MOV     DPTR,#TABLE            ;从 TABLE 处取音符节拍码
        MOVC A,@A+DPTR
        MOV     R2,A                   ;取得的音符节拍码暂存于 R2
        JZ      END0                   ;是否取到结束码 00H
        ANL     A,#0FH                 ;不是, 则取节拍码
        MOV     R5,A                   ;节拍码存于 R5
        MOV     A,R2                   ;将音符节拍码装入 A
        SWAP A                         ;高、低 4 位交换
```

```
                ANL   A,#0FH                  ;取音符码
                JNZ   SING                    ;取得的音符码是否为 0
                CLR   TR0                     ;是则不发音
                LJMP  D1                      ;跳转到 D1
        SING:   DEC   A                       ;取得的音符码减 1（不含 0）
                MOV   22H,A                   ;存入 22H 单元
                RL    A                       ;乘 2
                MOV   DPTR,#TABLE1            ;到 TABLE1 中取相对的高位字节值
                MOVC A,@A+DPTR
                MOV   TH0,A                   ;取得的高位字节装入 TH0 和 21H 单元
                MOV   21H,A
                MOV   A,22H                   ;再装入取得的音符码
                RL    A                       ;乘 2
                INC   A                       ;加 1
                MOVC A,@A+DPTR                ;到 TABLE1 中取相对的低位字节值
                MOV   TL0,A                   ;取得的高位字节装入 TL0 和 20H 单元
                MOV   20H,A
                SETB TR0                      ;启动 T0
        D1:     LCALL DELAY                   ;基本单位时间 1/4 拍，延时 187ms
                INC   30H                     ;取音符节拍码指针加 1
                LJMP NEXT                     ;取下一个码
        END0:   CLR   TR0                     ;停止 T0
                LJMP MAIN                     ;重复循环
```

定时器 T0 中断服务程序：

```
        TIM0:   PUSH ACC                     ;保护现场
                PUSH PSW
                MOV   TL0,20H                 ;重设定时初值
                MOV   TH0,21H
                CPL   P1.0                    ;P1.0 引脚电平取反
                POP   PSW                     ;恢复现场
                POP   ACC
                RETI                          ;中断返回
```

基本单位延时子程序：

```
        DELAY:  MOV   R7,#02H                 ;f_osc =12MHz 时，延时 187ms
        D2:     MOV   R4,#187
        D3:     MOV   R3,#248
                DJNZ R3,$
                DJNZ R4,D3
                DJNZ R7,D2
                DJNZ R5,DELAY                 ;决定节拍
                RET
```

音符对应的定时器初值表：

```
TABLE1:  DW   64260,64400,64521,64580
         DW   64684,64777,64820,64898
         DW   64968,65030,65058,65110
         DW   65157,65178,65217
```

音符节拍表：

```
TABLE:   ;1
         DB 82H,01H,81H,94H,84H
         DB 0B4H,0A4H,04H
         DB 82H,01H,81H,94H,84H
         DB 0C4H,0B4H,04H
         ;2
         DB 82H,01H,81H,0F4H,0D4H
         DB 0B4H,0A4H,94H
         DB 0E2H,01H,0E1H,0D4H,0B4H
         DB 0C4H,0B4H,04H
         ;3
         DB 82H,01H,81H,94H,84H
         DB 0B4H,0A4H,04H
         DB 82H,01H,81H,94H,84H
         DB 0C4H,0B4H,04H
         ;4
         DB 82H,01H,81H,0F4H,0D4H
         DB 0B4H,0A4H,94H
         DB 0E2H,01H,0E1H,0D4H,0B4H
         DB 0C4H,0B4H,04H
         DB 00H
         END
```

【例5-20】 C 语言源程序清单。

```c
#include<reg52.h>
#include<intrins.h>
#define uchar unsigned char
#define uint unsigned int

sbit BEEP=P1^0;               //定义扬声器输出端口
uchar tick,tl,th;             //定义节拍和 T0 初值变量

uchar TABLE[ ]={              //音符节拍码表
        0x82,0x01,0x81,0x94,0x84,0xB4,0xA4,0x04,
        0x82,0x01,0x81,0x94,0x84,0xC4,0xB4,0x04,
        0x82,0x01,0x81,0xF4,0xD4,0xB4,0xA4,0x94,
        0xE2,0x01,0xE1,0xD4,0xB4,0xC4,0xB4,0x04,
        0x82,0x01,0x81,0x94,0x84,0xB4,0xA4,0x04,
        0x82,0x01,0x81,0x94,0x84,0xC4,0xB4,0x04,
```

```
        0x82,0x01,0x81,0xF4,0xD4,0xB4,0xA4,0x94,
        0xE2,0x01,0xE1,0xD4,0xB4,0xC4,0xB4,0x04,
        0x00};

uchar TABLE1[ ]={                           //音符对应的定时器初值表
        0xfb,0x04,0xfb,0x90,0xfc,0x09,0xfc,0x44,
        0xfc,0xac,0xfd,0x09,0xfd,0x34,0xfd,0x82,
        0xfd,0xc8,0xfe,0x06,0xfe,0x22,0xfe,0x56,
        0xfe,0x85,0xfe,0x9a,0xfe,0xc1};

/*************************** T0 中断服务函数 ****************************/
timer0( ) interrupt 1 using 1{
    TL0=tl;TH0=th;                           //重装定时初值
    BEEP=~BEEP;                              //扬声器输出端口电平取反
}

/*************************** 基本单位延时函数 ****************************/
void delay1( ){
    uint i;
    for(i=0;i<20000;i++);
}

/*************************** 节拍延时函数 ****************************/
void delay(tt){
    uchar i;
    for(i=0;i<=tt;i++) delay1( );
}

/*************************** 主函数 ****************************/
void main( ){
    uchar t,t1,k=0;                          //定义临时变量
    while(1){
        TMOD=0x01;IE=0x82;                   //定义 T0 工作方式，开中断
        while(TABLE[k]!=0){                  //判断取得的音符节拍码是否为结束码
            tick=(TABLE[k])&0x0f;            //不是，则取节拍码
            t=(_crol_(TABLE[k],4))&0x0f;     //取音符码
            if(t!=0){                        //判断取得的音符码是否为 0
                t1=--t*2+1;                  //不是，根据取得的音符码计算 T0 初值
                t=t*2;
                tl=TL0=TABLE1[t1];
                th=TH0=TABLE1[t];
                TR0=1;                       //启动 T0
            }
            else TR0=0;                      //取得的音符码为 0，则停止 T0
            delay(tick);                     //根据则取得的节拍码延时
```

```
                k++;
            }
            TR0=0;                              //取得结束码，则停止 T0
        }
    }
```

复习思考题

1. 什么叫中断？常见的中断类型有哪几种？单片机的中断系统要完成哪些任务？

2. 8051 单片机的中断系统由哪几个特殊功能寄存器组成？

3. 8051 单片机有几个中断源？试写出它们的内部优先级顺序以及各自的中断服务子程序入口地址。

4. 8051 单片机有哪些中断标志位？它们位于哪些特殊功能寄存器中？各中断标志是怎样产生的？

5. 简述 8051 单片机中断响应全过程。

6. 用适当指令实现将外中断 1 设为脉冲下降沿触发的高优先级中断源。

7. 试编程实现将外中断 1 设为高优先级中断，且为电平触发方式，定时器 0 设为低优先级中断计数器，串行口中断为高优先级中断，其余中断源设为禁止状态。

8. 8051 单片机中，哪些中断标志可以在响应后自动撤除？哪些需要用户撤除？如何撤除？

9. 用中断加查询方式对 8051 单片机的外部中断源外中断 0 进行扩展，使之能分别对 4 个按键输入的低电平信号作出响应。

10. 8051 单片机中与定时器相关的特殊功能寄存器有哪几个，它们的功能各是什么？

11. 8051 单片机的工作频率为 6MHz，若要求定时值分别为 0.1ms 和 10ms，定时器 0 工作在方式 0、方式 1 和方式 2 时，其定时器初值各应是多少？

12. 8051 单片机的晶振频率为 12MHz，试用定时器中断方式编程，实现从 P1.0 引脚输出周期为 2ms 方波。

13. 8051 单片机的晶振频率为 12MHz，试用查询定时器溢出标志方式编程，实现从 P1.0 引脚输出周期为 2ms 方波。

14. 设 8051 单片机的系统工作频率为 12MHz，试编程输出频率为 100Hz，占空比为 2:10（高电平 2ms，低电平 8ms）的矩形波。

15. 利用 8051 单片机的定时器测量某正单脉冲宽度，采用何种工作方式可以获得最大的量程？若系统工作频率为 6MHz，那么最大允许的脉冲宽度是多少？

16. 利用定时器产生音乐的原理编写两段音乐程序，用按键控制两段音乐的播放。

第6章 串行口通信技术

6.1 串行通信方式

　　单片机在与外部设备或与其他的计算机之间交换信息时，通常采用并行通信和串行通信方式。并行通信是指数据的各位同时进行传送（例如数据和地址总线），其优点是：传送速度快；缺点是：有多少位数据就需要多少根传输线，因此在数据位数较多、传送距离较远时就不宜采用。串行通信是指数据一位一位地按顺序传送，其突出优点是：只需一根传输线，特别适于远距离传输，缺点是：传送速度较慢。

　　串行通信又分为异步传送和同步传送。异步传送时，数据在线路上是以一个字（或称字符）为单位来传送的，各个字符之间可以是接连传送，也可以是间断传送，这完全由发送方根据需要来决定。另外，在异步传送时，发送方和接收方各用自己的时钟源来控制发送和接收。在异步通信时，对字符必须规定一定的格式，以利于接收方能判别何时有字符送来以及何时是一个新字符的开始。异步通信字符格式如图 6-1 所示。

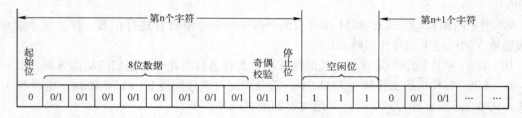

图 6-1　异步通信字符格式

　　一个字符由四个部分组成：起始位、数据位、奇偶校验位和停止位。起始位为"0"信号时，用来通知接收设备一个新的字符开始来到。线路在不传送数据时应保持为"1"，接收端不断检测线路的状态，若连续为"1"以后又检测到一个"0"，就知道又发来了一个新的字符。起始位还被用来同步接收端的时钟，以保证以后的接收能正确进行。起始位后面紧跟着的是数据位，它可以是 5 位、6 位、7 位或 8 位。串行通信的速度与数据的位数成比例，因此要根据需要来确定数据的位数。奇偶校验位只占一位，可规定不用奇偶校验位，则这一位就可省去。也可不用奇偶校验而加一些其他的控制位，例如，用来确定这个字符所代表信息的性质（是地址，还是数据等），这时也可能使用多于一位的附加位。停止位用来表征字符的结束，它一定是"1"，停止位可以是 1 位或 2 位。接收端收到停止位时，就表示一个字符结束。同时也为接收下一个字符做好准备。若停止位以后不是紧接着传送下一个字符，则让线路上保持为"1"。图 6-1 中所表示的是第 n 个字符与第 n+1 个字符之间不是紧接着传送的情形，两个字符之间存在空闲位"1"，线路处于等待状态。存在空闲位是异步传送的特征之一。

　　在串行通信中有一个重要指标叫波特率。它定义为每秒钟传送二进制数码的位数，以位/

秒为单位，在异步通信中，波特率为每秒传送的字符数和每个字符位数的乘积。例如，每秒传送的速率为 120 字符/秒，而每个字符又包含 10 位（1 位起始位、7 位数据位、1 位奇偶校验位，1 位停止位），则波特率为

$$120 \text{ 字符/秒} \times 10 \text{ 位/字符} = 1200 \text{ 位/秒} = 1200 \text{ 波特}$$

通常，异步通信的波特率在 50～9600 波特之间。波特率与时钟频率不是一回事，时钟频率比波特率要高得多，通常高 16 倍或 64 倍。由于异步通信双方各用自己的时钟源，采用较高频率的时钟，在一位数据内就有 16 或 64 个时钟，捕捉正确的信号就可以得到保证，若时钟频率就是波特率，则频率稍有偏差就会产生接收错误。

因此在异步通信中，收发两方必须事先规定两件事：一是字符格式，即规定字符各部分所占的位数，是否采用奇偶校验，以及校验的方式（偶校验还是奇校验）；二是采用的波特率，以及时钟频率与波特率之间的比例关系。

串行通信中还有一种同步传送方式，它是一种连续的数据块传送方式，如图 6-2 所示。在通信开始后，发送端连续发送字符，接收端也连续接收字符，字符与字符之间没有间隙，因此通信的效率高。同步字符的插入可以是单同步字符，或者是双同步字符，然后是连续的数据块。另外，同步传送时接收方和发送方都要求时钟和波特率一致，为了保证接收正确，发送方除了传送数据外，还要同时传送时钟信号。

在进行串行通信时，数据在两个站之间传送，如图 6-3 所示，若采用两条传输线，称为全双工方式，若只采用一条传输线，则称为半双工方式。

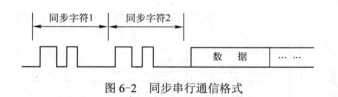

图 6-2　同步串行通信格式

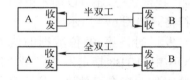

图 6-3　串行通信中的数据传送方式

6.2　串行口的工作方式与控制

8051 单片机内部有一个可编程的全双工串行接口，它在物理上分为两个独立的发送缓冲器和接收缓冲器 SBUF，这两个缓冲器占用一个特殊功能寄存器地址 99H，究竟是发送缓冲器工作，还是接收缓冲器工作是靠软件指令来决定的。对外有两条独立的收、发信号线 RXD（P3.0）和 TXD（P3.1），因此可以同时接收和发送数据，实现全双工传送。使用串行口时可以用定时器 T1 或 T2 作为波特率发生器。

8051 的串行口通过两个特殊功能寄存器 SCON 和 PCON 来进行控制，分别介绍如下。

串行口控制寄存器 SCON（地址为 98H）：这个特殊功能寄存器包含有串行口的工作方式选择位，接收发送控制位及串行口的状态标志，格式如下：

D7	D6	D5	D4	D3	D2	D1	D0
SM0	SM1	SM2	REN	TB8	RB8	TI	RI

SM0 和 SM1 为串行口的工作方式选择位，详见表 6-1。

表 6-1　串行口工作方式

SM0	SM1	工 作 方 式
0	0	方式 0，移位寄存器方式（用于 I/O 口扩展）
0	1	方式 1，8 位 UART，波特率可变（T1 溢出率/n）
1	0	方式 2，9 位 UART，波特率为 $f_{osc}/64$ 获 $f_{osc}/32$
1	1	方式 3，9 位 UART，波特率可变（T1 溢出率/n）

表中，n 为 16 或 32，取决于特殊功能寄存器 PCON 中 SMOD 位的值。SMOD=1 时，n=16；SMOD=0 时，n=32。UART 表示通用异步收发器。

8051 单片机的串行口有四种工作方式。

1）方式 0 为移位寄存器输入/输出方式。串行数据从 RXD 线输入或输出，而 TXD 线专用于输出时钟脉冲给外部移位寄存器。这种方式主要用于进行 I/O 口的扩展，输出时将片内发送缓冲器中的内容串行地移入外部的移位寄存器，输入时将外部移位寄存器中的内容移入片内接收缓冲器，波特率固定为 $f_{osc}/12$。

2）方式 1 为 8 位异步接收发送。一帧数据有 10 位，包括 1 位起始位（0）、8 位数据位和 1 位停止位（1）。串行口电路在发送时能自动插入起始位和停止位，在接收时，停止位进入 SCON 中的 RB8 位。方式 1 的传送波特率是可变的，由定时器 1 的溢出率决定。

3）方式 2 为 9 位异步接收发送。一帧数据包括有 11 位，除了 1 位起始位、8 位数据位、1 位停止位之外，还可以插入第 9 位数据，字符格式如图 6-4 所示。

发送时，第 9 位数据的值可通过 SCON 中的 TB8 指定为 "0" 或 "1"，用一些附加的指令可使这一位作奇偶校验位。接收时，第 9 位数据进入特殊功能寄存器 SCON 中的 RB8 位。方式 2 的波特率为 $f_{osc}/64$ 或 $f_{osc}/32$。

图 6-4　串行口方式 2 的 9 位 UART 数据格式

4）方式 3 也是 9 位异步接收发送，一帧数据有 11 位，工作方式与方式 2 相同，只是传送时的波特率受定时器 1 的控制，即波特率可变。

SCON 寄存器中另外几位的意义如下：

SM2 为允许在方式 2 和方式 3 时进行多机通信的控制位。若允许多机通信，则应使 SM2=1，然后根据收到的第 9 位数据值来决定从机是否接收主机的信号，当 SM2=0 时，禁止多机通信。

REN 为允许串行接收位。由软件置位以允许接收。由软件清 "0" 来禁止接收。

TB8 为方式 2 和方式 3 时发送的第 9 位数据。需要由软件置位或复位。

RB8 为方式 2 和方式 3 时接收到的第 9 位数据。在方式 1，若 SM2=0，则 RB8 是接收到的停止位；在方式 0，不使用 RB8。

TI 为发送中断标志。由硬件在方式 0 串行发送第 8 位结束时置 "1"，或在其他方式串行发送停止位的开始时置 "1"。该位必须由软件清 "0"。

RI 为接收中断标志。由硬件在方式 0 接受到第 8 位结束时置 "1"，或在其他方式串行接收到停止位的中间时置"1"。该位必须由软件清"0"。

特殊功能寄存器 PCON（地址为 87H）：在 PCON 寄存器中，只有一位与串行口工作有关。其格式如下：

	D7	D6	D5	D4	D3	D2	D1	D0
	Smod							

串行口工作于方式 1、方式 2 和方式 3 时，数据传送的波特率与 2^{Smod} 成正比。也就是说，当 Smod=1 时，将使串行口传送的波特率加倍。

下面对串行口四种工作方式下数据的发送和接收作详细的介绍。

（1）方式 0

串行口以方式 0 工作时，可外接移位寄存器（如 74LS164、74LS165 等）来扩展 I/O 口，也可外接同步输入输出设备，用同步的方式串行输入或串行输出数据。在方式 0 时，串行口相当于一个并入串出（发送）或串入并出（接收）的移位寄存器，数据传送时的波特率是不变的，固定为 $f_{osc}/12$，数据由 RXD（P3.0）端出入，同步移位脉冲由 TXD（P3.1）端输出。发送或接收的是 8 位数据，低位在前。发送或接收完 8 位数据时，置"1"中断标志 TI 或 RI。

方式 0 的发送操作是在 TI=0 的情况下，由一条写发送缓冲器 SBUF 的指令启动，然后在 RXD 线上发出 8 位数据，同时在 TXD 线上发出同步移位脉冲。8 位数据发送完后，由硬件置位 TI，同时向 CPU 申请串行发送中断。若中断不开放，可通过查询 TI 的状态来确定是否发送完一组数据。当 TI=1 以后，必须用软件使 TI 清"0"，然后再发送下一组数据。

方式 0 的接收是在 RI=0 的条件下，使 REN=1 来启动接收过程。接收数据由 RXD 输入，TXD 输出同步移位脉冲。收到 8 位数据以后，由硬件使 RI=1，发出串行口中断申请。RI=1 表示接收数据已装入缓冲器，可以由 CPU 用指令读入到累加器 A 或其他 RAM 单元。RI 也必须由软件清"0"，以准备接收下一组数据。

在方式 0 中，SCON 寄存器中的 SM2、RB8、TB8 都不起什么作用，一般将它们都设置为"0"。

（2）方式 1

方式 1 采用 8 位异步通信方式，一帧数据有 10 位，其中起始位和停止位各占 1 位。方式 1 的发送也是在发送中断标志 TI=0 时由一条写发送缓冲器的指令开始的。启动发送后，串行口能自动地插入一位起始位（0），在字符结束前插入一位停止位（1），然后在发送移位脉冲的作用下，依次由 TXD 线发出数据，一个字符 10 位数据发送完毕后，自动维持 TXD 线上的信号为"1"。在 8 位数据发完，也即是在停止位开始时，使 TI 置"1"，用以通知 CPU 可以发送下一个字符。

方式 1 发送时的定时信号，也就是发送移位脉冲，是由定时器 1 产生的溢出信号经过 16 或 32 分频（取决于 Smod 之值）而取得的，因此方式 1 的波特率是可变的。

方式 1 在接收时，数据从 RXD 线上输入。当 SCON 寄存器中的 REN 置"1"后，接收器从检测到有效的起始位开始接收一帧数据信息。无信号时 RXD 线的状态保持为"1"，当检测到由"1"到"0"的变化时，即认为收到一个字符的起始位，开始接收过程。在接收移位脉冲的控制下，把接收到的数据一位一位地移入接收移位寄存器，直到 9 位数据（8 位信号、1 位停止位）全部收齐。在接收操作时，定时信号有两种：一种是接收移位脉冲，它的频率与波特率相同，也是由定时器 1 的溢出信号经过 16 或 32 分频得到的；另一种是接收字符的检测脉冲，它的频率是接收移位脉冲的 16 倍，即在一位数据期间有 16 个检测脉冲，并以其中的第 7、8、9 三个脉冲作为真正的对接收信号的采样脉冲。对这三次采样结果采用三中取二的原则来决定所检测到的值。采用这种措施的目的在于抑制干扰。由于采样信号总是在接收位的中间位置，这样既可以避开信号两端的边沿失真，也可以防止由于收发时钟频率不完全一致而带来的接收错误。在 9 位数据（8 位有效数据，1 位停止位）收齐之后，还必须满足以下两个条件，这次接收才真正有效：

1）RI=0。

2）SM2=0 或者接收到的停止位为"1"。

在满足这两个条件时，则将接收移位寄存器中的 8 位数据转存入串行口寄存器 SBUF，收到的停止位则进入 RB8，并使接收中断标志 RI 置"1"。若这两个条件不满足，则这一次收到数据就不装入 SBUF，这实际上就相当于丢失了一帧数据，因为串行口马上又开始寻找下一位起始位准备下一帧数据了。事实上这两个有效接收的条件对于方式 1 来说是很容易满足的。这两个条件真正起作用是在方式 2 和方式 3 中。

（3）方式 2 和方式 3

这两种方式都是 9 位异步接收、发送方式，操作过程完全一样，一帧数据有 11 位，其中起始位和停止位各占 1 位。所不同的只是波特率，方式 2 的波特率只有两种：$f_{osc}/64$ 或 $f_{osc}/32$，而方式 3 的波特率是可以由用户设定的。下面以方式 2 为例来说明。方式 2 的发送包括 9 位有效数据，必须在启动发送前把第 9 位数据装入 TB8，这第 9 位数据起什么作用串行口不作规定，完全由用户来安排。因此，它可以是奇偶验位，也可以是其他控制位。

准备好 TB8 以后，就可以用一条以 SBUF 为目的地址的指令启动发送过程。串行口能自动把 TB8 取出，并装入到第 9 位数据的位置，再逐一发送出去。发送完毕，使 TI=1。这些过程和方式 1 是相同的。

方式 2 的接收与方式 1 也基本相似。不同之处是要接收 9 位有效数据。在方式 1 时，是把停止位当作第 9 位数据来处理的，而在方式 2（或方式 3）中存在着真正的第 9 位数据。因此，现在有效接收数据的条件为

1）RI=0。

2）SM2=0 或接收到的第 9 位数据为"1"。

第一个条件是提供"接收缓冲器空"的信息，即用户已把 SBUF 中上次收到的数据读走，故可以再次写入。第二个条件则提供了某种机会来控制串行接收，若第 9 位是一般的奇偶校验位，则可令 SM2=0，以保证可靠的接收。若第 9 位数据参与对接收的控制，则可令 SM2=1，然后依据所置的第 9 位数据来决定接收是否有效。

若这两个条件成立，接收到的第 9 位数据进入 RB8，而前 8 位数据进入 SBUF 以准备让 CPU 读取，并且置位 RI。若以上条件不成立，则这次接收无效，也不置位 RI。

特别需要指出的是，在方式 1、方式 2 和方式 3 的整个接收过程中，保证 REN=1 是一个先决条件。只有当 REN=1 时才能对 RXD 上的信号进行检测。

在串行通信中波特率是一个重要指标，波特率反映了串行通信的速率。8051 单片机串行口四种工作方式对应着三种波特率。

对于方式 0，波特率是固定的，为单片机振荡频率 f_{osc} 的 1/12。

对于方式 2，波特率由下式计算：

$$波特率 = \frac{2^{Smod}}{64} \times f_{OSC} \tag{6-1}$$

式中，Smod 为 PCON 寄存器中的 D7 位，f_{OSC} 为单片机的振荡频率。

对于方式 1 和方式 3，波特率都由定时器 1 的溢出率决定，计算公式如下：

$$波特率 = \frac{2^{Smod}}{32} \times \frac{f_{OSC}}{12} \left(\frac{1}{2^{k} - 定时器T1初值} \right) \tag{6-2}$$

式中，Smod 为 PCON 寄存器中的 D7 位，f_{OSC} 为单片机的振荡频率，k 取决于定时器 T1 的工作方式：

- 定时器 T1 工作与方式 0 时 k=13。
- 定时器 T1 工作与方式 1 时 k=16。
- 定时器 T1 工作与方式 2 和方式 3，k=8。

6.3　串行口应用举例

6.3.1　串口/并口转换

8051 单片机的串行口有 4 种工作方式，其中方式 0 是移位寄存器方式，通常可以通过串行口发送、接收端口外接一个移位寄存器，实现串口/并口转换，这种方式可以用于 I/O 端口的扩展。

在单片机的串行口外接一个串入并出 8 位移位寄存器 74LS164，实现串口到并口的转换。数据从 RXD 端输出，移位脉冲从 TXD 端输出，波特率固定为单片机工作频率的 1/12。利用串行口外接移位寄存器实现串/并换的 Proteus 仿真电路如图 6-5 所示，例 6-1 和例 6-2 分别为采用汇编语言和 C 语言编写的应用程序，执行后将看到 LED 指示灯轮流点亮。

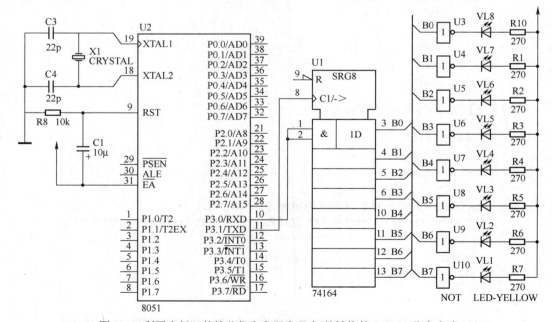

图 6-5　利用串行口外接移位寄存器实现串/并转换的 Proteus 仿真电路

【例 6-1】 汇编语言源程序清单。

```
                ORG     0000H           ;复位入口
                AJMP    START
                ORG     0030H           ;主程序入口
START:  MOV     SCON,#0         ;设置串行口工作方式 0
                MOV     30H,#01H        ;8 字节待传输数据
                MOV     31H,#02H
                MOV     32H,#04H
                MOV     33H,#08H
                MOV     34H,#16
                MOV     35H,#32
                MOV     36H,#64
                MOV     37H,#128
                MOV     R0,#30H         ;R0 作数据指针
                MOV     R2,#8           ;R2 作计数器
LOOP:   MOV     A,@R0
                MOV     SBUF,A          ;开始发送数据
LO:     JNB     TI,LO           ;检查发送完标志位
                CLR     TI
                ACALL   DELAY           ;延时
                INC     R0              ;发送下一字节
                DJNZ    R2,LOOP
                SJMP    START
DELAY:  MOV     R7,#3           ;延时子程序
DD1:    MOV     R6,#0FFH
DD2:    MOV     R5,#0FFH
                DJNZ    R5,$
                DJNZ    R6,DD2
                DJNZ    R7,DD1
                RET
                END
```

【例 6-2】 C 语言源程序清单。

```c
#include<reg52.h>
#define uchar unsigned char
#define uint unsigned int

uchar Dat[8]={0x01,0x02,0x04,0x08,0x10,0x20,0x40,0x80};
/*************************** 延时函数 ***************************/
void delay( ){
    uint j;
    for(j=0;j<32000;j++);
}


/*************************** 主函数 ***************************/
```

```
void main( ){
    uchar i;
    while(1){
        SCON=0x00;                    //设置串行口工作方式 0
        for(i=0;i<8;i++){
            SBUF=Dat[i];              //发送数据
            while(!TI);               //检查发送完标志位
            TI=0;
            delay( );
        }
    }
}
```

在单片机的串行口外接一个并入串出 8 位移位寄存器 74LS165，实现并口到串口的转换。外部 8 位并行数据通过移位寄存器 74LS165 进入单片机的串行口，然后再送往 P0 口点亮 LED 指示灯，利用串行口外接移位寄存器实现串/并转换的 Proteus 仿真电路如图 6-6 所示。例 6-3 和例 6-4 分别为采用汇编语言和 C 语言编写的应用程序，执行程序后可以看到 LED 指示灯将随着拨动开关的状态而变化。

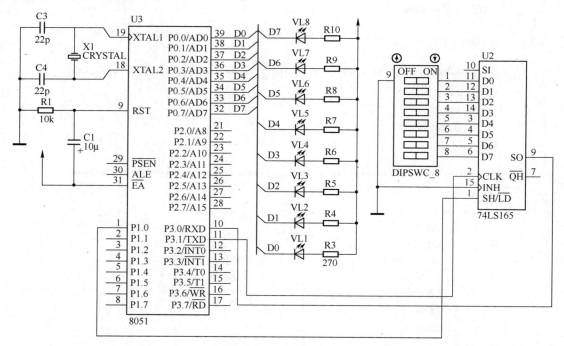

图 6-6 利用串行口外接移位寄存器实现并/串转换的 Proteus 仿真电路

【例 6-3】 汇编语言源程序清单。

```
        ORG     0000H              ;复位入口
START:  CLR     P1.0
        SETB    P1.0               ;发送移位脉冲
        MOV     SCON,#10H          ;允许串行口接收数据
```

```
WAIT:   JNB     RI,WAIT          ;等待外部数据
        MOV     A,SBUF           ;读取数据
        CLR     RI               ;清除接收完标志
        MOV     P0,A             ;接收到的数据送 P0 口显示
        ACALL   DELAY            ;延时
        SJMP    START
DELAY:  MOV     R4,#0FFH         ;延时子程序
AA1:    MOV     R5,#0FFH
AA:     NOP
        NOP
        DJNZ    R5,AA
        DJNZ    R4,AA1
        RET
        END
```

【例6-4】 C 语言源程序清单。

```
#include<reg52.h>
#define uchar unsigned char
#define uint unsigned int


sbit shft=P1^0;

/*************************** 延时函数 ***************************/
void delay( ){
    uint j;
    for(j=0;j<32000;j++);
}


/*************************** 主函数 ***************************/
void main( ){
    while(1){
        shft=0;
        shft=1;
        SCON=0x10;                //设置串行口工作方式 0
        while(!RI);               //检查接收标志位
        P0=SBUF;
        RI=0;
        delay( );
    }
}
```

6.3.2　单片机之间的通信

8051 单片机串行口主要用来进行通信，下面举几个单片机之间通信应用的例子。

【例6-5】 已知 8051 的串行口采用方式 1 进行通信，晶振频率为 11.0592MHz，选用定

时器 T1 作为波特率发生器，T1 工作于方式 2，要求通信的波特率为 9600，计算 T1 的初值。

设 Smod=0，根据式（6-2），计算 T1 的初值如下：

$$X = 2^8 - \frac{11.0592 \times 10^6}{9600 \times 32 \times 12} = 253 = FDH$$

选用 11.0592MHz 晶振的目的，就是为了使计算得到的初值为整数，选用定时器 T1 工作于方式 2 作为波特率发生器，只需要在初始化编程的时候，将计算得到的初值写入 TH1 和 TL1，当 T1 溢出时会自动重新装入初值，从而产生精确的波特率。如果将 T1 工作于方式 0 或方式 1，则当 T1 溢出时需要由中断服务程序重装初值，这时中断响应时间和中断服务程序指令的执行时间将导致波特率产生一定的误差。因此采用 T1 作为串行口的波特率发生器时，通常都将 T1 设置为工作方式 2。

两台 8051 单片机之间通过串行口进行通信，采用中断工作方式，Proteus 仿真电路如图 6-7 所示。发送方单片机将串行口设置为工作方式 3，TB8 作为奇偶位。待发送数据位于片内 40H~4FH 单元中。数据写入发送缓冲器之前，先将数据的奇偶位写入 TB8，使第 9 位数据作为校验位。接收方单片机也将串行口设置为工作方式 3，并允许接收，每接收到一个数据都要进行校验，根据校验结果决定接收是否正确。接收正确则向发送方回送标志数据 00H，同时将收到的数据送往 P1 口显示；接收错误则向发送方回送标志数据 FFH，同时将数据 FFH 送往 P1 口显示。发送方每发送一个字节后紧接着接收回送字节，只有收到标志数据 00H 后才继续发送下一个数据，同时将发送的数据送往 P1 口显示，否则停止发送。例 6-6 和例 6-7 分别为采用汇编语言和 C 语言编写的应用程序。

【例 6-6】 汇编语言应用程序。

发送方源程序清单如下：

```
                ORG    0000H              ;复位入口
                LJMP   MAIN
                ORG    0023H              ;串行中断入口
                LJMP SERVE1
                ORG    0100H              ;主程序入口
     MAIN:      MOV SP,#60h
                MOV R0,#40H
                MOV A,#00
                MOV R4,#10H
     LP:        MOV @R0,A
                INC R0
                INC A
                DJNZ R4,LP
                MOV    TMOD, #20H         ;将 T1 设为工作方式 2
                MOV    TH1, #0F3H         ;fosc=6MHz 时，BD=2400
                MOV    TL1, #0F3H
                SETB   TR1                ;启动 T1
                MOV    PCON, #80H         ;Smod=1
                MOV    SCON, #0D0H        ;串行口设为工作方式 3，允许接收
                MOV    R0, #40H           ;数据块首地址
                MOV R4,#10H               ;发送字节数
```

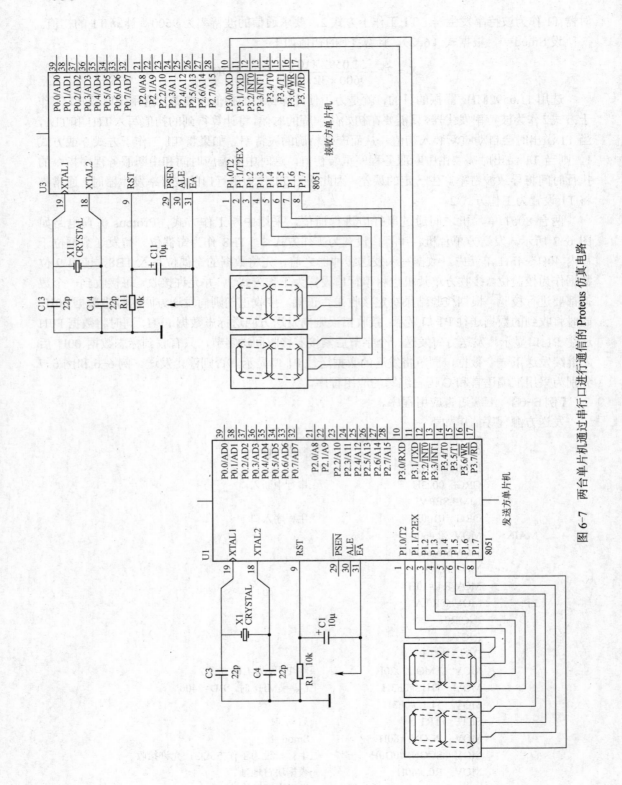

图 6-7 两台单片机通过串行口进行通信的 Proteus 仿真电路

```
            SETB ES                  ;允许串行口中断
            SETB EA                  ;开中断
            MOV A, @R0               ;取发送数据
            MOV   C, P
            MOV TB8,C                ;奇偶标志送 TB8
            MOV P1,A
            LCALL DELAY
            MOV SBUF,A               ;发送数据
            DEC R4
            SJMP $                   ;等待中断
;发送方单片机的中断服务程序:
SERVE1:  PUSH ACC
            PUSH PSW
            JBC   RI, LOOP           ;是接收中断, 清零 RI, 转入接收应答信息
            CLR   TI                 ;是发送中断, 清零 TI
            SJMP ENDT
LOOP:    MOV   A, SBUF              ;取应答信息
            CLR   C
            SUBB A,#01H              ;判断应答信息是否为#00H
            JC    LOOP1              ;是#00H, 发送正确
            MOV A, @R0               ;否则重发原来数据
            MOV   C, P
            MOV   TB8, C
            MOV   SBUF, A
            MOV P1,A
            LCALL DELAY
            SJMP ENDT
LOOP1:   INC   R0                   ;修改地址指针, 准备发送下一个数据
            MOV A, @R0
            MOV   C, P
            MOV   TB8, C
            MOV   SBUF, A            ;发送数据
            MOV P1,A
            LCALL DELAY
            DJNZ R4, ENDT            ;数据未发送完, 继续
            CLR   ES                 ;数据全部发送完毕, 禁止串行口中断
ENDT:    POP PSW
            POP ACC
            RETI                     ;中断返回
DELAY:   MOV R7,#3
DD1:     MOV R6,#0FFH
DD2:     MOV R5,#0FFH
            DJNZ R5,$
            DJNZ R6,DD2
            DJNZ R7,DD1
            RET
```

```
                END

接收方源程序清单如下:

                ORG   0000H              ;复位入口
                LJMP  MAIN
                ORG   0023H              ;串行中断入口
                LJMP SERVE2
                ORG   0100H              ;主程序入口
MAIN:   MOV   TMOD, #20H          ;将 T1 设为工作方式 2
                MOV   TH1, #0F3H          ;f_osc=6MHz 时, BD=2400
                MOV   TL1, #0F3H
                SETB  TR1                ;启动 T1
                MOV   PCON, #80H          ;Smod=1
                MOV   SCON, #0D0H         ;串行口设为工作方式 3, 允许接收
                MOV   R0, #40H            ;数据块首地址
                MOV R7, #10H              ;接收字节数
                SETB ES                  ;允许串行口中断
                SETB EA                  ;开中断
                SJMP $                   ;等待中断
;接收方单片机的中断服务程序:
SERVE2: JBC  RI, LOOP              ;是接收中断, 清零 RI, 转入接收
                CLR   TI                 ;是发送中断, 清零 TI
                SJMP ENDT
LOOP:   MOV  A, SBUF               ;接收数据
                MOV   C, P               ;奇偶标志送 C
                JC   LOOP1               ;为奇数, 转入 LOOP1
                ORL  C, RB8              ;为偶数, 检测 RB8
                JC   LOOP2               ;奇偶校验出错
                SJMP LOOP3
LOOP1:  ANL   C, RB8               ;检测 RB8
                JC    LOOP3              ;奇偶校验正确
LOOP2:  MOV  A, #0FFH
                MOV   SBUF, A            ;发送"不正确"应答信号
                SJMP ENDT
LOOP3:  MOV @R0, A                 ;存放接收数据
                SWAP A                   ;数据高低位交换
                MOV P1,A                 ;送往 P1 口显示
                MOV   A, #00H
                MOV   SBUF, A            ;发送"正确"应答信号
                INC  R0                  ;修改数据指针
                DJNZ R7, ENDT            ;未接收完数据
                CLR   ES                 ;全部数据接收完毕, 禁止串行口中断
ENDT:   RETI                       ;中断返回
                END
```

【例 6-7】 C 语言应用程序。

发送方源程序清单如下：

```
#include<reg52.h>
#define uchar unsigned char
#define uint unsigned int
uchar i=0;
uchar Dat[ ]={0x00,0x01,0x02,0x03,0x04,0x05,0x06,0x07,      //待发送数据
              0x08,0x09,0x0a,0x0b,0x0c,0x0d,0x0e,0x0f};
```

```
/****************************** 延时函数 ******************************/
void delay( ){
    uint j;
    for(j=0;j<31000;j++);
}
```

```
/****************************** 主函数 ******************************/
void main( ){
    TMOD=0x20;                           //将 T1 设为工作方式 2
    TH1=TL1=0xf3;PCON=0x80;              //fOSC=6MHz 时，BD=2400
    TR1=1;                               //启动 T1
    SCON=0xd0;                           //串行口设为工作方式 3，允许接收
    ES=1;EA=1;                           //开中断
    ACC=Dat[i];
    CY=P;
    TB8=CY;
    P1=ACC;
    SBUF=ACC;                            //发送数据
    delay( );
    while(1);
}
```

```
/************************* 发送中断服务函数 *************************/
void trs( ) interrupt 4 using 1 {
    uchar Dat1;
    if(TI==0){                           //接收中断
        RI=0;Dat1=SBUF;                  //清除中断标志，接收数据
        if(Dat1==0){                     //收到回送正确标志
            i++;
            ACC=Dat[i];
            CY=P;
            TB8=CY;
            P1=ACC;
            SBUF=ACC;                    //启动发送下一个数据
            delay( );
            if(i==0x0f) ES=0;            //数据发送完毕
        }
        else{
            ACC=Dat[i];                  //收到回送错误标志
```

```
                    CY=P;
                    TB8=CY;
                    P1=ACC;
                    SBUF=ACC;                           //重发上一个数据
                    delay( );
                }
            }
        else TI=0;
    }
```

接收方源程序清单如下：

```
#include<reg52.h>
#include <intrins.h>
#define uchar unsigned char
#define uint unsigned int
uchar i=0;
uchar Dat[16] _at_ 0x40;
```

```
/****************************** 主函数 ******************************/
void main( ){
    TMOD=0x20;                              //将 T1 设为工作方式 2
    TH1=TL1=0xf3;PCON=0x80;                 //f_OSC=6MHz 时，BD=2400
    TR1=1;                                  //启动 T1
    SCON=0xd0;                              //串行口设为工作方式 3，允许接收
    ES=1;EA=1;                              //开中断
    while(1);
}
```

```
/*********************** 接收中断服务函数 ***********************/
void res( ) interrupt 4 using 1 {
    uchar Dat1;
    if(TI==0){                              //接收中断
        RI=0;ACC=SBUF;Dat1=ACC;             //清除中断标志，接收数据
        if((P==0&RB8==0)|(P==1&RB8==1)){    //判断奇偶标志
            Dat[i]=Dat1;                    //奇偶校验正确，存储数据
            P1=_crol_(Dat1,4);
            i++;
            SBUF=0x00;                      //回送正确标志
            if(i==0x10) ES=0;               //数据接收完毕，禁止串行口中断
        }
        else{
            SBUF=0xff;                      //奇偶校验错误，回送错误标志
        }
    }
    else TI=0;
}
```

实际应用中经常需要多个微处理器协调工作，由于 8051 单片机具有多机通信功能，利用这一特点很容易组成各种多机系统，典型主-从多机通信系统如图 6-8 所示。

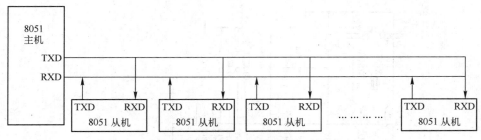

图 6-8　典型主-从多机通信系统

一台 8051 作为主机，主机的 TXD 端与其他从机 8051 的 RXD 端相连，主机的 RXD 端与其他从机 8051 的 TXD 端相连，主机发送的信息可以被各个从机接收，而各个从机发送的信息只能被主机接收，由主机决定与哪个从机进行通信。在多机系统中，要保证主机与从机之间可靠的通信，必须要让通信接口具有识别功能，8051 单片机串行口控制寄存器 SCON 中的控制位 SM2 正是为了满足这一要求而设置的。当串行口以方式 2 或方式 3 工作时，发送或接收的每一帧信息都是 11 位，其中除了包含 SBUF 寄存器传送的 8 位数据之外，还包含一个可编程的第 9 位数据 TB8 或 RB8。主机可以通过对 TB8 赋予 1 或 0，来区别发送的是地址帧还是数据帧。根据串行口接收有效条件可知，若从机的 SCON 控制位 SM2 为 1，则当接收的是地址帧时，接收数据将被装入 SBUF 并将 RI 标志置 1，向 CPU 发出中断请求；若接收的是数据帧时，则不会产生中断标志，信息将被丢弃。若从机的 SCON 控制位 SM2 为 0，则无论主机发送的是地址帧还是数据帧，接收数据都会被装入 SBUF 并置 1 标志位 RI，向 CPU 发出中断请求。因此可以规定如下通信规则：

1）置 1 所有从机的 SM2 位，使之处于只能接收地址帧的状态。

2）主机发送地址帧，其中包含 8 位地址信息，第 9 位为 1，进行从机寻址。

3）从机接收到地址帧后，将 8 位地址信息与其自身地址值相比较，若相同，则清 0 控制位 SM2；若不同，则保持控制位 SM2 为 1。

4）主机从第 2 帧开始发送数据帧，其中第 9 位为 0。对于已经被寻址的从机，因其 SM2 为 0，故可以接收主机发来的数据信息，而对于其他从机，因其 SM2 为 1，将对主机发来的数据信息不予理睬，直到发来一个新的地址帧。

5）若主机需要与其他从机联系时，可再次发送地址帧来进行从机寻址，而先前被寻址过的从机在分析出主机发来的地址帧是对其他从机寻址时，恢复其自身的 SM2 为 1，对主机随后发来的数据帧信息不予理睬。

下面是一个简单的单片机多机通信系统，一台 8051 作为主机，另外 2 台 8051 作为从机，通信规则如前所述，发往从机 1 的数据位于主机片内 RAM 从 51H 开始的单元中，发往从机 2 的数据位于主机片内 RAM 从 61H 开始的单元中，数据块长度位于 50H 单元。主-从方式多机通信系统的 Proteus 仿真电路如图 6-9 所示，主机端按键 K1、K2 分别用于设定从机 1 和从机 2 地址，按下 K1 键实现与从机 1 通信，按下 K2 键实现与从机 2 通信。从机将接收到的数据通过 P0 口显示。主机采用查询方式发送，每进行一次发送都要判断从机应答，若应答错误则重发，全部数据发送完毕，最后发送校验和。从机采用中断方式接收，首先接收地址并判断是否与本机地址一致，一致则清 0 从机的 SM2 控制位，以便继续接收后续数据；否则保持从机的 SM2 控制位为 1，放弃接收后续数据。全部数据接收完毕后进行校验和判断，根据校验结果设置接收正确与否的标志。例 6-8 和例 6-9 分别为采用汇编语言和 C 语言编写的应用程序。

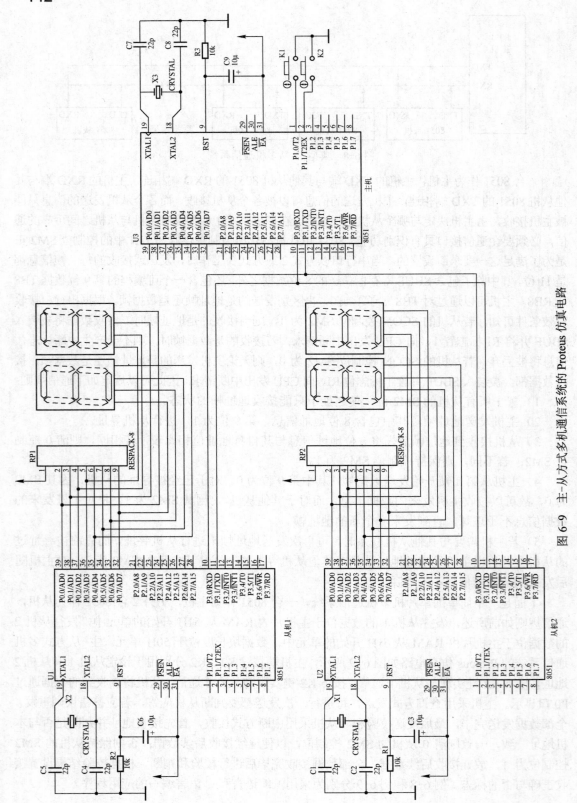

图 6-9　主-从方式多机通信系统的 Proteus 仿真电路

【例 6-8】 汇编语言应用程序。

主机发送源程序清单如下：

```
                ORG 0000H
                LJMP MAIN
                ORG 0030H
        MAIN:   MOV SP,#70H
                MOV 51H,#01H            ;从机 1 数据
                MOV 52H,#02H
                MOV 53H,#03H
                MOV 61H,#01H            ;从机 2 数据
                MOV 62H,#02H
                MOV 63H,#03H
        AGAIN:  JNB P1.0,SET_NM1        ;K1 键按下
                JNB P1.1,SET_NM2        ;K2 键按下
                SJMP AGAIN
        SET_NM1:MOV 40H,#01H            ;K1 键按下，设定从机 1 地址
                SETB 20H.7
                MOV R5,#00H
                MOV 50H,#03H            ;数据块长度
                INC 51H
                INC 52H
                INC 53H
                LCALL TRS
                CLR 20H.7
                SJMP AGAIN
        SET_NM2:MOV 40H,#02H            ;K2 键按下，设定从机 2 地址
                MOV R5,#00H
                MOV 50H,#03H            ;数据块长度
                INC 61H
                INC 62H
                INC 63H
                LCALL TRS
                SJMP AGAIN
        TRS:    MOV TMOD, #20H          ;设置 T1 工作方式
                MOV   TH1,#0FdH         ;设置时间常数，确定波特率
                MOV   TL1,#0FdH
                SETB TR1
                MOV   SCON,#0D8H        ;设置串行口工作方式
                MOV   PCON,#00H
        TX_ADDR:MOV   A,40H            ;发送从机地址
                MOV SBUF,A
        WAIT1:  JNB TI,WAIT1           ;等待发送完
                CLR TI
        RX_ADDR:JNB RI,RX_ADDR
                CLR RI
```

```
              MOV  A,SBUF              ;判断从机应答
              CJNE A,#00H,TX_ADDR      ;应答错误，重发
              CLR TB8
RDT:          MOV SBUF,50H             ;发送数据块长度
WAIT2:        JNB TI,WAIT2             ;等待发送完
              CLR TI
RX_DT1:       JNB RI,RX_DT1
              CLR RI
              MOV  A,SBUF              ;判断从机应答
              CJNE A,#00H,RDT          ;应答错误，重发
              JB   20H.7,G51H
              MOV R0,#61H
              SJMP RTRS
G51H:         MOV R0,#51H              ;发送数据
RTRS:         MOV A,@R0
              MOV B,A
              MOV SBUF,A
WAIT3:        JNB TI,WAIT3             ;等待发送完
              CLR TI
RX_DT:        JNB RI,RX_DT
              CLR RI
              MOV  A,SBUF              ;判断从机应答
              CJNE A,#00H,RTRS         ;应答错误，重发
              INC R0
              MOV A,B
              ADD A,R5                 ;发送数据累加
              MOV R5,A
              DJNZ 50H,RTRS
RTRS1:        MOV A,R5
              MOV SBUF,A               ;发送校验和
WAIT4:        JNB TI,WAIT4             ;等待发送完
              CLR TI
RX_PAR:       JNB RI,RX_PAR
              CLR RI
              MOV  A,SBUF              ;判断从机应答
              CJNE A,#00H,ERR          ;应答错误
              RET
ERR:          SJMP $                   ;停止
              END
```

从机 1 与从机 2 接收源程序基本相同，只是本机地址不同。下面仅给出从机 1 接收数据的源程序清单：

```
              ORG 0000H
              LJMP MAIN
              ORG 0023H
              LJMP  SERVE
```

```
              ORG 0030H
MAIN:    MOV SP,#60H
              MOV R5,#0
              MOV R1,#51H
              MOV TMOD, #20H                    ;设置 T1 工作方式
              MOV   TH1,#0FdH                   ;设置时间常数，确定波特率
              MOV   TL1,#0FdH
              MOV   SCON,#0F0H                  ;设置串行口工作方式
              MOV   PCON,#00H
              SETB TR1
              SETB EA
              SETB ES                          ;允许串行口中断
LP2:       MOV R7,#3
              MOV R0,#51H
LP1:       MOV A,@R0
              MOV P0,A
              LCALL DELAY
              INC R0
              DJNZ R7,LP1
              JB 2FH.0,ERR
              SJMP LP2
ERR:       MOV P0,#0FFH                      ;接收错误
              SJMP $                           ;停止

SERVE:    JBC RI,REV1                         ;串行口中断服务程序
              RETI
REV1:      JNB RB8,REV3
              MOV A,SBUF                        ;接收地址帧
              CJNE A,#01H,REV2                  ;判断是否与本机地址一致
              CLR SM2                           ;一致，则清 0 SM2
              SETB F0
              MOV SBUF,#00H
REV2:      RETI
REV3:      JNB F0,REVDT
              MOV A,SBUF                        ;接收数据块长度
              INC A
              MOV 50H,A
              CLR F0
              MOV SBUF,#00H
              RETI
REVDT:   DJNZ 50H,RT
              MOV A,SBUF                        ;接收校验和
              XRL A,R5
              JZ RIGHT
              MOV SBUF,#0FFH                    ;接收错误
              SETB 2FH.0                        ;设置错误标志
```

```
                RETI
RIGHT:          MOV SBUF,#00H                    ;接收正确
                CLR 2FH.0
                SETB SM2
                MOV R5,#0
                MOV R1,#51H
                RETI
RT:             MOV A,SBUF                        ;接收数据
                MOV @R1,A
                ADD A,R5
                MOV R5,A
                INC R1
                MOV SBUF,#00H
                RETI
DELAY:  MOV     R2,#0FFH                          ;延时子程序
AA1:    MOV     R3,#0FFH
AA:     NOP
        NOP
        DJNZ    R3,AA
        DJNZ    R2,AA1
        RET
END
```

【例6-9】 C 语言应用程序。

主机发送源程序清单如下：

```c
#include<reg52.h>
#define uchar unsigned char
#define uint unsigned int

uchar addr,Sum;
uchar bdata flagBase _at_ 0x20;
uchar Dat1[ ]={0x01,0x02,0x03};
uchar Dat2[ ]={0x01,0x02,0x03};
sbit K1=P1^0;
sbit K2=P1^1;
sbit F=flagBase^7;

/*********************** 数据发送函数 ***************************/
uchar trs( ){
    uchar Dat3,Dat4,DatNum,*ptr;
    SCON=0xd8;                      //设置串行口工作方式
    TMOD=0x20;                      //将 T1 设为工作方式 2
    TH1=TL1=0xfd;PCON=0x00;         //设置波特率
    TR1=1;                          //启动 T1
    DatNum=0x03;                    //数据块长度
    do{
```

```
        SBUF=addr;                              //发送从机地址
        while(!TI);                             //等待发送完
            TI=0;
        while(!RI);                             //等待从机应答
            RI=0;
        Dat3=SBUF;                              //接收应答
    }while(Dat3!=0);                            //应答错误，重发
    TB8=0;
    do{
        SBUF=DatNum;                            //发送数据块长度
        while(!TI);                             //等待发送完
            TI=0;
        while(!RI);                             //等待从机应答
            RI=0;
        Dat3=SBUF;                              //接收应答
    }while(Dat3!=0);                            //应答错误，重发
    if(F==1) ptr=Dat1;
    if(F==0) ptr=Dat2;
    while(DatNum>0){                            //等待发送完
        do{
            Dat4=*ptr;                          //取发送数据
            SBUF=Dat4;
            while(!TI);                         //等待发送完
                TI=0;
            while(!RI);                         //等待从机应答
                RI=0;
            Dat3=SBUF;                          //接收应答
        }while(Dat3!=0);                        //应答错误，重发
        ptr++;
        Sum=Sum+Dat4;                           //计算数据校验和
        DatNum--;
    }
    SBUF=Sum;                                   //发送校验和
    while(!TI);                                 //等待发送完
        TI=0;
    while(!RI);                                 //等待从机应答
        RI=0;
    Dat3=SBUF;                                  //接收应答
    if(Dat3==0) return 0;                       //应答正确，返回0
    else return 1;                              //应答错误，返回1
}

/*********************** K1 键处理函数 ***************************/
void SET_NM1( ){                                //K1 键按下，设定从机 1 地址
    addr=0x01;Sum=0x00;
    F=1;
```

```
        Dat1[0]++;Dat1[1]++;Dat1[2]++;
        trs( );
        F=0;
    }


/*************************** K2 键处理函数 ***************************/
void SET_NM2( ){                         //K2 键按下，设定从机 2 地址
    addr=0x02;Sum=0x00;
    Dat2[0]++;Dat2[1]++;Dat2[2]++;
    trs( );
}


/************************** 主函数 **************************/
void main( ){
    while(1){
        if(K1==0) SET_NM1( );            //判断 K1 键是否按下
        if(K2==0) SET_NM2( );            //判断 K2 键是否按下
    }
}
```

从机 1 与从机 2 接收源程序基本相同，只是本机地址不同。下面仅给出从机 1 接收数据的源程序清单：

```
#include<reg52.h>
#define uchar unsigned char
#define uint unsigned int

uchar bdata flagBase _at_ 0x20;
uchar Dat1[3];
uchar j=0;
uchar Sum=0;
uchar DatNum=0;
sbit F=flagBase^7;
sbit F1=flagBase^6;


/*************************** 延时函数 **************************/
void delay( ){
    uint j;
    for(j=0;j<41000;j++);
}


/************************** 主函数 **************************/
void main( ){
    uchar i;
    SCON=0xf0;                           //设置串行口工作方式
    TMOD=0x20;                           //将 T1 设为工作方式 2
    TH1=TL1=0xfd;PCON=0x00;              //设置波特率
    TR1=1;ES=1;EA=1;                     //启动 T1，开中断
```

```
            F=0;
            do{                                    //循环显示接收到的数据
                for(i=0;i<0x03;i++){
                    P0=Dat1[i];delay( );
                }
            } while(F==0);
            P0=0xff;while(1);
    }

/*************************** 串行口中断服务函数 ***************************/
    void res( ) interrupt 4 using 1 {
        uchar Dat;
        if(TI==0){                               //接收中断
            RI=0;                                //清除中断标志，接收数据
            if(RB8==1){
                Dat=SBUF;                        //接收从机地址
                if(Dat!=0x01) return;            //判断是否与本机地址相符
                SM2=0;F1=1;    SBUF=0x00;
                return;
            }
            if(F1==1){
                DatNum=SBUF;                     //接收数据块长度
                F1=0;SBUF=0x00;
                return;
            }
            if(DatNum==0){
                Dat=SBUF;                        //接收校验和
                if((Dat^Sum)!=0){                //校验和错误
                    SBUF=0xff;F=1;
                    return;
                }
                SBUF=0x00;F=0;SM2=1;             //校验和正确
                Sum=0;j=0;
                return;
            }
            Dat1[j]=SBUF;                        //接收数据
            Sum=Sum+Dat1[j];                     //数据累加
            SBUF=0x00;
            j++;DatNum--;
            return;
        }
        else TI=0;
        return;
    }
```

6.3.3 单片机与 PC 之间的通信

在许多应用场合，需要利用 PC 与单片机组成多机系统，本节介绍 PC 与单片机之间的通

信技术及应用编程。PC 内通常都装有一个 RS-232 异步通信适配器板,其主要器件为可编程的 UART 芯片如 8250 等,从而使 PC 有能力与其他具有标准 RS-232 串行通信接口的计算机设备进行通信。8051 单片机本身具有一个全双工的串行口,但单片机的串行口为 TTL 电平,需要外接一个 TTL-RS-232 电平转换器才能够与 PC 的 RS-232 串行口连接,组成一个简单可行的通信接口。

下面先介绍 RS-232 串行通信标准,它除了包括物理指标外,还包括按位串行传送的电气指标。

图 6-10 所示为 RS-232 以位串行方式传送数据的格式,数据从最低有效位开始连续传送,以奇偶校验位结束。RS-232 标准接口并不限于 ASCII 数据,还可有 5~8 个数据位,后加一位奇偶校验位的传送方式。在电气性能方面,RS-232 标准采用负逻辑,逻辑"1"电平在-5~-15V 范围内,逻辑"0"电平则在+5~+15V 范围内。它要求 RS-232 接收器必须能识别低至+3V 的信号作为逻辑"0",而识别高至-3V 的信号作为逻辑"1",这意味着有 2V 的噪声容限。RS-232 标准的主要电气特性如表 6-2 所示。

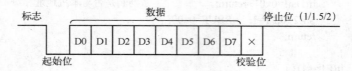

图 6-10　RS-232 串行数据传送格式

表 6-2　RS-232 标准的主要电气特性

最大电缆长度	15m
最大数据率	20kbit / s
驱动器输出电压(开路)	±25V(最大)
驱动器输出电压(满载)	±5~±15V(最大)
驱动器输出电阻	300Ω(最小)
驱动器输出短路电流	±500mA
接收器输入电阻	3~7kΩ
接收器输入门限电压值	−3~+3V(最大)
接收器输入电压	−25~+25V(最大)

由于 RS-232 的逻辑电平与 TTL 电平不兼容,为了与 TTL 电平的 80C51 单片机器件连接,必须进行电平转换。美国 MAXIM 公司生产的 MAX232 系列 RS-232 收发器是目前应用较为普遍的串行口电平转换器件,图 6-11 所示为 MAX232 芯片的引脚排列和典型工作电路,芯片内部包含 2 个收发器,采用"电荷泵"技术,利用 4 个外接电容 C_1~C_4(通常取值为 1μF)就可以在单 +5V 电源供电的条件下,将输入的+5V 电压转换为 RS-232 输出所需的±12V 电压,在实际应用中,由于器件对电源噪声很敏感,因此必须在电源 V_{CC} 与地之间加一个去耦电容 C_5(通常取值为 0.1μF)。收发器在短距离(电缆电容量<1000pF)通信时,通信速率最高可达 120kbit/s。

完整的 RS-232 接口有 25 根线,采用 25 芯的插头座。这 25 根线的信号列于表 6-3。其中的 15 根线组成主信道(表中标*号者),另外的一些为未定义的和供辅信道使用的线。辅信道为次要串行通道提供数据控制和通道,但其运行速度比主信道要低得多。除了速度之外,辅信道与主信道相同。辅信道极少使用，如果要用的话，主要是向连接于通信线路两端的调制-解调器提供控制信息。

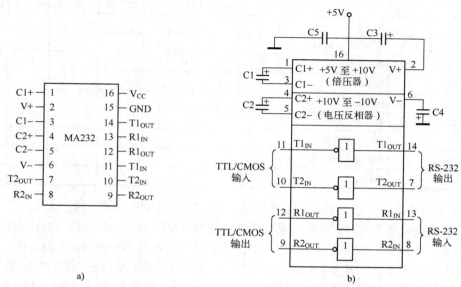

图 6-11　MAX232 芯片的引脚排列和典型工作电路

a) MAX232 芯片的引脚排列　b) MAX232 芯片的典型工作电路

表 6-3　RS-232 接口信号

引脚	电路	缩写	名　称	地	数据信号		控制信号		定时信号	
					DCE 源	DTE 目标	DCE 源	DTE 目标	DCE 源	DTE 目标
*1	AA		保护地	√						
*2	BA	TXD	发送数据		√					
*3	BB	RTS	接收数据			√				
*4	CA	RTS	请求发送					√		
*5	CB	CTS	清除发送（允许发送）				√			
*6	CC	DSR	数据装置就绪				√			
*7	AB		信号地（公共回线）	√						
*8	CF	DCD	接收线信号检测				√			
9			（保留供数据装置测试）							
10			（保留供数据装置测试）							
11			未定义							
12	SCF	DCD	辅信道接收信号检测				√			
13	SCB	CTS	辅信道清除发送				√			
14	SBA	TXD	辅信道发送数据		√					
*15	DB		发送信号定时（DCE 源）						√	
16	SBB	RXD	辅信道接收数据		√					
*17	DD		接收信号定时（DCE 源）						√	

（续）

引脚	电路	缩写	名　　称	地	数据信号		控制信号		定时信号	
					DCE 源	DTE 目标	DCE 源	DTE 目标	DCE 源	DTE 目标
18			未定义							
19	SCA	RTS	辅信号道请求发送					√		
*20	CD	DTR	数据终端就绪					√		
*21	DG		信号质量检测				√			
*22	CE		振铃指示				√			
*23	CH		数据信号速率选择					√		
		CI	（DTE / DCE 源）				√			
*24	DA		发送信号定时（DTE 源）							√
25			未定义							

　　RS-232 标准接口中的主要信号是"发送数据（TXD）"和"接收数据（RXD）"，它们用来在两个系统或设备之间传送串行信息。其传输速率有 50、75、110、150、300、600、1200、2400、4800、9600 和 19200bit/s。通常，电传打字机终端使用 50～300bit/s 的速率，而 CRT 终端使用 1200bit/s 以上的速率。该标准接口中的有些信号用来表示调制-解调器通信链路的状态，例如"请求发送（RTS）"、"清除发送（CTS）"、"数据装置就绪（DSR）"和"数据终端就绪（DTR）"等信号就是用来控制调制-解调器（Modem）链路的。

　　从表 6-3 可看出，RS-232 标准接口上的信号线基本上可分成四类：数据信号（4 根）、控制信号（12 根）、定时信号（3 根）和地（2 根）。下面对这些信号作简单的功能说明。

1. 数据信号

　　"发送数据"（TXD）和"接收数据"（RXD）信号线是一对数据传输线，用来传输串行的位数据信息。对于异步通信，传输的串行位数据信息的单位是字符。发送数据信号由数据终端设备（DTE）产生，送往数据通信设备（DCE）。在发送数据信息的间隔期间或无数据信息发送时，数据终端设备（DTE）保持该信号为"1"。"接收数据"信号由数据通信设备（DCE）发出，送往数据终端设备（DTE）。同样，在数据信息传输的间隔期间或无数据信息传输时，该信号应为"1"。

　　对于"接收数据"信号，不管何时，当"接收线信号检测"信号复位时，该信号必须保持"1"态。在半双工系统中，当"请求发送"信号置位时，该信号也保持"1"态。

　　辅信道中的 TXD 和 RXD 信号作用同上。

2. 控制信号

　　数据终端设备发出"请求发送"信号到数据通信设备，要求数据通信设备发送数据。在双工系统中，该信号的置位条件保持数据通信设备处于发送方式。在半双工系统中，该信号的置位条件维持数据通信设备处于发送状态，并且禁止接收；该信号复位后，才允许数据通信设备转为接收方式。在数据通信设备复位"清除发送"信号之前，"请求发送"信号不能重新发生。

　　数据通信设备发送"清除发送"信号到数据终端设备，以响应数据终端设备的请求发送数据的要求，表示数据通信设备处于发送状态且准备发送数据，数据终端设备作好接收数据的准备。当该控制信号复位时，应无数据发送。

数据通信设备的状态由"数据装置就绪"信号表示。当设备连接到通道时，该信号置位，表示设备不在测试状态和通信方式，设备已经完成了定时功能。该信号置位并不意味着通信电路已经建立，仅表示局部设备已准备好，处于就绪状态。"数据终端就绪"信号由数据终端设备发出，送往数据通信设备，表示数据终端处于就绪状态，并且在指定通道已连接数据通信设备，此时数据通信设备可以发送数据。完成数据传输后，该信号复位，表示数据终端在指定通道上和数据通信设备逻辑上断开。

当数据通信设备收到振铃信号时，置位"振铃指示"信号。当数据通信设备收到一个符合一定标准的信号时，则发送"接收线信号检测"信号。当无信号或收到一个不符合标准的信号时，"接收线信号检测"信号复位。

确信无数据错误发生时，数据通信设备置位"信号质量检测"信号；若出现数据错误，则该信号复位。在使用双速率的数据装置中，数据通信设备使用"数据信号速率选择"控制信号，以指定两种数据信号速率中的一种。若该信号置位，则选择高速率；否则，选择低速率。该信号源来自数据终端设备或数据通信设备。辅信道控制信号的作用同上。

3．定时信号

数据终端设备使用"发送信号定时"信号指示发送数据线上的每个二进制数据的中心位置；而数据通信设备使用"接收信号定时"信号指示接收线上的每个二进制数据的中心位置。

4．地

"保护地"又称屏蔽地；而"信号地"是 RS-232 所有信号公共参考点的地。大多数计算机和终端设备仅需要使用 25 根信号线中的 3～5 根线就可工作。对于标准系统，则需要使用 8 根信号线。图 6-12 给出了使用 RS-232 标准接口的两种系统结构，在使用 RS-232 接口的通信系统中，其中的 5 根信号线是最常用的。"发送数据（TXD）"和"接收数据（RXD）"提供了两个方向的数据传输线，而"请求发送（DTR）"和"数据装置就绪（DSR）"用来进行联络应答、控制数据的传输。

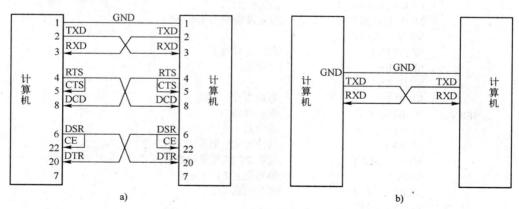

图 6-12　RS-232 数据通信系统的结构

a) 标准通信系统　b) 简单通信系统

通信系统在工作之前，需要进行初始化，即进行一系列控制信号的交互联络。首先由终端发出"请求发送"信号（高电平），表示终端设备要求通信设备发送数据，数据通信设备发出"清除发送"信号（高电平）予以响应，表示该设备准备发送数据，而终端设备使用"数据终端就绪"信号进行回答，表示它已处于接收数据状态。此后，即可发送数据。在数据传输期间，"数据终端就绪"信号一直保持高电平，直至数据传输结束。"清除发送"信号变低后，可复位"请求发送"信号线。

PC 内部的异步串行通信适配器主要特点如下：

● 波特率范围大，适配器允许以 50～519 200 的波特率进行通信。

● 具有优先级的中断系统提供对发送、接收的控制以及错误、线路状态的检测中断。

● 可编程设置串行通信数据长度（5～8 位）、奇偶校验位、停止位的位数（1/1.5/2 位）。

● 具有全双缓冲机构，不需要精确的同步。

● 独立的接收器时钟输入。

● 内部的各个寄存器都有独立的端口地址，不会引起误操作，可靠性高。

下面是一个 8051 单片机与 PC 之间进行串行通信的例子，将 PC 键盘输入的数据发送给单片机，单片机收到数据后以 ASCII 码形式从 P1 口显示接收数据，同时再回送给 PC，因此，只要 PC 虚拟终端上显示的字符与键盘输入的字符相同，即说明 PC 与单片机通信正常。8051 单片机与 PC 串行通信的 Proteus 仿真电路如图 6-13 所示。例 6-10 和例 6-11 分别为采用汇编语言和 C 语言编写的应用程序。

【例 6-10】 汇编语言应用程序清单。

```
              ORG 0000H              ;复位入口
              LJMP START
              ORG 0023H              ;串行中断入口
              LJMP SERVE
              ORG 0030H              ;主程序入口
     START:   MOV SP,#60H
              MOV SCON,#50H          ;设定串行方式：
              MOV TMOD,#20H          ;设定定时器 1 为方式 2
              ORL PCON,#80H          ;波特率加倍
              MOV TH1,#0F3H          ;设定波特率为 4800bit/s
              MOV TL1,#0F3H
              SETB TR1               ;启动定时器 1
              SETB EA                ;开中断
              SETB ES
              SJMP $                 ;等待串行口中断
     SERVE:   PUSH ACC               ;保护现场
              CLR EA                 ;关中断
              CLR RI                 ;清除接收中断标志
              MOV A,SBUF             ;接收 PC 机发来的数据
              MOV P1,A               ;将数据从 P1 口显示
              MOV SBUF,A             ;同时回送给 PC
     WAIT:    JNB TI,WAIT
              CLR TI
              SETB EA                ;开中断
              POP ACC                ;恢复现场
              RETI
              END
```

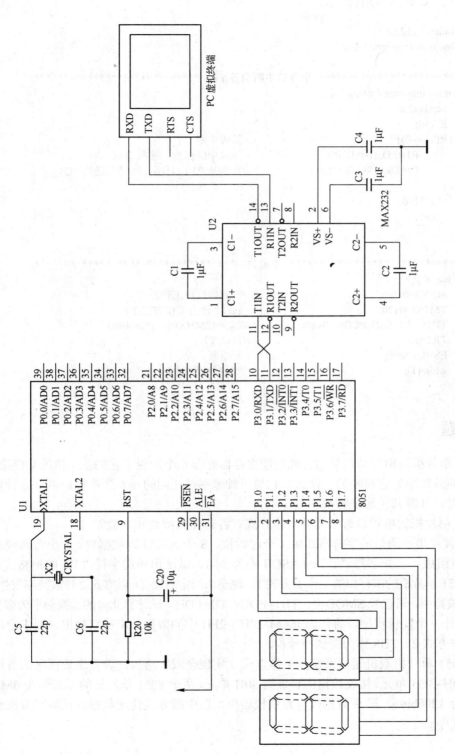

图 6-13 8051 单片机与 PC 间串行通信的 Proteus 仿真电路

【例6-11】 C语言应用程序清单。

```c
#include<reg52.h>
#define uchar unsigned char

/*********************** 串行口中断服务函数 ***************************/
void trs( ) interrupt 4 using 1 {
    uchar Dat1;
    EA=0;
    if(TI==0){                          //接收中断
        RI=0;Dat1=SBUF;                 //清除中断标志，接收数据
        P1=Dat1;SBUF=Dat1;              //数据从 P1 口显示，同时回送给 PC
    }
    else TI=0;
    EA=1;
}


/***************************** 主函数 *********************************/
void main( ){
    SCON=0x50;                          //设置串行口工作方式
    TMOD=0x20;                          //将 T1 设为工作方式 2
    TH1=TL1=0xf3;PCON=0x80;             //f_osc=12MHz 时，BD=4800
    TR1=1;                              //启动 T1
    ES=1;EA=1;                          //开中断
    while(1);                           //等待串行口中断
}
```

复习思考题

1．8051 单片机与串行口相关的特殊功能寄存器有哪几个？说明它们各个位的功能意义。

2．什么叫波特率？它反映的是什么？它与时钟频率是相同的吗？当串行口以每分钟传送 3600 个字符时，计算其传送波特率。

3．8051 单片机的串行口有哪几种工作方式？各有什么特点和功能？

4．已知异步串行通信的字符格式由 1 个起始位、8 个 ASCII 码数据位、1 个奇偶校验位和 2 个停止位组成，已知字符"T"的 ASCII 码为 54H，试画出传送字符"T"的桢格式。

5．设 8051 单片机的串行口的工作于方式 1，现要求用定时器 T1 以方式 2 作波特率发生器，产生 9600 的波特率，若已知 SMOD=1，TH1=FDH，Tl1=FDH，试计算此时的晶振频率为多少？

6．试设计一个发送程序，将片内 RAM 20H～2FH 中的数据从串行口输出，要求将串行口定义为工作方式 2，TB8 作为奇偶校验位。

7．设 8051 单片机双机通信系统按工作方式 3 实现全双工通信，若发送数据区的首址为内部 RAM 30H~3FH 单元，接收数据的首址为 40H 单元，两个 8051 单片机的晶振均为 6MHz，通信波特率为 1200bit/s，第 9 数据位作奇偶校验位，以中断方式传送数据，试编写双机通信发送和接收程序。

第7章　单片机系统扩展

虽然 8051 单片机芯片内部集成了诸如定时器、串行口等功能部件，但是在应用系统中，很多时候会发现片内资源不够用，这时就需要在单片机芯片外部扩展必要的存储器以及其他一些 I/O 端口，才能满足实际需要。8051 单片机没有专门的外部地址、数据和控制总线，而是利用 P0、P2 和 P3 口的第二功能来实现外部三总线的，而且一旦进行了外部扩展，则 P0 和 P2 口就不能再用作输入输出端口了。所谓总线，就是连接系统中各扩展部件的一组公共信号线，地址总线用于传送单片机外部地址信号，以便进行存储器单元或 I/O 端口的选择。地址总线是单向的，只能由单片机向外发送信息。地址总线的数目决定了可直接访问的存储器单元数目。例如，n 位地址可以产生 2^n 个连续地址编码，因此可以访问 2^n 个存储器单元，即通常所说的此时寻址范围为 2^n 个地址单元。8051 单片机可以通过 P0 和 P2 口形成 16 根外部地址总线，因此 8051 外部存储器扩展可达 2^{16} 个地址单元，即 64KB。

存储器技术的发展是推动单片机发展的一个重要因素，目前单片机内部存储器正朝着大容量、多品种的方向发展。8051 单片机片内 ROM 的容量已从早期的 4KB 发展到 64KB，片内 RAM 容量也从 128B 发展到 2KB。片内 ROM 的品种已从掩膜 ROM 和 EPROM 发展到一次性编程 ROM（OTP），特别是近年来快闪存储器（FLASH MEMORY）的出现，为单片机提供了一种全新的片内存储器。FLASH 存储器为电可改写，使用简单，并且可实现在系统编程（ISP）和在应用中编程（IAP），不用将芯片从印制电路板上取下、不用专门的编程器即可实现对其片内 ROM 内容的改写，极大地方便了应用工程师的设计和修改工作。采用新一代 FLASH 单片机，结合 Proteus 虚拟仿真技术，设计单片机应用系统时可以先采用虚拟仿真方式，当仿真基本完成后再将程序下载到 FLASH 单片机中，通过实际运行来检验仿真的正确性。

7.1　程序存储器扩展

8051 单片机的程序存储器与数据存储器的物理地址空间是相互独立的，单片机芯片外部最大可扩展 64KB 的程序存储器，片外程序存储器与单片机的连接方法如下：

1. 地址线

程序存储器的低 8 位地址线（A0～A7）与 P0 口外接锁存器的输出端相连，程序存储器的高 8 位地址线（A8～A15）与 P2 口（P2.0～P2.7）直接相连。由于 8051 单片机的 P0 口分时输出低 8 位地址和 8 位数据，因此 P0 口必须外加一个地址锁存器，并由单片机输出的地址锁存允许信号 ALE 的下降沿将低 8 位地址锁存到锁存器中，而单片机的 P2 口在进行外部扩展时仅用作高 8 位地址，故不用外加锁存器。

2. 数据线

程序存储器的 8 位数据线直接与 P0 口（P0.0～P0.7）相连。

3. 控制线

程序存储器的输出使能端 $\overline{\text{OE}}$ 与单片机的 $\overline{\text{PSEN}}$ 引脚相连。单片机的地址锁存允许信号

ALE 通常与 P0 口外部地址锁存器的锁存控制端 G 相连。

图 7-1 所示为在 8051 单片机外部扩展一片 8KB 程序存储器 2764 的连接图。图中采用三态输出 8D 锁存器 74LS373 作为 P0 口外部地址锁存器，其三态控制端 $\overline{OE}$ 接地，保证输出畅通，锁存控制端 G 与单片机的 ALE 端相连，2764 的片选端 $\overline{CE}$ 接地，输出使能端 $\overline{OE}$ 受单片机 $\overline{PSEN}$ 端的控制。2764 的存储容量为 8KB，需要 13 根地址线，其中低 8 位地址线连到单片机 P0 口外部锁存器的输出端，高 5 位地址线直接连到单片机 P2 口；8 位数据线直接连到单片机的 P0 口；按这种连法 2764 所占用的地址空间为 0000H～1FFFH。

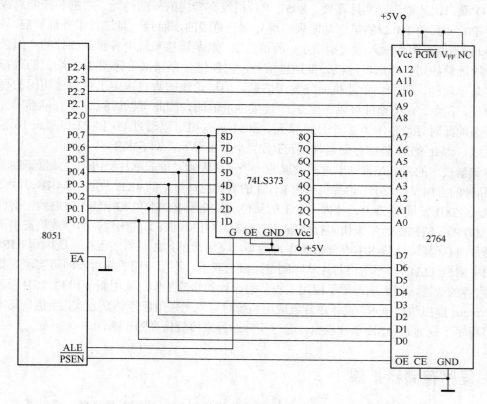

图 7-1　在 8051 单片机外部扩展 8KB 程序存储器 2764 的连接图

7.2　数据存储器扩展

8051 单片机的片内数据存储器容量一般只有 128B（8051）～256B（8052），当数据量较大时，就需要在片外进行数据存储器扩展。最大片外扩展数据存储器容量可达 64KB。

扩展片外数据存储器时，地址和数据总线连接方法与扩展外部程序存储器相同，但控制总线的连接有所不同：数据存储器的读允许端 $\overline{OE}$ 与单片机的 $\overline{RD}$ 端相连，数据存储器的写允许端 $\overline{WE}$ 与单片机的 $\overline{WR}$ 端相连，单片机 ALE 端的连接与程序存储器相同。

图 7-2 所示为在 8051 单片机外部扩展一片 8KB 数据存储器 6264 的连接图。图中 8282 的功能与 74LS373 相同。6264 的存储容量为 8KB，其地址线和数据线与单片机的连接方法与

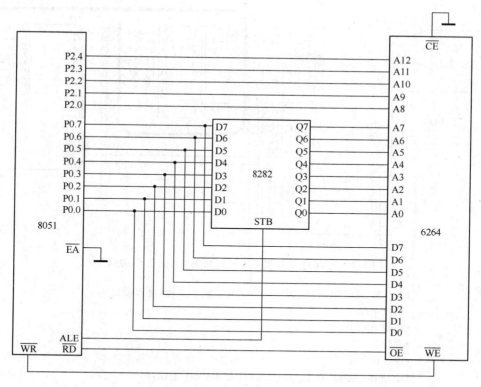

图 7-2　在 8051 单片机外部扩展一片 8KB 数据存储器 6264 的连接图

2764 相同，其占用的地址空间为 0000H～1FFFH。

　　从 8051 单片机外部程序存储器和数据存储器的扩展方法可以看到，外部程序存储器的读选通由单片机的 $\overline{\text{PSEN}}$ 控制，而数据存储器的读和写选通则由单片机的 $\overline{\text{RD}}$ 和 $\overline{\text{WR}}$ 控制，因此虽然 8051 采用"哈佛式"存储器结构，即程序存储器和数据存储器具有相同的逻辑地址空间，但在物理上它们是完全独立的，并且各自具有不同的控制信号，这些信号由执行不同的指令来自动产生，从而可以保证在访问不同存储器地址空间时不会发生混淆。

　　如图 7-3 所示，在 8051 单片机外部扩展 8KB RAM 芯片 6264，其地址范围为 0000H～1FFFH，将一些特殊常数信息（如图片数据等）存放在单片机片内 ROM 从 1000H 地址开始的地方。例 7-1 和例 7-2 分别是采用汇编语言和 C 语言编写的将 ROM 中从 1000H 地址开始的内容转存到外部 RAM 中的应用程序，单步运行程序，可以清楚地看到 8051 单片机"哈佛"存储器结构的工作过程。

　　【例 7-1】　汇编语言源程序清单。

```
            ORG 0000H
MAIN:       MOV DPTR,#1000H        ;数据指针指向 1000H 地址
            MOV R7,#0H             ;数据长度为 256B
LP:         MOV A,#0
            MOVC A,@A+DPTR         ;读取 ROM 中存储的信息
```

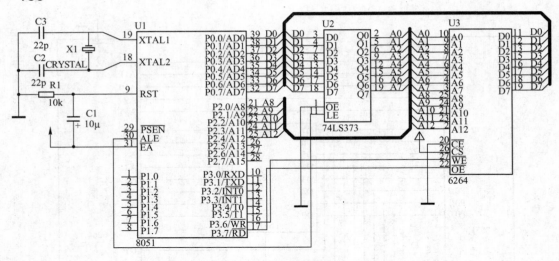

图 7-3　在 8051 单片机外部扩展 8KB RAM 芯片 6264

```
        MOVX @DPTR,A                ;转存到外部 RAM 存储器中
        INC DPTR
        DJNZ R7,LP
        SJMP $
        ORG 1000H                  ;ROM 中保存的特殊信息
        DB 0F0H, 0F8H, 0CH, 0C4H, 0CH, 0F8H, 0F0H, 00H
    DB 03H, 07H, 0CH, 08H, 0CH, 07H, 03H, 00H
    DB 00H, 10H, 18H, 0FCH, 0FCH, 00H, 00H, 00H
    DB 00H, 08H, 08H, 0FH, 0FH, 08H, 08H, 00H
    ... ...
    END
```

【例 7-2】　C 语言源程序清单。

```
#include<reg52.h>
#include <absacc.h>
#define uchar unsigned char

uchar code Dat[256] ={
0xf0,0xf8,0x0c,0xc4,0x0c,0xf8,0xf0,0x00,0x03,0x07,0x0c,0x08,0x0c,0x07,0x03,0x00,
0x00,0x10,0x18,0xfc,0xfc,0x00,0x00,0x00,0x00,0x08,0x08,0x0f,0x0f,0x08,0x08,0x00,
//......
};

void main( ){
    uchar i;
    for(i=0;i<256;i++)
        XBYTE[i+0x1000]=CBYTE[i+0x1000];
    while(1);
}
```

执行程序后暂停，通过下拉菜单打开"Memory Contents U3"，可以看到如图 7-4 所示的存储器内容。

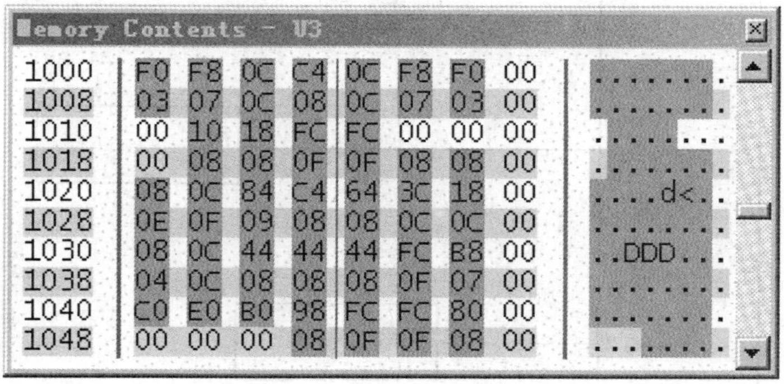

图 7-4　程序执行后 6264 中的内容

7.3　并行 I/O 端口扩展

在 8051 单片机应用系统中，对于 ROM 型单片机如果不进行外部存储器扩展，则可以由单片机提供 4 个 8 位的并行 I/O 端口 P0～P3，对于无 ROM 型的单片机，由于其 P0 和 P2 口必须用作外部程序存储器的地址和数据总线，不能再用作并行 I/O 端口，故只有 P1 口和 P3 口的一部分口线可以作为并行 I/O 端口使用。因此从使用者角度来看，单片机本身能够提供的 I/O 端口其实并不多，很多情况下需要进行外部并行 I/O 端口扩展。

在进行 8051 应用系统外部 I/O 端口扩展时，需要占用外部数据存储器地址空间，即将 64KB 总地址空间中的一部分作为外部 RAM 区，一部分作为外部扩展 I/O 区，这样就可以像访问外部 RAM 一样对外部扩展 I/O 端口进行读写操作。

由于外部扩展 I/O 端口芯片是与外部扩展数据存储器芯片统一编址的，总共占用 16 根地址线，单片机的 P2 口提供高 8 位地址，P0 口提供低 8 位地址。为了唯一地选中某一个外部存储器单元或外部 I/O 端口，必须进行两种选择操作：首先要选出该存储器芯片或 I/O 端口芯片，这称为片选；其次是选出该芯片的某一个存储单元或 I/O 端口芯片的片内寄存器，这称为字选。常用的选址方法有线选法和地址译码法，分别介绍如下。

1. 线选法

所谓线选法，就是利用单片机的一根空闲高位地址线（通常采用 P2 的某根口线）选中一个外部扩展 I/O 端口芯片。若要选中某个芯片工作，将对应芯片的片选信号端设为低电平，其他未被选中芯片的片选信号端设为高电平，从而保证只选中指定的芯片工作。当应用系统只需要扩展少量外部存储器和 I/O 端口时可以采用这种方法，其优点是：不需要地址译码器，可以节省器件，减小体积，降低成本。缺点是：可寻址的器件数目受到很大限制，而且地址空间不连续，这些都会给系统程序设计带来不便。

图 7-5 所示为采用线选法进行外部扩展的连接图。图中在 8051 外部扩展了一片 8KB 数据存储器 6264、一片可编程接口芯片 8255、一片 D/A 转换芯片 0832，分别采用 P2.5、P2.6 和 P2.7 作为它们的片选信号。

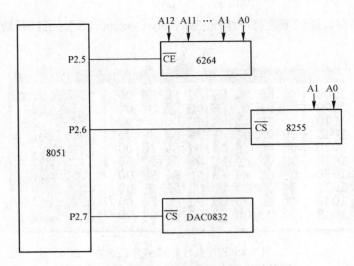

图 7-5　采用线选法进行外部扩展的连接图

6264RAM 芯片的容量为 8KB，需要 13 根地址线作为字选，因此其片选信号只能用 P2.5 以上的高位地址线，可以按如下方式推算出 6264 的地址范围：

高 8 位地址变化范围：

P2.7	P2.6	P2.5	P2.4	P2.3	P2.2	P2.1	P2.0
1	1	0	×	×	×	×	×

低 8 位地址变化范围：

P0.7	P0.6	P0.5	P0.4	P0.3	P0.2	P0.1	P0.0
×	×	×	×	×	×	×	×

由此可得 6264 的地址范围为 C000H～DFFFH。

8255 是一种具有 3 个 I/O 端口可编程接口芯片，它除了需要用 $\overline{CS}$ 端来作为片选之外，还需要用 A1、A0 端来选择不同的端口。如图 7-5 所示，8255 的片选端 $\overline{CS}$ 接到 8051 的 P2.6，A0、A1 端分别接到最低两位地址线，可以按如下方式推算出 8255 的地址范围：

高 8 位地址变化范围：

P2.7	P2.6	P2.5	P2.4	P2.3	P2.2	P2.1	P2.0
1	0	1	1	1	1	1	1

低 8 位地址变化范围：

P0.7	P0.6	P0.5	P0.4	P0.3	P0.2	P0.1	P0.0
1	1	1	1	1	1	×	×

由此可得 8255 的地址范围为 BFFCH～BFFFH。

D/A 转换芯片 0832 只有一个片选端 $\overline{CS}$，当 $\overline{CS}$ 为低电平时选中 0832 工作。如图 7-5 所示，0832 的片选端 $\overline{CS}$ 接到 8051 的 P2.7，可以按如下方式推算出 0832 的地址：

高 8 位地址变化范围：

P2.7	P2.6	P2.5	P2.4	P2.3	P2.2	P2.1	P2.0
0	1	1	1	1	1	1	1

低 8 位地址变化范围：

P0.7	P0.6	P0.5	P0.4	P0.3	P0.2	P0.1	P0.0
1	1	1	1	1	1	1	1

由此可得 0832 的地址为 7FFFH。

2．地址译码法

对于 RAM 容量较大和 I/O 端口较多的单片机应用系统进行外部扩展，当芯片所需要的片选信号多于可利用的高位地址线时，就需要采用地址译码法。地址译码法必须采用地址译码器，常用的地址译码器有 3-8 译码器 74LS138、双 2-4 译码器 74LS139 等，图 7-6 为 74LS138 的引脚排列，表 7-1 为 74LS138 的真值表。

表 7-1　74LS138 的真值表

译码器输入						译码器输出
G1	$\overline{G2A}$	$\overline{G2B}$	C	B	A	Y0~Y7
1	0	0	0	0	0	Y0=0
			0	0	1	Y1=0
			0	1	0	Y2=0
			0	1	1	Y3=0
			1	0	0	Y4=0
			1	0	1	Y5=0
			1	1	0	Y6=0
			1	1	1	Y7=0
0	×	×	×	×	×	Y0~Y7 全为 1
×	1	×				
×	×	1				

图 7-6　74LS138 的引脚排列

8051 单片机可以分别寻址 64KB 外部程序存储器和 64KB 外部数据存储器，可以利用适当的地址译码器将 64KB 的地址空间划分为若干段，然后将划分得到的地址空间段分配给需要外扩的芯片。例如，根据表 7-1 可知，将 138 的 G1 接+5V，$\overline{G2A}$、$\overline{G2B}$ 接地，将单片机的最高三根地址线 P2.7、P2.6、P2.5 分别接到 138 的 C、B、A 端，利用 138 的输出端作为外扩芯片的片选端，再将单片机剩余 13 根地址线 P2.4~P2.0，P0.7~P0.0 作为外扩芯片的字选地址，就可以实现将 64KB 地址分成 8KB×8 段，如图 7-7a 所示，此时 138 译码器每个输出端的地址范围都是 8KB。

在单片机的 P2.7 引脚上接一个非门，将 64KB 地址分成 32KB×2 段，再利用译码器 138 将 32KB 地址分成 4KB×8 段，如图 7-7b 所示，译码器 138 每个输出端的地址范围都是 4KB。

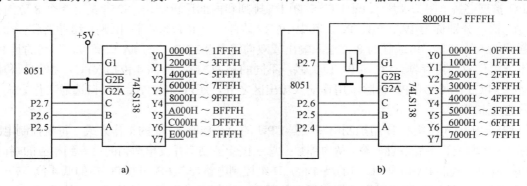

图 7-7　用 74LS138 译码器进行地址空间分配

图 7-8 所示为采用地址译码法在单片机外部扩展一片 8KB 数据存储器 6264、一片 I/O 芯片 8255、一片定时计数器芯片 8253、一片 D/A 转换器芯片 0832 的例子，各个外扩芯片的地址编码如表 7-2 所示。当一个芯片出现重叠地址时，一般取其最高地址，如连接图中 D/A 转

换芯片 0832 的片选端接到 138 的 Y3，地址范围可以是 6000H～7FFFH，使用时通常用其最高地址 7FFFH，对于 8255 和 8253 也是如此。

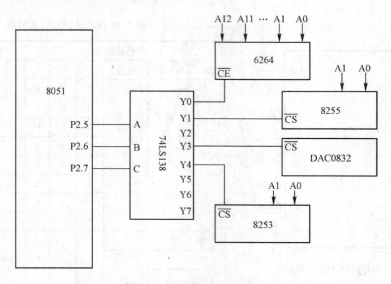

图 7-8　采用地址译码法进行外部扩展的连接图

表 7-2　图 7-8 的地址编码

外 部 器 件	片内字节地址数	地址编码
6264	8KB	0000H～1FFFH
8255	4	3FFCH～3FFFH
0832	1	7FFFH
8253	4	9FFCH～9FFFH

在 8051 单片机系统扩展中经常需要采用可编程 I/O 端口芯片，Intel 8255 就是一种常用并行 I/O 扩展芯片。图 7-9 所示 Intel 8255 的引脚排列和内部逻辑结构，8255 具有 3 个 8 位的并行 I/O 口，分别称为 PA、PB、PC，其中 PA 口具有一个 8 位数据输出锁存/缓冲器和一个 8 位数据输入锁存器，可编程为 8 位输入输出或双向寄存器。PB 口与 PA 口类似，不同的是 PB 口不能用作双向寄存器。PC 与 PA 口类似，不同的是 PC 口又分高 4 位口（PC7～PC4）和低 4 位口（PC3～PC0），PC 口除了用作输入输出区之外，还可用作 PA、PB 口选通工作方式下的状态控制信号。

8255 内部的 A 组和 B 组控制电路根据 CPU 的命令控制 8255 的工作方式，每组控制电路从读、写控制逻辑接受各种命令，从内部数据总线接受控制字并发出适当的命令到相应的端口。A 组控制电路控制 PA 口及 PC 口的高 4 位，B 组控制电路控制 PB 口及 PC 口的低 4 位。

8255 内部读写控制逻辑用于管理所有的数据、控制字或状态字的传递，它接受来自 CPU 的地址及控制信号来控制各个端口的工作状态。其控制信号有：

● 复位信号 RESET：高电平有效。复位时控制寄存器被清 0，所有端口都设置为输入方式。

● 片选信号 $\overline{CS}$：低电平有效。允许 8255 与 CPU 交换信息。

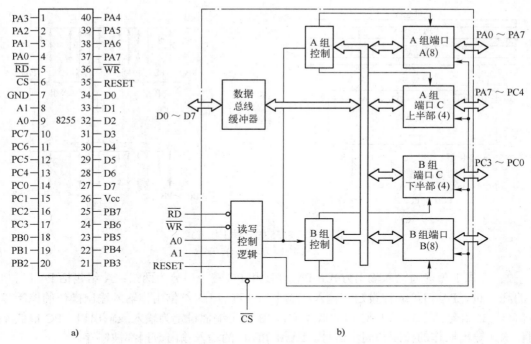

图 7-9 Intel 8255 的引脚排列和内部逻辑结构

a) 引脚排列 b) 内部逻辑结构

- 读信号 $\overline{RD}$：低电平有效。允许 CPU 从 8255 端口读取数据或外设状态信息。
- 写信号 $\overline{WR}$：低电平有效。允许 CPU 将数据、控制字写入 8255 中。
- 端口选择信号 A1、A0：它们与 $\overline{RD}$、$\overline{WR}$ 及 $\overline{CS}$ 信号配合来选择 I/O 端口及内部控制寄存器，并控制信息的传送方向，8255 的端口选择及其功能如表 7-3 所示。

表 7-3 8255 的端口选择及其功能

A1	A0	$\overline{RD}$	$\overline{WR}$	$\overline{CS}$	功 能 说 明
0	0	0	1	0	A 口→数据总线
0	1	0	1	0	B 口→数据总线
1	0	0	1	0	C 口→数据总线
0	0	1	0	0	数据总线→A 口
0	1	1	0	0	数据总线→B 口
1	0	1	0	0	数据总线→C 口
1	1	1	0	0	数据总线→控制寄存器
×	×	×	×	1	数据总线为三态
1	1	0	1	0	非法状态
×	×	1	1	0	数据总线为三态

8255 有三种工作方式：方式 0、方式 1 和方式 2，如图 7-10 所示。

1）方式 0 为基本输入输出方式，PA、PB 和 PC 口都可以设定为输入或输出，作为输出口时，输出的数据被锁存，作为输入口时，输入输据不锁存。

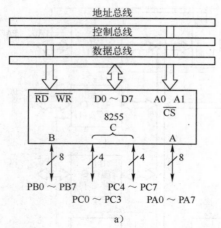

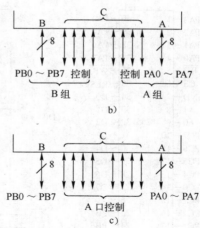

图 7-10　8255 的三种工作方式

a) 方式 0　b) 方式 1　c) 方式 2

2）方式 1 为选通输入输出方式，PA、PB 和 PC 三个口分为两组：A 组包括 PA 口和 PC 口的高 4 位，PA 口可编程设定为输入或输出口，PC 口高 4 位用作输入输出操作的控制和同步信号。B 组包括 PB 口和 PC 口的低 4 位，PB 口可编程设定为输入或输出口，PC 口低 4 位用作输入输出操作的控制和同步信号。PA 和 PB 口的输入输出数据都被锁存。

3）方式 2 为双向总线方式，仅用于 PA 口，将 PA 的 8 位双向总线端口、PC 的 PC3～PC7 用作输入输出的同步控制信号，此时 PB 口只能编程设定为方式 0 或方式 1。

PC 口在方式 1 和方式 2 时，8255 内部规定的联络信号见表 7-4。

表 7-4　PC 口的联络信号分布

位	方 式 1		方 式 2	
	输 入	输 出	输 入	输 出
PC7	I/O	$\overline{OBFA}$	×	$\overline{OBFA}$
PC6	I/O	$\overline{ACKA}$	×	$\overline{ACKA}$
PC5	IBFA	I/O	IBFA	×
PC4	$\overline{STBA}$	I/O	$\overline{STBA}$	×
PC3	INTRA	INTRA	INTRA	INTRA
PC2	$\overline{STBB}$	$\overline{ACKB}$	I/O	I/O
PC1	IBFB	$\overline{OBFB}$	I/O	I/O
PC0	INTRB	INTRB	I/O	I/O

用于输入的联络信号有：

● 选通脉冲输入 $\overline{STB}$：低电平有效。当外设送来 $\overline{STB}$ 信号时，输入数据被装入 8255 的锁存器。

● 输入缓冲器满 IBF：高电平有效。表示数据已经装入锁存器，可作为送出的状态信号。

● 中断请求 INTR：高电平有效。当 IBF=1、$\overline{STB}$ =1 时才有效，用来向 CPU 请求中断服务。

输入操作过程如下：当外设的数据准备好以后，发出 $\overline{STB}$ =0 信号，输入数据装入 8255 的锁存器，装满后使 IBF=1，CPU 可以查询这个状态信息，以决定是否接收 8255 的数据。或

者当 $\overline{STB}$ 重新变高时，INTR 有效，向 CPU 申请中断，CPU 在中断服务程序中接收 8255 的数据，并使 INTR=0。

用于输出的联络信号有：

- 响应信号输入 $\overline{ACK}$：低电平有效。它是当外设取走 8255 的数据后发出的响应信号。
- 输出缓冲器满信号 $\overline{OBF}$：低电平有效。当 CPU 把数据送入 8255 的锁存器后有效，用这个输出的低电平来通知外设开始接收数据。
- 中断请求信号 INTR：高电平有效。当外设处理完一组数据后，$\overline{ACK}$ 变低，并且当 $\overline{OBF}$ 变高，然后 $\overline{ACK}$ 又变高后使 INTR 有效，申请中断，进入下一次输出过程。

用户可以通过编程对 PC 口相应位进行置"1"或清"0"来控制 8255 的开中断或关中断。8255 有两种控制字，即控制 PA、PB、PC 口工作方式的方式控制字和控制 PC 口各位置"1"或清"0"的控制字。两种控制字写入的控制寄存器相同，只是用 D7 位来区分是哪一种控制字：D7=1 为工作方式控制字，D7=0 为 PC 口置"1"或清"0"的控制字。这两种控制字的格式如图 7-11 所示。

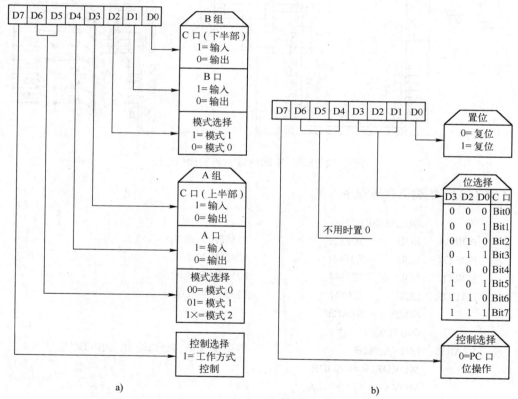

图 7-11　8255 的控制字格式
a) 方式选择控制字　b) C 口置位/复位控制字

图 7-12 所示为 8255 与 8051 单片机的一种接口电路，图中，8255 的片选信号 $\overline{CS}$ 连到 8051 的 P2.7，端口地址选择信号 A1、A0 由 P2.1、P2.0 提供。根据表 7-3 可知，该电路中 8255 的 PA、PB、PC 以及控制口的地址分别为 7CFFH、7DFFH、7EFFH、7FFFH。例 7-3 和例 7-4 分别为采用汇编语言和 C 语言编写的 8255 接口应用程序，实现 8255 的 PA 口按方

式 0 输出，PB 口按方式 0 输入，将 PB 口外接 8 个开关的状态通过 PA 口外接的 LED 灯反映出来。

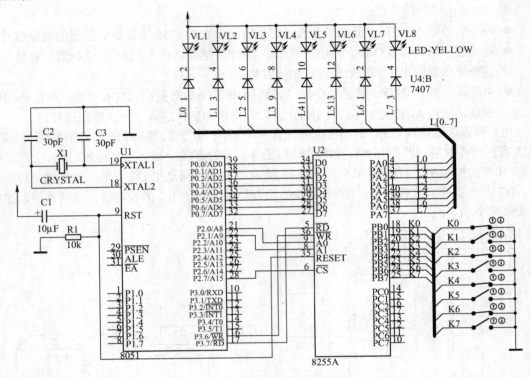

图 7-12 8255 与 8051 单片机的接口电路

【例 7-3】 汇编语言源程序清单。

```
            ORG 0000H
PORTA    EQU      7CFFH        ;8255PA 口地址
PORTB    EQU      7DFFH        ;8255PB 口地址
PORTC    EQU      7EFFH        ;8255PC 口地址
CADDR    EQU      7FFFH        ;8255 控制口地址
            SJMP     START
            ORG 0030H
START:   MOVA,#82H             ;方式 0，PA、PC 口输出，PB 口输入
            MOVDPTR,#CADDR
            MOVX     @ DPTR,A
LOOP:    MOV      DPTR,#PORTB
            MOVX     A,@ DPTR      ;读入 PB 口
            MOV      DPTR,#PORTA
            MOVX     @DPTR,A       ;输出到 PA 口
            LCALL    DELAY
            LJMP     LOOP
DELAY:   MOVR6,#0              ;延时子程序
```

```
DELAY1:  MOVR7,#0
DELAY2:  DJNZ      R7,DELAY2
         DJNZ      R6,DELAY1
         RET
         END
```

【例7-4】 C语言源程序清单。

```
#include<reg52.h>
#include <absacc.h>
#define uchar unsigned char
#define PORTA  0x7CFF              //定义 8255PA 口地址
#define PORTB  0x7DFF              //定义 8255PB 口地址
#define PORTC  0x7EFF              //定义 8255PC 口地址
#define CADDR 0x7FFF               //定义控制口地址

void main( ){
    XBYTE[CADDR]=0x82;
    while(1){
        XBYTE[PORTA]=XBYTE[PORTB];
    }
}
```

Intel 8155 也是一种可编程并行 I/O 扩展接口芯片，内集成有 256B 的静态 RAM，2 个可编程的 8 位并行接口 PA、PB，1 个可编程的 6 位并行接口 PC，一个 14 位的定时/计数器。图 7-13 所示为 Intel 8155 的引脚排列和内部逻辑结构。

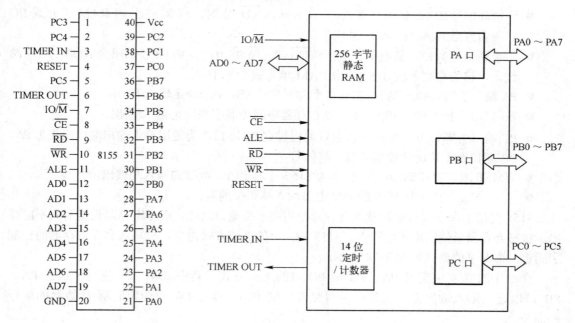

图 7-13 Intel 8155 的引脚排列和内部逻辑结构

8155 芯片各引脚的功能如下：

- 复位信号 RESET：高电平有效。当 RESET 端加上 5μs 左右的正脉冲时，8155 将初始化复位，把 PA、PB 和 PC 口均初始化为输入方式。
- 地址数据线 AD0～AD7：采用分时方式区分地址和数据信息。通常与单片机的 P0 口相连，其地址码可以是 8155 片内 RAM 或 I/O 口地址，地址信息由 ALE 的下降沿锁存到 8155 片内地址锁存器中，与 $\overline{RD}$、$\overline{WR}$ 信号配合完成数据的输入输出。
- 地址锁存信号 ALE：在 ALE 的下降沿将地址数据线 AD0～AD7 输出的地址信号以及 $\overline{CE}$、IO/$\overline{M}$ 状态都锁存到 8155 的内部锁存器中。
- 片选信号 $\overline{CE}$：低电平有效。它与地址信息一起由 ALE 信号的下降沿锁存到 8155 的内部锁存器中。
- 片内 RAM/IO 选择信号 IO/$\overline{M}$：IO/$\overline{M}$ =0 选中 8155 片内 RAM，此时 AD0～AD7 输出 8155 片内 RAM 地址，IO/$\overline{M}$ =1 选中 8155 的三个 I/O 端口、命令/状态寄存器、定时/计数器，此时 AD0～AD7 输出 I/O 端口地址，如表 7-5 所示。

表 7-5   8155 的 I/O 端口地址分配

AD7	AD6	AD5	AD4	AD3	AD2	AD1	AD0	选中的寄存器
×	×	×	×	×	0	0	0	命令/状态寄存器
×	×	×	×	×	0	0	1	PA 口
×	×	×	×	×	0	1	0	PB 口
×	×	×	×	×	0	1	1	PC 口
×	×	×	×	×	1	0	0	定时/计数器的低 8 位寄存器
×	×	×	×	×	1	0	1	定时/计数器的高 6 位寄存器及工作方式字（2 位）

- 读选通信号 $\overline{RD}$：低电平有效。当 $\overline{CE}$ =0，$\overline{RD}$ =0 时，将 8155 片内 RAM 单元或 I/O 口的内容送到 AD0～AD7 总线上。
- 写选通信号 $\overline{WR}$：低电平有效。当 $\overline{CE}$ =0，$\overline{WR}$ =0 时，将 CPU 输出到 AD0～AD7 总线上，将信息写入到 8155 片内 RAM 单元或 I/O 口中。
- PA 端口引脚 PA0～PA7：由命令寄存器中的控制字来决定输入/输出。
- PB 端口引脚 PB0～PB7：由命令寄存器中的控制字来决定输入/输出。
- PC 端口引脚 PC0～PC5：可以通过编程设定 PC 端口作为通用输入输出端口或作为 PA、PB 端口数据传送的控制应答联络信号。
- TIMERIN、TIMER OUT：分别为 8155 片内定时计数器的输入和输出信号线。
- V_{CC}、V_{SS}：分别为 8155 的 +5V 电源输入端和接地端。

8155 内部的命令寄存器和状态寄存器使用同一个端口地址。命令寄存器只能写入不能读出，状态寄存器只能读出不能写入。8155 I/O 口的工作方式由单片机写入命令寄存器的控制字确定，命令字的格式如图 7-14 所示。

命令字的低 4 位定义 PA、PB 和 PC 口的工作方式，其中 D4、D5 位用于设定 PA、PB 口以选通输入输出方式工作时是否允许申请中断，D6、D7 位为定时器/计数器的运行控制位。

8155 I/O 口的工作方式如下：

当 8155 编程为 ALT1、ALT2 时，PA、PB、PC 口均工作于基本输入输出方式。

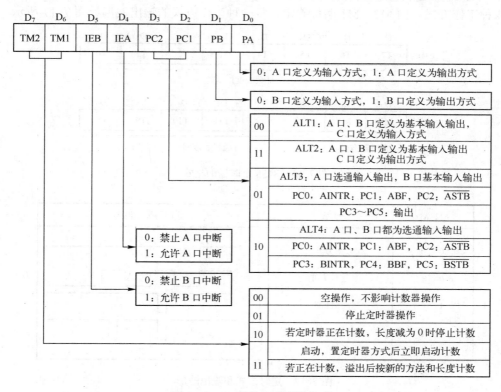

图 7-14　8155 的命令字的格式

当 8155 编程为 ALT3 时，PA 口定义为选通输入输出方式，PB 口定义为基本输入输出方式。

当 8155 编程为 ALT4 时，PA 和 PB 口均定义为选通输入输出工作方式。

8155 内部设有一个状态寄存器，用来锁存输入输出口和定时器/计数器的当前状态，以供 CPU 查询。状态寄存器只能读出，不能写入，状态寄存器和命令寄存器共用一个口地址。状态寄存器的格式如图 7-15 所示。

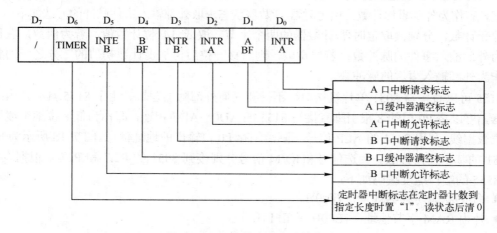

图 7-15　8155 状态寄存器的格式

8155 的片内定时器/计数器为 14 位减法计数器，由 2 个字节组成，其格式如图 7-16 所示。它有 4 种工作方式，由 M2、M1 两位确定，每一种工作方式的输出波形如图 7-17 所示。

	D_7	D_6	D_5	D_4	D_3	D_2	D_1	D_0
(04H)	T7	T6	T5	T4	T3	T2	T1	T0
	计数长度低 8 位							

	D_7	D_6	D_5	D_4	D_3	D_2	D_1	D_0
(05H)	M2	M1	T13	T12	T11	T10	T9	T8
	定时器方式		计数器长度高 6 位					

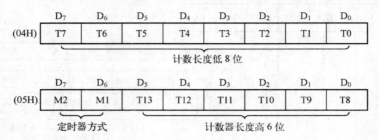

图 7-16　8155 定时器的格式

M2 M1	方式	定时器输出波形
0 0	单方波	
0 1	连续方波	
1 0	单脉冲	
1 1	连续脉冲	

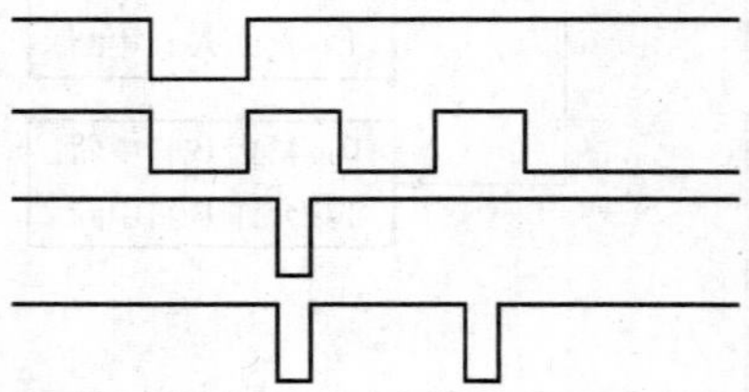

图 7-17　定时方式和输出波形

对定时器/计数器进行编程时，先要将计数常数和工作方式送入定时器/计数器口地址（定时计数器低 8 位、定时器/计数器高 6 位、定时器方式 M2，M1）。计数常数在 0002H～3FFFH 之间选择。定时器/计数器的启动和停止由命令寄存器的最高两位控制。

任何时候都可以设置定时器/计数器的长度和工作方式，然后必须将启动命令写入命令寄存器中，即使计数器在计数期间，写入启动命令后仍可改变其工作方式。如果写入定时器/计数器的常数值为奇数，则输出的方波不对称。8155 复位后并不预置定时器/计数器的工作方式和计数常数值。若作为外部事件计数，由定时器/计数器状态求取外部输入事件脉冲的方法如下：

停止计数，分别读取定时器/计数器的两个字节，取低 14 位计数值，若为偶数，右移一位即为外部输入事件的脉冲数；若位奇数，则右移一位后再加上计数初值的二分之一的整数部分作为外部输入事件的脉冲数。

8155 可以直接与 8051 单片机接口，不需要任何外部附加逻辑。由于 8155 具有片内地址锁存器，可以将 P0 口的 8 根引脚直接与 8155 的 AD0～AD7 相连，即作为低 8 位地址线又作为 8 位数据线，利用 8051 的 ALE 信号下降沿锁存 P0 口输出的地址信息。图 7-18 所示为 8155 与 8051 的基本连接方法。片选信号和 $IO/\overline{M}$ 信号分别接到 8051 的 P2.7 和 P2.0。根据表 7-5 可知 8155 的端口地址编码如下：

- 命令/状态寄存器地址：7F00H。
- 片内 RAM 字节地址：7E00H～7EFFH。
- PA 口地址：7F01H。

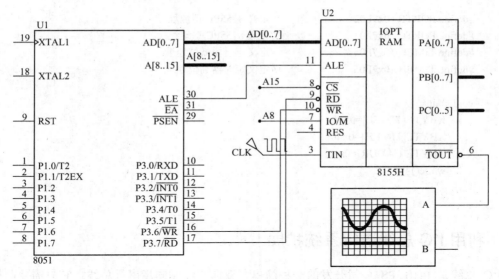

图 7-18　8155 与 8051 的基本连接方法

- PB 口地址：7F02H。
- PC 口地址：7F03H。
- 定时器/计数器低位地址：7F04H。
- 定时器/计数器高位地址：7F05H。

　　例 7-5 和例 7-6 分别为采用汇编语言和 C 语言编写的 8155 接口应用程序，将 8155 的 PA口定义为基本输入方式，PB 口定义为基本输出方式，定时器对输入脉冲进行 15 分频并输出连续方波。

【例 7-5】　汇编语言源程序清单。

```
MOV DPTR, #7F04H        ;定时器/计数器低位地址
MOV A, #0FH             ;计数常数
MOVX @DPTR, A           ;计数常数装入定时器/计数器低 8 位
MOV DPTR, #7F05H        ;定时器/计数器高位地址
MOV A, #40H             ;置定时器/计数器为连续方波输出
MOVX @DPTR, A           ;装入定时器/计数器高 8 位
MOV DPTR, #7F00H        ;命令寄存器地址
MOV A, #0C2H            ;设定命令字
MOVX @DPTR, A           ;写入命令寄存器
SJMP $
END
```

【例 7-6】　C 语言源程序清单。

```
#include<reg52.h>
#include <absacc.h>
#define uchar unsigned char
#define CADDR  0x7F00          //定义 8155 命令口地址
#define PORTA  0x7F01          //定义 8155PA 口地址
```

```
    #define PORTB  0x7F02              //定义 8155PB 口地址
    #define PORTC  0x7F03              //定义 8155PC 口地址
    #define TIMEL  0x7F04              //定义定时器低位地址
    #define TIMEH  0x7F05              //定义定时器高位地址

    void main( ){
        XBYTE[TIMEL]=0x0f;
        XBYTE[TIMEH]=0x40;
        XBYTE[CADDR]=0xc2;
        while(1);
    }
```

7.4 利用 I²C 总线进行系统扩展

I²C 总线是 PHILIPS 公司开发的一种简单、双向二线制同步串行总线，它只需要两根线（串行时钟线和串行数据线）即可在连接于总线上的器件之间传送信息。这种总线的主要特性如下：

- 总线只有两根线：串行时钟线和串行数据线。
- 每个连到总线上的器件都可由软件以唯一的地址寻址，并建立简单的主/从关系，主器件既可作为发送器，也可作为接收器。
- 它是一个真正的多主总线，带有竞争检测和仲裁电路，可使多主机任意同时发送，而不破坏总线上的数据。
- 同步时钟允许器件通过总线以不同的波特率进行通信。
- 同步时钟可以作为停止和重新启动串行口发送的握手方式。
- 连接到同一总线的集成电路数只受 400pF 的最大总线电容的限制。

I²C 总线极大地方便了系统设计者，无须设计总线接口，因为总线接口已经集成在片内了，从而使设计时间大为缩短，并且从系统中移去或增加集成电路芯片对总线上的其他集成电路芯片没有影响。I²C 总线的简单结构便于产品改型或升级，改型或升级时只须从总线上取消或增加相应的集成电路芯片即可。目前 PHILIPS 公司推出带 I²C 总线的单片机有 8XC550、8XC552、8XC652、8XC654、8XC751、8XC752 等，以及包括 LED 驱动器、LCD 驱动器、A/D、D/A 转换器、RAM、EPROM 及 I/O 接口等在内的上百种 I²C 接口电路芯片供应市场。对于原来没有 I²C 总线的单片机如 8031 等，可以使用 I²C 总线接口扩展器件 PCD8548 扩展出 I²C 总线接口，也可以采用软件模拟 I²C 总线时序，编写出 I²C 总线驱动程序。带有 I²C 总线接口的单片机通过相关特殊功能寄存器来完成 I²C 总线操作，没有 I²C 总线接口的单片机可以通过模拟 I²C 总线时序来完成总线运行操作。

I²C 总线接口的电气结构如图 7-19 所示，组成 I²C 总线的串行数据线 SDA 和串行时钟线 SCL 必须经过上拉电阻 Rp 接到正电源上，连接到总线上的器件的输出级必须为"开漏"或"开集"的形式，以便完成"线与"功能。SDA 和 SCL 都为双向 I/O 口线，总线空闲时皆为高电平。总线上数据传送最高速率可达 100kbit/s。

I²C 总线上可以实现多主双向同步数据传送，所有主器件都可发出同步时钟，但由于 SCL

接口的"线与"结构，一旦一个主器件时钟跳变为低电平，将使 SCL 线保持为低电平直至时钟达到高电平，因此 SCL 线上时钟低电平期间由各器件中时钟最长的低电平时间决定，而时钟高电平时间则由高电平时间最短的器件决定。为了使多主数据能够正确传送，I²C 总线中带有竞争检测和仲裁电路。总线竞争的仲裁及处理由内部硬件电路来完成。当两个主器件发送相同数据时不会出现总线竞争；当两个主器件发送不同数据时才出现总线竞争，其竞争过程如图 7-20 所示。当某一时刻主器件 1 发送高电平而主器件 2 发送低电平，此时由于 SDA 的"线与"作用，主器件 1 发送的高电平在 SDA 线上反映的是主器件 2 的低电平状态，这个低电平状态通过硬件系统反馈到数据寄存器中，与原有状态比较不同而退出竞争。

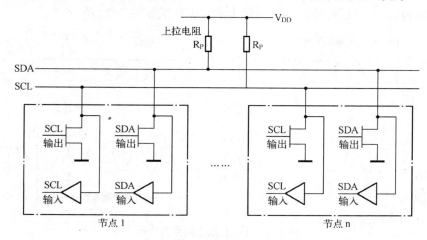

图 7-19　I²C 总线接口的电气结构

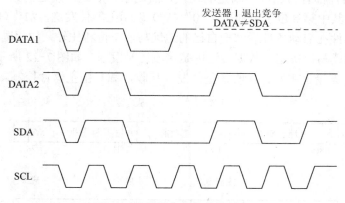

图 7-20　总线竞争的仲裁过程

I²C 总线可以构成多主数据传送系统，但只有带 CPU 的器件可以成为主器件。主器件发送时钟、启动位、数据工作方式，从器件则接收时钟及数据工作方式。接收或发送则根据数据的传送方向决定。I²C 总线上数据传送时的启动、结束和有效状态都由 SDA、SCL 的电平状态决定，在 I²C 总线规程中启动和停止条件规定如下：

● 启动条件：在 SCL 为高电平时，SDA 出现一个下降沿则启动 I²C 总线。
● 停止条件：在 SCL 为高电平时，SDA 出现一个上升沿则停止使用 I²C 总线。

除了启动和停止状态，在其余状态下，SCL 的高电平都对应于 SDA 的稳定数据状态。每一个被传送的数据位由 SDA 线上的高、低电平表示，对于每一个被传送的数据位，都在 SCL 线上产生一个时钟脉冲。在时钟脉冲为高电平期间，SDA 线上的数据必须稳定，否则被认为是控制信号。SDA 只能在时钟脉冲 SCL 为低电平期间改变。启动条件后总线为"忙"，在结束信号过后的一定时间总线被认为是"空闲"的。在启动和停止条件之间可转送的数据不受限制，但每个字节必须为 8 位。首先传送最高位，采用串行传送方式，但在每个字节之后必须跟一个响应位。主器件收发每个字节后产生一个时钟应答脉冲，在这期间，发送器必须保证 SDA 为高，由接收器将 SDA 拉低，称为应答信号（ACK）。主器件为接收器时，在接收了最后一个字节之后不发应答信号，也称为非应答信号（NOT ACK）。当从器件不能再接收另外的字节时也会出现这种情况。I²C 总线上的数据传送如图 7-21 所示。

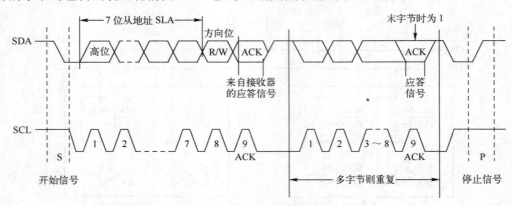

图 7-21　I²C 总线上的数据传送

总线中每个器件都有自己唯一确定的地址，启动条件后主机发送的第一个字节就是被读写的从器件地址，其中第 8 位为方向位，"0"（W）表示主器件发送，"1"（R）表示主器件接收。总线上每个器件在启动条件后都把自己的地址与前 7 位相比较，如相同，则器件被选中，产生应答，并根据读写位决定在数据传送中是接收还是发送。如图 7-22 所示为主器件发送和接收数据的过程，无论是主发、主收还是从发、从收，都是由主器件控制。

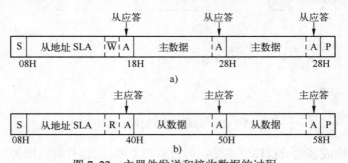

图 7-22　主器件发送和接收数据的过程

a) 主器件发送数据到从器件　b) 主器件接收从器件数据

在主发送方式下，由主器件先发出启动信号（S），接着发从器件的 7 位地址（SLA）和表明主器件发送的方向位"0"（W），即这个字节为 SLA+W。被寻址的从器件在收到这个字节后，返回一个应答信号（A），在确定主从握手应答正常后，主器件向从器件发送字节数据，从器件每收到一个字节数据后都要返回一个应答信号，直到全部数据都发送完为止。在主接收方式下，主器件先发出启动信号（S），接着发从器件的 7 位地址（SLA）和表明主器件接收的方向位"1"（R），即这个字节为 SLA+R。在发送完这个字节后，P1.6（SCL）继续输出时钟，通过 P1.7（SDA）接收从器件发来的串行数据。主器件每接收到一个字节后都要发送一个应答信号（A）。当全部数据都发送或接收完毕后，主器件应发出停止信号（P）。

典型的 I²C 总线应用系统结构如图 7-23 所示。I²C 总线上可挂接 n 个单片机应用系统及 m 个带 I²C 接口的器件，每个 I²C 接口作为一个节点，节点的数量和种类主要受总电容量和地址容量的限制。单片机节点可编程为主器件或从器件，而器件节点则只能编程为从器件。8XC552 单片机带有 I²C 接口，可以直接挂在 I²C 总线上，对于没有 I²C 接口的单片机，可通过 I²C 接口扩展芯片 PCD8584 扩展出 I²C 接口。I²C 总线系统中的单片机原有的并行接口和异步通信接口资源可不受 I²C 总线限制任意扩展，I²C 总线系统中的器件节点可构成各种标准功能模块。I²C 总线上所有节点都有约定的地址，以便实现可靠的数据传送。单片机节点可作为主器件或从器件，作为主器件时其地址无意义，作为从器件时其从地址在初始化程序中定位在 I²C 总线地址寄存器 S1ADR 的高 7 位中。器件节点的 7 位地址由两部分组成，完全由硬件确定。一部分为器件编号地址，由芯片厂家规定，另一部分为引脚编号地址，由引脚的高低电平决定。如 4 位 LED 驱动器 SAA1064 的地址为 01110A1A0，其中 01110 为器件编号地址，表明该器件为 LED 驱动器，A1、A0 为该器件的两个引脚，分别接高、低电平时可以有 4 片不同地址的 LED 驱动模块节点。256 个字节的 EEPROM 器件 PCF8582 的地址为 1010A2A1A0，它的器件编号地址为 1010，而地址引脚则有 3 个：A2、A1、A0，通过这 3 个引脚的不同电平设置，可连接 8 片不同地址的 EEPROM 芯片。芯片内地址则由主器件发送的第一个数据字节来选择。

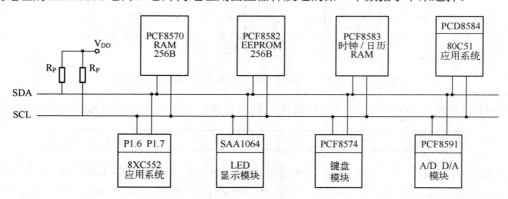

图 7-23　典型 I²C 总线应用系统结构

I²C 总线是一种串行通信总线，它与并行总线不同，并行总线中有地址总线，CPU 可通过地址总线来选择所需要器件的地址。I²C 总线只有一根数据线和一根时钟线，没有专门的地址线，而是利用数据传送中的头几个字节来传送地址信息。I²C 总线的寻址方式有主器件的节点寻址和通用呼叫寻址两种，具体实现方法是由主器件在发出启动位 S 后紧接着发送从器件的 7 位地址码，即 S+SLA，在节点地址寻址中 SLA 为被寻址的从节点地址，当 SLA 为全"0"时，即为通用呼叫地址。通用呼叫地址用于寻址接到 I²C 总线上的每个器件的地址，不需要从通用呼叫地址命令中获取数据的器件可以不响应通用呼叫地址。

下面给出一个采用普通 8051 单片机模拟 I²C 总线时序来扩展串行外部 EEPROM 存储器 24C02 的例子。24C02 是一种 I²C 接口 EEPROM 器件，它具有 256×8 位的存储容量，工作于从器件方式，每个字节可擦/写 100 万次，数据保存时间大于 40 年。写入时具有自动擦除功能，具有页写入功能，可一次写入 16 个字节。24C02 芯片采用 8 脚 DIP 封装，具有 V_{CC}、V_{SS} 电源引脚，SCL、SDA 通信引脚，A0、A1、A2 地址引脚和 WP 写保护引脚。WP 脚接 V_{CC} 时，禁止写入高位地址（100H~1FFH），WP 脚接 V_{SS} 时，允许写入任何地址。A1 和 A2 决定芯片的从机地址，可接 V_{CC} 或 V_{SS}，A0 不用，应接 V_{CC} 或 V_{SS}。图 7-24 所示为 24C02 与 8051 单片机接口的 Proteus 仿真电路。

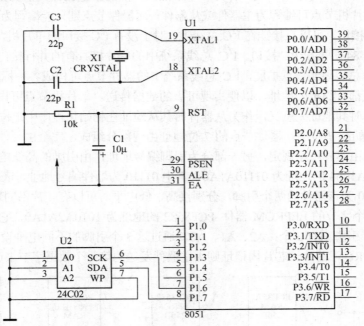

图 7-24　24C02 与 8051 单片机接口的 Proteus 仿真电路

8051 单片机与 24C02 之间进行数据传递时，首先传送器件的从地址 SLA，格式如下：

START	1	0	1	0	A2	A1	BA	R/W	ACK

START 为起始信号，1010 为 24C02 器件地址，A2 和 A1 由芯片的 A2、A1 引脚上的电平决定，这样可最多接入 4 片 24C02 芯片，BA 为块地址（每块 256B），R/W 决定是写入（0）还是读出(1)，ACK 为 24C02 给出的应答信号。在对 24C02 进行写入时，应先发出从机地址字节 SLAW（R/W 为 0），再发出字节地址 WORDADR 和写入的数据 data（可为 1~16B，写入结束后应发出停止信号。

通常对 EEPROM 器件写入时总需要一定的写入时间（5~10ms），因此在写入程序中无法连续写入多个数据字节。为了解决连续写入多个数据字节的问题，EEPROM 器件中常设有一定容量的页写入数据寄存器。用户一次写入 EEPROM 的数据字节不大于页写入字节数时，可按通常 RAM 的写入速度，将数据装入 EEPROM 的数据寄存器中，随后启动自动写入定时控制逻辑，经过 5~10ms 的时间，自动将数据寄存器中的数据同步写入 EEPROM 的指定单元。这样一来，只要一次写入的字节数不多于页写入容量，总线对 EEPROM 的操作可视为对静态 RAM 的操作，但要求下次数据写入操作在 5~10ms 之后进行。24C02 的页写入字节数为 16。对 24C02 进行页写入是指向其片内指定首地址（WORDADR）连续写入不多于 n 个字节数据的操作。n 为页写入字节数，m 为写入字节数，m≤n。页写入数据操作格式如下：

S	SLAW	A	WORDADR	A	data1	A	data2	A	......	datam	A	P

这种数据写入操作实际上就是 m+1 个字节的 I²C 总线进行主发送的数据操作。

对 24C02 写入数据时也可以按字节方式进行，即每次向其片内指定单元写入一个字节的数据，这种写入方式的可靠性高。字节写入数据操作格式如下：

S	SLAW	A	WORDADR	A	data	A	P

24C02 的读操作与通常的 SRAM 相同，但每读一个字节地址将自动加 1。24C02 有 3 种读操作方式，即现行地址读、指定地址读和序列读。现行地址读是指不给定片内地址的读操作，读出的是现行地址中的数据。现行地址是片内地址寄存器当前的内容，每完成一个字节的读操作，地址自动加 1，故现行地址是上次操作完成后的下一个地址。现行地址读操作时，应先发出从机地址字节 SLAR（R/W 为 1），接收到应答信号（ACK）后即开始接收来自 24C02 的数据字节，每接收到一个字节的数据都必须发出一个应答信号（ACK）。现行地址读的数据操作格式如下：

S	SLAR	A	data	A	P

指定地址读是指按指定的片内地址读出一个字节数据的操作。由于要写入片内指定地址，故应先发出从机地址字节 SLAW（R/W 为 0），再进行一个片内字节地址的写入操作，然后发出重复起始信号和从机地址 SLAR（R/W 为 1），开始接收来自 24C02 的数据字节。数据操作格式如下：

S	SLAW	A	WORDADR	A	S	SLAR	A	data	A	P

序列读操作是指连续读入 m 个字节数据的操作。序列读入字节的首地址可以是现行地址或指定地址，其数据操作可连在上述两种操作的 SLAR 发送之后。数据操作格式如下：

S	SLAR	A	data1	A	data2	......	datam	A	P

例 7-7 和例 7-8 分别为采用汇编语言和 C 语言编写的 I²C 接口应用程序。采用 8051 单片机的 P1.6 和 P1.7 作为 I²C 总线的 SCL 和 SDA，扩展一片 24C02 存储器，用软件模拟方式实现 I²C 总线操作时序，先向 24C02 内部从 00H 开始的字节中写入 16 个数据，然后再读取 24C02 并将读取的数据存入单片机片内单元。

【例 7-7】 汇编语言源程序清单。

```
ACK         BIT     10H         ;应答标志位
SLA         DATA    50H         ;器件地址字
SUBA        DATA    51H         ;器件子地址
NUMBYTE     DATA    52H         ;读/写字节数
SDA         BIT     P1.7
SCL         BIT     P1.6        ;I²C 总线定义
```

```
MTD         EQU      30H              ;发送数据缓存区首地址（30H～3FH）
MRD         EQU      40H              ;接收数据缓存区首地址（40H～4FH）
            ORG      0000H
            LJMP     MAIN             ;跳转到主程序
            ORG      0030H
```

```
;****************************************************************
;名称:IWRNBYTE 子程序
;描述:向器件指定子地址写 N 个数据
;入口参数:器件地址字 SLA，子地址 SUBA，发送数据缓冲区 MTD，发送字节数 NUMBYTE
;****************************************************************
IWRNBYTE:
            MOV      R3,NUMBYTE
            LCALL    START            ;启动总线
            MOV      A,SLA
            LCALL    WRBYTE           ;发送器件地址字
            LCALL    CACK
            JNB      ACK,RETWRN       ;无应答则退出
            MOV      A,SUBA           ;指定子地址
            LCALL    WRBYTE
            LCALL    CACK
            MOV      R1,#MTD
WRDA:       MOV      A,@R1
            LCALL    WRBYTE           ;开始写入数据
            LCALL    CACK
            JNB      ACK,IWRNBYTE
            INC      R1
            DJNZ     R3,WRDA          ;判断是否写完
RETWRN:     LCALL    STOP
            RET
```

```
;****************************************************************
;名称:IRDNBYTE 子程序
;描述:从器件指定子地址读取 N 个数据
;入口参数:器件地址字 SLA，子地址 SUBA，接收数据缓存区 MRD，接收字节数 NUMBYTE
;****************************************************************
IRDNBYTE:
            MOV      R3,NUMBYTE
            LCALL    START
            MOV      A,SLA
            LCALL    WRBYTE           ;发送器件地址字
            LCALL    CACK
            JNB      ACK,RETRDN
            MOV      A,SUBA           ;指定子地址
            LCALL    WRBYTE
            LCALL    CACK
            LCALL    START            ;重新启动总线
            MOV      A,SLA
```

```
                INC       A              ;准备进行读操作
                LCALL     WRBYTE
                LCALL     CACK
                JNB       ACK,IRDNBYTE
                MOV       R1,#MRD
RON1:           LCALL     RDBYTE         ;读操作开始
                MOV       @R1,A
                DJNZ      R3,SACK
                LCALL     MNACK          ;最后一字节发非应答位
RETRDN:         LCALL     STOP
                RET
SACK:           LCALL     MACK
                INC       R1
                SJMP      RON1
;****************************************************************
;
;名称:START 子程序
;描述:启动 I²C 总线子程序—发送 I²C 总线起始条件
;****************************************************************
;
START:          SETB      SDA            ;发送起始条件数据信号
                NOP                      ;起始条件建立时间大于 4.7μs
                SETB      SCL            ;发送起始条件的时钟信号
                NOP
                NOP
                NOP
        NOP                              ;起始条件锁定时间大于 4.7μs
                CLR       SDA            ;发送起始信号
                NOP
                NOP
                NOP
                NOP                      ;起始条件锁定时间大于 4.7μs
                CLR       SCL            ;钳住 I²C 总线，准备发送或接收数据
                NOP
                RET
;****************************************************************
;
;名称:STOP 子程序
;描述:停止 I²C 总线子程序—发送 I²C 总线停止条件
;****************************************************************
;
STOP:           CLR       SDA            ;发送停止条件的数据信号
                NOP
                NOP
                SETB      SCL            ;发送停止条件的时钟信号
                NOP
                NOP
                NOP
                NOP
```

182

```
                    NOP                    ;起始条件建立时间大于 4.7μs
                    SETB    SDA            ;发送 I²C 总线停止信号
                    NOP
                    NOP
                    NOP
                    NOP
                    NOP                    ;延迟时间大于 4.7μs
                    RET
;****************************************************************
;名称:MACK 子程序
;描述:发送应答信号子程序
;****************************************************************
MACK:               CLR     SDA            ;将 SDA 置 0
                    NOP
                    NOP
                    SETB    SCL
                    NOP
                    NOP
                    NOP
                    NOP
                    NOP                    ;保持数据时间大于 4.7μs
                    CLR     SCL
                    NOP
                    NOP
                    RET
;****************************************************************
;名称:MNACK 子程序
;描述:发送非应答信号子程序
;****************************************************************
MNACK:              SETB    SDA            ;将 SDA 置 1
                    NOP
                    NOP
                    SETB    SCL
                    NOP
                    NOP
                    NOP
                    NOP
                    NOP
                    CLR     SCL            ;保持数据时间大于 4.7us
                    NOP
                    NOP
                    RET
;****************************************************************
;名称:CACK 子程序
;描述:检查应答位子程序，返回值:ACK=1 时表示有应答
;****************************************************************
```

```
CACK:        SETB     SDA
             NOP
             NOP
             SETB     SCL
             CLR      ACK
             NOP
             NOP
             MOV      C,SDA
             JC       CEND
             SETB     ACK              ;判断应答位
CEND:        NOP
             CLR      SCL
             NOP
             RET
```
;**
;名称:WRBYTE 子程序
;描述:发送字节子程序，字节数据放入 ACC
;**
```
WRBYTE:      MOV      R0,#08H
WLP:         RLC      A                ;取数据位
             JC       WRI
             SJMP     WRO              ;判断数据位
WLP1:        DJNZ     R0,WLP
             NOP
             RET
WRI:         SETB     SDA              ;发送 1
             NOP
             SETB     SCL
             NOP
             NOP
             NOP
             NOP
             NOP
             CLR      SCL
             SJMP     WLP1
WRO:         CLR      SDA              ;发送 0
             NOP
             SETB     SCL
             NOP
             NOP
             NOP
             NOP
             NOP
             CLR      SCL
             SJMP     WLP1
```
;**
;

```
;名称:RDBYTE 子程序
;描述:读取字节子程序，读出的数据存放在 ACC
;**********************************************************************
;
RDBYTE:     MOV     R0,#08H
RLP: SETB   SDA
            NOP
            SETB    SCL                 ;时钟线为高，接收数据位
            NOP
            NOP
            MOV     C,SDA               ;读取数据位
            MOV     A,R2
            CLR     SCL                 ;将 SCL 拉低，时间大于 4.7μs
            RLC     A                   ;进行数据位的处理
            MOV     R2,A
            NOP
            NOP
            NOP
            DJNZ    R0,RLP              ;未够 8 位，继续读入
            RET
;主程序
MAIN:       MOV     R4,#0F0H            ;延时，等待其他芯片复位完成
            DJNZ    R4,$
;发送数据缓存区初始化，将 16 个连续字节分别赋值为 00H～0FH
            MOV     A,#00H
            MOV     R0,#30H
S1:         MOV     @R0,A
            INC     R0
            INC     A
            CJNE    R0,#40H,S1
;向 24C02C 中写数据，数据存放在 24C02C 中 30H 开始的 16 个字节中
            MOV     SLA,#0A0H           ;24C02C 地址字，写操作
            MOV     SUBA,#30H           ;24C02C 片内地址
            MOV     NUMBYTE,#16         ;字节数
            LCALL   IWRNBYTE            ;写数据
DELAY:      MOV     R5,#20
D1:         MOV     R6,#248
D2:         MOV     R7,#248
            DJNZ    R7,$
            DJNZ    R6,D2
            DJNZ    R5,D1
;从 24C02C 中读数据，数据送 AT89C51 中 40H 开始的 16 个字节中
            MOV     SLA,#0A0H           ;24C02C 地址字，伪写入操作
            MOV     SUBA,#30H           ;目标地址
            MOV     NUMBYTE,#16         ;字节数
```

```
        LCALL    IRDNBYTE              ;读数据
        SJMP     $
        END
```

【例 7-8】 C 语言源程序清单。

```
#include<reg52.h>
#include <stdio.h>
#define HIGH 1                                //全局符号定义
#define LOW 0
#define FALSE 0
#define TRUE ~FALSE
#define uchar unsigned char
#define uint   unsigned int
#define BLOCK_SIZE 16                          //读写块的大小

uchar EAROMImage[16]="Hello everybody!";       //定义写入数据
uchar transfer[16];                            //定义数据单元
uchar * point;
uchar WRITE,READ;
sbit SCL=P1^6;                                 //定义 I/O 端口
sbit SDA=P1^7;
```

```
/*************************** 延时函数 ***************************/
void delay(void){
    ;
}
```

```
/*************************** 5ms 延时函数 ***********************/
void wait_5ms(void){
    uint i;
    for(i=0;i<1000;i++)
    ;
}
```

```
/*************************** I²C 总线起始函数 ***********************/
void I_start(void){
    SCL=HIGH     ;delay( );
    SDA=LOW      ;delay( );
    SCL=LOW      ;delay( );
}
```

```
/*************************** I²C 总线停止函数 ***********************/
void I_stop(void){
```

```
        SDA=LOW          ;delay( );
        SCL=HIGH         ;delay( );
        SDA=HIGH         ;delay( );
        SCL=LOW          ;delay( );
}
```

/************************** I²C 总线初始化函数 *************************/
```
void I_init(void){
    SCL=LOW;
    I_stop( );
}
```

/************************** I²C 总线时钟函数 ****************************
功能: 提供 I²C 总线时钟, 返回时钟高电平期间的 SDA 状态, 可用于数据发送和接收。
**/
```
bit I_clock(void){
    bit sample;
    SCL=HIGH; delay( );
    sample=SDA;
    SCL=LOW;   delay( );
    return(sample);
}
```

/************************** 数据发送函数 ****************************
功能: 向 I²C 总线发送 8 位数据, 请求应答信号 ACK, 收到 ACK 则返回 1, 否则返回 0。
**/
```
bit I_send(uchar I_data){
    uchar i;
    for(i=0;i<8;i++){
        SDA=(bit)(I_data&0x80);      //取出最高位并送出至 SDA
        I_data=I_data<<1;            //左移 1 位
        I_clock( );
    }
    SDA=HIGH;
    return(~I_clock( ));
}
```

/************************** 数据接收函数 ****************************
功能: 从 I²C 总线接收 8 位数据, 不回送 ACK, 调用前应保证 SDA 处于高电平。
**/
```
uchar I_receive(void){
    uchar I_data=0;
    uchar i;
    SDA=HIGH;                        //必须先使 SDA 处于高电平
    for(i=0;i<8;i++){
```

```
            I_data*=2;
            if(I_clock( )) I_data++;
        }
        return(I_data);
    }
```

/*************************** 应答函数 ***************************
功能：向 I²C 总线发送应答信号 ACK，一般在连续读取时用。
***/

```
void I_Ack(void){
    SDA=LOW;
    I_clock( );
    SDA=HIGH;
}
```

/*************************** 地址写入函数 ***************************
功能：向 24C02 写入器件地址和一个指定的字节地址。
***/

```
bit E_address(uchar Address){
    I_start( );
    if(I_send(WRITE))
        return(I_send(Address));
    else
        return(FALSE);
}
```

/*************************** 数据读取函数 ***************************
功能：从 24C02 指定地址读取 BLOCK_SIZE 个字节数据并转存于 8051 片内 RAM 单元。
采用序列读方式连续读取数据。如果 24C02 不接受指定的地址则返回 0。
***/

```
bit E_read_block(uchar start){
    uchar i ;
    if ( E_address( start ) ){              //从指定地址 0 开始读取数据
        I_start( ) ;                        // 发送重复启动信号
        if ( I_send( READ ) ){
            for ( i=0 ; i<BLOCK_SIZE ; i++ ){
                transfer[i]=(I_receive( ));
                if ( i != BLOCK_SIZE )
                    I_Ack( );
                else{
                    I_clock( );
                    I_stop( );
                }
            }
        }
        return ( TRUE ) ;
    }
```

```
            else {
                  I_stop( ) ;
                  return ( FALSE ) ;
            }
      }
      else
            I_stop( ) ;
            return ( FALSE ) ;
}
```

```
/*************************** 数据写入函数 ****************************
功能：将数据写入 24C02 指定地址开始的 BLOCK_SIZE 个字节。
采用字节写方式，每次写入时都要指定片内地址。如果 24C02 不接受指定地址则返回 0。
*************************************************************************/
//24C02 的头 BLOCK_SIZE 个字节。
bit E_write_block(uchar start)          //start 为块写入首地址
{
      uchar i;                          //i 计数
      for (i=0;i<BLOCK_SIZE;i++)
      {
            if(E_address(i+start)&&I_send(EAROMImage[i]))      //i+start 为 IIC 中当前地址
            {
                  I_stop( );
                  wait_5ms( );
            }
            else
                  return(FALSE);
      }
      return(TRUE);
}
```

```
/*************************** 主函数 ****************************/
void main( ){
      bit g,gg;
      uchar add=0x50;                   //定义 24C02 片内地址
       WRITE = 0xA0;                    //定义 24C02 写入地址
       READ  = 0xA1;                    //定义 24C02 读取地址
      I_init( );                        //initial I²C
         g=E_write_block(add);          //向 24C02 写入数据
         gg=E_read_block(add);          //从 24C02 读取数据
      while(1);
}
```

7.5 8051 单片机的节电工作方式

8051 单片机提供了两种节电工作方式：空闲方式和掉电方式，以进一步降低系统的功耗。这种低功耗的工作方式特别适用于采用干电池供电或停电时依靠备用电源供电的单片机应用系统。CHMOS 型单片机的工作电源和后备电源加在同一个引脚 V_CC 上，而 HMOS 型单片机的后备电源加在 RST 引脚上。单片机正常工作时电流为 11～20mA，空闲状态时为 1.7～5mA，掉电状态时为 5～50μA。单片机节电工作方式的内部控制电路如图 7-25 所示。在空闲方式下，振荡器保持工作，时钟脉冲继续输出到中断、串行口、定时器等功能部件，使它们继续工作，但时钟脉冲不再送到 CPU，因而 CPU 停止工作。在掉电方式下，振荡器停止工作，单片机内部所有的功能部件全部停止工作。

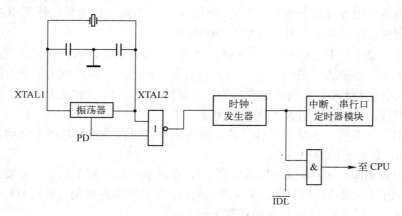

图 7-25 单片机节电工作方式的内部控制电路

单片机的节电工作方式是由特殊功能寄存器 PCON（地址为 87H）控制的，格式如下：

D7	D6	D5	D4	D3	D2	D1	D0
SMOD	\	\	\	GF1	GF0	PD	IDL

其中各位的意义如下：

SMOD 为串行口的波特率控制位，SMOD=1 时波特率加倍。

GF1、GF0 为通用标志位。由用户设定其标志意义。

PD 为掉电方式控制位。PD 置"1"后使器件立即进入掉电方式。

IDL 为空闲方式控制位。IDL 置"1"后使器件立即进入空闲方式，若 PD 和 IDL 同时置"1"，则使器件进入掉电工作方式。

7.5.1 空闲和掉电工作方式

当 CPU 执行一条置"1" PCON.0（IDL 位）的指令，就使它进入空闲工作方式，该指令应是 CPU 执行的最后一条指令，该指令执行完后，CPU 即停止工作，进入空闲方式。此时中断、串行口、定时器还继续工作，堆栈指针（SP）、程序计数器（PC）、程序状态字（PSW）、累加器（ACC）、片内 RAM 及其他特殊功能寄存器的内容保持不变，引脚保持进入空闲方式时的状态，ALE 和 PSEN 保持逻辑高电平。进入空闲方式以后，有两种方法使器件退出空闲方式：一是被允许的中断源请求中断时，由内部的硬件电路清"0" PCON.0 位，终止空闲工作方式，CPU 响应中断，执行中断服务程序，中断处理完以后，从激活空闲方式指令的下一条指令开始执行程序。

PCON 寄存器中的 GF0 和 GF1 可用来指示中断是发生在正常工作状态，还是发生在空闲工作状态。CPU 在置"1"PCON.0 位激活空闲方式的同时，可以先置"1"标志位 GF0 或 GF1，由于产生了中断而退出空闲方式时，CPU 在执行中断服务子程序中查询 GF0 或 GF1 的状态，便可以判别出在发生中断时 CPU 是否处于空闲状态。

退出空闲方式的另一种方法是硬件复位，因为空闲方式时振荡器仍然在工作，所以只需要两个机器周期便可完成复位。RST 引脚上的复位信号直接清"0" PCON.0 位，从而使器件退出空闲工作方式，CPU 从激活空闲方式指令的下一条指令开始执行程序。应用空闲方式时需要注意，激活空闲方式指令的下一条指令不能是对口的操作指令和对外部 RAM 的写入指令，以防止硬件复位过程中对外部 RAM 的误操作。

CPU 执行一条置"1"PCON.1（PD 位）的指令，就使器件进入掉电工作方式，该指令是 CPU 执行的最后一条指令，指令执行完后，便进入掉电方式，单片机内部所有的功能部件都停止工作，内部 RAM 和特殊功能寄存器的内容保持不变，I/O 引脚状态与相关特殊功能寄存器的内容相对应，ALE 和 $\overline{PSEN}$ 为逻辑低电平。

退出掉电方式的唯一方法是硬件复位，复位后单片机内部特殊功能寄存器的内容被初始化，PCON=0，从而退出掉电方式。

在掉电方式期间，V_{CC} 电源电压可降至 2V，单片机的功耗降至最小，需要注意的是：当 V_{CC} 恢复正常值时应维持足够长的时间（约 10ms），以保证振荡器起振并达到稳定，然后才能使器件退出掉电方式，CPU 重新开始正常工作。

7.5.2 节电方式的应用

在以干电池供电的单片机应用系统中，应尽可能地降低功耗，以延长电池的使用寿命。这时应尽可能选择 CMOS 器件，并在不影响功能指标的前提下降低时钟的频率，当然还可以利用 CHMOS 型单片机的节电工作方式。有些数据采集系统对于测量数据的采样具有一定的时间间隔，通常在这段时间间隔内让 CPU 处于空转方式（循环等待），实际上对于 CHMOS 型单片机可以用空闲方式来取代这种循环等待。在等待的时间间隔内激活 CPU 的空闲工作方式，当间隔时间到需要采样测量数据时，用一个外部中断使 CPU 退出空闲方式，在中断服务程序中完成对测量数据的采样，中断服务程序结束后又重新进入空闲方式。这样一来 CPU 处于断断续续的工作状态，从而达到节电的目的。以交流供电为主、以直流电池作为备用电源的系统，在停电时激活 CPU 的掉电工作方式，器件处于掉电状态时其功耗可以降到最小程度，当恢复交流供电时、由硬件电路产生一个复位信号，使 CPU 退出掉电方式、继续以正常方式工作。

图 7-26 所示为一个以交流供电为主同时带有后备电池的 8051 单片机数据采集系统的供电框图。当交流供电正常时，CPU 以断续方式采样测量数据。发生停电时，依靠备用电池向 8051 单片机和外部 RAM 供电，以维持外部 RAM 中的数据不发生丢失。用 8051 的 P1.0 来监测系统的供电是否正常，P1.0 为低电平说明交流供电正常；P1.0 为高电平则说明交流供电即将停电或已经停电，这时单片机进入掉电工作方式。电阻 R 和电容 C 组成交流上电复位电路，当交流电源恢复供电时，由电容 C 的充电过程向 8051 的 RST 引脚提供一个复位脉冲，使单片机退出掉电方式。

图 7-27 所示为该系统的工作程序框图。主程序完成对定时器 T0 的初始化，允许 T0 定时中断，然后置"1" PCON.0 位进入空闲工作方式。当 T0 定时时间到，产生一个中断使单

片机退出空闲方式，CPU 响应中断，执行中断服务子程序。在 T0 的中断服务子程序中，完成对测量数据的采样，同时检测 P1.0 的电平，若 P1.0=0，则恢复现场后返回，中断返回后又进入空闲工作方式。若 P1.0=1，则置"1" PCON.1 位，使单片机进入掉电工作方式。进入掉电以后，只有当交流供电恢复正常并经过一段时间（约 10ms）后，才能由上电复位电路提供一个硬件复位脉冲，使单片机退出掉电工作方式。

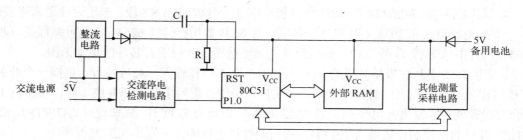

图 7-26　8051 单片机数据采集系统的供电框图

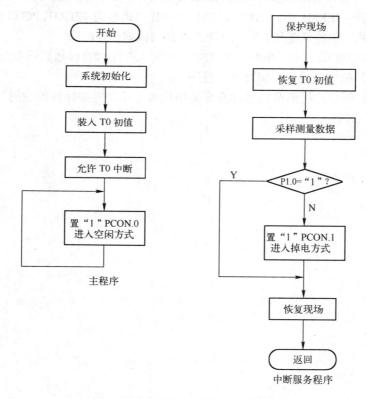

图 7-27　8051 节电工作方式程序框图

复习思考题

1. 8051 单片机、外部程序存储器和数据存储器共用 16 位地址线和 8 位数据线，为什么不会发生冲突？

2．试用一片 EPROM2764 和一片 RAM6264 组成一个既有程序存储器又有数据存储器的存储器扩展系统，画出硬件逻辑连接图，并说明各芯片的地址范围。

3．采用线选法在 8051 单片机外部扩展一片 8KB 数据存储器 6264、一片可编程接口芯片 8255、一片 D/A 转换芯片 0832，分别采用 P2.5、P2.6 和 P2.7 作为它们的片选信号，画出硬件逻辑连接图，并说明各芯片的地址范围。

4．利用译码器 74LS138 将 8051 单片机外部地址分成 8KB×8 段，画出硬件逻辑连接图。

5．采用译码法在 8051 单片机外部扩展一片 8KB 数据存储器 6264、一片可编程接口芯片 8255、一片 D/A 转换芯片 0832，画出硬件逻辑连接图，并说明各芯片的地址范围。

6．用 8255 芯片扩展单片机的 I/O 口，8255 的 A 口作输入，A 口的每一位接一个开关，用 B 口作为输出，输出口的每一位接一个发光二极管。现要求某个开关接 1 时，相应位上的发光二极管就亮（输出低电平 0）。设 8255 的 A 口地址为 7FFCH，B 口地址为 7FFDH，C 口地址为 7FFEH，控制口地址为 7FFFH，画出硬件原理电路图，写出相应的程序。

7．将第 6 题改为用 8155 芯片实现，设 8155 命令/状态寄存器地址为 7FF8H，片内 RAM 字节地址为 7E00H～7EFFH，PA 口地址为 7FF9H，PB 口地址为 7FFAH，PC 口地址为 7FFBH。

8．I^2C 总线的主要特征是什么？画出 I^2C 总线的数据传送时序。

9．如果希望向 24C02C 中从 80H 开始的字节中写入 32 个数据，然后读取数据并存入 8051 单片机内部 40H 开始的单元，试编写应用程序。

10．CHMOS 型单片机的节电运行方式是由什么特殊功能寄存器控制的？它有几种节电运行方式？应如何控制？

第8章 模/数与数/模转换接口技术

8.1 转换器的主要技术指标

模/数转换器（ADC）的主要技术指标如下：

1. 分辨率（Resolution）

分辨率反映转换器所能分辨的被测量最小值，通常用输出二进制代码的位数来表示。例如，分辨率为 8 位的 ADC，模拟电压的变化范围被分成 2^8-1 级（255 级），而分辨率为 10 位的 ADC，模拟电压的变化范围被分成 $2^{10}-1$ 级（1023 级）。因此，同样范围的模拟电压，用 10 位 ADC 所能测量的被测量最小值要比用 8 位 ADC 小得多。

2. 精度（precision）

精度是指转换结果相对于实际值的偏差，精度有两种表示方法：

1）绝对精度：用二进制最低位（LSB）的倍数来表示，如 $\pm(1/2)$LSB、±1LSB 等。

2）相对精度：用绝对精度除以满量程值的百分数来表示，如 $\pm0.05\%$ 等。

应当指出，分辨率与精度是两个不同的概念。同样分辨率的 ADC 其精度可能不同。例如，ADC0804 与 AD570，分辨率均为 8 位，但 ADC0804 的精度为 ±1LSB，而 AD570 的精度为 ±2LSB。因此，分辨率高但精度不一定高，而精度高则分辨率必然也高。

3. 量程（满刻度范围——FULL Scale Range）

量程是指输入模拟电压的变化范围。例如，某转换器具有 10V 的单极性范围或 $-5\sim+5$V 的双极性范围。则它们的量程都为 10V。应当指出，满刻度只是个名义值，实际上转换器的最大输出值总是比满刻度值小 $1/2^n$，n 为转换器的位数。这是因为模拟量的 0 值是 2^n 个转换状态中的一个，在 0 值以上只有 2^n-1 个梯级。但按通常习惯，转换器的模拟量范围总是用满刻度表示。例如，12 位的 ADC，其满刻度值为 10V，而实际的最大输出值为

$$10-10\times\frac{1}{2^{12}}=10\times\frac{4095}{4096}=9.9976\text{V}$$

4. 线性度误差（Linerarity Error）

理想的转换器特性应该是线性的，即模拟量输入与数字量输出呈线性关系。线性度误差是指转换器实际的模拟数字转换关系与理想的直线关系不同而出现的误差，通常用多少 LSB 表示。

5. 转换时间（Conversion Time）

从发出启动转换开始直至获得稳定的二进代码所需的时间称为转换时间，转换时间与转换器工作原理及其位数有关，同种工作原理的转换器，通常位数越多，其转换时间越长。

数/模转换器（DAC）的主要技术指标与模/数转换器（ADC）基本相同，只是转换时间

的概念略有不同，DAC 的转换时间又叫建立时间，它是指当输入的二进制代码从最小值突然跳变至最大值时，其模拟输出电压相应的满度跳跃并达到稳定所需的时间。一般而言，DAC 的转换时间比 ADC 要短得多。

8.2　数/模转换器接口技术

数/模转换器（Digital-Analog Converter，DAC）的功能是将数字量转换为与其成比例的模拟电压或电流信号，输出到仪表外部进行各种控制。本节主要介绍 DAC 芯片的使用方法及其与单片机的接口技术。DAC 芯片种类繁多，有通用廉价的 DAC 芯片，也有高速高精度及高分辨率的 DAC 芯片，表 8-1 列出了几种常用 DAC 芯片的特点及性能。

表 8-1　几种常用 DAC 芯片的特点及性能

DAC 芯片	位数	建立时间（转换时间）/ns	非线性误差/%	工作电压/V	基准电压/V	功耗/mW	与 TTL 兼容
DAC0832	8	1000	0.2~0.05	+5~+15	−10~+10	20	是
AD7524	8	500	0.1	+5~+15	−10~+10	20	是
AD7520	10	500	0.2~0.05	+5~+15	−25~+25	20	是
AD561	10	250	0.05~0.025	Vcc+5~+16 Vee−10~−16	/	正电源 8~10 负电源 12~14	是
AD7521	12	500	0.2~0.05	+5~+15	−25~+25	20	是
DAC1210	12	1000	0.05	+5~+15	−10~+10	20	是

各种类型的 DAC 芯片都具有数字量输入端和模拟量输出端及基准电压端。数字输入端有以下几种类型：

① 无数据锁存器。

② 带单数据锁存器。

③ 带双数据锁存器。

④ 可接收串行数字输入。

第 1 种在与单片机接口时，要外加锁存器。第 2 种和第 3 种可直接与单片机接口。第 4 种与单片机接口十分简单，接收数据较慢，适用于远距离现场控制的场合。模拟量输出有两种方式：电压输出及电流输出。电压输出的 DAC 芯片相当于一个电压源，其内阻很小，选用这种芯片时，与它匹配的负载电阻应较大。电流输出的芯片相当于电流源，其内阻较大，选用这种芯片时，负载电阻不可太大。

在实际应用中，常选用电流输出的 DAC 芯片实现电压输出，如图 8-1 所示。图 8-1a 为反相输出，输出电压为 $V_{OUT} = -iR$，图 8-1b 为同相输出，输出电压为 $V_{OUT} = -iR\left(1 + \dfrac{R_2}{R_1}\right)$。

上述两种电路均是单极性输出，如 0~+5V、0~+10V。在实际应用中有时需要双极性输出，如±5V、±10V，这时可采用如图 8-1c 所示的电路。图中，$R_3 = R_4 = 2R_2$，输出电压 V_{OUT} 与基准电压 V_{REF} 及第一级运放 A_1 输出电压 V_1 的关系是 $V_{OUT} = -(2V_1 + V_{REF})$，$V_{REF}$ 通常就是芯片的电源电压或基准电压，其极性可正可负。

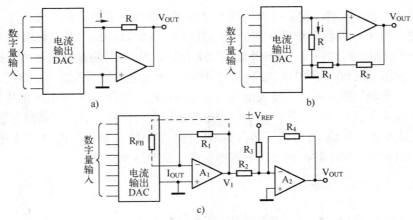

图 8-1 将电流型 DAC 芯片连接成电压输出方式

a) 反相输出 b) 同相输出 c) 双极性输出

8.2.1 无内部锁存器的 DAC 接口方法

无内部数据锁存器的 DAC 芯片，尤其是分辨率高于 8 位的 DAC 芯片，在设计与 8 位单片机接口时，要外加数据锁存器。图 8-2 所示是一种 10 位 DAC 的接口电路。在 10 位 DAC 芯片与 8 位单片机之间接入两个锁存器，锁存器 A 锁存 10 位数据中的低 8 位，锁存器 B 锁存高 2 位。单片机分两次输出数据，先输出低 8 位数据到锁存器 A，后输出高 2 位数据到锁存器 B。设锁存器 A 和锁存器 B 的地址分别为 002CH 和 002DH，则执行下列指令后完成一次 D/A 转换：

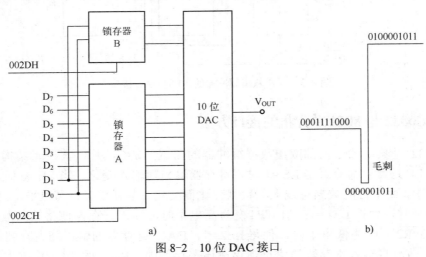

图 8-2 10 位 DAC 接口

a) 单缓冲结构 b) 毛刺

```
MOV     DPTR，#002CH
MOV     A，#DATA8
MOVX    @DPTR，A          ;输出低 8 位
INC     DPTR
MOV     A，#DATA2
MOVX    @DPTR，A          ;输出高 2 位
```

这种接口存在一个问题，就是在输出低 8 位数据和高 2 位数据之间，会产生"毛刺"现象，如图 8-2b 所示。假设两个锁存器原来的数据为 0001111000，现在要求转换的数据为 0100001011，新数据分两次输出，第一次输出低 8 位，这时 DAC 将把新的 8 位数据的与原来数据的高 2 位一起组成 0000001011 转换成输出电压，而该电压是不需要的，即所谓"毛刺"。

避免产生"毛刺"的方法之一是采用双组缓冲器结构，如图 8-3 所示。单片机先把低 8 位数据选通输入锁存器 1 中，然后将高 2 位数据选通输入锁存器 3 中，并同时选通锁存器 2，使锁存器 2 与锁存器 3 组成 10 位锁存器向 DAC 同时送入 10 位数据，由 DAC 转换成输出电压。当地址如图 8-3 中所示时，执行以下程序完成一次 D/A 转换：

```
MOV     DPTR，#6000H
MOV     A，#DATA8
MOVX    @DPTR，A        ;输出低 8 位数据
INC     DPTR
MOV     A，#DATA2
MOVX    @DPTR，A        ;输出高 2 位数据,并同时输出 10 位数据
```

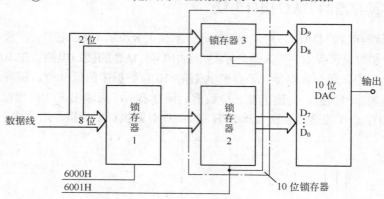

图 8-3　采用双组缓冲器的 10 位 DAC 接口

8.2.2　DAC0832 与 8051 单片机的接口方法

DAC0832 是典型的带内部双缓数据缓冲器的 8 位 D/A 芯片，其逻辑结构如图 8-4 所示。图中 $\overline{LE}$ 是寄存命令，当 $\overline{LE}$ =1 时，寄存器输出随输入变化，当 $\overline{LE}$ =0 时，数据锁存在寄存器中，而不再随数据总线上的数据变化而变化。当 ILE 端为高电平，$\overline{CS}$ 与 $\overline{WR1}$ 同时为低电平时，使得 $\overline{LE1}$ =1；当 $\overline{WR1}$ 变为高电平时，输入寄存器便将输入数据锁存。当 $\overline{XFER}$ 与 $\overline{WR2}$ 同时为低电平时，使得 $\overline{LE2}$ =1，DAC 寄存器的输出随寄存器的输入变化，$\overline{WR2}$ 上升沿将输入寄存器的信息锁存在该寄存器中。R_{FB} 为外部运算放大器提供的反馈电阻。V_{REF} 端是由外电路为芯片提供一个+10～−10V 的基准电源。I_{out1} 和 I_{out2} 是电流输出端，两者之和为常数。

图 8-5 所示为 DAC0832 与 8051 单片机组成的 D/A 转换接口 Proteus 仿真电路，其中 DAC0832 工作于单缓冲器方式，它的 ILE 接+5V，$\overline{CS}$ 和 $\overline{XFER}$ 相连后由 8051 的 P2.7 控制，$\overline{WR1}$ 和 $\overline{WR2}$ 相连后由 8051 的 $\overline{WR}$ 控制。例 8-1 和例 8-2 分别为采用汇编语言和采用 C 语言编写的驱动程序，程序执行后 DAC 将产生输出电压驱动直流电动机运转，通过"加速"和"减

速"按键调节 DAC 输出不同电压，导致直流电动机以不同速度运转。

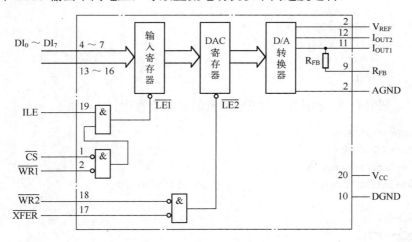

图 8-4　DAC0832 逻辑框图

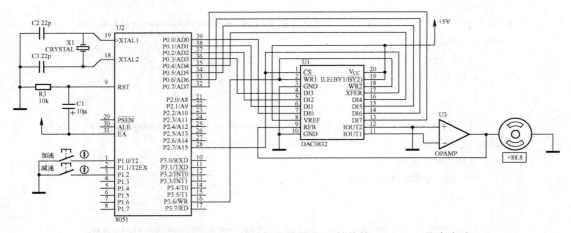

图 8-5　DAC0832 与 8051 单片机组成的 D/A 转换接口 Proteus 仿真电路

【例 8-1】　利用 DAC 输出驱动直流电机的汇编语言程序。

```
        ORG 0000H
START:  LJMP MAIN
        ORG 0030H
MAIN:   MOV DPTR,#7FFFH
        MOV A,#20H
LOOP:   MOVX @DPTR,A
        JNB P1.0,INCD        ;判加速键按下否
        JNB P1.2,DECD        ;判减速键按下否
        SJMP LOOP
INCD:   ADD A,#20H           ;加速处理
        CJNE A,#0E0H,LOOP
        MOV  A,#0E0H
        SJMP LOOP
```

```
DECD:     CLR   C                          ;减速处理
          SUBB A,#20H
          CJNE A,#00H,LOOP
          MOV A,#20H
          SJMP LOOP
          END
```

【例 8-2】 利用 DAC 输出驱动直流电动机的 C 语言程序。

```
#include <reg52.h>
#include <absacc.h>
#define uchar unsigned char
#define DAC0832 0x7fff                //定义 DAC0832 地址

sbit K1=P1^0;                         //定义按键
sbit K2=P1^2;
uchar Dval=0x3f;

/************************* 加速处理函数 *************************/
void INCDAC( ){
     Dval=Dval+0x20;
     if(Dval>=0xE0) Dval=0xE0;
     }

/************************* 减速处理函数 *************************/
void DECDAC( ){
     Dval=Dval-0x20;
     if(Dval==0x00) Dval=0x20;
     }

/************************* 主函数 *************************/
main( ){
     while(1){
          XBYTE[DAC0832]=Dval;        //启动 DAC0832
          if(K1==0) INCDAC( );        //判加速键按下否
          if(K2==0) DECDAC( );        //判减速键按下否
     }
}
```

图 8-6 所示为具有两路模拟量输出的 DAC0832 与 8051 单片机的接口。两片 DAC0832 工作于双缓冲器方式，以实现两路同步输出。图中，两片 DAC0832 的 $\overline{CS}$ 分别连到 8051 的 P2.0 和 $\overline{P2.0}$，两片 DAC0832 的 $\overline{XFER}$ 都连到 P2.7，两片 $\overline{WR1}$ 和 $\overline{WR2}$ 都连到 $\overline{WR}$，这样两片 DAC0832 的数据输入锁存器分别被编址为 0FEFFH 和 0FFFFH，而它们的 DAC 寄存器地址都是 7FFFH。下面例 8-3 和例 8-4 分别是采用汇编语言和 C 语言编写的驱动程序，执行后可以同时使两路 DAC 产生不同输出电压驱动直流电动机，还可以利用这两路模拟量输出分别控制 CRT 显示器的 x、y 偏转，实现特殊要求的显示。

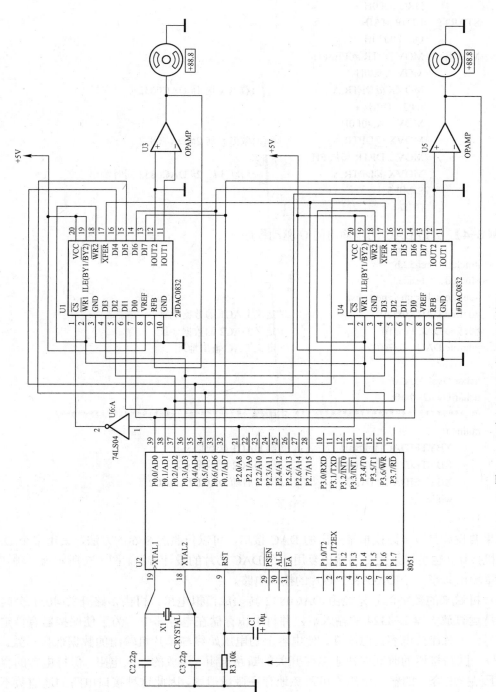

图 8-6 二路 DAC0832 与 8051 的接口

【例 8-3】 2 路 DAC 同步输出的汇编语言驱动程序。

```
            ORG 0000H
START:      LJMP MAIN
            ORG 0030H
MAIN:       MOV DPTR,#0FEFFH
            MOV A,#20H
            MOVX @DPTR,A              ;数据 x 送 1# DAC0832
            INC  DPH
            MOV  A,#0F0H
            MOVX @DPTR,A              ;数据 y 送 2# DAC0832
            MOV  DPTR,#7FFFH
            MOVX @DPTR,A              ;启动 1#、2# DAC0832 同时输出
            SJMP $
            END
```

【例 8-4】 2 路 DAC 同步输出的 C 驱动程序。

```c
#include <reg52.h>
#include <absacc.h>
#define uchar unsigned char
#define DAC1 0xfeff               //定义 DAC1 的数据地址
#define DAC2 0xffff               //定义 DAC2 的数据地址
#define DAC  0x7fff               //定义 DAC 输出地址

uchar Dval1=0x20;
uchar Dval2=0xf0;
/*************************** 主函数 ***************************/
main( ){
     XBYTE[DAC1]=Dval1;           //给 DAC1 送数据 x
     XBYTE[DAC2]=Dval2;           //给 DAC2 送数据 y
     XBYTE[DAC]=Dval2;            //同时启动 DAC1 和 DAC2
     while(1);
}
```

　　如果要设计具有多路模拟量输出的 DAC 接口，可以仿照图 8-6 的方法，采用多个 DAC 与单片机接口，也可以采用多路输出复用一个 DAC 芯片的设计方法。图 8-7 所示为一种 4 通道模拟量输出共享一个 DAC0832 芯片的接口电路。

　　单片机送来的数字信号先经由 DAC0832 转换成模拟电压，再由多路开关 4051 分时地加至保持运算放大器 LM324 的输入端，并将电压存储在电容器中。为了使保持器有稳定的输出信号，应对保持电容定时刷新，使电容上的电压始终与单片机输出的数据保持一致。刷新时，每一回路接通的时间取决于多路开关的断路电阻、运放的输入电阻、保持电容的容量等。由于保持电容上的输入电压不可避免地存在微量泄漏，因此这种接口电路的通道数不宜太多。将模拟电压输出数据存放在片内 RAM 的 40H～43H 单元中。例 8-5 和例 8-6 分别是采用汇编语言和 C 语言编写的驱动程序，执行后可完成 4 通道 D/A 转换，分别输出 4 路不同电压，驱动 4 台电动机以不同速度旋转。

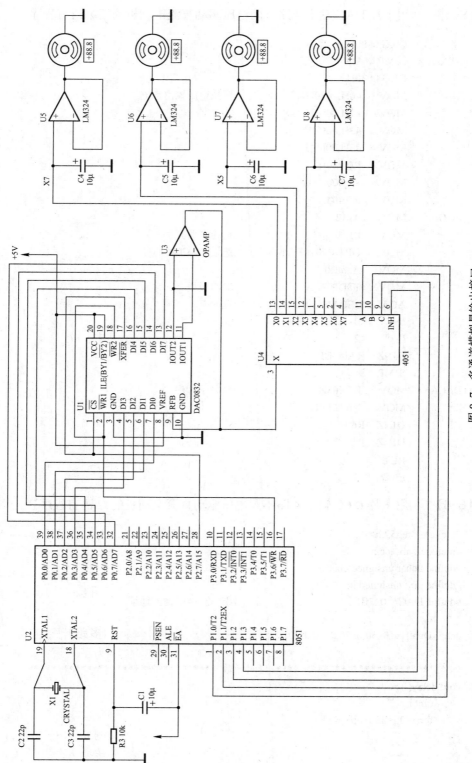

图 8-7 多通道模拟量输出接口

【例8-5】 利用 1 片 DAC 输出 4 路不同电压驱动直流电动机的汇编语言程序。

```
            ORG  0000H
START:      LJMP MAIN
            ORG  0030H
MAIN:       MOV   40H,#050H          ;模拟电压输出数据
            MOV   41H,#080H
            MOV   42H,#0C0H
            MOV   43H,#0F0H
            MOV   R0,#40H
            MOV   R2,#00H
            MOV   R7,#04H
LOOP:       MOV   A,R2
            MOV   P1,A               ;选通多路开关
            MOV   DPTR,#07FFFH       ;选通 DAC0832
            MOV   A,@R0
            MOVX  @DPTR,A            ;输出数据
            ACALL DELAY              ;延时
            INC   R0
            INC   R2
            DJNZ  R7,LOOP
            SJMP  $
DELAY:      MOV   R5,#03H            ;延时子程序
l2:         MOV   R6,#0FFH
L1:         DJNZ  R6,l1
            DJNZ  R5,L2
            RET
            END
```

【例8-6】 利用 1 片 DAC 输出 4 路不同电压驱动直流电动机的 C 语言程序。

```
#include <reg52.h>
#include <absacc.h>
#define uchar unsigned char
#define uint unsigned int
#define DAC   0x7fff                 //定义 DAC 输出地址

uchar Dval[]={0x50,0x80,0xc0,0xf0};

/*********************** 延时函数 ***************************/
void delay( ){
    uint i;
    for(i=0;i<35000;i++);
}

/*********************** 主函数 ***************************/
```

```
main( ){
    uchar *ptr,j,DP;
    while(1){
        ptr=Dval; DP=0x00;
        for(j=0;j<4;j++){                //4 个通道
            P1=DP;                       //选通多路开关
            XBYTE[DAC]=*ptr;             //启动 DAC
            delay( );
            ptr++;DP++;
        }
    }
}
```

8.2.3　DAC1208 与 8051 单片机的接口方法

　　DAC0832 是 8 位分辨率的 D/A 芯片，它与 8 位单片机接口容易，但有时会显得分辨率不够。下面介绍一种带内部锁存器的 12 位分辨率 DAC 芯片 DAC1208。图 8-8 所示为 DAC1208 的逻辑结构框图。

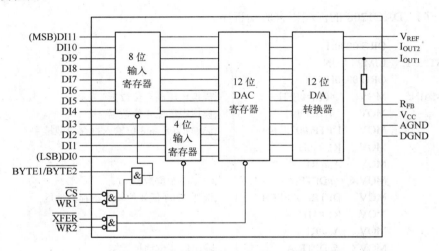

图 8-8　DAC1208 的逻辑结构框图

　　与 DAC0832 相似，DAC1208 也是双缓冲器结构，输入控制线与 DAC0832 也很相似，$\overline{CS}$ 和 $\overline{WR1}$ 用来控制输入寄存器，$\overline{XFER}$ 和 $\overline{WR2}$ 用来控制 DAC 寄存器，但增加了一条控制线 BYTE1/$\overline{BYTE2}$，用来区分输入 8 位寄存器和 4 位寄存器，当 BYTE1/$\overline{BYTE2}$ =1 时，两个寄存器都被选中，BYTE1/$\overline{BYTE2}$ =0 时，只选中 4 位输入寄存器。DAC1208 与 8051 单片机的接口示于图 8-9。DAC1208 的 $\overline{CS}$ 端接 8051 的 P2.7，DAC1208 的 BYTE1/$\overline{BYTE2}$ 端接 8051 的 P2.0，因此 DAC1208 的 8 位输入寄存器地址为 7FFFH，4 位输入寄存器地址为 7EFFH；8051 的 P2.7 反向后接 DAC1208 的 $\overline{XFER}$ 端，因此 DAC1208 的 DAC 寄存器地址为 FFFFH。DAC1208 采用双缓冲器工作方式，送数时应先送高 8 位数据 DI11～DI4，再送低 4 位数据 DI3～DI0，送完 12 位数据后再打开 DAC 寄存器，设 12 位数据存放在内部 RAM 区的 40H 和 41H 单元中，高 8 位存于 40H，低 4 位存于 41H。例 8-7 和例 8-8 分别是采用汇编语言和 C 语言编写的驱动

程序，执行后可完成一次 12 位 D/A 转换，并利用 DAC1208 输出电压驱动直流电动机。

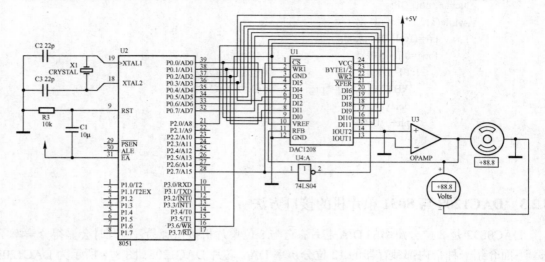

图 8-9   DAC1208 与单片机 8051 接口

【例 8-7】 DAC1208 的汇编语言驱动程序。

```
                ORG 0000H
START:      LJMP MAIN
                ORG 0030H
MAIN:       MOV      40H,#0FFH          ;模拟电压高 8 位数据
                MOV      41H,#0FH           ;模拟电压低 4 位数据
                MOV      DPTR,#07FFFH      ;选通 1208 高 8 位输入寄存器地址
                MOV      R1,#40H
                MOV      A,@R1
                MOVX   @DPTR,A              ;输出高 8 位数据
                MOV      DPTR,#07EFFH      ;选通 1208 低 4 位输入寄存器地址
                MOV      R1,#41H
                MOV      A,@R1
                MOVX   @DPTR,A              ;输出低 4 位地址数据
                MOV      DPTR,#0FFFFH     ;选通 1208DAC 寄存器地址
                MOVX   @DPTR,A              ;完成 12 位 D/A 转换
                SJMP    $
                END
```

【例 8-8】 DAC1208 的 C 语言驱动程序。

```
#include <reg52.h>
#include <absacc.h>
#define DAC8    0x7fff                        //定义 1208 高 8 位输入寄存器地址
#define DAC4    0x7eff                        //定义 1208 低 4 位输入寄存器地址
#define DAC      0xffff                        //定义 1208DAC 寄存器地址
```

/*************************** 主函数 ***************************/

```
main( ){
    XBYTE[DAC8]=0xff;                //输出高 8 位数据
    XBYTE[DAC4]=0x0f;                //输出低 8 位数据
    XBYTE[DAC]=0x0f;                 //启动 12 位 D/A 转换
    while(1);
}
```

8.2.4 串行 DAC 与 8051 单片机的接口方法

前面介绍了并行 DAC 芯片的接口方法，通常并行 DAC 转换时间短，反应速度快，但芯片引脚多，体积较大，与单片机的接口电路较复杂。因此，在一些对 DAC 转换时间不是具有太高要求的场合，可以选用串行 DAC 芯片，其转换时间虽然比并行 DAC 稍长，但芯片引脚少，与单片机的接口电路简单，而且体积小，价格低。下面介绍一种具有 I²C 总线的串行 DAC 芯片 MAX517 及其与 8051 单片机的接口方法。

美国 MAXIM 公司推出的 I²C 串行 DAC 芯片 MAX517 为 8 位电压输出型数/模转换器，采用单独的+5V 电源供电，与标准 I²C 总线兼容，具有高达 400kbit/s 的通信速率。基准输入可为双极性，输出放大为双极性工作方式，8 引脚 DIP 封装。图 8-10 所示为 MAX517 的逻辑结构和引脚分配图。各引脚的具体说明如下：

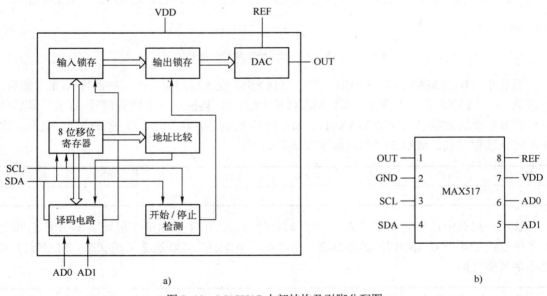

图 8-10   MAX517 内部结构及引脚分配图

a) MAX517 内部结构框图   b) MAX517 引脚分配

1 脚（OUT）：D/A 转换输出端。

2 脚（GND）：接地。

3 脚（SCL）：串行时钟线。

4 脚（SDA）：串行数据线。

5、6 脚（AD1，AD0）：用于选择 D/A 转换通道，由于 MAX517 只有一个通道，所以使用时这两个引脚通常接地。

7 脚（VDD）：+5V 电源。

8 脚（REF）：基准电压输入。

MAX517 采用 I²C 串行总线，大大简化了与单片机的接口电路设计。I²C 总线通常由两根线构成：串行数据线 SDA 和串行时钟线 SCL。总线上所有的器件都可以通过软件寻址，并保持简单的主从关系，其中主器件既可以作为发送器，又可以作为接收器。I²C 总线是一个真正的多主总线，它带有竞争监测和仲裁电路。当多个主器件同时启动设备时，总线系统会自动进行冲突监测及仲裁，从而确保了数据的正确性。I²C 总线采用 8 位、双向串行数据传送方式，标准传送速率为 100kbit/s，快速方式下可达 400kbit/s；同步时钟可以作为停止或重新启动串行口发送的握手方式；连接到同一总线的集成电路数目只受 400pF 的最大总线电容限制。MAX517 一次完整地串行数据传输时序如图 8-11 所示。

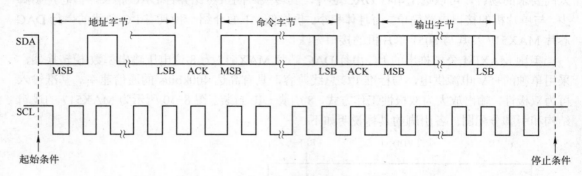

图 8-11　MAX517 一次完整的串行数据传输时序

首先单片机给 MAX517 一个地址字节，MAX517 收到后回送一个应答信号 ACK。然后，单片机再给 MAX517 一个命令字节，MAX517 收到后，再回送一个应答信号 ACK。最后单片机将要转换的数据字节送给 MAX517，MAX517 收到后，再回送一个应答信号。至此一次 D/A 转换过程完成。MAX517 的地址字节格式如下：

第 7 位	第 6 位	第 5 位	第 4 位	第 3 位	第 2 位	第 1 位	第 0 位
0	1	0	1	1	AD1	AD0	0

该字节格式中，最高 3 位 "010" 出厂时已经设定，第 4 位和第 3 位均取 1，I²C 总线上最多可以挂接 4 个 MAX517，具体是哪一个取决于 AD1 和 AD0 这 2 位的状态。MAX517 的命令字节格式如下：

第 7 位	第 6 位	第 5 位	第 4 位	第 3 位	第 2 位	第 1 位	第 0 位
R2	R1	R0	RST	PD	X	X	A0

在该字节格式中，R2、R1、R0 已预先设定为 0；RST 为复位位，该位为 1 时复位 MAX517 所有的寄存器；PD 为电源工作状态位，为 1 时，MAX517 工作在 4μA 的休眠模式，为 0 时，返回正常工作状态；A0 为地址位，对于 MAX517，该位应设置为 0。

图 8-12 所示为 MAX517 与 8051 单片机的接口电路。8051 单片机的 P3.0 和 P3.1 分别定义为 I²C 串行总线的 SCL 和 SDA 信号，采用 I/O 端口模拟方式实现 I²C 串行总线工作时序。例 8-9 和例 8-10 分别是采用汇编语言和 C 语言编写的 MAX517 驱动程序，执行后连续启动

MAX517 进行 D/A 转换，利用示波器可以看到 MAX517 输出电压的变化波形。

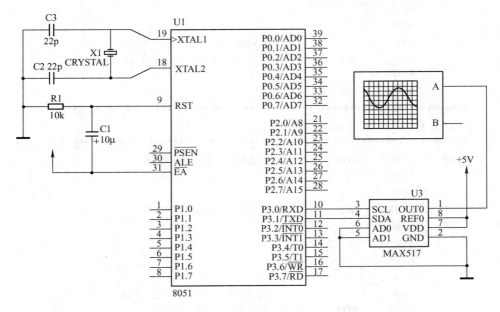

图 8-12　MAX517 与 8051 单片机的接口电路

【例 8-9】　串行 D/A 转换器 MAX517 汇编语言驱动程序。

```
ACK        BIT        10H                ;应答标志位
SLA        DATA       50H                ;器件地址字
SUBA       DATA       51H                ;器件子地址
NUMBYTE    DATA       52H                ;读/写字节数
SDA        BIT        P3.1
SCL        BIT        P3.0               ;I²C 总线定义
MTD        EQU        30H                ;发送数据缓存区首地址（30H～3FH）
MRD        EQU        40H                ;接收数据缓存区首地址（40H～4FH）
           ORG        0000H
           AJMP       MAIN
           ORG 0030H
;*******************************************************
;启动子程序，发送 I²C 总线起始条件
;*******************************************************
START:     SETB       SDA                ;发送起始条件数据信号
           NOP                           ;起始条件建立时间大于 4.7μs
           SETB       SCL                ;发送起始条件的时钟信号
           NOP
           NOP
           NOP
           NOP
           NOP                           ;起始条件锁定时间大于 4.7μs
           CLR        SDA                ;发送起始信号
```

```
        NOP
        NOP
        NOP
        NOP                     ;起始条件锁定时间大于 4.7μs
        CLR     SCL             ;钳住 I²C 总线,准备发送或接收数据
        NOP
        RET
;****************************************************************
; 停止子程序，送 I²C 总线停止条件
;****************************************************************
STOP:   CLR     SDA             ;发送停止条件的数据信号
        NOP
        NOP
        SETB    SCL             ;发送停止条件的时钟信号
        NOP
        NOP
        NOP
        NOP
        NOP                     ;起始条件建立时间大于 4.7μs
        SETB    SDA             ;发送 I²C 总线停止信号
        NOP
        NOP
        NOP
        NOP
        NOP                     ;延迟时间大于 4.7μs
        RET
;****************************************************************
;应答子程序，发送应答信号
;****************************************************************
MACK:   CLR     SDA             ;将 SDA 置 0
        NOP
        NOP
        SETB    SCL
        NOP
        NOP
        NOP
        NOP
        NOP                     ;保持数据时间,大于 4.7μs
        CLR     SCL
        NOP
        NOP
        RET
;****************************************************************
;非应答子程序，发送非应答信号
;****************************************************************
MNACK:  SETB    SDA             ;将 SDA 置 1
```

```
                NOP
                NOP
        SETB    SCL
                NOP
                NOP
                NOP
                NOP
                NOP
        CLR     SCL             ;保持数据时间，大于 4.7μs
                NOP
                NOP
        RET
```

;**
;检查应答位子程序，返回值 ACK=1 时表示有应答
;**

```
CACK:   SETB    SDA
                NOP
                NOP
        SETB    SCL
        CLR     ACK
                NOP
                NOP
        MOV     C,SDA
        JC      CEND
        SETB    ACK             ;判断应答位
CEND:   NOP
        CLR     SCL
                NOP
        RET
```

;**
;字节写入子程序，字节数据位写入 ACC
;**

```
WRBYTE: MOV     R0,#08H
WLP:    RLC     A               ;取数据位
        JC      WRI
        SJMP    WRO             ;判断数据位
WLP1:   DJNZ    R0,WLP
                NOP
        RET
WRI:    SETB    SDA             ;发送 1
                NOP
        SETB    SCL
                NOP
                NOP
                NOP
                NOP
```

```
                NOP
        CLR     SCL
        SJMP    WLP1
WRO:    CLR     SDA              ;发送 0
        NOP
        SETB    SCL
        NOP
        NOP
        NOP
        NOP
        NOP
        CLR     SCL
        SJMP    WLP1
;*********************************************************************
;启动 MAX517D/A 转换子程序，转换数据位于 40H 单元
;*********************************************************************
DAC517: LCALL   START
        MOV     A,#58H
        LCALL   WRBYTE
        LCALL   MNACK
        MOV     A,#0
        LCALL   WRBYTE
        LCALL   MNACK
        MOV     A,40H
        LCALL   WRBYTE
        LCALL   MNACK
        LCALL   STOP
        RET
;*********************************************************************
;主程序
;*********************************************************************
MAIN:   MOV     SP,#60H
        MOV     40H,#00H
LOOP:   LCALL   DAC517
        INC     40H
        SJMP    LOOP
        END
```

【例 8-10】 串行 D/A 转换器 MAX517C 语言驱动程序。

```
#include <reg52.h>
#include <intrins.h>
#define uchar unsigned char

sbit SDA = P3^1;                 // MAX517 串行数据
sbit SCL = P3^0;                 // MAX517 串行时钟
```

```
/***************************** 起始函数 *****************************/
void start(void){
    SDA = 1;
    SCL = 1;
    _nop_();
    SDA = 0;
    _nop_();
}

/***************************** 停止函数 *****************************/
void stop(void){
    SDA = 0;
    SCL = 1;
    _nop_();
    SDA = 1;
    _nop_();
}

/***************************** 应答函数 *****************************/
void ack(void){
    SDA = 0;
    _nop_();
    SCL = 1;
    _nop_();
    SCL = 0;
}

/******************** 发送数据函数，ch 为要发送的数据 *****************/
void send(uchar ch){
    uchar BitCounter = 8;            //位数控制
    uchar tmp;                       //中间变量控制
    do{
        tmp = ch;
        SCL = 0;
        if ((tmp&0x80)==0x80)        //如果最高位是 1
            SDA = 1;
        else
            SDA = 0;
        SCL = 1;
        tmp = ch<<1;                 //左移
        ch = tmp;
        BitCounter--;
    }
    while(BitCounter);
    SCL = 0;
}
```

```
/***************************** D/A 转换函数 *****************************/
void DACOut(uchar ch){
        start( );                          //发送启动信号
        send(0x58);                        //发送地址字节
        ack( );                            //应答
        send(0x00);                        //发送命令字节
        ack( );                            //应答
        send(ch);                          //发送数据字节
        ack( );                            //应答
        stop( );                           //结束一次转换
}

/***************************** 主函数 *****************************/
void main(void){
        while(1){
                uchar i;
                for (i=0;i<=255;i++){
                        DACOut(i);         //调用 DA 转换函数对数字 0～255 进行数/模转换
                }
        }
}
```

8.2.5　利用 DAC 接口实现波形发生器

利用 DAC 接口输出的模拟量（电压或电流）可以在许多场合得到应用。本节介绍 DAC
接口的一种应用——波形发生器，可以在 8051 单片机的控
制下，产生三角波、锯齿波、方波以及正弦波，各种波形
所采用的硬件接口都是一样的，由于控制程序不同而产生
不同的波形。采用图 8-5 所示硬件接口，DAC0832 的地址
为 7FFFH，工作于单缓冲器方式，执行一次对 DAC0832
的写入操作即可完成一次 D/A 转换。8051 单片机的累加器
A 从 0 开始循环增量，每增量一次向 DAC0832 写入一个数
据，得到一个输出电压，这样可以获得一个正向的阶梯波，
如图 8-13 所示。

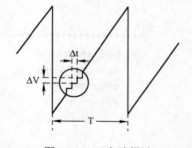

图 8-13　正向阶梯波

DAC0832 的分辨率为 8 位，如其满度电压为 5V，则一个阶梯的幅度为

$$\Delta V = \frac{5V}{2^8} = \frac{5V}{256} = 19.5 \text{mV}$$

程序如下：

```
        MOV     DPTR, #7FFFH        ;DAC0832 的口地址
ST:     MOV     A, #00H
LOOP:   MOVX    @DPTR, A            ;启动 D/A 转换
        INC     A                   ;累加器内容加 1
        AJMP    LOOP                ;连续输出波形
```

    程序从标号 LOOP 处执行到指令 AJMP LOOP 共需 5 个机器周期，若单片机采用 12MHz 的晶振，一个机器周期为 1μs，则每个阶梯的时间为 Δt=5×1μs=5μs，一个正向阶梯波的总时间为 T=255Δt=1275μs，即此阶梯波的重复频率为 F=1/T=784Hz。由此可见，由软件来产生波形，其频率是较低的。要想提高频率，可通过改进程序，减少执行时间，但这种方法是有限的，根本的办法是改进硬件电路。由图 8-13 可见，由于每一个阶梯波较小，总体看来就是一个锯齿波。如果要改变这种波形的周期，可采用延时的方法，程序如下：

```
            MOV     DPTR，#7FFFH        ;DAC0832 地址
    ST：     MOV     A，#00H
    LOOP：   MOVX    @DPTR，A            ;启动 D/A 转换
            ACALL   DELAY              ;延时
            INC     A
            AJMP    LOOP               ;连续输出波形
    DELAY： MOV     R4，#0FFH           ;延时子程序
    LOOP1： MOV     R5，#10H
    LOOP2： NOP
            DJNZ    R5，LOOP2
            DJNZ    R4，LOOP1
            RET
```

    在延时子程序中改变延时时间的长短，即可改变输出波形的周期。若要获得负向的锯齿波，只需将以上程序中的指令 INC A 换成指令 DEC A 即可，如果想获得任意起始电压和终止电压的波形，则需先确定起始电压和终止电压所对应的数字量。程序中首先从起始电压对应的数字量开始输出，当达到终止电压对应的数字量时返回，如此反复。如果将正向锯齿波与负向锯齿波组合起来就可以获得三角波，程序如下：

```
            MOV     DPTR，#7FFFH        ;DAC0832 地址
    TRI：    MOV     A，#00H
    UP：     MOVX    @DPTR，A            ;启动 D/A 转换
            INC     A                  ;上升沿
            CJNE    A，#0FFH，UP
    DOWN：  MOVX    @DPTR，A            ;启动 D/A 转换
            DEC     A                  ;下降沿
            CJNE    A，#00H，DOWN
            AJMP    UP                 ;连续输出波形
```

    方波信号也是波形发生器中常用的一种信号，下面的程序可以从 DAC 的输出端得到矩形波，当延时子程序 DELAY1 与 DELAY2 的延时时间相同时即为方波，改变延时时间可得到不同占空比的矩形波，上限电平及上限电平对应的数字量可用前面讲过的方法获得。

    程序如下：

```
            MOV     DPTR，#7FFFH        ;DAC0832 口地址
    SQ：     MOV     A，#LOW             ;取低电平数字量
            MOVX    @DPTR，A            ;DAC 输出低电平
            ACALL   DELAY1             ;延时 1
            MOV     A，#HIGH            ;取高电平数字量
```

```
        MOVX    @DPTR，A              ;DAC 输出高电平
        ACALL   DELAY2               ;延时 2
        AJMP    SQ                   ;连续输出波形
```

以上程序中未列出延时子程序，读者可仿照前面锯齿波中的延时子程序自己编写。输出矩形波的占空比为 $T_1/(T_1+T_2)$，输出波形如图 8-14 所示。改变延时值使 $T_1=T_2$ 即得到方波。

利用 DAC 接口实现正弦波发生器时，先要对正弦波形模拟电压进行离散化。如图 8-15 所示，对于一个正弦波取 N 等分离散点，按定义计算出对应于 1，2，3，…，N 各离散点的数据值 D_1，D_2，D_3，…，D_N 制成一个正弦表。因为正弦波在半周期内是以极值点为中心对称，而且正负波形为互补关系，故在制正弦表时只需进行 1/4 周期，即取 $0\sim\pi/2$ 之间的数值，步骤如下：

1）计算 $0\sim\pi/2$ 区间 N/4 个离散的正弦值。

2）根据对称关系，复制 $\pi/2\sim\pi$ 区间的值。

3）将 $0\sim\pi$ 区间各点根据求补即得 $\pi\sim2\pi$ 区间的各值。

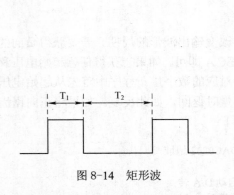

图 8-14　矩形波

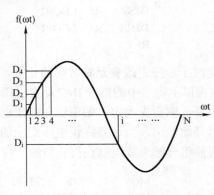

图 8-15　正弦波形的离散化

将得到的这些数据根据所用 DAC 的位数进行量化，得到相应的数字值，依次存入 RAM 中或固化于 EPROM 中，从而得到一个全周期的正弦编码表。

程序如下：

```
SIN:    MOV DPTR,#SINTAB            ;将正弦表数据写入内部 RAM 的 6DH～7FH 单元
        MOV R0,#6DH
LOOP:   CLR A
        MOVC A,@A+DPTR
        MOV @R0,A
        INC DPTR
        INC R0
        CJNE R0,#80H,LOOP
        MOV DPTR,#7FFFH            ;DAC0832 端口地址
        MOV R0,#6DH
LOOP1:  MOV A,@R0                  ;取得第一个 1/4 周期的数据
        MOVX @DPTR,A              ;送往 DAC0832
```

```
                INC R0
                CJNE R0,#7FH,LOOP1
LOOP2:          MOV A,@R0                 ;取得第二个 1/4 周期的数据
                MOVX @DPTR,A              ;送往 DAC0832
                DEC R0
                CJNE R0,#6DH,LOOP2
LOOP3:          MOV A,@R0                 ;取得第三个 1/4 周期的数据
                CPL A                     ;数据取反
                MOVX @DPTR,A              ;送往 DAC0832
                INC R0
                CJNE R0,#7FH,LOOP3
LOOP4:          MOV A,@R0                 ;取得第四个 1/4 周期的数据
                CPL A                     ;数据取反
                MOVX @DPTR,A              ;送往 DAC0832
                DEC R0
                CJNE R0,#6DH,LOOP4
                SJMP LOOP1                ;输出连续波形
SINTAB:         DB 7FH, 89H, 94H, 9FH, 0AAH, 0B4H, 0BEH, 0C8H, 0D1H, 0D9H
                DB 0E0H, 0E7H, 0EDH, 0F2H, 0F7H, 0FAH, 0FCH, 0FEH, 0FFH
```

图 8-16 所示为采用 DAC0832 实现的波形发生器电路。为了识别按键，对 8051 单片机的外部中断 INT0 进行了扩展。例 8-11 和例 8-12 分别是采用汇编语言和 C 语言编写的波形发生器驱动程序，执行后可通过不同按键产生阶梯波、三角波、方波和正弦波。

【例 8-11】 采用 DAC0832 实现的波形发生器汇编语言程序。

```
                ORG 0000H
START:          LJMP MAIN
                ORG 0003H                 ;外部中断 INT0 入口
                LJMP INSER
                ORG 0030H
MAIN:           MOV DPTR,#7FFFH           ;DAC0832 端口地址
                SETB EX0                  ;允许中断
                SETB IT0                  ;负边沿触发方式
                SETB EA                   ;开中断
HERE:           JB 20H.0,ST               ;阶梯波处理
                JB 20H.1,TRI              ;三角波处理
                JB 20H.2,SQ               ;方波处理
                JB 20H.3,SIN              ;正弦波处理
                SJMP HERE                 ;等待中断
INSER:          JNB P1.0, LL1             ;中断服务程序，查询按键
                SJMP L1
LL1:            MOV 20H,#00H              ;阶梯波键按下
                SETB 20H.0                ;设置阶梯波标志
                SJMP RT
L1:             JNB   P1.2, LL2
```

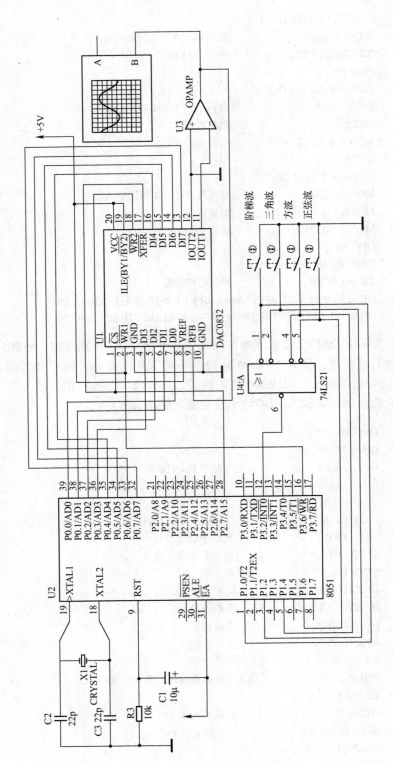

图 8-16 采用 DAC0832 实现波形发生器

```
                SJMP L2
LL2:            MOV 20H,#00H              ;三角波键按下
                SETB 20H.1               ;设置三角波标志
                SJMP RT
L2:             JNB P1.4, LL3
                SJMP L3
LL3:            MOV 20H,#00H              ;方波键按下
                SETB 20H.2               ;设置方波标志
                SJMP RT
L3:             JNB P1.6, LL4
                SJMP RT
LL4:            MOV 20H,#00H              ;正弦波键按下
                SETB 20H.3               ;设置正弦波标志
RT:             RETI                     ;中断返回
                …… ……                    ;波形程序略
                END
```

【例 8-12】 采用 DAC0832 实现的波形发生器 C 语言程序。

```c
#include <reg52.h>
#include <absacc.h>
#define uchar unsigned char
#define uint unsigned int
#define DAC    0x7fff                //定义 DAC 端口地址

uchar code SINTAB[]={0x7F, 0x89, 0x94, 0x9F, 0xAA, 0xB4, 0xBE, 0xC8, 0xD1, 0xD9,
                      0xE0, 0xE7, 0xED, 0xF2, 0xF7, 0xFA, 0xFC, 0xFE, 0xFF};
uchar bdata Tbase=0x20;
sbit KST=Tbase^0;          //阶梯波标志
sbit KTRI=Tbase^1;         //三角波标志
sbit KSQ=Tbase^2;          //方波标志
sbit KSIN=Tbase^3;         //正弦波标志
sbit K1=P1^0;              //K1 键
sbit K2=P1^2;              //K2 键
sbit K3=P1^4;              //K3 键
sbit K4=P1^6;              //K4 键

/*********************** 延时函数 ***************************/
void delay( ){
    uchar i;
    for(i=0;i<0xff;i++);
}

/*********************** 阶梯波函数 ***************************/
void st( ){
```

```
        uchar i=0;
        while(KST){
                XBYTE[DAC]=i++;                         //启动 DAC
        }
}
```

/*************************** 三角波函数 ***************************/
```
void tri( ){
        uchar i=0;
        XBYTE[DAC]=i;                                   //启动 DAC
        do{
                XBYTE[DAC]=i;                           //上升沿
                i++;
        }while(i<0xff);
        do{
                XBYTE[DAC]=i;                           //下降沿
                i--;
        }while(i>0x0);
}
```

/*************************** 方波函数 ***************************/
```
void sq( ){
        XBYTE[DAC]=0x00;                                //启动 DAC
        delay( );
        XBYTE[DAC]=0xff;
        delay( );
}
```

/*************************** 正弦波函数 ***************************/
```
void sin( ){
        uchar i;
        for(i=0;i<18;i++) XBYTE[DAC]=SINTAB[i];         //第一个 1/4 周期
        for(i=18;i>0;i--) XBYTE[DAC]=SINTAB[i];         //第二个 1/4 周期
        for(i=0;i<18;i++) XBYTE[DAC]=~SINTAB[i];        //第三个 1/4 周期
        for(i=18;i>0;i--) XBYTE[DAC]=~SINTAB[i];        //第四个 1/4 周期
}
```

/*************************** 主函数 ***************************/
```
main( ){
        EX0=1;IT0=1;EA=1;
        while(1){
                if(KST==1) st( );
                if(KTRI==1) tri( );
                if(KSQ==1) sq( );
                if(KSIN==1) sin( );
```

```
        }
    }

/*********************** INT0 中断服务函数 ********************/
int0( ) interrupt 0 using 1{
        if(K1==0){                    //判阶梯波键是否按下
            Tbase=0;
            KST=1;
        }
        if(K2==0){                    //判三角波键是否按下
            Tbase=0;
            KTRI=1;
        }
        if(K3==0){                    //判方波键是否按下
            Tbase=0;
            KSQ=1;
        }
        if(K4==0){                    //判正弦波键是否按下
            Tbase=0;
            KSIN=1;
        }
    }
```

采用程序软件控制 DAC 可以做成任意波形发生器。凡是用数学公式可以表达的曲线，或无法用数学公式表达但可以画出来的曲线，都可以用计算机在 DAC 接口上复制出来。图 8-17 所示为一个任意波形的离散化。离散时取的采样点越多，数值量化的位数越多，则用 DAC 复现的波形精度越高。当然这时会在复现速度和内存方面付出代价。在程序控制下的波形发生器可以对波形的幅值标度和时间轴标度进行扩展、压缩、以及对数转换，因而应用十分方便。以上各种波形发生器的原理都是基于 DAC 的电压输出与其数字输入量成正比的关系。在前面讨论的各种输出波形都是把 DAC 的标准电压 V_m 作为一个不变的固定值，如果把标准电压 V_m 作为另一个 DAC 的输出电压，则 V_m 也成为可程控的了，这样又增加了软件控制的灵活性。采用这种方法可组成调制型 DAC（modulated DAC），简称为 MDAC。

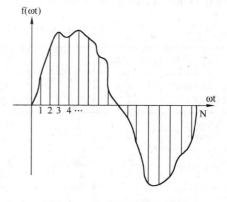

图 8-17　任意波形的离散化

图 8-18 所示为 MDAC 的原理框图。CPU 是整个仪器的核心，工作前，CPU 将欲输出的波形预先从 EPROM 波形存储表中的波形数据送入 RAM，通过锁存器 2 及 DAC2 用数据设定输出 DAC1 所需要的参考电压 V_{m1}。通过可程控频率源产生顺序地址发生器所需要的步进触发脉冲频率 f_k，从而可对 RAM 区循环寻址，所需的波形即可经锁存器 1 及 DAC1 输出。本仪器还可通过 RS-232C 或 GP-IB 总线接口与外部通信。

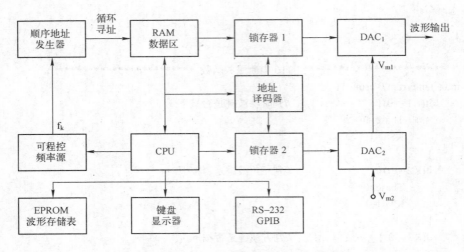

图 8-18 MDAC 任意波形发生器原理框图

8.3 模/数转换器接口技术

模/数转换器（Analog-Digital Converter，ADC）的功能是将输入模拟量转换为与其成比例的数字量，它是单片机应用系统的一种重要组成器件。按其工作原理，有比较式 ADC、积分式 ADC 以及电荷平衡（电压，频率转换）式 ADC 等。表 8-2 所列为几种常用 ADC 芯片的特点和性能，表中带*号的为积分型 ADC 芯片，其余均为比较式 ADC 芯片。

表 8-2 几种常用 ADC 芯片的特点和性能

芯片 型号	分辨率/位数	转换 时间	转换 误差	模拟输入 范围/V	数字输出 电平	外部 时钟	工作 电压	基准电压 （V_{REF}）
ADC0801,0802, 0803、0804	8 位	100μs	±1/2～ ±1LSB	0～+5	TTL 电平	可以 不要	单电源 +5V	可不外接 或 VREF 为 1/2 量程值
ADC0808 0809	8 位	100μs	±1/2～ ±1LSB	0～+5	TTL 电平	要	单电源 +5V	VREF(+)≤ VCC VREF(+)≥0
ADC1210	12 位 或 10 位	100μs(12 位) 30μs(10 位)	±1/2 LSB	0～+5 0～+10 −5～+5	CMOS 电平 （由 V_{REF} 决定）	要	+5V～ ±15V	+5V 或 +15V
AD574	12 位 或 8 位	25μs	±1LSB	0～+10 0～+20 −5～+5 −10～+10	TTL 电平	不要	±15V 或±12V 和+5V	不需外供
*7109	12 位	≥30ms	±2LSB	−4～+4	TTL 电平	可以 不要	+5V 和−5V	VREF 为 1/2 量程值
*14433	3 位半	≥100ms	±1LSB	−0.2～+0.2 −2～+2	TTL 电平	可以 不要	+5V 和−5V	VREF 为 量程值
*7135	4 位半	100ms 左右	±1LSB	−2～+2	TTL 电平	要	+5V 和−5V	VREF 为 1/2 量程值

在实际使用中，应根据具体情况选用合适的 ADC 芯片。例如，某测温系统的输入范围为 0～500℃，要求测温的分辨率为 2.5℃，转换时间在 1ms 之内，可选用分辨率为 8 位的逐次比较式 ADC0808/0809 芯片，如果要求测温的分辨率为 0.5℃（即满量程的 1/1000），转换时间

为 0.5s，则可选用双积分型 ADC 芯片 7135。不同的芯片具有不同的连接方式，其中最主要的是输入、输出以及控制信号的连接方式。从输入端来看，有单端输入的，也有差动输入的。差动输入有利于克服共模干扰。输入信号的极性有单极性和双极性，这由极性控制端的接法决定。从输出方式来看，主要有两种：

1）数据输出寄存器具有可控的三态门。此时芯片输出线允许和 CPU 的数据总线直接相连，并在转换结束后利用读信号 $\overline{RD}$ 控制三态门将数据送上总线。

2）不具备可控的三态门，输出寄存器直接与芯片管脚相连，此时芯片的输出线必须通过输入缓冲器连至 CPU 的数据总线。

ADC 芯片的启动转换信号有电平和脉冲两种形式。设计时应特别注意，对要求用电平启动转换的芯片，如果在转换过程中撤去电平信号，芯片将停止转换而得到错误的结果。

ADC 转换完成后，将发出结束信号，以示主机可以从转换器读取数据。结束信号也用来向 CPU 发出中断申请，CPU 响应中断后，在中断服务子程序中读取数据，也可用延时等待和查询转换是否结束的方法来读取数据。下面从接口技术的角度讨论几种类型的 ADC。

8.3.1 比较式 ADC 0809 与 8051 单片机的接口方法

图 8-19a 所示为阶梯波比较式 ADC 的工作原理。转换开始时，计数器复 0，DAC 的输出为 $V_d=0$。若输入电压 V_i 为正，则比较器输出 V_c 为正，与门打开，计数器对时钟脉冲进行计数，DAC 输出随计数脉冲的增加而增加，如图 8-19b 所示，当 $V_d>V_i$ 时，比较器输出变负，与门关闭，停止计数。计数器的计数值正比于输入电压，完成了从输入模拟量——电压到计数器的计数值——数字量的转换。

ADC0808/0809 是一种较为常用的 8 路模拟量输入、8 位数字量输出的逐次比较式 ADC 芯片。图 8-20 所示为 ADC0808/0809 的原理结构框图。芯片的主要部分是一个 8 位的逐次比较式 A/D 转换器。为了能实现 8 路模拟信号的分时采集，在芯片内部设置了多路模拟开关及通道地址锁存和译码电路，因此能对多路模拟信号进行分时采集和转换。转换后的数据送入三态输出数据锁存器。ADC0808/0809 的最大不可调误差为 ±1LSB，典型时钟频率为 640kHz，时钟信号应由外部提供。每一个通道的转换时间约为 100μs。图 8-21 所示为 ADC0808/0809 的工作时序。

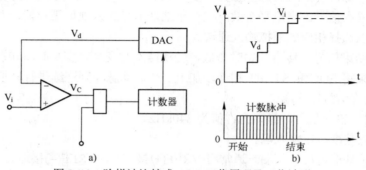

图 8-19 阶梯波比较式 ADC 工作原理及工作波形

a）工作原理 b）工作波形

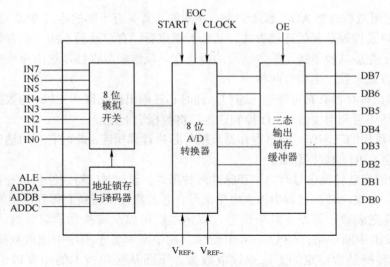

图 8-20　ADC0808/0809 的原理结构框图

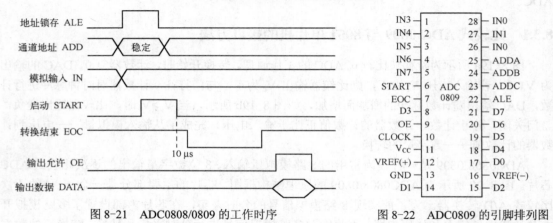

图 8-21　ADC0808/0809 的工作时序

图 8-22　ADC0809 的引脚排列图

图 8-22 所示为 ADC0809 的引脚排列图，各引脚的功能如下：

IN0～IN7：8 路模拟量输入端。

D0～D7：数字量输出端。

START：启动脉冲输入端。脉冲上升沿复位 0809，下降沿启动 A/D 转换。

ALE：地址锁存信号。高电平有效时把三个地址信号送入地址锁存器，并经地址译码得到地址输出，用以选择相应的模拟输入通道。

EOC：转换结束信号。转换开始时变低，转换结束时变高，变高时将转换结果打入三态输出锁存器。如果将 EOC 和 START 相连，加上一个启动脉冲则连续进行转换。

OE：输出允许信号输入端。

CLOCK：时钟输入信号。最高允许值为 640kHz。

VREF(+)：正基准电压输入端。

VREF(-)：负基准电压输入端。通常将 VREF(+)接+5V，VREF(-)接地。

VCC：电源电压。可从+5～+15V。

图 8-23 所示为 ADC0808 与单片机 8051 的中断方式接口电路。采用线选法规定其端口地

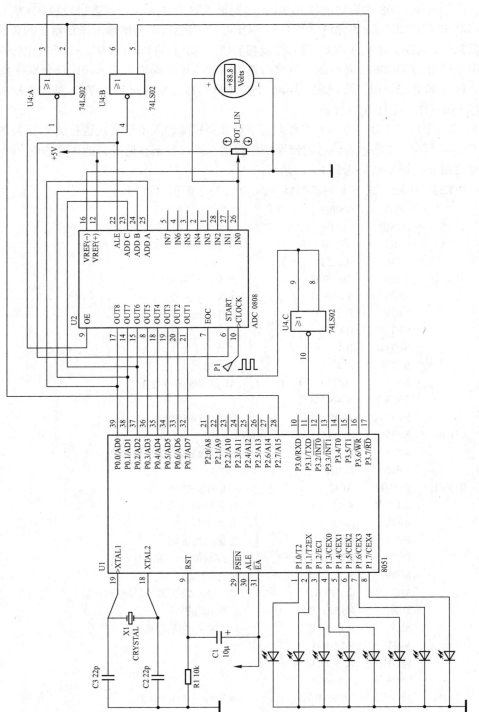

图 8-23　ADC0808 与单片机 8051 的中断方式接口

址，用单片机的 P2.7 引脚作为片选信号，因此端口地址为 7FFFH。片选信号和 $\overline{WR}$ 信号一起经或非门产生 ADC0808 的启动信号 START 和地址锁存信号 ALE；片选信号和 $\overline{RD}$ 信号一起经或非门产生 ADC0808 输出允许信号 OE，OE=1 时选通三态门使输出锁存器中的转换结果送入数据总线。ADC0808 的 EOC 信号经反相后接到 8051 的 $\overline{INT1}$ 引脚，用于产生转换完成的中断请求信号。ADC0808 芯片的 3 位模拟量输入通道地址码输入端 A、B、C 分别接到 8051 的 P0.0、P0.1 和 P0.2，故只要向端口地址 7FFFH 分别写入数据 00H～07H，即可启动模拟量输入通道 IN0～IN7 进行 A/D 转换。

例 8–13 和例 8–14 分别为中断工作方式下对 8 路模拟输入信号依次进行 A/D 转换的汇编语言和 C 语言程序，8 路输入信号的转换结果存储在内部数据存储器首地址为 30H 开始的单元内，并将第 0 路转换结果送到 P1 口显示。

【例 8–13】 中断方式下 8 路模拟输入 A/D 转换汇编语言程序。

```
            ORG     0000H           ;主程序入口
            AJMP    MAIN
            ORG     0013H           ;外中断 INT1 入口
            AJMP    BINT1
    MAIN:   MOV     R0,#30H         ;数据区首地址
            MOV     R4,#08H         ;8 路模拟信号
            MOV     R2,#00H         ;模拟通道 0
            SETB    EA              ;开中断
            SETB    EX1             ;允许外中断 1
            SETB    IT1             ;边沿触发
            MOV     DPTR,#7FFFH     ;ADC0808 端口地址
            MOV     A,#00H
            MOVX    @DPTR,A         ;启动 ADC0808
    LOOP:   MOV     A,30H
            MOV     P1,A            ;将第 0 路转换结果送到 P1 口显示
            SJMP    LOOP            ;等待
    BINT1:  PUSH    ACC             ;中断服务程序
            MOVX    A,@DPTR         ;输入转换结果
            MOV     @R0,A           ;存入内存
            INC     R0              ;数据区地址加 1
            INC     R2              ;修改模拟输入通道
            MOV     A,R2
            MOVX    @DPTR,A         ;启动下一路模拟通道进行转换
            DJNZ    R4,LOOP1        ;8 路未完，循环
            MOV     R0,#30H         ;8 路输入转换完毕
            MOV     R4,#08H
            MOV     R2,#00H         ;
            MOV     A,#00H
            MOVX    @DPTR,A         ;重新启动 ADC0808
    LOOP1:  POP     ACC
            RETI                    ;中断返回
            END
```

【例 8-14】 中断方式下 8 路模拟输入 A/D 转换 C 语言程序。

```c
#include <reg52.h>
#include <absacc.h>
#define uchar unsigned char
#define ADC    0x7fff                    //定义 ADC0808 端口地址

uchar data ADCDat[8] _at_ 0x30;
uchar i=0;

/*************************** 主函数 ***************************/
main( ){
    EX1=1;IT1=1;EA=1;
    XBYTE[ADC]=i;                    //启动 ADC0808 第 0 通道
    while(1){
        P1=ADCDat[0];                //0 通道转换结果送 P1 口显示
    }
}

/*********************** INT1 中断服务函数 **********************/
int1( ) interrupt 2 using 1{
    ADCDat[i]=XBYTE[ADC];            //读取 ADC0808 转换结果
    i++;
    XBYTE[ADC]=i;                    //启动 ADC0808 下一通道
    if(i==8){
        i=0;
        XBYTE[ADC]=i;                //重新启动 ADC0808 第 0 通道
    }
}
```

图 8-24 所示为 ADC0808 与单片机 8051 的查询方式接口电路。8051 单片机的 P2.7 引脚作为片选信号，ADC0808 芯片的 3 位模拟量输入通道地址码输入端 A、B、C 分别接到 8051 的最低 3 位地址线，因此 8 个输入通道的地址为 7F00H~7F07H，需要分别对这 8 个地址进行写操作来启动 A/D 转换。ADC0808 的 EOC 信号接到 8051 的 P3.3 引脚，通过查询 P3.3 引脚的电平状态来判断 A/D 转换是否完成。

例 8-15 和例 8-16 分别为查询工作方式对 8 路模拟输入信号依次进行 A/D 转换的汇编语言和 C 语言程序。执行后启动 8 路模拟输入通道进行 A/D 转换，8 路转换结果存储在内部数据存储器首地址为 30H 开始的单元内，并将第 0 路转换结果送到 P1 口显示。

【例 8-15】 查询方式下 8 路模拟输入 A/D 转换汇编语言程序。

```
        ORG     0000H           ;主程序入口
        AJMP    MAIN
MAIN:   MOV     R0,#30H         ;数据区首地址
        MOV     R4,#08H         ;8 路模拟信号
        MOV     R1,#00H         ;模拟通道 0
```

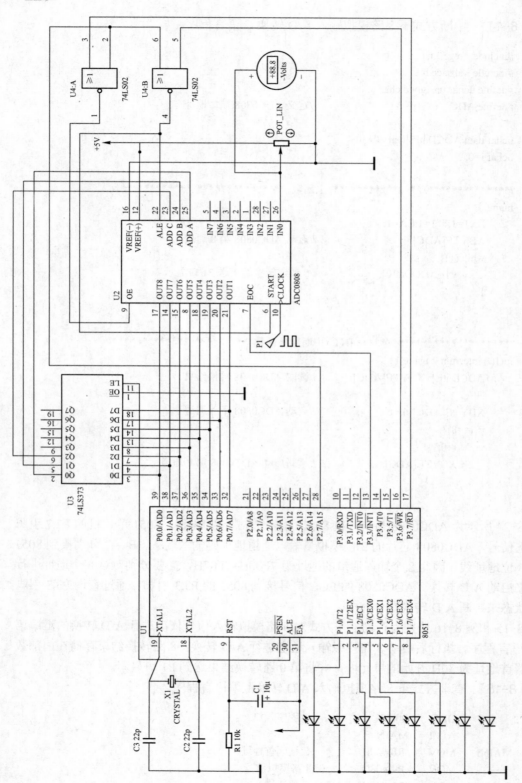

图 8-24 ADC0808 与单片机 8051 的查询方式接口电路

```
                MOV     P2,#7FH              ;ADC0808 片选端口地址
                MOV     A,#00H
                MOVX    @R1,A                ;启动 ADC0808
        LOOP:   MOV     A,30H                ;A/D 转换结果送 P1 口
                MOV     P1,A
                JNB     P3.3, LP             ;查询 EOC 状态
                LCALL   RDAD                 ;转换完成，读取 A/D 转换结果子程序
        LP:     SJMP    LOOP                 ;循环等待
        RDAD:   MOVX    A,@R1                ;读取转换结果子程序
                MOV     @R0,A                ;存入内存
                INC     R0                   ;数据区地址加 1
                INC     R1                   ;修改模拟输入通道
                MOVX    @R1,A                ;启动下一路模拟通道进行转换
                DJNZ    R4,LOOP1             ;8 路未完，循环
                MOV     R0,#30H              ;8 路输入转换完毕
                MOV     R4,#08H
                MOV     R1,#00H
                MOV     A,#00H
                MOVX    @R1,A                ;重新启动 ADC0808
        LOOP1:  RET                          ;返回
                END
```

【例 8-16】 查询方式下 8 路模拟输入 A/D 转换 C 语言程序。

```c
#include <reg52.h>
#include <absacc.h>
#define uchar unsigned char
#define uint unsigned int

uchar data ADCDat[8] _at_ 0x30;
uchar i=0;
uint ADC=0x7f00;                //定义 ADC0808 通道 0 地址
sbit EOC=P3^3;

/*********************** 读取 ADC 结果函数 ***********************/
void ADCread( ){
    ADCDat[i]=XBYTE[ADC];       //读取 ADC0808 转换结果
    ADC++;i++;
    XBYTE[ADC]=i;               //启动 ADC0808 下一通道
    if(i==8){
        i=0; ADC=0x7f00;
        XBYTE[ADC]=i;           //重新启动 ADC0808 第 0 通道
    }
}

/*********************** 主函数 ***************************/
main( ){
    XBYTE[ADC]=0x00;            //启动 ADC0808 第 0 通道
    while(1){
```

```
            if(EOC==1) ADCread( );        //根据 EOC 查询状态,读取 ADC 结果
            P1=ADCDat[0];                  //0 通道转换数据送 P1 口显示
        }
    }
```

8.3.2 积分式 ADC7135 与 8051 单片机的接口方法

有些单片机应用系统,要求能在工业现场使用。由于现场通常存在很强的干扰,如大功率电机的磁场等,而被测信号往往是很微弱的直流信号,如果不能有效地抑制干扰,则测量结果很可能会失去意义。这时可考虑采用积分式的 ADC。下面介绍双积分式 ADC 的工作原理,如图 8-25 所示。

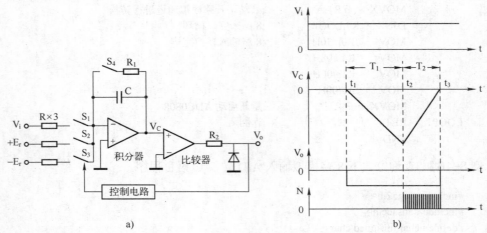

图 8-25 双积分式 ADC 的原理及工作波形

a) 工作原理 b) 工作波形

工作过程分为以下三个阶段:

1)准备期:开关 S_1、S_2、S_3 断开,S_4 接通,积分电容 C 被短路,输出为 0。

2)采样期:开关 S_2、S_3、S_4 断开,S_1 闭合,积分器对输入模拟电压+V_i 进行积分,积分时间固定为 T_1,在采样期结束的 t_2 时刻,积分器输出电压为

$$V_c = -\frac{1}{RC}\int_{t_1}^{t_2}V_i dt = -\frac{T_1}{RC}\overline{V_i} \tag{8-1}$$

式中,$\overline{V_i} = \frac{1}{T_1}\int_{t_1}^{t_2}V_i dt$ 为被测模拟电压在 T_1 时间内的平均值。

3)比较期:从 t_2 时刻开始,开关 S_1、S_2、S_4 断开,S_3 闭合,将与被测模拟电压极性相反的标准电压-E_r 接到积分器的输入端(若被测模拟电压为-V_i,则 S_1、S_3、S_4 断开,S_2 闭合,将+E_r 接到积分器的输入端),使积分器进行反向积分。当积分器的输出回到 0 时,比较器的输出发生跳变。设在 t_3 时刻积分器回 0,此时有:

$$0 = V_c - \frac{1}{RC}\int_{t_2}^{t_3}(-E_r)dt = V_c + \frac{T_2}{RC}E_r \tag{8-2}$$

式中，$T_2=t_3-t_2$ 为比较周期。

将式（8-1）代入式（8-2），得：

$$T_2 = \frac{T_1}{E_r} \overline{V_i} \tag{8-3}$$

在 T_2 周期内对一个周期为 τ 的时钟脉冲进行计数，得：

$$T_2 = N\tau \tag{8-4}$$

$$N = \frac{T_2}{\tau} = \frac{T_1}{\tau E_r} \overline{V_i} \tag{8-5}$$

由于 T_1、E_r、τ 都是恒定值，从而计数值 N 就正比于被测模拟电压值，实现了 A/D 转换。双积分式 ADC 的采样周期 T_1 通常设计成对称干扰信号周期的整数倍，以期对干扰信号有足够大的抑制能力。例如，将 T_1 设计为工频信号的整数倍，将对工频干扰有非常高的抑制能力。

随着大规模集成电路工艺的发展，目前已有多种单芯片集成电路双积分 A/D 转换器供应市场，如 MC14433、ICL7135 等。

ICL7135 是一种常用的 4 位半 BCD 码双积分型单片集成 ADC 芯片，其分辨率相当于 14 位二进制数，它的转换精度高，转换误差为 ±1LSB，并且能在单极性参考电压下对双极性输入模拟电压进行 A/D 转换，模拟输入电压范围为 0～±1.9999V。芯片采用了自动校零技术，可保证零点在常温下的长期稳定性，模拟输入可以是差动信号，输入阻抗极高。ICL7135 芯片引脚排列如图 8-26 所示。

ICL7135 各引脚的功能如下：

IN_{HI}、IN_{LO}：模拟电压差分输入端。输入电压应在放大器的共模电压范围内，即从低于正电源 0.5V 到高于负电源 1V。单端输入时，通常 IN_{LO} 与模拟地（ANALOG COM）连在一起。

VREF：基准电压端，其值为 $\frac{1}{2} V_{IN}$，一般取 1V。VREF 的稳定性对 A/D 转换精度有很大影响，应当采用高精度稳压源。

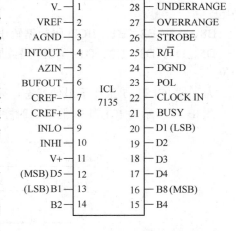

图 8-26 ICL7135 的引脚排列

INTOUT、AZIN、BUFFOUT：分别为积分器的输出端、自动校零端和缓冲放大器输出端。这三个端子用来外接积分电阻、电容以及校零电容。

积分电阻 R_{INT} 的计算公式为

$$R_{INT} = 满度电压/20\mu A \tag{8-6}$$

积分电容 C_{INT} 的计算公式为

$$C_{INT} = \frac{10000(1/f_{osc}) \times 20\mu A}{积分器输出摆幅} \tag{8-7}$$

如果电源电压取 ±5V，电路的模拟地端接 0V，则积分器输出摆幅取 ±4V 较合适。校零电容 C_{AZ} 可取 1μF。

C_{REF-}、C_{REF+}：外接基准电容端。电容值可取 1μF。

CLOCK 1N：时钟输入端。工作于双极性情况下，时钟最高频率为 125kHz，这时转换速率为 3 次/s 左右。如果输入信号为单极性，则时钟频率可增加到 1MHz， 这时转换速率为 25 次/s 左右。

R/$\overline{\text{H}}$：A/D 转换启动控制端。该端接高电平时，ICL7135 连续自动转换，每隔 40002 个时钟周期完成一次 A/D 转换。该端接低电平时，转换结束后保持转换结果。若输入一个正脉冲（宽度大于 300ns），启动 7135 开始一次新的 A/D 转换。

BUSY：输出状态信号端。积分器在对输入信号积分和反向积分过程中，BUSY 输出高电平（表示 A/D 转换正在进行），积分器反向积分过零后，BUSY 输出低电平（表示转换已经结束）。

$\overline{\text{STROBE}}$：选通脉冲输出端。脉冲宽度是时钟脉冲的 1/2，A/D 转换结束后，该端输出 5 个负脉冲，分别选通高位到低位的 BCD 码输出。$\overline{\text{STROBE}}$ 也可作为中断请求信号，向主机申请中断。

POL：极性输出端。当输入信号为正时，POL 输出为高电平，输入信号为负时，POL 输出为低电平。

OVERRANGE：过量程标志输出端。当输入信号超过转换器计数范围（19999）时，该端输出高电平。

UNDERRANGE：欠量程标志输出端。当输入信号小于量程的 9%（1800）时，该端输出高电平。

B8、B4、B2、B1：BCD 码数据输出线，其中 B8 为最高位，B1 为最低位。

D5、D4、D3、D2、D1：BCD 码数据的位驱动信号输出端，分别选通万、千、百、 十、个位。

为了使 ICL7135 工作于最佳状态，获得最好的性能，必须注意外接元器件性能的选择。

图 8-27 所示为 ICL7135 的输出时序。

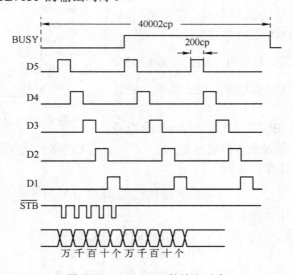

图 8-27　ICL7135 的输出时序

ICL7135 转换结果输出是动态的，因此必须通过并行接口才能与单片机连接。图 8-28 所示

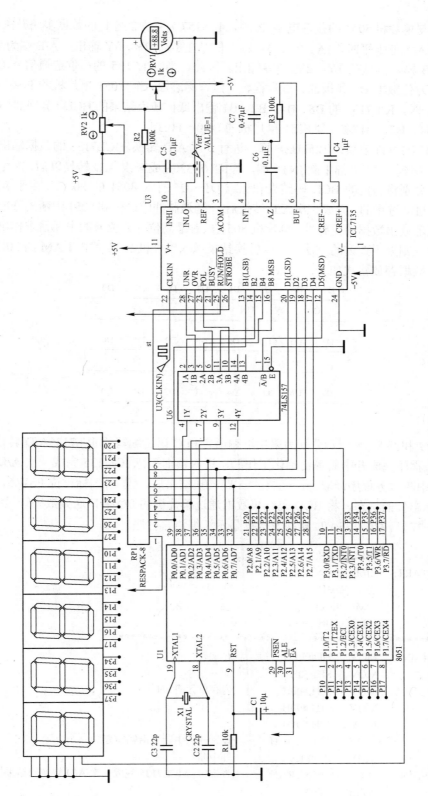

图 8-28 ICL7135 与单片机 8051 的接口电路

232

为 ICL7135 与单片机 8051 的接口电路。图中，74LS157 为 4 位 2 选 1 的数据多路开关，74LS157 的 $\overline{A}/B$ 端输入为低电平时，1A、2A、3A 输入信息在 1Y、2Y、3Y 输出；$\overline{A}/B$ 端为高电平时，1B、2B、3B 输入信息在 1Y、2Y、3Y 输出。因此，当 ICL7135 的高位选通信号 D5 输出为高电平时，万位数据 B1 和极性、过量程、欠量程标志输入到 8051 单片机的 P0.0~P0.3，当 D5 为低电平时，ICL7135 的 B8、B4、B2、B1 输出低位转换结果的 BCD 码，此时 BCD 码数据线 B8、B4、B2、B1 输入到 8051 单片机的 P0.0~P0.3。

ICL7135 的时钟频率为 125kHz，每秒进行 3 次 A/D 转换。ICL7135 的数据输出选通脉冲线 $\overline{STROBE}$ 接到 8051 外部中断 INT0 端，当 ICL7135 完成一次 A/D 转换以后，产生 5 个数据选通脉冲，分别将各位的 BCD 码结果和标志 D1~D5 打入 8051 的 P0 口。由于 ICL7135 的 A/D 转换是自动进行的，完成一次 A/D 转换后，选通脉冲的产生和 8051 中断的开放是不同步的。为了保证读出数据的完整性，单片机 8051 只对最高位（万位）的中断请求作出响应，低位数据的输入则采用查询的方法，A/D 转换结果送入单片机 8051 片内 RAM 的 20H、21H 和 22H 单元，数据存放格式如下：

D7	D6	D5	D4	D3	D2	D1	D0
POL	OV	UN		万		位	

D7	D6	D5	D4	D3	D2	D1	D0
千		位		百		位	

D7	D6	D5	D4	D3	D2	D1	D0
十		位		个		位	

例 8-17 和例 8-18 所示分别为采用汇编语言和 C 语言编写的 ICL7135A/D 转换及数据显示程序。主程序完成开中断等初始化工作后，进入查询等待 ICL7135 完成一次 A/D 转换的结果标志。中断服务程序读取一次完整的 A/D 转换结果后，置"1"标志位 PSW.5，主程序通过查询该标志位的状态，将 BCD 码结果数据通过单片机的 I/O 端口送到数码管显示。

【例 8-17】 ICL7135A/D 转换及数据显示汇编语言程序。

```
            ORG 0000H
START:    LJMP MAIN
            ORG 0003H
            LJMP PINT1
            ORG 0030H
;******************* 主程序***********************
MAIN:     MOV    P0,#0FFH
            MOV    SP,#70H
            MOV    20H,#00H          ;内存单元清 0H
            MOV    21H,#00H
            MOV    22H,#00H
            MOV    TCON,#01H         ;设置外部中断边沿触发方式
            MOV    IE,#81H           ;开中断
WDIN:     JBC    PSW.5,TRAN        ;查询等待 ICL7135 完成一次 A/D 转换的结果标志
            AJMP   WDIN
```

```
TRAN:     MOV    A,20H              ;将 A/D 转换结果 BCD 数据通过 8051 的 I/O 端口进行显示
          JNB    ACC.6,UN
          MOV    P1,#0FFH           ;过量程处理
          MOV    P2,#0FFH
          ORL    P3,#0F0H
          SJMP   WDIN
UN:       JNB    ACC.5,RT
          MOV    P1,#00H            ;欠量程处理
          MOV    P2,#00H
          ANL    P3,#0FH
          SJMP   WDIN
RT:       JB     ACC.7,PG
NG:       SETB   P3.3              ;负极性处理
          SJMP   DP
PG:       CLR    P3.3              ;正极性处理
DP:       SWAP   A
          ANL    A,#0F0H
          ANL    P3,#0FH
          ORL    P3,A
          MOVA,21H
          MOVP1,A
          MOVA,22H
          MOVP2,A
          SJMP   WDIN
;*********************** ICL7135 中断服务程序 ***************************
PINT1:    MOV    IE,#00            ;关中断
          MOV    A,P0              ;读取 8051 的 P0 口,获得 A/D 转换结果的万位数据
          MOV    R2,A
          ANL    A,#0F0H
          JNZ    PRI               ;D5=0,返回
          MOV    R1,#20H
          MOV    A,R2
          ANL    A,#01H
          XCHD   A,@R1
          MOV    A,R2
          ANL    A,#0EH
          SWAP   A
          XCHD   A,@R1
          MOV    @R1,A
          INC    R1
WD4:      MOV    A,P0              ;读取 8051 的 P0 口,获得 A/D 转换结果的千位数据
          JNB    ACC.7,WD4
          SWAP   A
          MOV    @R1,A             ;千位数据送(21H).4~7
WD3:      MOV    A,P0              ;读取 8051 的 P0 口,获得 A/D 转换结果的百位数据
          JNB    ACC.6,WD3
```

```
            XCHD   A,@R1            ;千位数据送(21H).0～3
            INC    R1
WD2:        MOV    A,P0             ;读取 8051 的 P0 口，获得 A/D 转换结果的十位数据
            JNB    ACC.5,WD2
            SWAP   A
            MOV    @R1,A            ;十位数据送(22H).4～7
WD1:        MOV    A,P0             ;读取 8051 的 P0 口，获得 A/D 转换结果的个位数据
            JNB    ACC.4,WD1
            XCHD   A,@R1            ;个位数据送(22H).0～3
            SETB   PSW.5            ;设置一次 A/D 转换结果读出标志
PRI:        MOV    IE,#81H          ;开中断
            RETI                    ;中断返回
END
```

【例 8-18】 ICL7135A/D 转换及数据显示 C 语言程序。

```c
#include<reg52.h>
#include <absacc.h>
#include <intrins.h>
#define uchar unsigned char
#define uint unsigned int

uchar data ADCDat[3] _at_ 0x20;
uchar bdata ADCbase _at_ 0x2f;

sbit ADC=ADCbase^5;
sbit COM=P3^3;

/*********************** 数据显示函数 ***********************/
void Tran( ){
    uchar Dat;
    Dat=ADCDat[0];
    if((Dat&0x40)==0x40){
        P1=0xFF;P2=0xFF;P3|=0xF0;
        return;
    }
    if((Dat&0x20)==0x20){
        P1=0x00;P2=0x00;P3&=0x0F;
        return;
    }
    if((Dat&0x80)==0x80) COM=0;
        else COM=1;
    Dat=_crol_(ADCDat[0],4);
    Dat=Dat&0xf0;P3&=0x0f;P3|=Dat;
    P1=ADCDat[1];P2=ADCDat[2];
    return;
}
```

```
/***************************** 主函数 *****************************/
void main( ){
    P0=0x0FF;TCON=0x01;IE=0x81;        //初始化，开中断
    while(1){
        if(ADC==1){                    //查询 ICL7135 完成一次 A/D 转换的结果标志
            ADC=0;Tran( );             //将 A/D 转换结果 BCD 数据通过 8051 的 I/O 端口显示
        }
    }
}


/********************* ICL7135 中断服务程序 *********************/
void int0( ) interrupt 0 using 1{
    uchar Dat1;
    IE=0x00;                           //关中断
    Dat1=P0;                           //读取 A/D 转换结果的万位数据
    if((Dat1&0xf0)==0){                //判断 D5
        Dat1=_crol_((Dat1&0x0f),4);
        ADCDat[0]=(Dat1&0xe0)|(_crol_(Dat1,4))&0x01;
        do Dat1=P0;                    //读取 A/D 转换结果的千位数据
            while((Dat1&0x80)==0);
        ADCDat[1]=_crol_((Dat1&0x0f),4);
        do Dat1=P0;                    //读取 A/D 转换结果的百位数据
            while((Dat1&0x40)==0);
        Dat1=Dat1&0x0f;
        ADCDat[1]=ADCDat[1]|Dat1;
        do Dat1=P0;                    //读取 A/D 转换结果的十位数据
            while((Dat1&0x20)==0);
        ADCDat[2]=_crol_((Dat1&0x0f),4);
        do Dat1=P0;                    //读取 A/D 转换结果的个位数据
            while((Dat1&0x10)==0);
        Dat1=Dat1&0x0f;
        ADCDat[2]=ADCDat[2]|Dat1;
        ADC=1;
    }
    IE=0x81;                           //开中断
}
```

　　为了提高双分积式 ADC 的分辨率，增加显示位数，必须要增加在比较期内的计数值，而采用延长比较期的办法必然会降低 A/D 转换速度。为了解决这个矛盾，出现了多重积分式 ADC。下面简单介绍三重积分式 ADC 的工作原理。它的特点是比较期由两段斜坡组成，当积分器输出电压接近 0 点时，突然换接数值较小的基准电压，从而降低了积分器输出电压的斜率，延长积分器回 0 的时间，使比较周期延长以获得更多的计数值，从而提高了分辨率。而积分器在输出电压较高时，接入数值较大的基准电压，积分速度快，因而转换速度也快。

图 8-29 所示为三积分式 ADC 的工作原理及波形。系统中有两个比较器，比较器 1 的比较电平为 0 电平，比较器 2 的比较电平为 V'，同时有两个基准电压 E_r 和 $E_r/2^m$。工作过程如下：

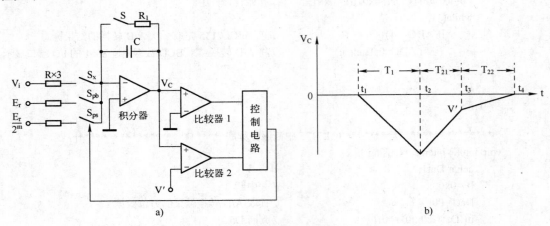

图 8-29　三积分式 ADC 的工作原理及波形

a) 工作原理　b) 工作波形

1）采样期：S_x 接通，S_{pb}、S_{ps} 断开，积分器对被测电压 V_i 积分，积分周期恒定为 T_1。

2）比较期 I：S_{pb} 接通，S_x、S_{ps} 断开，积分器对极性与 V_i 相反的基准电压 E_r 进行积分。由于 E_r 数值较大，故积分速度较快，积分周期为 T_{21}。

3）比较期 II：当积分器输出达到比较器 2 的比较电平 V' 时，通过控制电路使开关 S_{ps} 接通，S_{pb}、S_x 断开，积分器对 $E_r/2^m$ 积分。由于基准电压减小，因而积分速度按比例降低。当积分器输出电压达到 0V 时，比较器 1 动作，通过控制电路使所有开关断开，积分器停止积分，一次 A/D 转换结束。

因为比较期 II 的基准电压减小了 2^m 倍，因此如果在两个比较期内计数脉冲频率保持不变，则在比较期 I 内的计数值应乘以 2^m 后才能与比较期 II 内的计数值相加。为此可采用如图 8-30 所示的计数器结构。

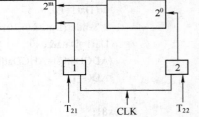

在比较期 I 内，与门 1 打开，计数器从 2^m 位开始计数：在比较期 II 内，与门 2 开，计数器从 2^0 位开始计数。若在比较期 I 内计得 N_1 个时钟脉冲，比较期 II 内计得 N_2 个时钟脉冲，则在整个比较期内计数器的计数值为

图 8-30　三积分式 ADC 中的计数器

$$N = 2^m N_1 + N_2 \tag{8-8}$$

在一个 A/D 转换周期内，积分器的输出电压从零开始又回到零，即积分电容器上的电荷保持平衡，没有积累。设积分放大器是理想的，则存在下列关系式：

$$\frac{|V_i|}{R}T_1 = \frac{E_r}{R}T_{21} + \frac{E_r}{2^m}\frac{1}{R}T_{22} \tag{8-9}$$

且

$$T_{21} = N_1 T \tag{8-10}$$

$$T_{22}=(N_2+\alpha)T \tag{8-11}$$

式中，T 为时钟周期，α 是量化误差。由于 T_{22} 是由积分器输出电压过零时刻决定的，与计数脉冲不同步，因而存在量化误差。将式（8-10）和式（8-11）代入式（8-9）后，得：

$$|V_i|T_1=E_rN_1T+\frac{E_r}{2^m}(N_2+\alpha)T$$

$$=\frac{E_r}{2^m}(2^mN_1+N_2+\alpha)T \tag{8-12}$$

将式（8-8）代入式（8-12）得：

$$|V_i|T_1=\frac{E_r}{2^m}(N+\alpha)T \tag{8-13}$$

即

$$|V_i|\approx\frac{E_r}{2^m}\frac{T}{T_1}N \tag{8-14}$$

式（8-14）是三积分式 ADC 的基本关系式，被测电压 V_i 与计数值 N 成正比。由式（8-8）可知，三积分式 ADC 的计数值比双积分式要大得多，可极大程度地提高 ADC 的分辨率。

8.3.3 串行 ADC 与 8051 单片机的接口方法

前面介绍了比较式和积分式的 ADC 接口技术，它们都属于并行接口方式，电路结构较为复杂。为了简化接口电路，许多半导体厂商推出了串行接口的 ADC 芯片。本节介绍美国 TI 公司推出的低功耗 8 位串行 A/D 转换器芯片 TLC549 的工作原理及其与 8051 单片机的接口方法。TLC549 具有 4MHz 片内系统时钟和软、硬件控制电路，转换时间最长 17μs，最高转换速率为 40 000 次/s，总失调误差最大为 ±0.5LSB，典型功耗值为 6mW。采用差分参考电压高阻输入，抗干扰，可按比例量程校准转换范围。

TLC549 的极限参数如下：
- 电源电压：6.5V。
- 输入电压范围：0.3V～(VCC＋0.3V)。
- 输出电压范围：0.3V～(VCC＋0.3V)。
- 峰值输入电流（任一输入端）：±10mA。
- 总峰值输入电流（所有输入端）：±30mA。
- 工作温度：0～70℃。

图 8-31 所示为 TLC549 的内部结构框图和引脚排列，各引脚功能如下：

REF＋、REF－（1、3 脚）：基准电压正、负端。

AIN（2 脚）：模拟量串行输入端。

GND（4 脚）：接地端。

$\overline{CS}$（5 脚）：片选端，低电平有效。

SDO（6 脚）：数字量输出端。

SCLK（7 脚）：I/O 时钟端。

VCC（8 脚）：电源端。

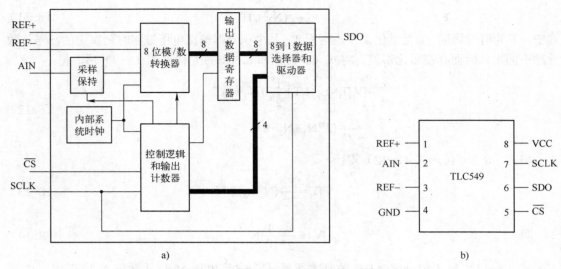

图 8-31 TLC549 的内部结构框图和引脚排列

a) TLC549 的内部结构框图 b) TLC549 的引脚排列

TLC549 具有片内系统时钟,该时钟与 SCLK 是独立工作的,无须特殊的速度或相位匹配。其工作时序如图 8-32 所示。

当 $\overline{CS}$ 为高时,数据输出端(SDO)处于高阻状态,此时 SCLK 不起作用。这种 $\overline{CS}$ 控制作用允许在同时使用多片 TLC549 时共用 SCLK,以减少多路 A/D 并用时的 I/O 控制端口。通常情况下,$\overline{CS}$ 应为低。一组通常的控制时序如下:

- 将 $\overline{CS}$ 置低。内部电路在测得 $\overline{CS}$ 下降沿后,再等待两个内部时钟上升沿和一个下降沿,然后确认这一变化,最后自动将前一次转换结果的最高位(D7)输出到 SDO 端上。
- 前 4 个 SCLK 周期的下降沿依次移出第 2、3、4、5(D6、D5、D4、D3)位,片上采样保持电路在第 4 个 SCLK 下降沿开始采样模拟输入。
- 接下来的 3 个 SCLK 周期的下降沿移出第 6、7、8(D2、D1、D0)位。
- 最后,片上采样保持电路在第 8 个 I/OSCLK 周期的下降沿移出第 6、7、8(D2、D1、D0)位。保持功能将持续 4 个内部时钟周期,然后开始进行 32 个内部时钟周期的 A/D 转换。第 8 个 SCLK 后,$\overline{CS}$ 必须为高,或 SCLK 保持低电平,这种状态需要维持 36 个内部系统时钟周期,以等待保持和转换工作完成。如果 $\overline{CS}$ 为低电平时 SCLK 上出现一个有效干扰脉冲,则微处理器将与器件的 I/O 时序失去同步;若 CS 为高时出现一次有效低电平,则将使引脚重新初始化,从而脱离原转换过程。

在 36 个内部系统时钟周期结束之前实施以上步骤,可重新启动一次新的 A/D 转换,与此同时,正在进行的转换终止,此时将输出前一次的转换结果,而不是正在进行的转换结果。若要在特定的时刻采样模拟信号,应使第 8 个 SCLK 时钟的下降沿与该时刻对应,因为芯片虽在第 4 个 SCLK 时钟下降沿开始采样,却在第 8 个 SCLK 的下降沿开始保存。

图 8-33 所示为 TLC549 与 8051 单片机的接口电路。用单片机的 I/O 端口 P3.0、P3.1、P3.2 模拟 TLC549 的 SCLK、$\overline{CS}$、SDO 工作时序,当 $\overline{CS}$ 为高电平时,SDO 为高阻状态。

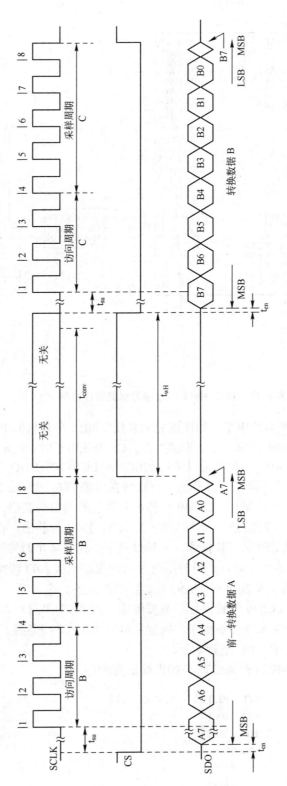

图 8-32　TLC549 的工作时序

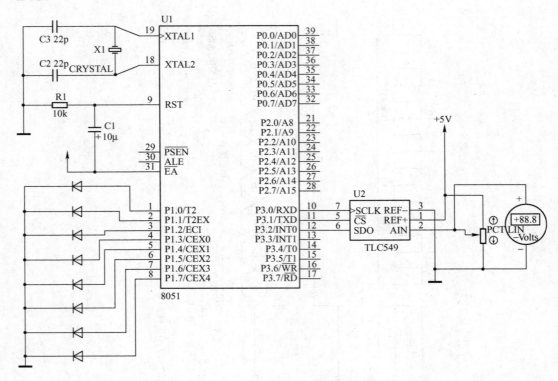

图 8-33　TLC549 与 8051 单片机的接口电路

　　转换开始之前，$\overline{CS}$ 必须为低电平，以确保完成转换。8051 单片机的 P3.0 引脚产生总计 8 个时钟脉冲，以提供 TLC549 的 SCLK 引脚输入。当 $\overline{CS}$ 为低电平时，最先出现在 SDO 引脚上的信号为转换值最高位。8051 单片机通过 P3.3 引脚从 TLC549 的 SDO 端连续移位读取转换数据。最初 4 个时钟脉冲的下降沿分别移出上一次转换值的第 6、5、4、3 位，其中第 4 个时钟脉冲下降沿启动 A/D 采样，采样 TLS549 模拟输入信号的当前转换值。后续 3 个时钟脉冲送给 SCLK 引脚，分别在下降沿把上一次转换值的第 2、1、0 位移出。在第 8 个时钟脉冲下降沿，芯片的采样/保持功能开始保持操作，并持续到下一次第 4 个时钟的下降沿。A/D 转换周期由 TLC549 的内部振荡器定时，不受外部时钟的约束。一次 A/D 转换完成需要 17μs。在转换过程中，单片机给 $\overline{CS}$ 一个高电平，SDO 将返回高阻状态，进入下一次 A/D 转换之前，需要至少延时 17μs，否则 TLC549 的转换过程将被破坏。例 8-19 和例 8-20 分别为采用汇编语言和 C 语言编写的 TLC549 A/D 转换程序，执行后将启动 TLC549 连续进行 A/D 转换，并将 A/D 转换结果通过单片机的 P1 口进行显示。

　　【例 8-19】　启动 TLC549 进行 A/D 转换的汇编语言程序。

```
SCLK        BIT   P3.0        ;定义 I/O 口
CS549       BIT   P3.1
DOUT        BIT   P3.2
ORG              0000H
LJMP             MAIN
ORG              0030H
```

```
MAIN:    MOV      SP，#60H
         LCALL    TLC549           ;启动 TLC549 进行 A/D 转换
         LCALL    DELAY
LOOP:    LCALL    TLC549           ;读取上次 ADC 值，再次启动 TLC549A/D 转换
         LCALL    DELAY
         MOV      P1,A             ;将读取的 A/D 转换值送往 P1 口显示
         SJMP     LOOP
TLC549:  CLR      CS549            ;选中 TLC549
         NOP
         NOP
         MOV      C,DOUT           ;接收第一位数据
         RLC      A
         NOP
         NOP
         MOV      R0,#07           ;置循环次数
SPIIN:   SETB     SCLK
         NOP
         NOP
         CLR      SCLK             ;产生有效沿，以便从 TLC549 读取数据
         NOP
         NOP
         MOV      C,DOUT           ;接收下一位数据（从最高位开始）
         RLC      A
         DJNZ     R0,SPIIN         ;8 位数据未接收完，则继续接收下一位
         CLR      SCLK
         NOP
         NOP
         SETB     SCLK
         NOP
         NOP
         CLR      SCLK
         SETB     CS549            ;结束 SPI 总线操作，关闭从器件
         RET
DELAY:   MOV      R7,#40           ;延时子程序
         DJNZ     R7,$
         RET
         END
```

【例 8-20】 启动 TLC549 进行 A/D 转换的 C 语言程序。

```
#include <reg52.h>
#include <intrins.h>
#define uchar unsigned char

sbit SCLK = P3^0;                    //定义 I/O 端口
```

```
sbit CS = P3^1;
sbit SDO = P3^2;

/********************** AD 转换函数 ***************************/
void TLC549( ){
  uchar Dat,i;
  Dat=0;
  CS=0;
  for(i=0;i<8;i++){
    SCLK=1;
    Dat<<=1;                              //获得转换数据
    if(SDO) Dat|=1;
    SCLK=0;
  }
  CS=1;                                   //转换数据送 P1 口显示
  P1=Dat;
}

/************************* 主函数 ***************************/
void main( ){
    uchar i;
    while(1){
        TLC549( );                        //启动 A/D 转换
        for(i=0;i<200;i++)                //延时
        _nop_( );
    }
}
```

复习思考题

1. ADC 和 DAC 的主要技术指标有哪些？ADC 的分辨率和精度是一样的吗？

2. 多于 8 位的 DAC 与 8 位微处理器接口时为什么要采用双组缓冲器结构？结合图 8-2 分析 DAC 输出产生"毛刺"的原因及消除的方法。

3. 在 8051 单片机外部扩展一片数/模转换器 DAC0832，利用 DAC0832 的输出控制 4 台直流电动机运转，要求每台电动机的转速各不相同。画出硬件原理电路图，写出相应的程序。

4. 在 8051 单片机外部扩展一片数/模转换器 DAC0832，利用 DAC0832 的输出产生阶梯波，要求阶梯波的台阶电压ΔV=39mV，波形的起始电压为 2V，终止电压为 5V。画出硬件原理电路图，写出相应的程序。

5. 试利用上题的原理电路，编写一个梯形波程序。

6. 简述串行 D/A 转换器 MAX517 的工作原理，画出它的工作时序图。

7. 在 8051 单片机外部扩展一片串行 D/A 转换器 MAX517，画出硬件原理电路图，写出相应的程序。

8．分析比较式 ADC 的工作原理。

9．在 8051 单片机外部扩展一片模/数转换器 ADC0809，其接口地址为 7FFFH，画出硬件原理电路图，分别编写以查询方式和中断方式工作的 A/D 转换程序。

10．分析双积分式 ADC 的工作原理。

11．设计一个用单片机 8051 和 ICL7135 芯片实现的双积分 ADC 接口，并编写出 A/D 转换程序。

12．分析三积分式 ADC 的工作原理并说明这种 ADC 有何优点。

13．简述串行 A/D 转换器 TLC549 的工作原理，画出它的工作时序图。

14．在 8051 单片机外部扩展一片 A/D 转换器 TLC549，画出硬件原理电路图，写出相应的程序。

第9章 键盘与显示器接口技术

9.1 LED 显示器接口技术

发光二极管（Light Emitting Diode，LED）是单片机应用系统中简单而常用的输出设备，通常用来指示机器的状态或其他信息。它的优点是：价格低，寿命长，对电压电流的要求低及容易实现多路等，因而在单片机应用系统中获得了广泛应用。

LED 是近似于恒压的组件，导电时（发光）的正向压降一般约为 1.6V 或 2.4V 左右；反向击穿电压一般≥5V。工作电流通常在 10～20mA 之间，故电路中需串联适当的限流电阻。发光强度基本上与正向电流成正比。发光效率和颜色取决于制造的材料，一般常用红色，偶尔也用黄色或绿色。多个 LED 可接成共阳极或共阴极形式，图 9-1 所示为 LED 共阳极连接，通过驱动器接到系统的并行输出口上，由 CPU 输出适当的代码来点亮或熄灭相应的 LED。

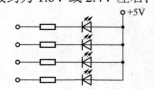

图 9-1 LED 的共阳极连接

发光二极管显示器驱动（点亮）的方法有两种。一种是静态驱动法，即给欲点亮的 LED 通以恒定的定流。这种驱动方法要有寄存器、译码器、驱动电路等逻辑部件。当需要显示的位数增加时，所需的逻辑部件及连线也相应增加，成本也增加；另一种是动态驱动方法，这种方法是给欲点亮的 LED 通以脉冲电流，此时 LED 的亮度是通断的平均亮度。为保证亮度，通过 LED 的脉冲电流应数倍于其额定电流值。利用动态驱动法可以减少需要的逻辑部件和连线，单片机应用系统中常采用动态驱动方法。

9.1.1 7 段 LED 数码显示器

最常用的一种数码显示器是由 7 段条形的 LED 组成，如图 9-2 所示。点亮适当的字段，就可显示出不同的数字。此外，不少 7 段数码显示器在右下角带有一个圆形的 LED 作小数点用，这样一共有 8 段，恰好适用于 8 位的并行系统。

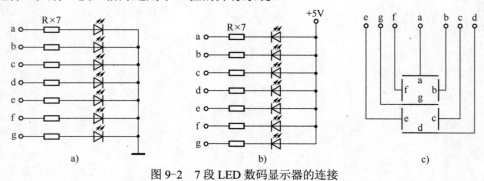

图 9-2 7 段 LED 数码显示器的连接

a) 共阴极接法 b) 共阳极接法 c) 7 段 LED 数码显示器内部段的排列

图 9-2a 为共阴极接法，公共阴极接地，当各段阳极上的电平为"1"时，该段点亮，电平为"0"时，段就熄灭；图 9-2b 为共阳极接法，公共阳极接+5V 电源，当各段阴极上的电平为"0"时，该段就点亮，电平为"1"时，段就熄灭。图中 R 是限流电阻。图 9-2c 为 7 段 LED 数码显示器内部段的排列。

为了在 7 段 LED 上显示不同的数字或字符，首先要把数字或字符转换成相应的段码（又称字形码），由于电路接法不同，形成的段码也不相同，见表 9-1。

表 9-1　7 段数码显示器的段码表

存储器地址	显示数字	$D_7 D_6 D_5 D_4 D_3 D_2 D_1 D_0$ g f e d c b a	共阴极接法 段码（十六进制数）	共阳极接法 段码（十六进制数）
SEG	0	0 0 1 1 1 1 1 1	3F	40
SEG+1	1	0 0 0 0 0 1 1 0	06	79
SEG+2	2	0 1 0 1 1 0 1 1	5B	24
SEG+3	3	0 1 0 0 1 1 1 1	4F	30
SEG+4	4	0 1 1 0 0 1 1 0	66	19
SEG+5	5	0 1 1 0 1 1 0 1	6D	12
SEG+6	6	0 1 1 1 1 1 0 1	7D	02
SEG+7	7	0 0 0 0 0 1 1 1	07	78
SEG+8	8	0 1 1 1 1 1 1 1	7F	00
SEG+9	9	0 1 1 0 0 1 1 1	67	18
SEG+10	A	0 1 1 1 0 1 1 1	77	08
SEG+11	B	0 1 1 1 1 1 0 0	7C	03
SEG+12	C	0 0 1 1 1 0 0 1	39	46
SEG+13	D	0 1 0 1 1 1 1 0	5E	21
SEG+14	E	0 1 1 1 1 0 0 1	79	06
SEG+15	F	0 1 1 1 0 0 0 1	71	0E

将显示数字或字符转换成段码的过程可以通过硬件译码或软件译码来实现。图 9-3 所示为采用硬件译码 BCD 数码显示器与 8051 单片机的接口电路。这种显示器内部集成了硬件段译码器，能自动将输入的 BCD 数转换成 7 段 LED 段码，直接点亮显示器的段。执行例 9-1 程序可以看到数码管循环显示数字"12345678"，例 9-2 是采用 C 语言编写的驱动程序。

【例 9-1】　BCD 数码管汇编语言驱动程序。

```
            ORG     0000H
START:      MOV     P0,#12H        ;从 P0 口输出 BCD 码 12
            LCALL   DELAY          ;延时
            MOV     P0,#34H        ;从 P0 口输出 BCD 码 34
            LCALL   DELAY
            MOV     P0,#56H        ;从 P0 口输出 BCD 码 56
            LCALL   DELAY
            MOV     P0,#78H        ;从 P0 口输出 BCD 码 78
```

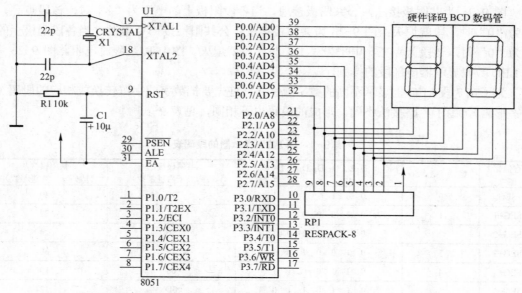

图 9-3 采用硬件译码 BCD 数码显示器与 8051 单片机的接口电路

```
          LCALL    DELAY
          SJMP     START          ;循环
DELAY:    MOV      R5,#20         ;延时子程序
D2:       MOV      R6,#80
D1:       MOV      R7,#248
          DJNZ     R7,$
          DJNZ     R6,D1
          DJNZ     R5,D2
          RET
          END
```

【例 9-2】 BCD 数码管 C 语言驱动程序。

```
#include<reg52.h>
/******************** 延时函数 **************************/
void delay( ){
     unsigned int i;
     for(i=0;i<35000;i++);
}

/******************** 主函数 **************************/
main( ){
     while(1){
          P0=0x12; delay( );     //从 P0 口输出 BCD 码 12
          P0=0x34; delay( );     //从 P0 口输出 BCD 码 34
          P0=0x56; delay( );     //从 P0 口输出 BCD 码 56
          P0=0x78; delay( );     //从 P0 口输出 BCD 码 78
     }
}
```

带有硬件译码器的 BCD 数码管驱动简单,但价格较高,如果要显示多位数字或字符时,采用图 9-3 所示的接口,无论从成本还是从耗电量来说都是不太合适。为此可以采用普通 7 段 LED 数码管,根据数码管的连接方式排出如表 9-1 所列的显示段码表,在驱动程序中利用软件查表方式进行译码。图 9-4 所示为单个 7 段 LED 数码管与 8051 单片机的接口电路,例 9-3 为汇编语言编写的软件译码驱动程序,例 9-4 为 C 语言驱动程序。

【例 9-3】 单个数码管软件译码汇编语言驱动程序。

```
              ORG     0000H
START:  MOV     DPTR,#TABLE          ;DPTR 指向段码表首地址
S1:     MOV     A,#00H
        MOVC    A,@A+DPTR            ;查表取得段码
        CJNE    A,#01H,S2           ;判断段码是否为结束符
        SJMP    START
S2:     MOV     P0,A                ;段码送数码管显示
        LCALL   DELAY               ;延时
        INC     DPTR
        SJMP    S1
DELAY:  MOV     R5,#20              ;延时子程序
D2:     MOV     R6,#20
D1:     MOV     R7,#248
        DJNZ    R7,$
        DJNZ    R6,D1
        DJNZ    R5,D2
        RET
TABLE:  DB   3FH, 06H, 5BH, 4FH, 66H, 6DH, 7DH, 07H, 7FH, 6FH    ;段码表
        DB   01H                                    ;结束符
        END
```

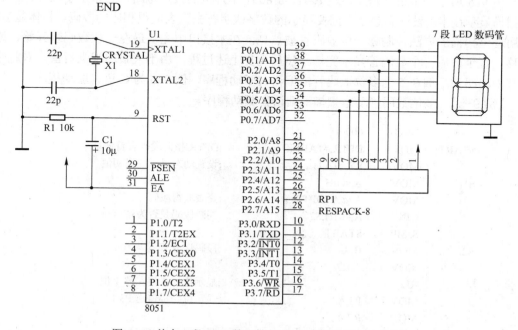

图 9-4　单个 7 段 LED 数码管与 8051 单片机的接口电路

【例 9-4】 单个数码管软件译码 C 语言驱动程序。

```c
#include<reg52.h>
#define uchar unsigned char
#define uint unsigned int

uchar code SEG[]={0x3f,0x06,0x5b,0x4f,0x66, //段码表
                  0x6d,0x7d,0x07,0x7f,0x6f};

/********************** 延时函数 ****************************/
void delay( ){
    uint i;
    for(i=0;i<35000;i++);
}

/********************** 主函数 ****************************/
main( ){
    while(1){
        uchar i;
        for(i=0;i<10;i++){
            P0=table[i];
            delay( );
        }
    }
}
```

图 9-5 所示为多位 7 段 LED 数码管与 8051 单片机的接口电路，它采用了软件译码和动态扫描显示技术。设计思想是根据要显示的数字或字符去查表取得相应的段码，具体显示时，采用逐位扫描的方法控制哪一位数码管被点亮，在本接口中先从最左一位数码管开始，逐个左移，直至最后一个数码管显示完毕，然后重复上述过程，由于人眼的视觉暂留，看起来不会有闪动感觉。例 9-5 为多位数码管汇编语言驱动程序，例 9-6 为 C 语言驱动程序。

【例 9-5】 多位数码管动态扫描汇编语言驱动程序。

```
        ORG     0000H
START:  MOV     DPTR,#TABLE     ;DPTR 指向段码表首地址
        MOV     R7,#07FH        ;设置动态显示扫描初值
S1:     MOV     A,#00H
        MOVC    A,@A+DPTR       ;查表取得段码
        CJNE    A,#01H,S2       ;判断段码是否为结束符
        SJMP    START
S2:     MOV     B,A             ;段码送 B 保存
        MOV     A,R7
        RL      A               ;显示位扫描值左移 1 位
        MOV     P3,A            ;显示位扫描值送 P3 口
        MOV     R7,A
        MOV     P0,B            ;显示段码送 P0 显示
```

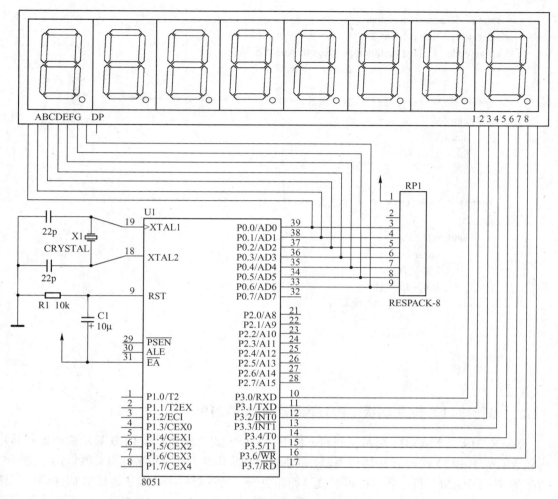

图 9-5 多位 7 段 LED 数码管与 8051 单片机的接口电路

```
          LCALL    DELAY                              ;延时
          INC      DPTR
          SJMP     S1
DELAY:    MOV      R5,#20                             ;延时子程序
D2:       MOV      R6,#20
D1:       NOP
          DJNZ     R6,D1
          DJNZ     R5,D2
          RET
TABLE:    DB   3FH,06H,5BH,4FH,66H,6DH,7DH,07H        ;段码表
          DB   01H                                    ;结束符
          END
```

【例 9-6】 多位数码管动态扫描 C 语言驱动程序。

```
#include<reg52.h>
#include<intrins.h>
```

```
#define uchar unsigned char
#define uint unsigned int
uchar code SEG[]={0x3f,0x06,0x5b,0x4f,0x66, //段码表
                  0x6d,0x7d,0x07,0x7f,0x6f};

/********************* 延时函数 ***************************/
void delay( ){
    uint i;
    for(i=0;i<1000;i++);
}

/********************* 主函数 ***************************/
main( ){
    while(1){
        uchar i;
        P3=0x7f;
        for(i=0;i<8;i++){
            P3=_crol_(P3,1);
            P0= SEG[i];
            delay( );
        }
    }
}
```

9.1.2　串行接口 8 位共阴极 LED 驱动器 MAX7219

MAX7219 是 MAXIM 公司生产的一种串行接口方式 7 段共阴极 LED 显示驱动器，其片内包含有一个 BCD 码到 B 码的译码器、多路复用扫描电路、字段和字位驱动器以及存储每个数字的 8×8 RAM，每位数字都可以被寻址和更新，允许对每一位数字选择 B 码译码或不译码。采用三线串行方式与单片机接口，电路十分简单，只需要一个 10kΩ 左右的外接电阻来设置所有 LED 的段电流。

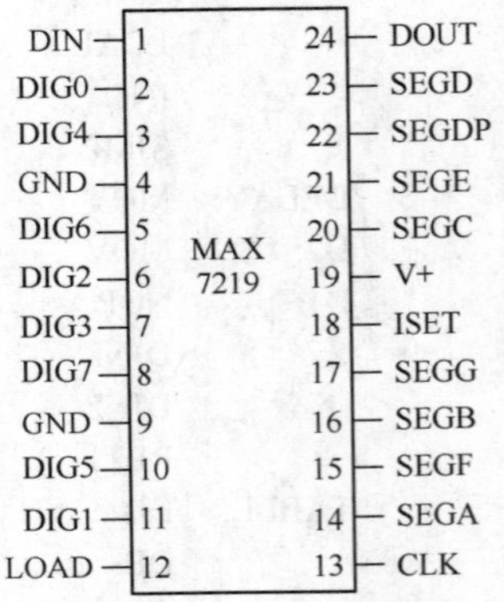

MAX7219 的引脚排列如图 9-6 所示。各引脚功能如下：

DIN：串行数据输入。在 CLK 时钟的上升沿，串行数据被移入内部移位寄存器，移入时高位在前。

DIG0～7：8 根字位驱动引脚。它从 LED 显示器吸入电流。

GND：地。两根 GND 引脚必须相连。

CLK：时钟输入。它是串行数据输入时所需的移位脉冲。最高时钟频率为 10MHz，在 CLK 的上升沿串行数据被移入内部移位寄存器，在 CLK 的下降沿数据从 DOUT 移出。

图 9-6　MAX7219 的引脚排列

SEGA～G,DP：7 段和小数点驱动输出，它提供 LED 显示器源电流。

ISET：通过一个 10kΩ 电阻 R_{SET} 接到 V+，以设置峰值段电流。

V+：+5V 电源电压。

DOUT：串行数据输出。输入到 DIN 的数据经过 16.5 个时钟周期后，在 DOUT 端有效。

MAX7219 采用串行数据传输方式，由 16 位数据包发送到 DIN 引脚的串行数据，在每个 CLK 的上升沿被移入到内部 16 位移位寄存器中，然后在 LOAD 的上升沿将数据锁存到数字或控制寄存器中。LOAD 信号必须在第 16 个时钟上升沿同时或之后、但在下一个时钟上升沿之前变高，否则将会丢失数据。DIN 端的数据通过移位寄存器传送，并在 16.5 个时钟周期后出现在 DOUT 端。DOUT 端的数据在 CLK 的下降沿输出，串行数据以 16 位为一帧，其中 D15～D12 可以任意，D11～D8 为内部寄存器地址，D7～D0 为寄存器数据，格式如表 9-2 所列。

表 9-2 MAX7219 的串行数据格式

D15	D14	D13	D12	D11	D10	D9	D8	D7	D6	D5	D4	D3	D2	D1	D0
×	×	×	×	地址				MSB			数	据		LSB	

MAX7219 的数据传输时序如图 9-7 所示。

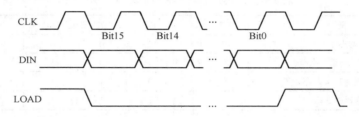

图 9-7 MAX7219 的数据传输时序

MAX7219 具有 14 个可寻址的内部数字和控制寄存器，8 个数字寄存器由一个片内 8×8 双端口 SRAM 实现，它们可以直接寻址，因此可以对单个数字进行更新，并且只要 V+超过 2V，数据就可以保留下去。控制寄存器有 5 个，分别为译码方式、显示亮度、扫描界限（扫描数位的个数）、停机和显示测试。另外还有一个空操作寄存器（NO-OP），在不改变显示或影响任一控制寄存器的条件下器件级联时，它允许数据从 DIN 传送到 DOUT。表 9-3 所列为 MAX7219 的内部寄存器及其地址。

表 9-3 MAX7219 的内部寄存器及其地址

寄存器	地 址						十六进制代码
	D15～D12	D11	D10	D9	D8		
NO-OP	×	0	0	0	0		×0H
数字 0	×	0	0	0	1		×1H
数字 1	×	0	0	1	0		×2H
数字 2	×	0	0	1	1		×3H
数字 3	×	0	1	0	0		×4H
数字 4	×	0	1	0	1		×5H
数字 5	×	0	1	1	0		×6H
数字 6	×	0	1	1	1		×7H

（续）

寄存器	地 址					十六进制代码
	D15～D12	D11	D10	D9	D8	
数字 7	×	1	0	0	0	×8H
译码方式	×	1	0	0	1	×9H
亮度	×	1	0	1	0	×AH
扫描界限	×	1	0	1	1	×BH
停机	×	1	1	0	0	×CH
显示测试	×	1	1	1	1	×FH

下面以表格形式对 MAX7219 内部寄存器中不同数据所表示的含义说明如下。表 9-4 所列为译码方式寄存器中数据的含义，从表中可见，寄存器中的每一位与一个数字位相对应，逻辑高电平选择 B 码译码，而逻辑低电平则旁路译码器。

表 9-4　译码方式寄存器（地址 = ×9H）

含　义	D7	D6	D5	D4	D3	D2	D1	D0	十六进制代码
7～0 位均不译码	0	0	0	0	0	0	0	0	00H
0 位译成 B 码，7～1 均不译码	0	0	0	0	0	0	0	1	01H
3～0 位译成 B 码，7～4 均不译码	0	0	0	0	1	1	1	1	0FH
7～0 位均译成 B 码	1	1	1	1	1	1	1	1	FFH

MAX7219 可用 V+和 ISET 之间所接外部电阻 R_{SET} 来控制显示亮度。来自段驱动器的峰值电流通常为进入 ISET 电流的 100 倍。R_{SET} 既可为固定电阻，也可为可变电阻，以提供来自面板的亮度调节，其最小值为 9.52kΩ。段电流的数字控制由内部脉宽调制 DAC 控制，该 DAC 通过亮度寄存器向低 4 位加载，该 DAC 将平均峰值电流按 16 级比例设计，从 R_{SET} 设置峰值电流的 31/32 的最大值到 1/32 的最小值，如表 9-5 所列，最大亮度出现在占空比为 31/32 时。

表 9-5　亮度寄存器（地址 = ×AH）

占空比（亮度）	D7	D6	D5	D4	D3	D2	D1	D0	十六进制代码
1/32（最小亮度）	×	×	×	×	0	0	0	0	×0H
3/32	×	×	×	×	0	0	0	1	×1H
5/32	×	×	×	×	0	0	1	0	×2H
…				…					…
29/32	×	×	×	×	1	1	1	0	×EH
31/32（最大亮度）	×	×	×	×	1	1	1	1	×FH

扫描界限寄存器用于设置所显示的数字位，可以从 1 到 8。通常以扫描速率为 1300Hz、8 位数字、多路方式显示。因为所扫描数字的多少会影响显示亮度，所以要注意调整。如果扫描界限寄存器被设置为 3 个数字或更少，各数字驱动器将消耗过量的功率。因此 R_{SET} 电阻的值必须按所显示数字的位数多少适当调整，以限制各个数字驱动器的功耗。表 9-6 所列为扫描界限寄存器中数据的含义。

表 9-6　扫描界限寄存器（地址=×BH）

显示数字位	D7	D6	D5	D4	D3	D2	D1	D0	十六进制代码
只显示第 0 位数字	×	×	×	×	×	0	0	0	×0H
显示第 0 位~第 1 位数字	×	×	×	×	×	0	0	1	×1H
显示第 0 位~第 2 位数字	×	×	×	×	×	0	1	0	×2H
…				…					…
显示第 0 位~第 6 位数字	×	×	×	×	×	0	1	1	×6H
显示第 0 位~第 7 位数字	×	×	×	×	×	1	1	1	×7H

当 MAX7219 处于停机方式时，扫描振荡器停止工作，所有的段电流源被拉到地，而所有的位驱动器被拉到 V+，此时 LED 将不显示。在数字和控制寄存器中的数据保持不变。停机方式可用于节省功耗或使 LED 处于闪烁。MAX7219 退出停机方式的时间不到 250μs，在停机方式下，显示驱动器还可以进行编程，停机方式可以被显示测试功能取消。表 9-7 所列为停机寄存器中数据的含义。

表 9-7　停机寄存器（地址=×CH）

工 作 方 式	D7	D6	D5	D4	D3	D2	D1	D0	十六进制代码
停机	×	×	×	×	×	×	×	0	×0H
正常	×	×	×	×	×	×	×	1	×1H

显示测试寄存器有两种工作方式：正常和显示测试。在显示测试方式下 8 位数字被扫描，占空比为 31/32，通过不考虑（但不改变）所有控制寄存器和数据寄存器（包括停机寄存器）内的控制字来接通所有的 LED 显示器。表 9-8 所列为显示测试寄存器中数据的含义。

表 9-8　显示测试寄存器（地址=×FH）

工 作 方 式	D7	D6	D5	D4	D3	D2	D1	D0	十六进制代码
正常	×	×	×	×	×	×	×	0	×0H
显示测试	×	×	×	×	×	×	×	1	×1H

数字 0~7 寄存器受译码方式寄存器的控制：译码或不译码。数字寄存器可将 BCD 码译成 B 码（0~9、-、E、H、L、P），如表 9-9 所列。如果不译码，则数字寄存器中数据的 D6~D0 位分别对应 7 段 LED 显示器的 A~G 段，D7 位对应 LED 的小数点 DP，某一位数据为 1，则点亮与该位对应的 LED 段；数据为 0，则熄灭该段。

表 9-9　数字 0~7 寄存器（地址=×1H~×8H）

7 段字形	寄存器数据						点 亮 段							
	D7	D6~D4	D3	D2	D1	D0	DP	A	B	C	D	E	F	G
0	×		0	0	0	0		1	1	1	1	1	1	0
1	×		0	0	0	1		0	1	1	0	0	0	0
2	×		0	0	1	0		1	1	0	1	1	0	1
3	×		0	0	1	1		1	1	1	1	0	0	1

（续）

7段字形	寄存器数据						点 亮 段							
	D7	D6~D4	D3	D2	D1	D0	DP	A	B	C	D	E	F	G
4	×		0	1	0	0	0	0	1	1	0	0	1	1
5	×		0	1	0	1	0	1	0	1	1	0	1	1
6	×		0	1	1	0	0	1	0	1	1	1	1	1
7	×		0	1	1	1	0	1	1	1	0	0	0	0
8	×		1	0	0	0	0	1	1	1	1	1	1	1
9	×		1	0	0	1	0	1	1	1	1	0	1	1
-	×		1	0	1	0	0	0	0	0	0	0	0	1
E	×		1	0	1	1	0	1	0	0	1	1	1	1
H	×		1	1	0	0	0	0	1	1	0	1	1	1
L	×		1	1	0	1	0	0	0	0	1	1	1	0
P	×		1	1	1	0	0	1	1	0	0	1	1	1
暗	×		1	1	1	1	0	0	0	0	0	0	0	0

注：小数点 DP 由 D7 位控制，D7=1 点亮小数点。

MAX7219 可以级联使用，这时需要用到空操作寄存器（NO-OP），空操作寄存器的地址为×0H。将所有级联器件的 LOAD 端连在一起，将 DOUT 端连接到相邻 MAX7219 的 DIN 端。例如，将 4 个 MAX7219 级联使用，那么要对第 4 片 MAX7219 写入时，发送所需要的 16 位字，其后跟 3 个空操作代码（×0××），当 LOAD 变高时，数据被锁存在所有器件中。前 3 个芯片接受空操作指令，而第 4 个芯片将接受预期的数据。

图 9-8 所示为 MAX7219 与 8051 单片机的一种接口，8051 的 P3.5 连到 MAX7219 的 DIN 端，P3.6 连到 LOAD 端，P3.7 连到 CLK 端，采用软件模拟方式产生 MAX7219 所需的工作时序。例 9-7 为根据图 9-8 所设计的 MAX7219 汇编语言显示驱动程序，例 9-8 为 C 语言驱动程序，程序执行后在 LED 上显示 8051 字样。

【例 9-7】 MAX7219 汇编语言显示驱动程序。

```
            DIN    BIT  P3.5       ;定义 I/O 口
            LOAD   BIT  P3.6
            CLK    BIT  P3.7
            ORG 0000H              ;复位入口
            LJMP MAIN
            ORG 0030H              ;主程序起始地址
      MAIN: MOV SP,#60H            ;设置堆栈指针
            MOV R7,#0AH            ;亮度寄存器
            MOV R5,#07H            ;亮度值
            LCALL DINPUT           ;调用 MAX7219 命令写入子程序
            MOV R7,#0BH            ;扫描界限寄存器
            MOV R5,#07H            ;显示 8 位数字
            LCALL DINPUT           ;调用 MAX7219 命令写入子程序
            MOV R7,#09H            ;译码方式寄存器
            MOV R5,#0FFH           ;#0FFH=7～0 位均译为 B 码, #00=不译码
            LCALL DINPUT           ;调用 MAX7219 命令写入子程序
```

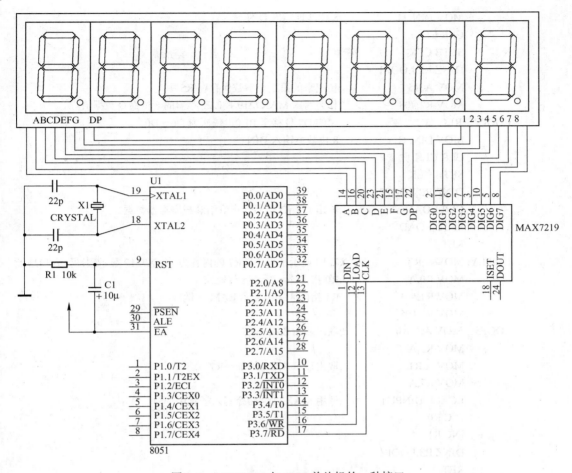

图 9-8　MAX7219 与 8051 单片机的一种接口

```
        MOV R7,#0CH            ;停机寄存器
        MOV R5,#01H            ;正常工作
        LCALL DINPUT          ;调用 MAX7219 命令写入子程序
        MOV 30H,#0FFH         ;30H~37H 为显示缓冲区
        MOV 31H,#0FFH
        MOV 32H,#08H          ;显示..8051..
        MOV 33H,#00H
        MOV 34H,#05H
        MOV 35H,#01H
        MOV 36H,#0FFH
        MOV 37H,#0FFH
        MOV R7,#30H
        LCALL DISPLY          ;调用 MAX7219 显示子程序
        SJMP $
DINPUT: MOV A,R7              ;MAX7219 命令写入子程序，传递来的第 1 个参数保存在 R7 中
        MOV R2,#08            ;作为 MAX7219 控制寄存器的 8 位地址值
LOOP1:  RLC A                 ;A 的 D7 位移至 DIN，依次为 D6~D0
```

```
            MOV DIN, C           ;8 位地址输入 DIN
            CLR CLK
            SETB CLK
            DJNZ R2,LOOP1
            MOV A,R5             ;传递来的第 2 个参数保存在 R5 中
            MOV R2,#08           ;作为写入 MAX7219 控制寄存器的 8 位命令数据值
LOOP2:  RLC A                    ;A 的 D7 位移至 P1.0，依次为 D6~D0
            MOV DIN, C           ;8 位数据输入 DIN
            CLR CLK
            SETB CLK
            DJNZ R2,LOOP2
            CLR LOAD             ;输出 LOAD 信号，上升沿装载寄存器数据
            SETB LOAD
            RET
DISPLY: MOV A,R7                 ;MAX7219 显示子程序，R7 的内容为 MAX7219 显示缓冲区入口地址
            MOV R0,A             ;R0 指向显示缓冲区首地址
            MOV R1,#01           ;R1 指向 8 字节显示 RAM 首地址
            MOV R3,#08
LOOP3:  MOV A,@R0                ;取出显示数据→R5
            MOV R5,A
            MOV A,R1             ;取出显示 RAM 地址→R7
            MOV R7,A
            LCALL DINPUT         ;调用 MAX7219 命令写入子程序
            INC R0
            INC R1
            DJNZ R3,LOOP3
            RET
        END
```

【例 9-8】 MAX7219 的 C 语言显示驱动程序。

```c
#include <reg51.h>
#define uchar unsigned char
#define uint unsigned int

sbit DIN = 0xB5;
sbit LOAD = 0xB6;
sbit CLK = 0xB7;

uchar code LED_code_09[10]=            //定义显示数字 0~9 数组
    {0x7E,0x30,0x6D,0x79,0x33,0x5B,0x5F,0x70,0x7F,0x7B};
uint code LED_code_L07[8]=             //定义显示位置 L0~L3 数组
    {0x0100,0x0200,0x0300,0x0400,0x0500,0x0600,0x0700,0x0800};

/********************* 向 MAX7219 发送命令函数 *********************/
void sent_LED( uint n ){
```

```
        uint i;
        i = (uchar)( n );
        CLK = 0; LOAD = 0; DIN = 0;
        for ( i=0x8000; i>=0x0001; i=i>>1){
                if ( ( n & i ) == 0 ) DIN = 0; else DIN = 1;
                CLK = 1; CLK = 0;
        }
        LOAD = 1;
}


/********************** MAX7219 初始化函数 **********************/
void MAX7219_init( ){
    sent_LED( 0x0C01 );          //置 LED 为正常状态
    sent_LED( 0x0A04 );          //置 LED 亮度为 9/32
    sent_LED( 0x0B07 );          //置 LED 扫描范围 DIGIT0～7
    sent_LED( 0x0900 );          //置 LED 显示为不译码方式
}


/* 清除 MAX7219 函数  */
void cls( ){
    uint      i;
    for (i=0x0100; i<=0x0800; i+=0x0100 ) sent_LED( i );
}



/*************************** 数字显示函数 ***************************
参数:        H 显示位置 0-7 [7][6][5][4][3][2][1][0]
             n 显示数值 0-9
             DP 显示小数点  1xxxxxxx :ON/0xxxxxxx:OFF
返回值: 无
*******************************************************************/
void disp_09( uchar H, uchar n ){
    if(( n & 0x80 ) == 0 ){
        sent_LED( LED_code_L07[ H ] | LED_code_09[ n ] );
    }
    else{
        sent_LED( LED_code_L07[ H ] | LED_code_09[ n & 0x7F ] | 0x80 );
    }
}


/*************************** 主函数 ***************************/
void main( ){
    MAX7219_init( );
    cls( );
    disp_09( 0x07,0xff);disp_09( 0x06,0xff);
```

```
disp_09( 0x05,0x01);disp_09( 0x04,0x05);
disp_09( 0x03,0x00);disp_09( 0x02,0x08);
disp_09( 0x01,0xff);disp_09( 0x00,0xff);
while(1);
}
```

9.2　键盘接口技术

键盘是由一组按压式或触摸式开关构成的阵列，键盘的设置由应用系统具体功能来决定。键盘可分为编码式键盘和非编码式键盘。编码键盘能够由硬件自动提供与被按键对应的其他编码，它需要采用较多的硬件，价格较贵。非编码键盘仅提供行和列组成的矩阵，其硬件逻辑与按键编码不存在严格对应关系，而要由软件程序来确定。非编码键盘的硬件接口简单，但是要占用较多的 CPU 时间。

任何键盘接口均要解决下述三个主要问题：

1. 按键识别

决定是否有键被按下，如有，则识别键盘中与被按键对应的编码。关于按键识别方法后面还要详细讨论。

2. 反弹跳

当按键开关的触点闭合或断开到其稳定，会产生一个短暂的抖动和弹跳，如图 9-9a 所示，这是机械式开关的一个共同性问题。消除由于键抖动和弹跳产生的干扰可采用硬件方法，也可采用软件延迟的方法。通常在键数较少时采用硬件方法，如可采用图 9-9b 所示的 R-S 触发器。当键数较多（16 个以上）时，则经常用软件延时的方法来反弹跳，如图 9-10 流程图所示。当检出有键按下后，先执行一个反颤延时 20ms 的子程序，待前沿弹跳消失后再转入键闭合 CLOSE 子程序。然后再判断此次按键是否松开，如果没有，则进行等待；若已松开，则又执行一次延时 20ms 的子程序以消除后沿弹跳的影响，才能再去检测下次按键的闭合。

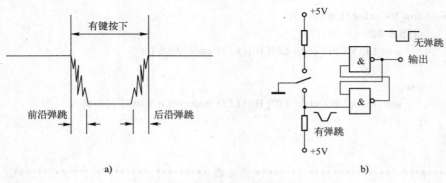

图 9-9　按键弹跳及反弹跳电路

a) 按键弹跳　b) 反弹跳电路

3．串键保护

由于操作不慎，可能会造成同时有几个键被按下，这种情况称为串键。有三种处理串键的技术：两键同时按下、n 键同时按下和 n 键锁定。

"两键同时按下"技术是在两个键同时按下时产生保护作用。最简单的办法是：当只有一个键按下时才读取键盘的输出，最后仍被按下的键是有效的正确按键。当用软件扫描键盘时常采用这种方法。另一种方法是：当第一个按键未松开时，按第二个键不产生选通信号。这种方法常借助硬件来实现。

"n 键同时按下"技术或者不理会所有被按下的键，直至只剩下一键按下时为止，或者将所有按键的信息都存入内部缓冲器中，然后逐个处理，这种方法成本较高。

"n 键锁定"技术只处理一个键，任何其他按下又松开的键不产生任何码。通常第一个被按下或最后一个松开的键产生码。这种方法最简单，也最常用。

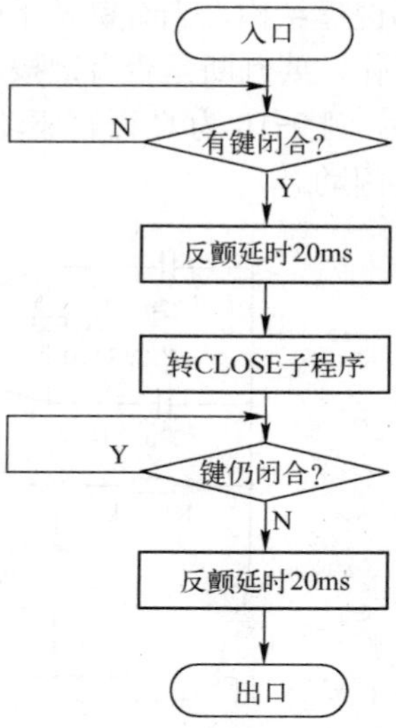

图 9-10 软件反颤及单次键入判断流程图

9.2.1 编码键盘接口技术

键盘接口的这些任务可用硬件或软件来完成，相应地出现了两大类键盘，即编码键盘和非编码键盘。编码键盘的基本任务是识别按键，提供按键读数。一个高质量的编码键盘应具有反弹跳，处理同时按键等功能。目前已有用 LSI 技术制成的专用编码键盘接口芯片。当按下某一按键时，该芯片能自动给出相应的编码信息，并可消除弹跳的影响，这样可使仪表设计者免除一部分软件编程，并可使 CPU 减轻用软件去扫描键盘的负担，提高 CPU 的利用率。

最简单的编码键盘接口采用普通的编码器。图 9-11a 所示为采用 8-3 编码器（74148）作键盘编码器的静态编码键盘接口电路。每按一个键，在 A_2、A_1、A_0 端输出相应的按键读数，真值表列于图 9-11b。这种编码键盘不进行扫描，因而称为静态式编码器。缺点是：一个按键需用一条引线，因而当按键增多时，引线将很复杂。

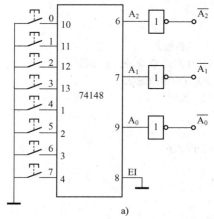

键	$\overline{A_2}$	$\overline{A_1}$	$\overline{A_0}$
0	0	0	0
1	0	0	1
2	0	1	0
3	0	1	1
4	1	0	0
5	1	0	1
6	1	1	0
7	1	1	1

a)   b)

图 9-11 静态式编码键盘接口

a) 接口电路 b) 真值表

图 9-12 所示为利用 8051 单片机 I/O 端口实现的独立式键盘接口，这是一种最简单的编码键盘结构，当有键按下时，从单片机相应端口引脚可以输入固定的电平值。采用查询方式工作，要判断是否有键按下，用位处理指令十分方便。例 9-9 为这种键盘的汇编语言驱动程序，例 9-10 为 C 语言驱动程序，执行后可以看见接到 P0 口上的 LED 指示灯会随着按键压下而闪动。

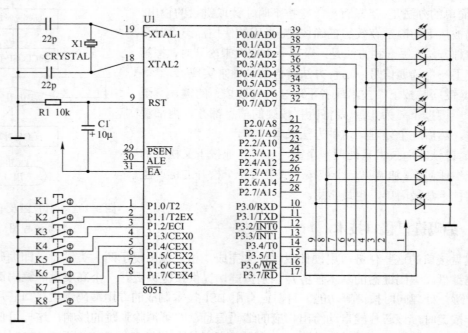

图 9-12　利用 8051 单片机 I/O 端口实现的独立式键盘接口

【例 9-9】　用 I/O 端口实现的独立键盘汇编语言驱动程序。

```
        ORG 0000H
START:  LJMP MAIN
        ORG 0030H
MAIN:   MOV SP,#60H
LOOP:   MOV     P1,#0FFH        ;P1 口准备输入
        MOV     A,P1            ;读取 P1 口，查询是否有键按下
        MOV     P0,A            ;从 P0 口输出按键状态
        LCALL   DELAY           ;延时，反弹跳
        MOV     P1,#0FFH
        SJMP    LOOP
DELAY:  MOV     R5,#50H         ;延时子程序
D2:     MOV     R6,#0F0H
D1:     NOP
        DJNZ    R6,D1
        DJNZ    R5,D2
        RET
        END
```

【例 9-10】 用 I/O 端口实现的独立键盘 C 语言驱动程序。

```
#include<reg52.h>
#define uchar unsigned char
#define uint unsigned int

void delay( ){                    //延时
    unsigned int i;
    for(i=0;i<5000;i++);
}

void main( ){
    uint temp;
    P1=0xff;
    while(1){
        temp=P1 & 0xff;
        P0=temp;
        delay( );
        P1=0xff;
    }
}
```

9.2.2 非编码键盘接口技术

非编码键盘大都采用按行、列排列的矩阵开关结构，这种结构可以减少硬件和连线。图 9-13 所示为 4×4 非编码矩阵键盘的基本结构。

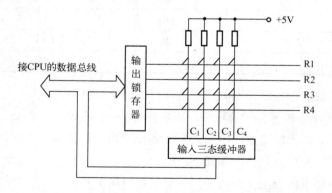

图 9-13 4×4 非编码矩阵键盘的基本结构

在图 9-13 所示的基本结构中，输出锁存器的 4 根输出线分别与键盘的行线相连，列线电平信号经输入缓冲器送入单片机，以进行按键识别。当输出锁存器的某一位为低电平时，位于该行的按键中若有一键被按下，则按下键的相应列线由于与行线短路而为低电平，否则为高电平。这样单片机就可以通过检查行线的输出电平和列线的输入电平来识别按键。矩阵键盘接口的设计思想是：把键盘既作为输入，又作为输出设备。按键识别有两种方法：一是行扫描（Row-Scanning）法；另一种是线反转（Line-Reverse）法。行扫描法是采用步进扫描方式，CPU 通过输出口把一个"步进的 0"逐行加至键盘的行线上，然后通过输入口检查列线的状态。由行线列线电平状态的组合来确定是否有键按下，并确定被按键所处的行、列位置。图 9-14 所示为 4×4 矩阵键盘的行扫描按键识别原理图。

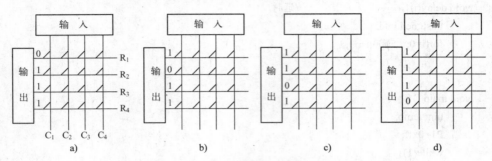

图 9-14　4×4 矩阵键盘的行扫描法按键识别原理图

a) 扫描第 1 行　b) 扫描第 2 行　c) 扫描第 3 行　d) 扫描第 4 行

表 9-10 列出了识别图 9-14 中按键位置与各行之间的关系。其中，R1、R2、R3、R4 表示行，C1、C2、C3、C4 表示列。当扫描第一行时，R1=0，若读入的列值 C1=0，则表明按键 K13 被压下，如果 C3=0，则表明按键 K15 被压下。第一行扫描完毕后再扫描第二行，逐行扫描至最后一行为止，即可识别出所有的按键。

表 9-10　键位与行列线关系表

R1	K13	K14	K15	K16
R2	K9	K10	K11	K12
R3	K5	K6	K7	K8
R4	K1	K2	K3	K4
	C1	C2	C3	C4

当采用行扫描法进行按键识别时，常用软件编程来提供串键保护，图 9-15 所示为串键保护流程图。基本思路是：当有多个键被压下时，不立即求取键值，而是重新回到按键识别直至只剩下一个键压下时为止。具体步骤如下：

1）CPU 通过输出锁存器在行线上送"0"，通过输入缓冲器检查列线是否有"0"状态，进行按键识别。

2）若检出有键压下，则转入逐行扫描（逐行送"0"），同时检测列线状态。

3）若列线上"0"的个数多于一时，说明有串键，程序返回第 2 步，扫描等待。

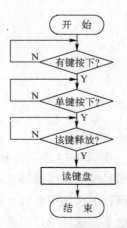

图 9-15　串键保护流程图

4）仅有一根列线为"0"时，产生相应按键代码。

线反转法是借助程控并行接口实现的，比行扫描法的速度快。图 9-16 所示为一个 4×4 键盘与并行接口实现的线反转法连接电路。

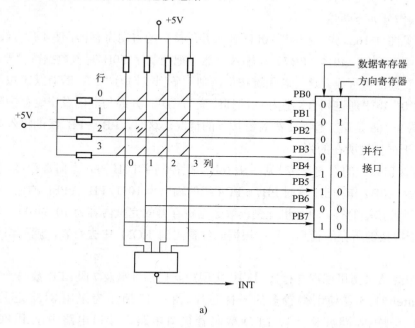

a)

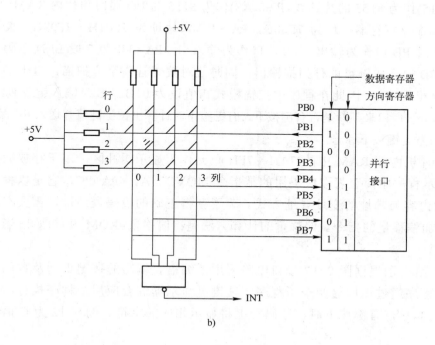

b)

图 9-16　线反转法矩阵键盘接口

并行接口有一个方向寄存器和一个数据寄存器，方向寄存器规定了接口总线的方向：寄存器的某位置"1"，规定该位口线为输出；寄存器的某位置"0"，规定该位口线为输入。线反转法的具体操作分如下两步。

第一步：（见图 9-16a）先把控制字 0FH 置入并行接口的方向寄存器，使 4 条行线（PB0～PB3）作输出，4 条列线（PB4～PB7）作输入。然后把控制字 F0H 写入数据寄存器，PB0～PB3 将输出"0"到键盘行线。这时若无键按下，则 4 条列线均为"1"；若有某键按下，则该键所在行线的"0"电平通过闭合键使相应的列线变为"0"，并经与非门发出键盘中断请求信号给单片机。图 9-16a 是第 2 行第 1 列有键按下的情况。这时，PB$_7$～PB$_4$ 线的输入为 1011，其中"0"对应于被按键所在的列。

第二步：使接口总线的方向反转（见图 9-16b），把控制字 F0H 写入方向寄存器，使 PB0～PB3 作输入，PB4～PB7 作输出。这时 PB7～PB4 线的输出为 1011，PB3～PB0 的输入为 1011，其中"0"对应于被按键的行。单片机此刻读取数据寄存器的完整内容为 10111011，其中两个"0"分别对应于被按键所在的行列位置。根据此位置码到 ROM 中去查表，就可识别是何键被按下。

实际应用中经常采用可编程并行接口芯片实现矩阵扫描键盘及 7 段 LED 数码管与单片机的接口功能，Intel 8155 是使用得较多的一种芯片。图 9-17 所示为采用 8155 芯片与 8051 单片机实现的一种矩阵键盘及 7 段 LED 数码管接口电路，接口电路中采用 8051 单片机的 P2.7(A15)作为 8155 的片选线，P2.0(A8)作为 8155 的 I/O 端口和片内 RAM 选择线，因此 8155 的命令寄存器地址为 7F00H，PA～PC 口地址为 7F01H～7F03H。编程设定 8155 的 PA 口、PB 口作为输出口，PC 口作为输入口。PA 口作为 7 段 LED 数码管的字形输出口，PB 口完成键盘的行扫描输出，同时又对数码管作字位扫描，由于字位驱动器 7404 为反相驱动器，因此在程序中扫描模式初值设为 01H。PC 口输入键盘列线状态，单片机通过读取 PC 口来判断是否有键按下，有键按下时计算出按键键值并送入 R4 保存，没有键按下则设置无键按下标志。

8051 单片机内部 RAM 中的 7AH～7FH 单元作为显示缓冲区，用于存放欲显示的数据。在显示程序中，查表取段码用的是指令 MOVC A，@A+PC，它是以程序计数器（PC）的内容为基址的变址寻址方式。为了获得正确的段码表地址，需要在此指令前面放一条加偏移量的指令。偏移量的计算方法是：偏移量=ROM 表首地址-当前查表指令地址-1。

例 9-11 给出了根据图 9-17 接口电路采用汇编语言编写的按键识别及数码管显示子程序，主程序通过调用这两个子程序实现键盘显示器综合应用，程序执行后数码管上显示"012345"，有键按下时，数码管上将显示相应的字符。例 9-12 为 C 语言驱动程序。

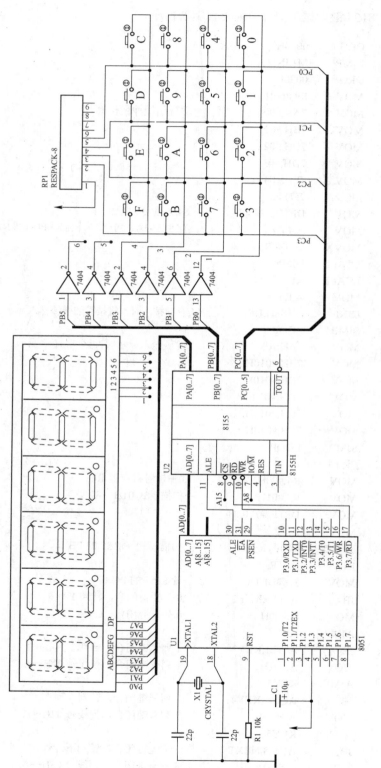

图 9-17 采用 8155 芯片与 8051 单片机实现的键盘显示接口电路

266

【例 9-11】 8155 键盘显示接口汇编语言驱动程序。

```
                ORG     0000H
START:  LJMP    MAIN
                ORG     0030H
MAIN:   MOV     SP,#60H
                MOV     7AH,#00             ;置显示缓冲区初值
                MOV     7BH,#01
                MOV     7CH,#02
                MOV     7DH,#03
                MOV     7EH,#04
                MOV     7FH,#05
                MOV     DPTR,#7F00H         ;8155 命令口地址
                MOV     A,#03H              ;置 8155PA、PB 口为输出，PC 口为输入
                MOVX    @DPTR,A
LOOP:   LCALL   DISP
                LCALL   KEY
                MOV     A,R4
                CJNE    A,#88H,DSP          ;有键按下时，将按键的键值送入显示缓冲区 7AH 单元
                SJMP    LOOP
DSP:    MOV     7AH,A               ;键值送入显示缓冲区 7AH 单元
                MOV     7BH,#010H
                MOV     7CH,#010H
                MOV     7DH,#010H
                MOV     7EH,#010H
                MOV     7FH,#010H
                SJMP    LOOP
;按键识别子程序
KEY:    MOV     R4,#00H             ;0→键号寄存器 R4
                MOV     R2,#01H             ;扫描模式 01H→R2
KEY1:   MOV     DPTR,#7F02H
                MOV     A,R2
                MOVX    @DPTR,A             ;扫描模式→8155 的 PB 口
                INC     DPTR
                MOVX    A,@DPTR             ;读 8155 的 PC 口
                JB      ACC.0,KEY2          ;0 列无键闭合，转判 1 列
                MOV     A,#00H              ;0 列有键闭合，0→A
                AJMP    KEY5
KEY2:   JB      ACC.1,KEY3          ;1 列无键闭合，转判 2 列
                MOV     A,#01H              ;1 列有键闭合，列线号 01H→A
                AJMP    KEY5
KEY3:   JB      ACC.2,KEY4          ;2 列无键闭合，转判 3 列
                MOV     A,#02H              ;2 列有键闭合，列线号 02H→A
                AJMP    KEY5
KEY4:   JB      ACC.3,NEXT          ;3 列无键闭合，转判下一行
                MOV     A,#03H              ;3 列有键闭合，列线号 03H→A
KEY5:   ADD     A,R4                ;列线号+(R4)作为键值→A
```

```
          MOV     R4,A                      ;键值→R4
          RET                               ;返回
NEXT:     MOV     A,R4;
          ADD     A,#04                     ;键值寄存器加4
          MOV     R4,A
          MOV     A,R2
          JB      ACC.3,NEXT1               ;判别是否已扫描到最后一行
          RL      A                         ;扫描模式左移一位
          MOV     R2,A
          AJMP    KEY1                      ;重新开始扫描下一行
NEXT1:    MOV     R4,#88H                   ;扫描到最后一行仍无按键,置无键按下标志
          RET
;数码管显示子程序
DISP:     MOV     R0,#7AH                   ;置显示缓冲器指针初值
          MOV     R3,#01H                   ;置扫描模式初值
DISPB1:   MOV     DPTR,#7F02H               ;8155 PB 口地址
          MOV     A,#0h                     ;熄灭所有数码管
          MOVX    @DPTR,A
          MOV     DPTR,#7F01H               ;8155 PA 口地址
          MOV     A, @R0                    ;取显示数据
          ADD     A,#014H                   ;加偏移量
          MOVC    A, @A+PC                  ;查表取段码
          MOVX    @DPTR,A                   ;段码→8155 PA 口
          MOV     A,R3
          MOV     DPTR,#7F02H               ;8155 PB 口地址
          MOVX    @DPTR,A                   ;扫描模式→8155 PB 口
          ACALL   DELAY                     ;延时
          INC     R0
          MOV     A,R3
          JB      ACC.6,DISPB2              ;判6位数码管显示完否
          RL      A                         ;扫描模式左移1位
          MOV     R3,A
          AJMP    DISPB1
DISPB2:   MOV     R3,#01H
          RET
SEGPT2:   DB      3fh,06h,5bh,4fh,66h,6dh,7dh,07h      ;段码表
          DB      7fh,6fh,77h,7ch,39h,5eh,79h,71h
          DB      00h,02h,08h,00h,59h,0fh,76h
;延时子程序
DELAY:    MOV     R4,#0FFH
DELAY1:   DJNZ    R4,DELAY1
          RET
          END
```

【例 9-12】 8155 键盘显示接口 C 语言驱动程序。

```
#include<reg52.h>
```

```c
#include <absacc.h>
#include <intrins.h>
#define uchar unsigned char
#define uint unsigned int
#define PM8155 0x7f00          //8155 命令口地址
#define PA8155 0x7f01          //8155PA 口地址
#define PB8155 0x7f02          //8155PB 口地址
#define PC8155 0x7f03          //8155PC 口地址

uchar dspBf[6]={0,1,2,3,4,5};        //显示缓冲区
uchar code SEG[ ]={0x3f,0x06,0x5b,0x4f,0x66,0x6d,0x7d,0x07,  //段码表
                   0x7f,0x6f,0x77,0x7c,0x39,0x5e,0x79,0x71,0x00};
/************************ 数码管显示函数 ************************/
void disp( ){
    uchar i,dmask=0x01;
    for(i=0;i<6;i++){
        XBYTE[PB8155]=0x00;               //熄灭所有 LED
        XBYTE[PA8155]=SEG[dspBf[i]];
        XBYTE[PB8155]=dmask;
        dmask=_crol_(dmask,1);            //修改扫描模式
    }
}
/************************ 键盘扫描函数 ************************/
uchar key( ){
    uchar i,kscan;
    uchar temp=0x00,kval=0x00,kmask=0x01;
    for(i=0;i<4;i++){
        XBYTE[PB8155]=kmask;              //扫描模式→8155PB 口
        kscan=XBYTE[PC8155];             //读 8155PC 口
        switch(kscan&0x0f){
            case(0x0e):kval=0x00+temp; break;
            case(0x0d):kval=0x01+temp; break;
            case(0x0b):kval=0x02+temp; break;
            case(0x07):kval=0x03+temp; break;
            default:
                kmask=_crol_(kmask,1);    //修改扫描模式
                temp=temp+0x04; break;
        }
    }
    if(kmask==0x10) kval=0x088;
    return kval;
}
/************************ 主函数 ************************/
void main( ){
    uchar i,k;
    XBYTE[PM8155]=0x03;                   //置 8155PA、PB 口为输出，PC 口为输入
```

```
while(1){
        disp( );
        k=key( );
        if(k!=0x88){
                dspBf[0]=k;
                for(i=1;i<6;i++){
                        dspBf[i]=0x10;
                }
        }
        disp( );
    }
}
```

9.2.3 键值分析

单片机从键盘接口获得键值后执行什么操作，完全取决于键盘解释程序。同样一种键盘接口用在不同的应用系统中可以完成全然不同的功能，根本的原因就是在每个系统都有其自己的一套分析和解释键盘的程序。下面从简单的键值分析程序着手，介绍键值分析的方法。

无论键盘上有多少个键，基本上都可分为两类：数字键和功能键。这里主要讨论功能键。功能键又分为单个功能键和字符串功能键。单个功能键的作用是按了一个键，系统就完成该键所规定的功能。而字符串功能键是要在按完多个键后，系统才会完成规定的功能。在进行键值分析时，常用的方法有查表法和状态分析法。查表法是根据得到的键值代码，到固化在ROM里的表格中查找对应该代码的动作例行程序的首地址。这种方法适用于一个键就产生一个动作的单个命令键。状态分析法是根据键码和当前所处的状态找出下一个应进入的状态及动作例行程序。这种方法适用于多个键互相配合产生一个动作的多义键。

1. 查表法

查表法的核心是一个固化在ROM中的功能子程序入口地址转移表。如表9-11所列，在转移表内存有各个功能子程序的入口地址，根据键值代码查阅此表获得相应功能的子程序入口地址，从而可以转移到相应的命令处理子程序。

例如，根据调用按键识别子程序所获得的键值如表9-12所列，当键值小于10H时，代表数字键；键值大于等于10H时，代表功能键。在进行键值分析时，先区分出数字键和功能键，然后根据不同的按键转入相应的处理子程序。下面给出处理功能键的一段程序。

表 9-11 功能子程序入口地址转移表

功能子程序	入口地址
子程序 1	入口地址 1
子程序 2	入口地址 2
子程序 3	入口地址 3
…	…

表 9-12 键值表

按　键	键　值
0～F	00H～0FH
RUN	10H
RET	11H
ADRS	12H
STORE	13H
READ	14H
WRITE	15H

```
INPUT:    LCALL    KEY              ;调用按键识别子程序,获得键值在 A 中
          MOV      R0,A             ;键值暂存于 R0
          ANL      A,#10H
          JZ       DATAIN           ;小于 10H 为数字键,转入数字操作
          MOV      A,R0             ;大于等于 10H 为命令键
          ANL      A,#0FH           ;保留键值低 4 位
          MOV      R0,A             ;(A)×3
          RL       A
          ADD      A,R0
          MOV      DPTR,#TABEL      ;取转移表首地址
          JMP      @A+DPTR          ;按不同键值散转至子程序
TABEL:    LJMP     #RUN             ;转 RUN 命令子程序
          LJMP     #RET             ;转 RET 命令子程序
          LJMP     #ADRS            ;转 ADRS 命令子程序
          LJMP     #STORE           ;转 STORE 命令子程序
          LJMP     #READ            ;转 READ 命令子程序
          LJMP     #WRITE           ;转 WRITE 命令子程序
DATAIN:   数字键操作程序,略;
```

在以上程序中,执行(A)×3 操作的原因是由于 LJMP 指令要占用 3 个字节。从这个程序中可以归纳以下几点:

1)将命令功能键排列起来,并赋予一个编号。在本例中键值本身已是按号排列了,如"RUN"键的键值为 10H,它就是 0 号功能键。

2)将各键所要执行的服务子程序的入口地址按键号的顺序排列,形成一个功能子程序转移地址表,并存入 ROM 中。

3)根据按键子程序得到的键值,加上适当的偏移量(本例中是键值×3),以功能子程序转移表的首地址为基址,采用变址寻址方式即可按不同的键值转移到相应的服务子程序中去。

上面的例子中一个按键只有一种功能,即所谓一键一义。对于复杂的单片机应用系统,若仍采用一键一义,会使按键数量太多,这不但增加了成本,而且操作使用也不方便。因此,目前单片机应用系统一般多采用一键多义,即一个按键具有多种功能,既可以作命令键,也可以作数字键。

在一键多义的情况下,一个命令不是由一次按键,而是由一个按键序列组成。换句话说,对于一个按键含义的解释,除了取决于本次按键之外,还取决于以前按了什么键。这正如我们看到字母 d 时,还不能决定它的含义,需要看看前面是什么字母。若前面是 Re,则组成单词 Red,若前面是 Rea,则组成单词 Read。因此在一键多义的情况下,首先要判断一个按键序列(而不是一次按键)是否构成一个合法命令,若已构成合法命令,则执行命令,否则等待新的按键输入。

对于一键多义的键值分析程序,仍可采用转移表的方法来设计,不过,这时要用到多张转移表。组成命令的按键起着引导的作用,把控制引向合适的转移表。根据最后一个按键读数查阅该转移表,找到要求的子程序入口。下面举一个例子来进行说明。假设一电压频率计面板上有 A、B、C、D、GATE、SET、OFS、RESET 共 8 个键。按 RESET 键使仪表初始化

并启动测量，再按 A、B、C、D 键则分别进行测频率（F）、测周期（T）、时间间隔（T_{A-B}）、电压（V）。按 GATE 键后再按 A、B、C、D 键，则规定闸门时间或电压量程。按 SET 键后按 A、B、C、D 键则送一个常数（称为偏移）。若按奇数次 OFS 键，则进入偏移工作方式，把测量结果加上偏移后进行显示，按偶数次 OFS 键，则为正常工作方式，测量结果直接显示。

为完成这些功能，采用转移表法设计的多义键键值分析流程如图 9-18 所示。程序内包含了三张转移表。GATE、SET 键分别把控制引向转移表 2 和 3，以区别 A、B、C、D 键的含义。每执行完一个命令，单片机继续扫描键盘，等待新的按键命令输入。

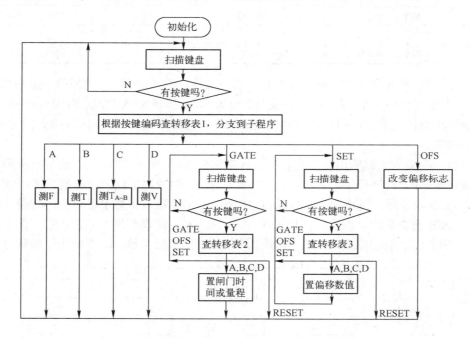

图 9-18　采用转移表法设计的多义键键值分析流程

也可以用中断方式来设计上述程序，但这些程序的特点是命令的识别与子程序的执行交织在一起，结构复杂，层次不清，不易阅读、修改与调试，当按键较多，复用次数较多时，这一矛盾尤为突出。这时可采用状态变量法来设计键值分析程序。

2．状态变量法

"状态"是系统理论中的一个基本概念。系统的状态是表示系统的最小一组变量（称为状态变量），只要知道了在 $t = t_0$ 时的状态变量和 $t \geq t_0$ 时的输入，那么就能完全确定系统在 $t \geq t_0$ 任何时间内的行为。

单片机应用系统也可以看作为一个系统，其键盘在 t_0 时刻以前的按键序列 K_{c-1}、K_{c-2}、…，决定了 $t \geq t_0$ 时按键 K_c 输入后系统的行为。因此所谓程序的当前状态（简称现状，以 PREST 表示）就是按键序列 K_{c-1}、K_{c-2}、…所带来的影响系统行为的信息总合，即：PREST=f(K_{c-1}, K_{c-2}…)。

每个状态下各按键都有确定的意义，在不同的状态下，同一个按键具有不同的意义。引入状态概念后，只需在存储器内开辟存储单元"记住"当前状态，而不必记住以前各次按键情况，就能对当前按键的含义作出正确的解释，因而简化了程序设计。

在任一个状态下，当按下某个按键时，执行某处理程序并变迁到下一个状态（称为下态，以 NEXST 表示），这可用矩阵表示，如表 9-13 所列。该矩阵称为状态矩阵，它明确表示了每个状态下，接受各种按键所应进行的动作，也规定了状态的变迁。

表 9-13　状态矩阵表

按键 状态	K_1	K_2	...	K_n
ST_0	SUB_{01}　$NEXST_{01}$	SUB_{02}　$NEXST_{02}$	...	SUB_{0n}　$NEXST_{0n}$
ST_1	SUB_{11}　$NEXST_{11}$	SUB_{12}　$NEXST_{12}$	...	SUB_{1n}　$NEXST_{1n}$
...	...	...	...	...
ST_m	SUB_{m1}　$NEXST_{m1}$	SUB_{m2}　$NEXST_{m2}$	...	SUB_{mn}　$NEXST_{mn}$

表 9-13 表示有 n 个按键，m+1 个状态。若在 ST_i $(0 \leq i \leq m)$ 状态下按下 K_j $(1 \leq j \leq n)$ 键，则将执行 SUB_i 子程序（i 为子程序号数或首地址），并转移到 $NEXST_r$ 状态（$0 \leq r \leq m$）。这样用状态变量法设计键值分析程序就归结为根据现态与当前按键两个关键字查阅状态表这么一件简单的事情。

下面以一个实例来说明用状态变量法设计键值分析程序的一般步骤。设某电压频率计的面板键盘布置如图 9-19 所示。其中，F、T、T_{A-B} 及 V 键规定了仪表的测量功能；SET 键规定数字键 0～9 及小数点键作输入常数或自诊断用；GATE 键规定数字键作闸门时间或电压量程用。按 OFS 键奇数次，则进入偏移工作方式；按 OFS 键偶数次，则为正常工作方式。按 CHS 键，则规定为负偏移工作方式，把测量结果减去偏移后再显示，否则为正偏移方式。

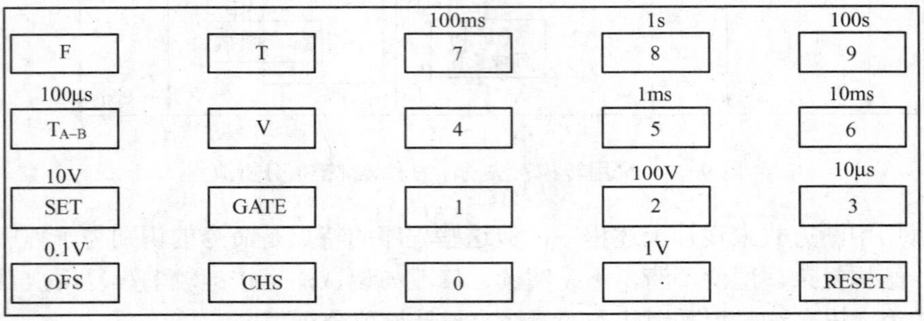

图 9-19　面板键盘布置

设计的第一步是根据仪表功能画出键盘状态图。状态图与状态矩阵是一一对应的。本例的键盘状态图可设计成如图 9-20 所示。图中方框表示状态，流线旁的字母表示按键符号，"DIG" 表示数字（包括小数点），"*" 号表示该状态内未被指明的所有按键。下面仅以 SET 键被按下后状态的变迁为例来进行说明。

仪表通电后处于 0 态。第一次按 SET 键后进入 1 态。这时可按数字键置入常数，按 CHS 键改变常数符号；按 RESET 键迁移到 5 态。第二次按 SET 键后迁移到 3 态。按其他任意键回到 0 态。在 3 态，数字键用作选择仪表的 11 种自诊断模式；按 RESET 键后迁移到 4 态，进行键盘检测，检测按键的好坏。若再按一次 RESET 键，则迁移到 5 态。由此可见，在 1、3、4 这三种不同的状态下，按同一个 RESET 键，却能产生不同的功能。

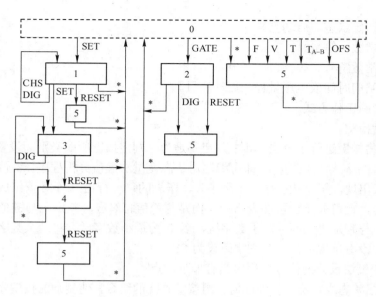

图 9-20　键盘状态图

根据状态图可给出如表 9-14 所列的状态表，表内各子程序的功能如下：

＃0：无操作、等待。

＃1：测频。

＃2：测周期。

＃3：测时间间隔。

＃4：测电压。

＃5：改变偏移标志，启动测量。

表 9-14　状态表

状　态	键　符	判 定 码	次　态	子 程 序
0	F	0B	5	1
	T	0B	5	2
	T_{A-B}	0D	5	3
	V	0E	5	4
	SET	0F	1	0
	GATE	10	2	0
	OFS	11	5	5
	*	FF	5	0
1	DIG	09	1	7
	CHS	12	1	8
	SET	0F	3	0
	RESET	13	5	6
	*	FF	0	0
2	DIG	09	5	9
	RESET	13	5	6
	*	FF	0	0
3	DIG	09	3	10
	RESET	13	4	0
	*	FF	0	0
4	RESET	13	5	6
	*	FF	4	11
5	*	FF	0	0

#6：回到初始状态，启动测量。

#7：输入常数、等待。

#8：改变常数符号、等待。

#9：设置闸门时间或电压量程，启动测量。

#10：自诊断工作方式。

#11：键盘检测。

表 9-14 中将按键进行了分类，其中判定码是为了判定按键所属类别而设置的数据。根据键盘显示器接口电路，结合表 9-14 即可编写出状态变量法键值分析程序。键值分析程序中状态表以数字形式出现，每个状态作为一个子表，子表的每一行由 3 个数据组成：判定码、次态号、子程序号，键符并不出现在表格中，而是与键值相对应。判定码与键值的关系是：对于功能键其键值与判定码相同；对于数字键，以 0 为最小数字，并将最大数字作为判定码；对于一个状态中没有出现的键，其判定码设为 FF。

应用状态变量法设计键值分析程序具有如下优点：

1）应用一张状态表，统一处理任何一组按键状态的组合，使复杂的按键序列编译过程变得简洁、直观、容易优化，程序易读、易懂。

2）翻译、解释按键序列与执行子程序完全分离，键值分析程序的设计不受其他程序的影响，可单独进行。

3）若仪表功能发生改变，程序结构不变，仅需改变状态表。

4）设计任务越复杂，按键复用次数越多，此方法的效率越高，对于复杂的仪表仅是状态表规模大一些，程序的设计方法完全一样。

9.3　8279 可编程键盘/显示器芯片接口技术

键盘输入及显示输出是单片机应用系统不可缺少的组成部分，为了减轻 CPU 的负担，少占用其工作时间，目前已经出现了专供键盘及显示器接口用的可编程接口芯片。Intel 公司生产的 8279 可编程键盘/显示器接口芯片就是较为常用的一种。

9.3.1　8279 的工作原理

8279 分为两个部分：键盘部分和显示部分。键盘部分能够提供 64 按键阵列（可扩展为 128）的扫描接口，也可以接传感器阵列。键的按下可以是双键锁定或 N 键互锁。键盘输入经过反弹跳电路自动消除前后沿按键抖动影响之后，被选通送入一个 8 字符的 FIFO（先进先出栈）存储器。如果送入的字符多于 8 个，则溢出状态置位。按键输入后，将中断输出线升到高电平向 CPU 发中断申请。显示部分对 7 段 LED、白炽灯或其他器件提供显示接口。8279 有一个内部的 16×8 显示 RAM，组成一对 16×4 存储器。显示 RAM 可由 CPU 写入或读出。显示方式有从右进入的计算器方式和从左进入的电传打字方式。显示 RAM 每次读写之后，其地址自动加 1。

图 9-21 所示为 8279 芯片的管脚排列。它的读写信号 $\overline{RD}$、$\overline{WR}$，片选信号 $\overline{CS}$，复位信号 RESET，同步时钟信号 CLK，数据总线 DB0～DB7，均能与 CPU 相应的管脚直接相连。

C/$\overline{\text{D}}$(A0)脚用于区别数据总线上传递的信息是数据还是命令字。IRQ 为中断请求线，通常在键盘有数据输入或传感器（通断）状态改变时产生中断请求信号。SL0～SL3 是扫描信号输出线，RL0-RL7 是回馈信号线。OUTB0～OUTB3、OUTA0～OUTA3 是显示数据的输出线。$\overline{\text{BD}}$是消隐线，在更换数据时，其输出信号可使显示器熄灭。

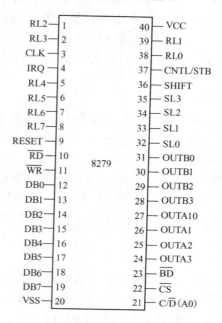

图 9-21　8279 芯片的管脚排列

图 9-22 所示为 8279 的内部逻辑结构框图。

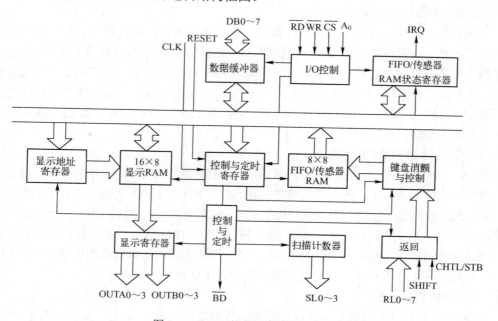

图 9-22　8279 的内部逻辑结构框图

下面对各个主要组成模块的功能作一简要说明：

1．I/O 控制和数据缓冲

I/O 控制电路用 $\overline{CS}$、C/$\overline{D}$ (A0)、$\overline{RD}$、$\overline{WR}$ 信号来控制各个内部寄存器和缓冲器与 CPU 之间的数据流向。$\overline{CS}$ 是片选信号，当 $\overline{CS}$=0 时，允许数据流入或流出 8279。由 C/$\overline{D}$ (A0)、$\overline{RD}$、$\overline{WR}$ 信号配合起来选择各个寄存器。当 C/$\overline{D}$ (A0)=0 时，传送的是数据，由 $\overline{RD}$、$\overline{WR}$ 信号决定数据流方向。当 C/$\overline{D}$ (A0)=1 时，传送的是状态和命令。数据缓冲器是双向缓冲器，它将内部总线和外部总线连接起来。当 $\overline{CS}$=1 时，芯片未被选中，器件处于高阻状态。

2．控制与定时寄器及定时控制

控制与定时寄存器用来寄存键盘及显示的工作方式，以及由 CPU 编程的其他操作方式。设定"方式"的方法是将一适当命令放在数据线上，并使 C/$\overline{D}$ (A0)=1，再送出 $\overline{WR}$ 信号，命令在 $\overline{WR}$ 的上升沿锁存，然后将命令译码，并建立适当功能。定时控制包括基本的定时计数器链。第一个计数器是除以 N 的预定标器，通过设定 N 可以使 CPU 周期时间和内部定时相匹配。预定标器可软件编程，其值为 2～31 之间。若设定值使内部频率为 100kHz，则给出 5.1ms 键盘扫描时间和 10.3ms 消颤时间。其他计数器对基本内部频率进行分频，以提高适当的逐行扫描频率和显示扫描时间。

3．扫描计数器

扫描计数器有两种工作方式：一是编码方式，计数器作二进制计数，在外部必须附加译码器来提供键盘和显示器的扫描线；另一种是译码方式，扫描计数器将最低两位译码，提供译码的 4 选 1 扫描。应当注意，当键盘是译码扫描方式时，显示器也是这种方式，即在显示 RAM 中只有前 4 位字符是供显示的。在编码方式时，扫描线是高电平输出。在译码方式时，扫描线是低电平输出。

4．返回缓冲器和键盘消颤及控制

8 根返回线上的信息存储于返回缓冲器中。在键盘方式下，通过扫描这些线来查找在哪一行有按键闭合。如果消颤电路检测到有键闭合，等待 10ms 后再检测此键是否仍保持闭合。如果仍然保持闭合，则将矩阵中开关的地址以及换挡（SHIFT）、控制（CNTL）的状态一起传送到先进先出（FIFO）栈。在扫描传感器方式下，每次扫描时，将返回线的状态直接送到传感器 RAM 的相应行中。在选通输入方式下，返回线的状态在 CNTL/STB 线上脉冲的上升沿传送到先进先出栈。

5．FIFO/传感器 RAM 和状态

它是一个 8×8RAM，具有两种功能。在键盘或选通输入方式下，它是先进先出栈。每个新登记项写入相继的 RAM 位置，读出顺序与送入次序相同。FIFO 状态记录着 FIFO 中的字数，监视它是否已满或已空。若读（或写）次数过多，则会出错。令 C/$\overline{D}$ (A0)=1，$\overline{CS}$ =0，$\overline{RD}$ =0 即可读出此状态。当 FIFO 不空时，状态逻辑将提供 1 个 IRQ 信号。在扫描传感器矩阵方式下，此存储器是传感器 RAM。在传感器矩阵中，一行传感器状态将加载到传感器 RAM 中的相应行。在此方式下，若检测到一个传感器有变化，IRQ 就升为高电平。

6．显示地址寄存器和显示 RAM

显示地址寄存器中的地址是 CPU 正在读或写的地址，或者是正在显示的两个 4 位组的地址。读/写地址由 CPU 编程。它也能设定成每次读或写后自动增量方式。在设定了正

确方式和地址之后，显示 RAM 的内容可用 CPU 直接读出，A 组和 B 组的地址由 8279 自动修改，以便与 CPU 送入或送出数据的操作相匹配。按照 CPU 所设定的方式，A 组和 B 组可以独立访问，也可以作为一个字访问。数据进入显示器可以设定为从左面进入或从右面进入。

9.3.2 8279 的数据输入、显示输出及命令格式

1. 数据输入

数据输入有三种方式，即键扫描方式、传感器扫描方式和选通输入方式。

采用键扫描方式时，扫描线为 SL0～SL3，回馈线为 RL0～RL7。每按下一个键，便由 8279 自动编码，并送入先进先出栈 FIFO，同时产生中断请求信号 IRQ。键的编码格式为

D7	D6	D5	D4	D3	D2	D1	D0
CNTL	SHIFT	扫描行序号			回馈线（列）序号		

如果芯片的控制脚 CNTL 和换挡脚 SHIFT 接地，则 D7 和 D6 均为"0"，例如，被按下键的位置在第 2 行（扫描行序号为 0 10），且与第 4 列回馈线（列序号为 100）相交，则该键所对应的代码为 00010100，即 14H。

8279 的扫描输出有两种方式：即译码扫描和编码扫描。所谓译码扫描，即 4 条扫描线在同一时刻只有一条是低电平，并且以一定的频率轮流更换。如果用户键盘的扫描线多于 4 时，则可采用编码输出方式。此时 SL0～SL3 输出的是从 0000 至 1111 的二进制计数代码。在编码扫描时，扫描输出线不能直接用于键盘扫描，而必须经过低电平有效输出的译码器。例如，将 SL0～SL2 输入到通用的 3-8 译码器（74LS138）即可得到直接可用的扫描线（由 8279 内部逻辑所决定，不能直接用 4-16 译码器对 SL0～SL3 进行译码，即在编码扫描时 SL3 仅用于显示器，而不能用于键扫描）。

暂存于 FIFO 中的按键代码，在 CPU 执行中断处理子程序时取出，数据从 FIFO 取走后，中断请求信号 IRQ 将自动撤销。在中断子程序读取数据前，下一个键被按下，则该键代码自动进入 FIFO，FIFO 堆栈由 8 个 8 位的存储单元组成，它允许依次暂存 8 个键的代码。这个栈的特点是先进先出，因此，由中断子程序读取的代码顺序与键被按下的次序相一致。在 FIFO 中的暂存数据多 1 个时，只有在读完（每读一个数据，则它从栈顶自动弹出）所有数据时，IRQ 信号才会撤销。虽然键的代码暂存于 8279 的内部堆栈，但 CPU 从栈内读取数据时只能用"输入"或"取数"指令，而不能用"弹出"指令，因为 8279 芯片在微机系统中是作为 I/O 接口电路而设置的。

在传感器扫描方式工作时，将对开关列阵中每一个结点的通、断状态（传感器状态）进行扫描，并且当列阵（最多是 8×8 位）中的任何一位发生状态变化时，便自动产生中断信号 IRQ。此时，FIFO 的 8 个存储单元用于寄存传感器的现时状态，称状态存储器。其中存储器的地址编号与扫描线的顺序一致。中断处理子程序将状态存储器的内容读入 CPU，并与原有的状态比较后，便可由软件判断哪一个传感器的状态发生了变化。所以 8279 用来检测开关（传

感器）的通断状态是非常方便的。

在选通输入方式工作时 RL0～RL7 与 8255 的选通并行输入端口的功能完全一样。此时，CNTL 端作为选通信号 STB 的输入端，STB 为高电平有效。

此外，在使用 8279 时，不必考虑按键的抖动和串键问题。因在芯片内部已设置了消除触头抖动和串键的逻辑电路，这给使用带来了很大方便。

2. 显示输出

8279 内部设置了 16×8 显示数据存储器(RAM)，每个单元寄存一个字符的 8 位显示代码。8 个输出端与存储单元各位的对应关系为

D7	D6	D5	D4	D3	D2	D1	D0
A3	A2	A1	A0	B3	B2	B1	B0

A3～A0、B3～B0 分时送出 16 个（或 8 个）单元内存储的数据，并在 16 个或 8 个显示器上显示出来。

显示器的扫描信号与键盘输入扫描信号是公用的，当实际的数码显示器多于 4 个时，必须采用编码扫描输出，经过译码器后，方能用于显示器的扫描。

显示数据经过数据总线 D7～D0 及写信号 $\overline{WR}$（同时 $\overline{CS}$=0，C/$\overline{D}$ (A0)=0），可以分别写入显示存储器的任何一个单元。一旦数据写入后，8279 的硬件便自动管理显示存储器的输出及同步扫描信号。因此，对操作者仅要求完成向显示存储器写入信息的操作。

8279 的显示管理电路亦可在多种方式下工作，如：左端输入、右端输入、8 字符显示和 16 字符显示等。各种方式的设置将在后面加以说明。

8279 的工作方式是由各种控制命令决定的。CPU 通过数据总线向芯片传送命令时，应使 $\overline{WR}$=0、$\overline{CS}$=0 及 C/$\overline{D}$ (A0)=1。

3. 命令格式

8279 共有 8 条命令，分述如下。

（1）键盘、显示器工作模式设置命令

编码格式为

D7	D6	D5	D4	D3	D2	D1	D0
0	0	0	D1	D0	K2	K1	K0

最高 3 位 000 是本命令的特征码（操作码）。D1、D0 用于决定显示方式，其定义如下：

D1	D0	显示管理方式
0	0	8 字符显示；左端输入
0	1	16 字符显示；左端输入
1	0	8 字符显示；右端输入
1	1	16 字符显示；右端输入

8279可外接8位或16位的7段LED数码显示器，每一位显示器对应一个8位的显示RAM单元。显示 RAM 中的字符代码与扫描信号同步地依次送上输出线 A3～A0，B3～B0。当实际的数码显示器少于8时，也必须设置8字符或16位字符显示模式之一。如果设置16字符显示，显示 RAM 中从"0"单元到"15"单元的内容同样依次轮流输出，而不管扫描线上是否有数码显示器存在。

左端输入方式是一种简单的显示模式，显示器的位置（最左边由 SL$_0$ 驱动的显示器为零号位置）编号与显示 RAM 的地址一一对应，即显示 RAM 中"0"地址的内容在"0"号（最左端）位置显示。CPU 依次从"0"地址或某一地址开始，将字符代码写入显示 RAM。地址大于 15 时，再从 0 地址开始写入。写入过程如下：

	0	1		14	15	
第 1 次写入 X1	X1					← 显示 RAM 地址

	0	1		14	15	
第 2 次写入 X2	X1	X2				← 显示 RAM 地址

......

	0	1		14	15	
第 16 次写入 X16	X1	X2		X15	X16	← 显示 RAM 地址

	0	1		14	15	
第 17 次写入 X17	X17	X2		X15	X16	← 显示 RAM 地址

右端输入方式也是一种常用的显示方式，一般的电子计算器都采用这种方式。从右端输入信号与前者比较，其一个重要的特点是显示 RAM 的地址与显示器的位置不是一一对应的，而是每写入一个字符，左移一位，显示器最左端的内容被移出丢失。写入过程如下：

	1	2		14	15	0	
第 1 次写入 X1						X1	← 显示 RAM 地址

	2	3		15	0	1	
第 2 次写入 X2					X1	X2	← 显示 RAM 地址

......

	0	1		13	14	15	
第 16 次写入 X16	X1	X2		X14	X15	X16	← 显示 RAM 地址

	1	2		14	15	0	
第 17 次写入 X17	X17	X2		X15	X16	X17	← 显示 RAM 地址

K2、K1、K0 用于设置键盘的工作方式，定义如下：

K2、K1、K0	数据输入及扫描方式
0　0　0	编码扫描，键盘输入，两键互锁
0　0　1	译码扫描，键盘输入，两键互锁
0　1　0	编码扫描，键盘输入，多键有效
0　1　1	译码扫描，键盘输入，多键有效
1　0　0	编码扫描，传感器列阵检测
1　0　1	译码扫描，传感器列阵检测
1　1　0	选通输入，编码扫描显示器
1　1　1	选通输入，译码扫描显示器

键盘扫描方式中，两键互锁是指当被按下键未释放前，第二键又被按下时，FIFO 栈仅接收第一键的代码，第二键作为无效键处理。如果两个键同时按下，则后释放的键为有效键，而先释放者作为无效键处理。多键有效方式是指当多个键同时按下，则所有键依扫描顺序被识别，其代码依次写入 FIFO 栈。虽然 8279 具有两种处理串键的方式，但通常选用两键互锁方式，以消除多余的被按下的键所带来的错误输入信息。

给 8279 加一个 RESET 信号将自动设置编码扫描，键盘输入（两键互锁），左端输入的 16 字符显示，该信号的作用等效于编码为 08H 的命令。

（2）扫描频率设置命令

编码格式为

D7	D6	D5	D4	D3	D2	D1	D0
0	0	1	P4	P3	P2	P1	P0

最高 3 位 001 是本命令的特征码。P4P3P2P1P0 取值为 2～31，它是外接时钟的分频系数，经分频后得到内部时钟频率。8279 在接到 RESET 信号后，如果不发送本命令，则分频系数取值为 31。

（3）读 FIFO 栈的命令

编码格式为

D7	D6	D5	D4	D3	D2	D1	D0
0	1	0	AI	×	A2	A1	A0

最高 3 位 010 是本命令的特征码。在读 FIFO 之前，CPU 必须先输出这条命令。8279 接收到本命令后，CPU 执行输入指令，从 FIFO 中读取数据。地址由 A2A1A0 决定，例如，A2A1A0=000，则输入指令执行的结果是将 FIFO 栈顶（或传感器阵列状态存储器）的数据读入 CPU 的累加器。AI 是自动增 1 标志，当 AI=1 时，每执行一次输入指令，地址 A2A1A0 自动加 1。显然，键盘输入数据时，每次只需从栈顶读取数据，故 AI 应取"0"。如果数据输入方式为检测传感器阵列的状态，则 AI 取 1，执行 8 次输入指令，依次把 FIFO 的内容读入 CPU。利用 AI 标志位可省去每次读取数据前都要设置读取地址的操作。

（4）读显示 RAM 命令

编码格式为

D7	D6	D5	D4	D3	D2	D1	D0
0	1	1	AI	A3	A2	A1	A0

最高 3 位 011 是本命令的特征码。在读显示 RAM 中的数据之前，必须先输出这条命令，8279 接收到这条命令后，CPU 才能读取数据。A3A2A1A0 用于区别 16 个 RAM 地址，AI 是地址自动加"1"标志。

（5）写显示 RAM 命令

编码格式为

D7	D6	D5	D4	D3	D2	D1	D0
1	0	0	AI	A3	A2	A1	A0

最高 3 位 100 是本命令的特征码。在将数据写入显示 RAM 之前，CPU 必须先输出这条命令。命令中的地址码 A3A2A1A0 决定 8279 芯片接收来自 CPU 的数据存放在显示 RAM 的哪个单元。AI 是地址自动增"1"标志。

（6）显示屏蔽消隐命令

编码格式为

D7	D6	D5	D4	D3	D2	D1	D0
1	0	1	×	IWA	IWB	BLA	BLB

最高 3 位 101 是本命令的特征码。IWA 和 IWB 分别用以屏蔽 A 组和 B 组显示 RAM。在双 4 位显示器使用时，即 OUTA0～3 和 OUTB0～3 独立地作为两个半字节输出时，可改写显示 RAM 中的低半字而不影响高半字节的状态（若 IWA=1），或者可改写高半字节而不影响低半字节（若 IWB=1）。BLA 和 BLB 是消隐特征位，要消隐两组显示输出，必须使 BLA 和 BLB 同时为"1"，要恢复显示时则使它们同时为"0"。

（7）清除命令

编码格式为

D7	D6	D5	D4	D3	D2	D1	D0
1	1	0	CD2	CD1	CD0	CF	CA

最高 3 位 110 是本命令的特征码。CD2、CD1、CD0 用来设定清除显示 RAM 的方式，定义如下：

CD2	CD1	CD0	清 除 方 式
	0	×	显示 RAM 所有单元均置"0"
1	1	0	显示 RAM 所有单元均置"20H"
	1	1	显示 RAM 所有单元均置"1"
0	×	×	不清除（C_A=0 时）

CF=1，清除 FIFO 状态标志，FIFO 被置成空状态（无数据），并复位中断输出 IRQ。

CA 是总清的特征位，CA=1，清除 FIFO 状态和显示 RAM（方式仍由 CD1、CD0 确定）。

清除显示 RAM 大约需 160μs，在此期间，CPU 不能向显示 RAM 写入数据。

（8）中断结束/设置出错方式命令

编码格式为

D7	D6	D5	D4	D3	D2	D1	D0
1	1	1	E	×	×	×	×

最高 3 位 111 是本命令的特征码。在传感器工作方式中，该命令使 IRQ 输出线变为低电平（即中断结束），允许再次对 RAM 写入（在检测到传感器变化后，IRQ 可能已经变成高电平，这时禁止在复位前再次将信息写入 RAM）。在 N 键巡回工作方式中，若 E=1，在消颤期内如果有多键同时按下，则产生中断，并且阻止对 RAM 的写入。

除了上述 8 条命令之外，8279 还有一个状态字。状态字用来指出 FIFO 中的字符个数、出错信息以及能否对显示 RAM 进入写入操作。状态字格式如下：

D7							D0
DU	S/E	O	U	F	N2	N1	N0

N2N1N0 表示 FIFO 中数据的个数。

F=1 时，表示 FIFO 已满（存有 8 个键入数据）。

在 FIFO 中没有输入字符时，CPU 读 FIFO，则置"1"U。

当 FIFO 已满，又输入一个字符时发生溢出，置"1"O。

S／E 用于传感器扫描方式，几个传感器同时闭合时置"1"。

在清除命令执行期间 DU 为"1"，此时对显示 RAM 写操作无效。

9.3.3　8279 的接口方法

图 9-23 所示为单片机 8051 与 8279 组成的键盘显示器接口电路，8051 的 P2.7(A15)接到 8279 的片选端 $\overline{CS}$，P2.0(A8)接到 8279 的 C/$\overline{D}$ (A0)端，因此该接口对用户来说只有 2 个口地址：命令口地址 7FFFH 和数据口地址 7EFFH。图中，8279 外接 4×4 矩阵键盘和 6 位共阴极 LED 数码管，采用编码扫描方式，译码器 74LS138 对扫描线 SL0～SL3 进行译码，译码输出一方面扫描矩阵键盘，同时也作为 LED 数码管的位驱动。

图 9-24 所示为根据图 9-23 接口电路设计的 8279 初始化，显示更新及键盘输入中断服务子程序等工作流程。例 9-13 为根据该工作流程采用汇编语言编写的应用程序，例 9-14 为采用 C 语言编写的应用程序。

主程序先在 8051 单片机内部 RAM 中开辟一段显示缓冲区，并将显示字符写入其中，接着调用 8279 的初始化子程序，根据需要对 8279 进行初始化并开中断，然后不断循环调用 8279 显示更新子程序，将显示缓冲区中的内容显示到数码管上。有按键压下时将触发 8051 中断，通过 8279 中断服务程序读取键值，并将键值送入显示缓冲区。程序执行后数码管将显示"012345"字符，有键按下时，相应键值将显示在第一个数码管上。

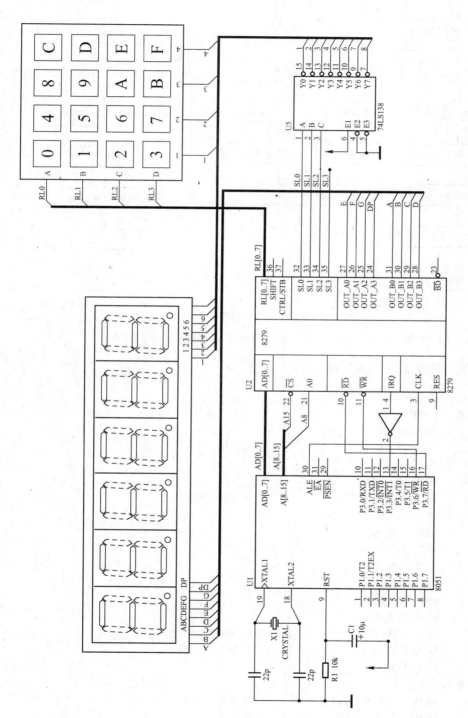

图 9-23　8051 单片机与 8279 组成的键盘-显示器接口电路

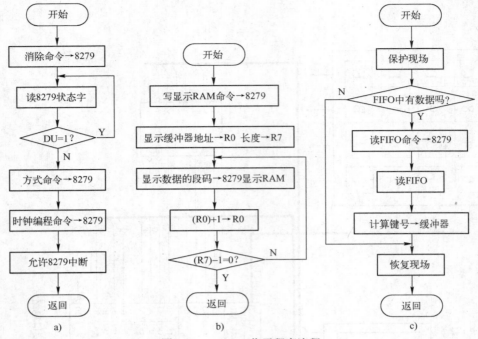

图 9-24　8279 工作子程序流程

a) 8279 初始化子程序框图　　b) 显示更新子程序框图　　c) 键盘输入中断子程序框图

【例 9-13】 采用汇编语言编写的 8279 应用程序。

```
            ORG 0000H
START:      LJMP MAIN
            ORG 0013H
            LJMP PKEYI
            ORG 0030H
MAIN:       MOV SP,#60H                 ;主程序
            MOV 70H,#00                 ;设置显示缓冲区初值
            MOV 71H,#01
            MOV 72H,#02
            MOV 73H,#03
            MOV 74H,#04
            MOV 75H,#05
            MOV 76H,#06
            MOV 77H,#07
            LCALL INI79                 ;调 8279 初始化子程序
LOOP:       LCALL RDIR                  ;调 8279 显示更新子程序
            SJMP LOOP
;8279 初始化子程序
INI79:      MOV     DPTR,#7FFFH         ;8279 命令口地址
            MOV     A,#0D1H             ;清 0 命令
            MOVX    @DPTR,A
WNDU:       MOVX    A,@DPTR             ;等待 8279 清 0 结束
```

```
        JB      ACC.7,WNDU
        MOV     A,#00               ;设置 8279 为编码扫描方式，两键互锁
        MOVX    @DPTR,A
        MOV     A,#34H              ;设置 8279 扫描频率
        MOVX    @DPTR,A
        MOV     IE,#84H             ;允许 8279 中断
        RET
;8279 显示更新子程序
RDIR:   MOV     DPTR,#7FFFH         ;8279 命令口地址
        MOV     A,#90H              ;写显示 RAM 命令
        MOVX    @DPTR,A
        MOV     R0,#70H             ;显示缓冲器首地址→R0
        MOV     R7,#8
        MOV     DPTR,#7EFFH
RDLO:   MOV     A,@R0               ;取显示数据
        ADD     A,#5                ;加偏移量
        MOVC    A,@A+PC             ;查表转换为段码数据
        MOVX    @DPTR,A
        INC     R0
        DJNZ    R7,RDLO
        RET
SEG:    DB 3fH,06H,5BH,4FH         ;段码表
        DB 66H,6DH,7DH,07H
        DB 7FH,6FH,77H,7CH
        DB 39H,5EH,79H,71H
        DB 00H
;8279 按键输入中断服务程序
PKEYI:  PUSH    PSW
        PUSH    DPL
        PUSH    DPH
        PUSH    ACC
        PUSH    B
        SETB    PSW.3               ;选 8051 工作寄存器 1 区
        MOV     DPTR,#7FFFH         ;8279 命令口地址
        MOVX    A,@DPTR             ;读 FIFO 状态字
        ANL     A,#0FH
        JZ      PKYR                ;判 FIFO 中是否有数据?
        MOV     A,#40H              ;读 FIFO 命令
        MOVX    @DPTR,A
        MOV     DPTR,#7EFFH         ;8279 数据口地址
        MOVX    A,@DPTR             ;读数据
        MOV     R2,A
        ANL     A,#38H              ;计算键值
        RR      A
        RR      A
        RR      A
        MOV     B,#04H
        MUL     AB
```

```
            XCH      A,R2
            ANL      A,#7
            ADD      A,R2
            MOV 70H,A                          ;键值装入显示缓冲区 70H 单元
            MOV 71H,#16
            MOV 72H,#16
            MOV 73H,#16
            MOV 74H,#16
            MOV 75H,#16
PKYR:       POP      B
            POP      ACC
            POP      DPH
            POP      DPL
            POP      PSW
            RETI
      END
```

【例 9-14】 采用 C 语言编写的 8279 应用程序。

```c
#include <absacc.h>
#define uchar unsigned char
#define uint unsigned int

char data DisBuf[6]={0,1,2,3,4,5};                        //显示缓冲区
uchar code keyval[ ]={0x00,0x01,0x02,0x03,0x08,0x09,0x0a,0x0b,    //键值表
            0x10,0x11,0x12,0x13,0x18,0x19,0x1a,0x1b};
uchar code SEG[ ]={0x3f,0x06,0x5b,0x4f,0x66,0x6d,0x7d,0x07,       //段码表
            0x7f,0x6f,0x77,0x7c,0x39,0x5e,0x79,0x71,0x00};

/*********************** 8279 初始化函数 ***************************/
void KbDisInit( ) {
    XBYTE[0x7fff]=0x00;                    //设置 8279 工作方式
    XBYTE[0x7fff]=0xD1;                    //清除 8279
    while (XBYTE[0x7fff] & 0x80);          //等待清除结束
    XBYTE[0x7eff]=0x34;                    //设置 8279 分频系数
}

/*********************** 读键值函数 ***************************/
uchar ReadKey( ){
    uchar i,j;
    if (XBYTE[0x7fff] & 0x07){             //判断是否有按键
        XBYTE[0x7fff]=0x40;                //有键按下，写入读 FIFO 命令
        i=XBYTE[0x7eff];                   //获取键值
        j=0;
        while (i!=keyval[j]){j++;}         //查键值表
        return(j+1);
    }
```

```
    return (0);                              //无键按下
}


/***************************** 显示函数 ****************************/
void Disp( ) {
    uchar i;
    XBYTE[0x7fff]=0x90;                //写显示 RAM命令
    for (i=0; i<6; i++){
    XBYTE[0x7eff]=SEG[DisBuf[i]];     //显示缓冲区内容
    }
}

/********************** 填充显示缓冲区函数 ********************/
void DspBf( ){
    uchar i;
    for (i=1; i<6; i++){
        DisBuf[i]=0x10;
    }
}

/*********************** 无按键处理函数 ***********************/
void NoKey( ) {
 ;
}

/************************ 0 键处理函数 ***********************/
void k0( ) {
    DisBuf[0]=0x00; DspBf( );
}

/************************ 1 键处理函数 ***********************/
void k1( ) {
    DisBuf[0]=0x01; DspBf( );
}

/************************ 2 键处理函数 ***********************/
void k2( ) {
    DisBuf[0]=0x02; DspBf( );
}

/************************ 3 键处理函数 ***********************/
void k3( ) {
    DisBuf[0]=0x03; DspBf( );
}

/************************ 4 键处理函数 ***********************/
void k4( ) {
    DisBuf[0]=0x04; DspBf( );
```

```
        }

/************************** 5 键处理函数 *****************************/
void k5( ) {
        DisBuf[0]=0x05; DspBf( );
}

/* k6, ...其他按键处理函数可在此处插入 */

code void (code * KeyProcTab[ ])( )={NoKey, k0,k1,k2,k3,k4,k5/*... */};

/*************************** 主函数 *****************************/
void main( ){
        KbDisInit( );       //8279 初始化
        while(1){
                Disp( );
                (* KeyProcTab[ReadKey( )]) ( );   //根据不同按键的值查表散转
        }
}
```

9.4 液晶显示器接口技术

对于采用电池供电的便携式单片机应用系统，考虑到其低功耗的要求，常常需要采用液晶显示器（Liquid Crystal Diodes，LCD）。LCD 体积小，重量轻，功耗极低，因此在仪器仪表中的应用十分广泛。

9.4.1 LCD 工作原理和驱动方式

LCD 是一种被动式显示器，它本身并不发光，只是调节光的亮度。目前常用的 LCD 是根据液晶的扭曲－向列效应原理制成的。这是一种电场效应，夹在两块导电玻璃电极之间的液晶经过一定处理后，其内部的分子呈 90°的扭曲，这种液晶具有旋光特性。当线性偏振光通过液晶层时，偏振面会旋转 90°。当给玻璃电极加上电压后，在电场的作用下，液晶的扭曲结构消失，其旋光作用也随之消失，偏振光便可以直接通过。当去掉电场后，液晶分子又恢复其扭曲结构。把这样的液晶放在两个偏振片之间，改变偏振片的相对位置（平行或正交）就可得到黑底白字或白底黑字的显示形式。LCD 的响应时间和余辉为毫秒级，阈值电压为 3～20V，功耗为 5～100mW/cm^2。

LCD 常采用交流驱动，通常采用异或门把显示控制信号和显示频率信号合并为交变的驱动信号，如图 9-25 所示。当显示控制电极上的波形与公共电极上的方波相位相反时，则为显示状态。显示控制信号由 C 端输入，高电平为显示状态。显示频率信号是一个方波。当异或门的 C 端为低电平时，输出端 B 的电位与 A 端相同，LCD 两端的电压为 0，LCD 不显示，当异或门的 C 端为高电平时，B 端的电位与 A 端相反，LCD 两端呈现交替变化的电压，LCD 显示。常用的扭曲－向列型 LCD，其驱动电压范围是 3～6V。由于 LCD 是容性负载，工作频率越高消耗的功率越大，而且显示频率升高，对比度会变差，当频率升高到临界高频以上时，LCD 就不能显示了，所以 LCD 宜采用低频工作。

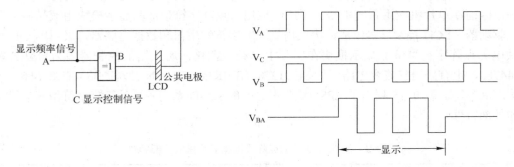

图 9-25　LCD 的基本驱动电路及波形

　　LCD 的驱动方式分为静态和动态两种。不同的 LCD 显示器要采用不同的驱动方式。静态驱动方式的 LCD 每个显示器的每个字段都要引出电极，所有显示器的公共电极连在一起后引出。显然显示位数越多，引出线也越多，相应的驱动电路也越多，故适用于显示位数较少的场合。动态驱动方式可以减少 LCD 的引出线和相应的驱动电路，故适用于显示位数较多的场合。动态驱动方式实际上是用矩阵驱动法来驱动字符显示。字段引线相当于行引线，公共电极相当于列引线，字符的每一个字段相当于矩阵的一个点。分时驱动是常用的动态驱动方法。分时驱动常采用偏压法，图 9-26a 所示为采用 1/3 偏压法作分时驱动的基本原理。在一个 2×2 的矩阵上，D、S 线的交点为显示点，其余各点均不显示，在电极 D 端施加 $\frac{2}{3}V_C$ 的电压，在电极的 R 端和 S 端施加 $\frac{1}{3}V_C$ 的电压，D 端电压的相位与 R 端相同而与 S 端相反，电极 C 端施加的电压为 0V，如图 9-26b 所示；各个交点上的电压和波形如图 9-26c 所示。交点 CR、CS、DR 上的电压为 $\frac{1}{3}V_C$，DS 上的电压为工作电压 V_C。采用这种驱动方式的 LCD 其阈值电压应在 $\frac{1}{3}V_C\sim1V_C$ 之间。

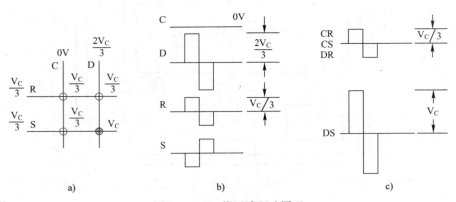

图 9-26　1/3 偏压法驱动原理

a) 公时驱动基本原理　　b) 各电极端所施加电压　　c) 各交点上的电压

9.4.2 点阵字符型液晶显示模块接口技术

点阵字符型液晶显示模块能显示数字、字母、符号以及少量自定义图形符号，如简单汉字等，因而在单片机应用系统中得到了广泛应用。点阵字符型液晶显示模块由液晶显示器、点阵驱动器、LCD 控制器等组成，模块内集成有字符发生器和数据存储器，采用单一+5V 电源供电。点阵字符型液晶显示模块在国际上已经规范化，所采用的控制器多为日立公司的 HD44780，也有采用其兼容电路，如 SED1278（SEIKO、EPSON 公司产品）、KS0666（三星公司产品）等。表 9-15 列出了 EPSON 公司生产的 EA-D 系列各型号点阵字符型液晶显示模块的外部特性。

表 9-15 EA-D 系列点阵式液晶显示模块外部特性

名　称	字符数	外部尺寸	视觉范围	字符点阵	字符尺寸	点的尺寸	速率
EA-D16015	16×1	80×36	64.5×13.8	5×7	3.07×6.56	0.55×0.75	1/16
EA-D16025	16×2	84×44	61.×15.8	5×7	2.96×5.56	0.56×0.66	1/16
EA-D20025	20×2	116×37	83.×18.6	5×7	3.20×5.55	0.60×0.65	1/16
EA-D20040	20×4	98×60	76.×25.2	5×7	3.01×4.84	0.57×0.57	1/16
EA-D24016	24×1	126×36	100.0×13.8	5×10	3.15×8.70	0.55×0.70	1/11
EA-D40016	40×1	182×33.5	154.4×15.8	5×10	3.15×8.70	0.55×0.70	1/11
EA-D40025	40×2	182×33.5	154.4×15.8	5×7	3.20×5.55	0.60×0.65	1/16

下面介绍 EPSON 公司生产的点阵字符型液晶显示模块与单片机系统的接口及应用。EA-D 系列点阵字符型液晶显示模块内部结构如图 9-27 所示。它由点阵式液晶显示面板、SED1287 控制器和 4 个列驱动器组成。SED1278 完成显示模块的时序控制，同时也可以驱动 16 行 40 列的点阵库。SED1278 控制器有 14 条引脚：

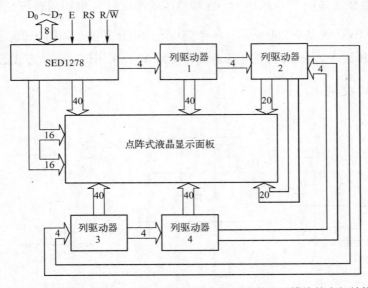

图 9-27 EPSON 公司的 EA-D 系列点阵字符型液晶显示模块的内部结构

V_{SS}：地线输入端。

V_{DD}：+5V 电源输入端。

V_O：液晶显示面板亮度调节。通过 10～20kΩ的电阻接到+5V 和地之间，起调节显示亮度的作用。

RS：寄存器选择信号输入线。低电平选通指令寄存器，高电平选通数据寄存器。

R/$\overline{W}$：读/写信号输入线。低电平为写入，高电平为读出。

E：片选信号输入线。高电平有效。

D0～D7：数据总线。可以选择 4 位总线或 8 位总线操作，选择 4 位总线操作时使用 D4～D7。

SED1287 的控制电路主要由指令寄存器（IR）、数据寄存器（DR）、忙标志（BF）、地址计数器（AC）、显示数据寄存器（DDRAM）、字符发生器 ROM（CGROM）、字符发生器 RAM（CGRAM）和时序发生电路所组成。

指令寄存器 IR 用于寄存各种指令码，只能写入，不能读出。

数据寄存器 DR 用于寄存显示数据，由内部操作自动写入 DDRAM 和 CGRAM，或寄存从 DDRAM 和 CGRAM 读出的数据。

忙标志 BF=1 时，表示正在进行内部操作，此时不能接受任何外部指令和数据。

地址计数器 AC 作为 DDRAM 或 CGRAM 的地址指针。如果地址码随指令写入 IR，则 IR 的地址码自动装入 AC，同时选择 DDRAM 或 CGRAM 单元。

显示数据寄存器 DDRAM 用于存储显示数据，DDRAM 的地址与显示屏幕的物理位置是一一对应的，当向数据寄存器某一地址单元写入一个字符的编码时，该字符就在对应的位置上显示出来。表 9-16 列出了 DDRAM 显示地址与显示屏物理位置的对应关系。

表 9-16　DDRAM 显示地址与显示屏物理位置的对应关系

显示地址＼列号＼行号	1	2	3	4	5	6	7	8	9	10	11	12	13	14	15	16	17	18	19	20
1	00	01	02	03	04	05	06	07	08	09	0A	0B	0C	0D	0E	0F	10	11	12	13
2	40	41	42	43	44	45	46	47	48	49	4A	4B	4C	4D	4E	4F	50	51	52	53
3	14	15	16	17	18	19	1A	1B	1C	1D	1E	1F	20	21	22	23	24	25	26	27
4	54	55	56	57	58	59	5A	5B	5C	5D	5E	5F	60	61	62	63	64	65	66	67

字符发生器 CGROM 由 8 位字符码生成 5×7 点阵字符 160 个和 5×10 点阵字符 32 个，已经固化在液晶显示器模块内部，由用户随意使用。表 9-17 列出了 8 位字符编码的高、低位排列及其与字符的对应关系，如果想显示 192 个字符中的一个，只要把该字符的编码送入 DDRAM 即可，如果想显示 192 个字符以外的字符，则需要利用 CGRAM 自定义字符。

表 9-17　CGROM 字符编码表

高位＼低位	0010	0011	0100	0101	0110	0111	1010	1011	1100	1101	1110	1111
0000		0	@	P	\	p	—	ク	ミ	α	p
0001	!	1	A	Q	a	q	。	ヌ	チ	ム	a	q
0010	"	2	B	R	b	r	「	イ	ツ	メ	β	θ
0011	#	3	C	S	c	s	」	ウ	テ	モ	ε	∞

（续）

低位＼高位	0010	0011	0100	0101	0110	0111	1010	1011	1100	1101	1110	1111
0100	$	4	D	T	d	t	、	エ	ト	ヤ	μ	Ω
0101	%	5	E	U	e	u	。	オ	ナ	ユ	σ	O
0110	&	6	F	V	f	v	ラ	カ	ニ	ヨ	ρ	Σ
0111	,	7	G	W	g	w	ア	キ	ヌ	ラ	g	π
1000	(	8	H	X	h	x	ィ	ク	ネ	リ	∫	X
1001	)	9	I	Y	i	y	ゥ	ケ	ノ	ル	−1	Y
1010	*	:	J	Z	j	z	エ	コ	ハ	レ	j	千
1011	+	;	K	[	k	{	オ	サ	ヒ	ロ	×	万
1100	,	<	L	￥	l	¦	セ	シ	フ	ワ	Φ	⊕
1101	−	=	M	]	m	}	ス	ン	へ	ン	£	÷
1110	.	>	N	∧	n	→	ヨ	セ	ホ	ハ	n	
1111	/	?	O	−	o	←	ツ	ソ	マ	ロ	○	■

字符发生器 CGRAM 是为用户创建自己的特殊字符设立的，它的容量仅为 64B，地址为 00～3FH，但是作为自定义字符，字模使用的仅是一个字节中的低 5 位，每个字节的高 3 位可作为数据存储器使用。若自定义字符为 5×7 点阵，可定义 8 个字符，若自定义字符为 5×10 点阵，则可定义 4 个字符，自定义字符的编码为 00H～07H。表 9-18 列出了自定义字符"上"，从表中可以看出，字符编码（DDRAM 中的数据）的 0～2 位等同于 CGRAM 地址的 3～5 位。CGRAM 地址的 0～2 位定义字符的行位置。CGRAM 中数据的 0～4 位决定字符形式，第 4 位是字符的最左端。CGRAM 的 5～7 位不用作显示字符，因此它可用作一般的数据 RAM。

表 9-18　CGRAM 自定义字符"上"

字符编码 （DDRAM 数据）	CGRAM 地址	字符形式(CGRAM 数据)
7 6 5 4 3 2 1 0	5 4 3 2 1 0	7 6 5 4 3 2 1 0
	000	× × × 0 0 1 0 0
	001	× × × 0 0 1 0 0
	010	× × × 0 0 1 0 0
0000 ×000	000011	× × × 0 0 1 1 1
	100	× × × 0 0 1 0 0
	101	× × × 1 0 0 0 0
	110	× × × 1 1 1 1 1
	111	× × × 0 0 0 0 0

点阵字符型液晶显示模块的显示功能是由各种命令来实现的，共有 11 条命令。

1. 清显示命令

编码格式为

RS	R/W	D7	D6	D5	D4	D3	D2	D1	D0
0	0	0	0	0	0	0	0	0	1

该命令把空格编码 20H 写入显示数据存储器的所有单元。

2．光标返回命令

编码格式为

RS	R/W	D7	D6	D5	D4	D3	D2	D1	D0
0	0	0	0	0	0	0	0	1	×

该命令把地址计数器中 DDRAM 地址清 0。如果显示屏上显示了字符，则光标移到起始位置；如果显示两行，则光标移到第一行第一个字符的位置，显示数据存储器的内容不变。

3．设置输入方式命令

编码格式为

RS	R/W	D7	D6	D5	D4	D3	D2	D1	D0
0	0	0	0	0	0	0	1	I/D	S

当一个字符编码被写入 DDRAM 或从 DDRAM 中读出时，若 I/D=1，则 DDRAM 地址加 1，若 I/D=0 则 DDRAM 地址减 1。地址加 1 时，光标右移；地址减 1 时，光标左移。对 CGRAM 的读写操作和 DDRAM 一样，只是 CGRAM 与光标无关。当 S=1 时，整个显示屏向左（I/D=1）或向右（I/D=0）移动。

4．显示开/关控制命令

编码格式为

RS	R/W	D7	D6	D5	D4	D3	D2	D1	D0
0	0	0	0	0	0	1	D	C	B

当 D=0 时，显示器关闭，显示数据存储器中的数据不变；当 D=1 时，显示器立即显示 DDRAM 中的数据。

当 C=0 时，不显示光标；当 C=1 时，显示光标。当选择字符为 5×7 点阵时，用第 8 行的第 5 个点显示光标。

当 B=1 时，显示闪烁光标，当时钟为 270kHz 时，在 379.2ms 内交换显示全黑点和字符，以实现字符闪烁。

5．光标或显示屏移动命令

编码格式为

RS	R/W	D7	D6	D5	D4	D3	D2	D1	D0
0	0	0	0	0	1	S/C	R/L	×	×

该命令使显示和光标向左或向右移位。对两行显示而言，光标从第一行的第 40 个字符位置移到第二行的首位。从第二行的第 40 个位置不能移位到清屏的起始位置，而是回到第二行的第 1 个位置。命令中 S/C 和 R/L 位的作用如下：

S/C	R/L	作用
0	0	光标左移，地址计数器减 1
0	1	光标右移，地址计数器加 1
1	0	显示屏左移，光标跟随显示屏移动
1	1	显示屏右移，光标跟随显示屏移动

6. 功能设置命令

编码格式为

RS	R/W	D7	D6	D5	D4	D3	D2	D1	D0
0	0	0	0	1	IF	N	F	×	×

命令中的 IF 位用来设置接口数据长度，当 IF=1 时，数据以 8 位长度（D7～D0）发送或接收；当 IF=0 时，数据以 4 位长度（D7～D4）发送或接收。命令中的 N 和 F 位用来设置显示屏的行数和字符的点阵。设置方式如下：

N	F	显示行数	字符点阵	占空系数
0	0	1	5×7	1/16
0	1	1	5×10	1/11
1	0	2	5×7	1/16
1	1	2	5×7	1/16

对于 EA-D20040 来说一定要设置 N=1，显示 2 行。

7. 设置 CGRAM 地址命令

编码格式为

RS	R/W	D7	D6	D5	D4	D3	D2	D1	D0
0	0	0	1	A5	A4	A3	A2	A1	A0

该命令的功能是设置 CGRAM 的地址。命令执行后，单片机和 CGRAM 可连续进行数据交换。

8. 设置 DDRAM 地址命令

编码格式为

RS	R/W	D7	D6	D5	D4	D3	D2	D1	D0
0	0	1	A6	A5	A4	A3	A2	A1	A0

该命令的功能是设置 DDRAM 的地址。命令执行后，单片机与 DDRAM 进行数据交换。

9. 读忙标志和地址命令

编码格式为

RS	R/W	D7	D6	D5	D4	D3	D2	D1	D0
0	1	BF	A6	A5	A4	A3	A2	A1	A0

该命令的功能是读出忙标志 BF 的值。当读出的 BF=1 时，则说明系统内部正在进行操作，不能接收下一条命令。在读出 BF 值的同时，CGRAM 和 DDRAM 所使用的地址计数器的值也被同时读出。

10. 向 CGRAM 或 DDRAM 写数据命令

编码格式为

RS	R/W	D7	D6	D5	D4	D3	D2	D1	D0
1	0	D	D	D	D	D	D	D	D

该命令的功能是把二进制数 DDDDDDDD 写入 CGRAM 或 DDRAM 中，若先送入

CGRAM 地址，则向 CGRAM 写入；若先送入 DDRAM 地址，则向 DDRAM 写入。

11. 从 CGRAM 或 DDRAM 读取数据命令

编码格式为

RS	R/W	D7	D6	D5	D4	D3	D2	D1	D0
1	1	D	D	D	D	D	D	D	D

该命令的功能是将数据从用写数据命令建立的 CGRAM 或 DDRAM 地址指出的 RAM 中读出。在本命令之前的命令应是 CGRAM 或 DDRAM 地址建立命令、光标移位命令、或是上次 CGRAM/DDRAM 数据读出命令，若是其他命令，读出的数据可能会出错。

在执行读数据或写数据命令之后，地址计数器会自动加 1 或减 1。一般是先执行一条地址建立命令或光标移位命令，再执行读数据命令，一旦一条读数据命令被执行后，就可连续执行数据读取命令，而不需再执行其他命令了。

图 9-28 所示为 16 字符×2 行的点阵字符型液晶显示模块与单片机 8051 的接口电路。液晶显示模块的 RW 和 RS 信号由 8051 单片机的低 8 位地址线来控制，显示模块的 E 信号则由单片机的最高地址线 A15 和读 RD、写 WR 信号线组成的联合逻辑电路来控制，从而可得该接口电路的命令写入地址为 7FF0H，命令读取地址为 7FF1H，数据操作地址为 7FF2H，这种接口称为直接方式接口。

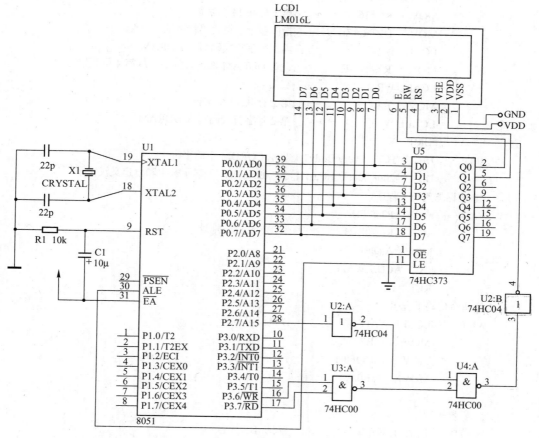

图 9-28　点阵字符型液晶显示模块与单片机 8051 的直接方式接口

例 9-15 列出了直接方式接口的汇编语言驱动程序，例 9-16 为 C 语言驱动程序。进入主程序后，首先调用液晶模块初始化子程序，初始化内容包括设置功能（8 位字长、2 行、5×7 点阵）、清屏、设置输入方式和设置显示方式及光标等，需要注意的是，每写入一条命令，都应先检查忙标志 BF，只有当 BF=0 时才能执行下一条指令。其次调用自定义汉字字符子程序，该子程序中先设定 CGRAM 首地址，然后依次向 CGRAM 中写入各个自定义汉字的字模数据；之后设定显示字符在液晶屏上的位置，即 DDRAM 的地址，最后将要显示的字符代码分别写入 DDRAM。对于 CGROM 中的字符代码，可以通过查表 9-17 得到，而自定义汉字字符的代码则为 00H～07H，本例只定义了 3 个字符"年"、"月"、"日"，它们的代码分别为 00H、01H 和 02H。

【例 9-15】 点阵字符型液晶模块直接方式接口的汇编语言驱动程序。

```
              ORG 0000H
START:   LJMP MAIN
              ORG 0030H
MAIN:    LCALL INIT              ;主程序开始，调用液晶模块初始化子程序
              LCALL WPAD          ;调用自定义汉字字符子程序
              MOV   R2,#81H         ;设置 DDRAM 地址，第 1 行从第 2 位开始
              LCALL WRTC           ;写入
              MOV   R4,#16          ;第 1 行共 14 个字符
              MOV   DPTR,#ZIFU     ;指向显示字符代码首地址
              LCALL WP1            ;第 1 行字符代码写入 DDRAM
              MOV   R2,#0C4H        ;设置 DDRAM 地址，第 2 行从第 4 位开始
              LCALL WRTC           ;写入
              MOV   R4,#12          ;第 2 行共 12 个字符
              LCALL WP1            ;第 2 行字符代码写入 DDRAM
              SJMP   $
ZIFU:      DB     "Hello Every Body"   ;显示 CGROM 中的字符
              DB     "2008",00H,"10",01H,"26",02H,20H       ;显示数字和自定义汉字字符
;BF 忙标志判断子程序
WAIT:     MOV  P2,#7FH
              MOV  R0,#0F1H          ;读 BF 忙标志地址
              MOVX A,@R0
              JB     ACC.7,WAIT
              RET
;写指令代码子程序
WRTC:    LCALL WAIT              ;判断 BF 标志
              MOV    A,R2
              MOV    R0,#0F0H         ;写指令地址
              MOVX   @R0,A
              RET
;写数据子程序
WRTD:    LCALL WAIT              ;判断 BF 标志
```

```
                MOV    A,R2
                MOV    R0,#0F2H        ;写数据地址
                MOV    A,R2
                MOVX   @R0,A
                RET
;读数据子程序
RDD:            LCALL WAIT              ;判断 BF 标志
                MOV    R0,#0F3H        ;读数据地址
                MOVX   A,@R0
                RET
;初始化子程序
INIT:           LCALL TIM1              ;延时 15ms
                MOV    R2,#38H         ;功能设置命令，8 位字长，2 行，5×7 点阵
                LCALL WRTC              ;写入
                LCALL TIM3              ;延时 100μs
                MOV    R2,#38H
                LCALL WRTC              ;写入
                LCALL TIM3              ;延时 100μs
                MOV    R2,#38H
                LCALL WRTC              ;写入
                LCALL TIM3              ;延时 100μs
                MOV    R2,#01H         ;清屏命令
                LCALL WRTC              ;写入
                MOV    R2,#06H         ;输入方式命令
                LCALL WRTC              ;写入
                MOV    R2,#0EH         ;开显示、光标不闪命令
                LCALL WRTC              ;写入
                RET
;自定义汉字字符子程序
WPAD:           MOV    R2,#40H         ;设置 CGRAM 首地址为 0
                LCALL WRTC              ;写入 CGRAM 首地址
                MOV    R4,#24          ;3 个汉字共 24B 字模数据
                MOV    DPTR,#ZIMO      ;指向字模首地址
WP1:            CLR    A
                MOVC   A,@A+DPTR
                MOV    R2,A
                LCALL WRTD              ;写入 1B 字模数据
                INC    DPTR
                DJNZ   R4,WP1
                RET
ZIMO:           DB   08H,0FH,12H,0FH,0AH,1FH,02H,00H;"年"字模数据
                DB   0FH,09H,0FH,09H,0FH,09H,11H,00H;"月"字模数据
                DB   0FH,09H,09H,0FH,09H,09H,0FH,00H;"日"字模数据
```

```
;延时 15ms 子程序
TIM1:     MOV    R5,#03H
TT1:      LCALL TIM2
          DJNZ   R5,TT1
          RET
;延时 5ms 子程序
TIM2:     MOV    R4,#50
TT2:      LCALL TIM3
          DJNZ   R4,TT2
          RET
;延时 100μs 子程序
TIM3:     MOV    R3,#50
TT3:      DJNZ   R3,TT3
          RET
          END
```

【例 9-16】 点阵字符型液晶模块直接方式接口的 C 语言驱动程序。

```c
#include <reg51.h>
#include<intrins.h>
#define     uchar unsigned char
#define uint unsigned int
#define Busy      0x80                    //忙判别位

char xdata Lcd1602CmdPort _at_ 0x7ff0;    //LCD 命令口地址
char xdata Lcd1602StatusPort _at_ 0x7ff1; //LCD 状态口地址
char xdata Lcd1602WdataPort _at_ 0x7ff2;  //LCD 数据口地址

code char exampl[ ]="Hello Every Body";
code char examp2[ ]={0x32,0x30,0x31,0x30,0x00,0x35,0x01,0x32,0x36,0x02};
code char Hzzimo[ ]={0x08,0x0F,0x12,0x0F,0x0A,0x1F,0x02,0x00,  // "年"
                     0x0F,0x09,0x0F,0x09,0x0F,0x09,0x11,0x00,  // "月"
                     0x0F,0x09,0x09,0x0F,0x09,0x09,0x0F,0x00};// "日"

/********************** 写控制字符函数 ***************************/
void LcdWriteCommand( uchar CMD,uchar AttribC ){
    if (AttribC) while( Lcd1602StatusPort & Busy );        //检测忙信号
    Lcd1602CmdPort = CMD;
}

/********************** 当前位置写字符函数 ***********************/
void LcdWriteData( char dataW ) {
    while( Lcd1602StatusPort & Busy );                     //检测忙信号
    Lcd1602WdataPort = dataW;
}
```

```
/*********************** 显示光标定位函数 ***********************/
void LocateXY( char posx,char posy) {
    uchar temp;
    temp = posx & 0xf;
    posy &= 0x1;
    if ( posy )temp |= 0x40;
    temp |= 0x80;
    LcdWriteCommand(temp,0);
}


/*********************** 自定义汉字字符函数 ***********************/
void Hz( ){
    uchar i;
    LcdWriteCommand( 0x40,1 );
    for (i=0;i<24;i++){
        LcdWriteData(Hzzimo[i]);
    }
}
/*********************** 单字符显示函数 ***********************/
void DispOneChar(uchar x,uchar y,uchar Wdata) {
    LocateXY( x，y );                    //定位显示字符的 x,y 位置
    LcdWriteData( Wdata );               //写字符
}


/*********************** 显示字符串函数 ***********************/
void ePutstr(uchar x,uchar y，uchar j,uchar code *ptr){
    uchar i,l=0;
    for (i=0;i<j;i++){
        DispOneChar(x++,y,ptr[i]);
        if ( x == 16 ){
            x = 0; y ^= 1;
        }
    }
}


/*********************** 5ms 延时函数 ***********************/
void Delay5Ms(void){
    uint i = 5552;
    while(i--);
}


/*********************** 400ms 延时函数 ***********************/
void Delay400Ms(void){
    uchar i = 5;
```

```
        uint j;
        while(i--){
            j=7269;
            while(j--);
        };
    }


/*************************** LCD 初始化函数 **************************/
void LcdReset( void ){
    LcdWriteCommand( 0x38，0);              //显示模式设置(不检测忙信号)
        Delay5Ms( );
    LcdWriteCommand( 0x38，0);              //共 3 次
        Delay5Ms( );
    LcdWriteCommand( 0x38，0);
        Delay5Ms( );
    LcdWriteCommand( 0x38，1);              //显示模式设置(以后均检测忙信号)
    LcdWriteCommand( 0x08，1);              //显示关闭
    LcdWriteCommand( 0x01，1);              //显示清屏
    LcdWriteCommand( 0x06，1);              //显示光标移动设置
    LcdWriteCommand( 0x0c，1);              //显示开及光标设置
}


/*************************** 主函数 ****************************/
void main(void){
    uchar temp;
    Delay400Ms( );                         //启动时必需的延时，等待 LCD 进入工作状态
    LcdReset( );                           //LCD 初始化
    temp = 32;
    Hz( );
    ePutstr(0,0,16,exampl);                //第 1 行从第 0 位开始显示 Hello Every Body
    ePutstr(4,1,10,examp2);                //第 2 行从第 4 位开始显示 2010 年 10 月 26 日
    while(1);
}
```

点阵字符型液晶显示模块还可以采用间接控制方式与单片机 8051 进行接口，这种方式通过单片机的并行 I/O 端口引脚实现对液晶显示模块的间接控制，图 9-29 给出了间接控制方式的接口电路。液晶显示模块的 RS、RW 和 E 信号分别由 8051 单片机的 P2.1、p2.2 和 P2.3 来控制，与直接方式不同，间接控制方式不是通过固定的接口地址，而是通过单片机 I/O 端口引脚来操作液晶显示模块，因此在编写驱动程序时要注意时序的配合。写操作时 E 信号的下降沿有效，工作时序上应先设置 RS、RW 状态，再写入数据，然后产生 E 信号脉冲，最后复位 RS、RW 状态。读操作时 E 信号的高电平有效，工作时序上应先设置 RS、RW 状态，再设置 E 信号为高电平，再读取数据，然后将 E 信号设置为低电平，最后复位 RS、RW 状态。例 9-17 和例 9-18 分别列出了点阵字符型液晶模块间接方式接口的汇编语言和 C 语言驱动程序。

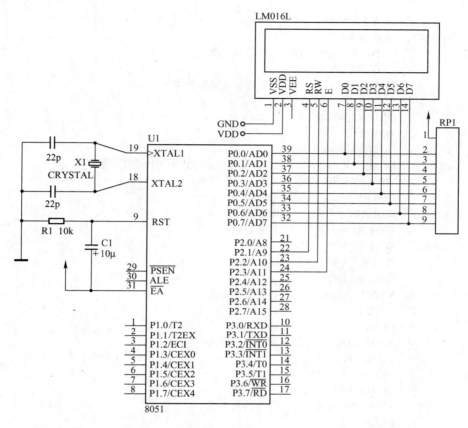

图 9-29 点阵字符型液晶显示模块与单片机 8051 的间接方式接口

【例9-17】 点阵字符型液晶模块间接方式接口的汇编语言驱动程序。

```
        COM  EQU 50H           ;LCD 指令寄存器
        DAT  EQU 51H           ;LCD 数据寄存器
        RS   EQU P2.1          ;LCD 寄存器选择信号
        RW   EQU P2.2          ;LCD 读/写选择信号
        E    EQU P2.3          ;LCD 使能信号
        ORG 0000H
        LJMP MAIN
        ORG 0030H              ;主程序入口
MAIN:   MOV SP,#60H            ;主程序
        LCALL INT              ;调用 LCD 间接控制方式下的初始化子程序
        MOV COM,#01H           ;LCD 清 0 命令
        LCALL PR1              ;调用写指令代码子程序
        MOV COM,#06H           ;输入方式命令，光标右移
        LCALL PR1              ;调用写指令代码子程序
        MOV COM,#080H          ;设置 DDRAM 地址
        LCALL PR1              ;调用写指令代码子程序
        MOV DPTR,#TAB          ;DPTR 指向显示字符表首地址
        MOV R2,#10H            ;共显示 16 字符
```

```
              MOV R3,#00H
WRIN:         MOV A,R3
              MOVC A,@A+DPTR    ;取出显示字符
              MOV DAT,A
              LCALL PR2          ;调用写显示数据子程序
              INC R3
              DJNZ R2,WRIN
              SJMP $
TAB:          DB "Hello Everybody!";
INT:          LCALL DELAY        ;LCD 间接控制方式下的初始化子程序
              MOV P0,#38H        ;工作方式设置指令代码
              CLR RS             ;RS=0
              CLR RW             ;R/W=0
              MOV R2,#03         ;循环量=3
INTT1:        SETB E ; E=1
              CLR E              ;E=0
              DJNZ R2,INTT1
              MOV P0,#38H        ;设置工作方式
              SETB E             ;E=1
              CLR E              ;E=0
              MOV COM,#38H       ;设置工作方式
              LCALL PR1
              MOV COM,#01H       ;清屏
              LCALL PR1
              MOV COM,#06H       ;设置输入方式
              LCALL PR1
              MOV COM,#0EH       ;设置显示方式
              LCALL PR1
              RET
DELAY:        MOV R6,#0FH        ;延时子程序
DELAY2:       MOV R7,#10H
DELAY1:       NOP
              DJNZ R7,DELAY1
              DJNZ R6,DELAY2
              RET
;LCD 间接控制方式的驱动子程序
PR0:          PUSH ACC           ;读 BF 和 AC 值
              MOV P0,#0FFH       ;P0 置位，准备读
              CLR RS             ;RS=0
              SETB RW            ;R/W=1
              SETB E             ;E=1
              LCALL DELAY
              MOV COM,P0         ;读 BF 和 AC6~AC4 的值
              CLR E              ;E=0
              POP ACC
              RET
PR1:          PUSH ACC           ;写指令代码子程序
              CLR RS             ;RS=0
```

```
         SETB RW              ;R/W=1
PR11:    MOV P0,#0FFH         ;P0 置位，准备读
         SETB E               ;E=1
         LCALL DELAY
         NOP
         MOV A,P0
         CLR E
         JB ACC.7,PR11        ;BF=1 否
         CLR RW               ;R/W=0
         MOV P0,COM
         SETB E               ;E=1
         CLR E                ;E=0
         POP ACC
         RET
PR2:     PUSH ACC             ;写显示数据子程序
         CLR RS               ;RS=0
         SETB RW              ;R/W=1
PR21:    MOV P0,#0FFH
         SETB E               ;E=1
         LCALL DELAY
         MOV A,P0             ;读 BF 和 AC6～AC4 的值
         CLR E                ;E=0
         JB ACC.7,PR21
         SETB RS
         CLR RW
         MOV P0,DAT           ;写入数据高 4 位
         SETB E               ;E=1
         CLR E                ;E=0
         POP ACC
         RET
PR3:     PUSH ACC             ;读显示数据子程序
         CLR RS               ;RS=0
         SETB RW              ;R/W=1
PR31:    MOV P0,#0FFH         ;P0 置位，准备读
         SETB E               ;E=1
         LCALL DELAY
         MOV A,P0             ;读 BF 和 AC6～AC4 的值
         CLR E                ;E=0
         JB ACC.7,PR31
         SETB RS              ;RS=1
         SETB RW              ;R/W=1
         MOV P0,#0FFH         ;读数据
         SETB E               ;E=1
         MOV DAT,P0
         CLR E                ;E=0
         POP ACC
         RET
         END
```

【例 9-18】 点阵字符型液晶模块间接方式接口的 C 语言驱动程序。

```c
#include <reg51.h>
#include<intrins.h>
#include<stdio.h>
#include<string.h>
#include<math.h>
#include<absacc.h>
#define     uchar unsigned char
#define uint unsigned int
#define DataPort P0                      //数据端口
#define Busy      0x80

sbit   RS   = P2^1;                       //LCD 控制引脚定义
sbit   RW   = P2^2;
sbit   Elcm = P2^3;

code char exampl[ ]="Hello Every Body";
unsigned char tem1,t;
unsigned char c1=10;

/*************************** 1ms 延时函数 **************************/
void Delay1Ms(void){
    uint i = 552;
    while(i--);
}

/*************************** 5ms 延时函数 **************************/
void Delay5Ms(void){
    uint i = 5552;
    while(i--);
}

/*********************** 等待允许函数 ***************************/
void WaitForEnable( void ) {
    DataPort = 0xff;
    RS =0; RW = 1; _nop_( );
    Delay1Ms( );
    Elcm = 1; _nop_( ); _nop_( );
    Delay1Ms( );
    while( DataPort & Busy );
    Elcm = 0;
}

/*********************** 写控制字符函数 ***********************/
void LcdWriteCommand( uchar CMD,uchar AttribC ) {
    if (AttribC) WaitForEnable( );                  //检测忙信号
    RS = 0;     RW = 0; _nop_( );
```

```
        DataPort = CMD; _nop_( );                          //送控制字子程序
        Elcm = 1; _nop_( ); _nop_( );Elcm = 0;             //操作允许脉冲信号
}


/*********************** 当前位置写字符函数 ***********************/
void LcdWriteData( char dataW ) {
        WaitForEnable( );                                  //检测忙信号
        RS = 1; RW = 0; _nop_( );
        DataPort = dataW; _nop_( );
        Elcm = 1; _nop_( ); _nop_( ); Elcm = 0;            //操作允许脉冲信号
}


/*********************** 显示光标定位函数 ***********************/
void LocateXY( char posx,char posy) {
uchar temp;
        temp = posx & 0xf;
        posy &= 0x1;
        if ( posy )temp |= 0x40;
        temp |= 0x80;
        LcdWriteCommand(temp,0);
}


/*********************** 单字符显示函数 ***********************/
void DispOneChar(uchar x,uchar y,uchar Wdata) {
        LocateXY( x,  y );                                 //定位显示字符的x,y位置
        LcdWriteData( Wdata );                             //写字符
}



/*********************** 显示字符串函数 ***********************/
void ePutstr(uchar x,uchar y,uchar j,  uchar code *ptr){
        uchar i;
        for (i=0;i<j;i++) {
                DispOneChar(x++,y,ptr[i]);
                if ( x == 16 ){
                        x = 0; y ^= 1;
                }
        }
}


/*********************** LCD 初始化函数 ***********************/
void LcdReset( void ) {
        LcdWriteCommand( 0x38,  0);                        //显示模式设置(不检测忙信号)
                Delay5Ms( );
        LcdWriteCommand( 0x38,  0);                        //共 3 次
                Delay5Ms( );
        LcdWriteCommand( 0x38,  0);
                Delay5Ms( );
        LcdWriteCommand( 0x38,  1);                        //显示模式设置(以后均检测忙信号)
```

```
        LcdWriteCommand( 0x08，1);                    //显示关闭
        LcdWriteCommand( 0x01，1);                    //显示清屏
        LcdWriteCommand( 0x06，1);                    //显示光标移动设置
        LcdWriteCommand( 0x0c，1);                    //显示开及光标设置
    }

/************************ 400ms 延时函数 ***************************/
void Delay400Ms(void){
    uchar i = 5;
    uint j;
    while(i--){
        j=7269;
        while(j--);
    };
}

/*************************** 主函数 ***************************/
void main(void){
    LcdReset( );
    Delay400Ms( );
    ePutstr(0,0,16,exampl);         //第 1 行从第 0 位开始显示 Hello Every Body
    while(1);
}
```

9.4.3 点阵图型液晶显示模块接口技术

点阵字符型液晶显示模块只能显示英文字符和简单的汉字。要想显示较为复杂的汉字或图形，就必须采用点阵图型液晶显示模块。本节介绍 12864 点阵图型液晶显示模块与单片机的接口技术。12864 液晶显示模块内部控制器采用 KS0108 或 HD61202，图 9-30 所示为其引脚排列，引脚功能见表 9-19。

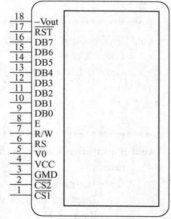

图 9-30 12864 点阵图型液晶显示模块引脚排列

表 9-19 12864 点阵图型液晶显示模块的引脚功能

引脚	符号	功　能	引脚	符号	功　能
1	$\overline{CS1}$	1：选择左边 64×46 点	7	RW	1：数据读取，0：数据写入
2	$\overline{CS2}$	1：选择右边 64×46 点	8	E	使能信号，负跳变有效
3	GND	地	9～16	DB0～DB7	数据信号
4	VCC	+5V 电源		$\overline{RST}$	复位，低电平有效
5	VO	显示驱动电源 0～5V		−Vout	LCD 驱动负电源
6	RS	1：数据输入，0：命令输入			

12864 内部存储器 DDRAM 与显示屏上的显示内容具有一一对应关系，用户只要将显示

内容写入到 12864 内部显示存储器 DDRAM 中，就能实现正确显示。12864 液晶屏横向有 128 个点，纵向有 64 个点，分为左半屏和右半屏，DDRAM 与显示屏的对应关系见表 9-20。

表 9-20　12864 内部 DDRAM 液晶显示屏的关系

	$\overline{CS1}$=1（左半屏）					$\overline{CS2}$=1（右半屏）					
Y=	0	1	…	62	63	0	1	…	62	63	行号
X=0	DB0 ↓ DB7	DB0 ↓ DB7	DB0 ↓ DB7	DB0 ↓ DB7	DB0 ↓ DB7	DB0 ↓ DB7	DB0 ↓ DB7	DB0 ↓ DB7	DB0 ↓ DB7	DB0 ↓ DB7	0 ↓ 7
X=1	DB0 ↓ DB7	DB0 ↓ DB7	DB0 ↓ DB7	DB0 ↓ DB7	DB0 ↓ DB7	DB0 ↓ DB7	DB0 ↓ DB7	DB0 ↓ DB7	DB0 ↓ DB7	DB0 ↓ DB7	8 ↓ 15
…	…	…	…	…	…	…	…	…	…	…	…
X=7	DB0 ↓ DB7	DB0 ↓ DB7	DB0 ↓ DB7	DB0 ↓ DB7	DB0 ↓ DB7	DB0 ↓ DB7	DB0 ↓ DB7	DB0 ↓ DB7	DB0 ↓ DB7	DB0 ↓ DB7	56 ↓ 63

在 12864 液晶屏上显示图形或汉字时，可以利用字模提取软件获得图形或汉字的点阵代码。以"单"字 16×16 点阵显示为例，按纵向取模方式获得的字模点阵代码如下：

DB 000H, 000H, 000H, 0F0H, 052H, 054H, 050H, 0F0H
DB 050H, 054H, 052H, 0F0H, 000H, 000H, 000H, 000H
DB 000H, 008H, 008H, 00BH, 00AH, 00AH, 00AH, 07FH
DB 00AH, 00AH, 00AH, 00BH, 008H, 008H, 000H, 000H

字模点阵数据是纵向的，一个像素对应一个位。8 个像素对应一个字节，字节的位顺序是上低下高。例如，从上到下 8 个点的状态是"*-----*-"（*为黑点，-为白点），则转换的字模数据是 41H(01000001B)。显示时先输入汉字的上半部分的 16 个数据，再输入下半部分的 16 个数据。

12864 点阵图型液晶显示模块的指令功能比较简单，共有 8 条指令。

1．读忙标志

编码格式为

RS	R/W	E	D7	D6	D5	D4	D3	D2	D1	D0
0	1	1	BUSY	0	ON/OFF	RESET	0	0	0	0

其中 BUSY=1，显示模块内部控制器忙，不能进行操作，只有 BUSY=0 才允许进行操作。ON/OFF=1，显示关闭；ON/OFF=0，显示打开。RESET=1，复位状态；RESET=0，正常状态。在 BUSY 和 RESET 状态下，除读忙标志指令外，其他指令均不对液晶显示模块产生作用。

2．写指令

编码格式为

RS	R/W	E	D7	D6	D5	D4	D3	D2	D1	D0
0	0	下降沿				指令				

3．写数据

编码格式为

RS	R/W	E	D7	D6	D5	D4	D3	D2	D1	D0
1	0	下降沿				显示数据				

操作时每完成一个列地址，计数器自动加1。

4．显示开/关

编码格式为

RS	R/W	D7	D6	D5	D4	D3	D2	D1	D0
0	0	0	0	1	1	1	1	1	D

其中 D=1，显示 RAM 中的内容；D0＝0，关闭显示。

5．显示起始行

编码格式为

RS	R/W	D7	D6	D5	D4	D3	D2	D1	D0
0	0	1	1			显示起始行（0~63）			

该指令规定显示屏上起始行对应 DDRAM 的行地址。有规律地改变显示起始行，可以实现显示滚屏的效果。

6．页面地址

编码格式为

RS	R/W	D7	D6	D5	D4	D3	D2	D1	D0
0	0	1	0	1	1	1		页面（0~7）	

DDRAM 共 64 行，分 8 页，每页 8 行。

7．列地址

编码格式为

RS	R/W	D7	D6	D5	D4	D3	D2	D1	D0
0	0	0	1			显示列地址（0~63）			

列地址计数器在每一次读/写数据后自动加 1，每次操作后明确起始列的地址。设置了页面地址和列地址，就唯一确定了 DDRAM 中的一个单元，这样单片机就可以用读/写指令读出该单元中的内容或向该单元写进一个字节数据。

8．读数据

编码格式为

RS	R/W	D7	D6	D5	D4	D3	D2	D1	D0
1	1				显示数据				

该指令将 DDRAM 对应单元中的内容读出，然后列地址计数器自动加 1。需要注意的是，进行读操作之前，必须有一次空读操作，紧接着再读才会读出所要求单元中的数据。

单片机与 12864 液晶模块之间可以采用直接方式接口，也可以采用间接方式接口。直接接口方式就是将液晶模块作为一个单独的 I/O 扩展设备，需要为它分配专门的控制地址。间接接口方式是利用单片机的端口引脚模拟液晶模块的工作时序，达到对它控制的目的。

图 9-31 所示为采用间接方式实现的 8051 单片机与 12864 液晶模块的接口电路。液晶模块的 $\overline{CS1}$、$\overline{CS2}$、RS、R/W 和 E 信号分别由 8051 单片机的 P2.0、P2.1、P2.2、P2.3 和 P2.4 来控制。由于间接控制方式需要通过单片机的端口引脚来操作液晶模块，因此在编写驱动程序时要特别注意时序的配合。例 9-19 和例 9-20 分别列出了 12864 液晶模块间接方式接口的汇编语言和 C 语言驱动程序。

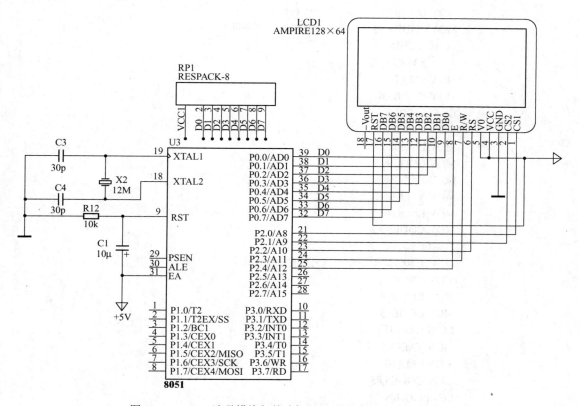

图 9-31　12864 液晶模块与单片机 8051 的间接方式接口电路

【例 9-19】　12864 液晶模块的汇编语言驱动程序。

```
;控制引脚定义
        CS1     EQU P2.0
        CS2     EQU P2.1
        RS      EQU P2.2
        RW      EQU P2.3
        E       EQU P2.4
        DATAES EQU P0
;存储单元定义
        COM     EQU 21H         ;命令单元
        DAT     EQU 22H         ;数据单元
        YM      EQU 23H         ;行单元
        LM      EQU 24H         ;列单元
        CODES   EQU 25H         ;字符单元
```

```
                    ORG 0000H
                    LJMP MAIN
                    ORG 0030H
        MAIN:       LCALL INT              ;调用初始化子程序
                    LCALL LEFT             ;对左半屏操作
                    MOV YM,#3              ;第3行
                    MOV LM,#0              ;第0列
                    MOV CODES,#0           ;最前面一个字符
                    LCALL CHIN
                    MOV YM,#3
                    MOV LM,#16
                    MOV CODES,#1
                    LCALL CHIN
                    MOV YM,#3
                    MOV LM,#32
                    MOV CODES,#2
                    LCALL CHIN
                    MOV YM,#3
                    MOV LM,#48
                    MOV CODES,#3
                    LCALL CHIN
                    LCALL RGHT             ;对右半屏操作
                    MOV YM,#3
                    MOV LM,#0
                    MOV CODES,#4
                    LCALL CHIN
                    MOV YM,#3
                    MOV LM,#16
                    MOV CODES,#5
                    LCALL CHIN
                    MOV YM,#3
                    MOV LM,#32
                    MOV CODES,#6
                    LCALL CHIN
                    MOV YM,#3
                    MOV LM,#48
                    MOV CODES,#7
                    LCALL CHIN
        DDD:        LJMP DDD
        ;初始化子程序
        INT:        LCALL LEFT
                    MOV COM,#3FH           ;左半屏开显示
                    LCALL PRM
                    LCALL RGHT
                    MOV COM,#3FH           ;右半屏开显示
                    LCALL PRM
```

```
        ;清左半屏
  CLRL:    LCALL LEFT
           MOV R4,#00H
  CLR0:    MOV COM,R4
           LCALL PAG1
           MOV COM,#00H
           LCALL LIE1
           MOV R3,#64
  CLR1:    MOV DAT,#00H
           LCALL PRD
           DJNZ R3,CLR1
           INC R4
           CJNE R4,#08H,CLR0
        ;清右半屏
  CLRR:    LCALL RGHT
           MOV R4,#00H
  CLR2:    MOV COM,R4
           LCALL PAG1
           MOV COM,#00H
           LCALL LIE1
           MOV R3,#64
  CLR3:    MOV DAT,#00H
           LCALL PRD
           DJNZ R3,CLR3
           INC R4
           CJNE R4,#08H,CLR2
           RET
        ;判忙子程序
  BUSY:    CLR RS                    ;RS 置 0
           SETB RW                   ;RW 置 1
  PRR0:    MOV DATAES,#0FFH          ;数据口置 1，准备读数据总线
           SETB E                    ;E 置 1，将当前状态送到数据总线
           MOV A,DATAES              ;读数据总线
           CLR E                     ;E 置 1，为下次读做准备
           JB  ACC.7,PRR0            ;判断液晶屏是否处于忙状态
           RET
        ;左半屏控制
  LEFT:    CLR   CS1
           SETB  CS2
           RET
        ;右半屏控制
  RGHT:    SETB CS1
           CLR   CS2
           RET
        ;写指令子程序
  PRM:     LCALL BUSY                ;调用判忙子程序
```

```
            CLR   RS
            CLR   RW                      ;RW 清 0
            MOV DATAES,COM               ;送指令
            SETB E
            CLR E                         ;E 下降沿从数据总线上读入指令
            RET
;写数据子程序
PRD:        LCALL BUSY                    ;调用判忙子程序
            SETB RS                       ;RS 置 1
            CLR   RW                      ;RW 清 0
            SETB E
            MOV DATAES,DAT                ;所送数据
            CLR E                         ;E 下降沿从数据总线上读入指令
            RET
;设置显示初始页
PAG1:       MOV A,COM                     ;COM 中为实际的页码
            ORL A,#0B8h                   ;将实际的页数和 B8 相或所得的结果即为要送的指令代码
            MOV COM,A
            LCALL PRM                     ;调用写入指令子程序
            RET
;设置显示初始列
LIE1:
            MOV A,COM                     ;COM 中为实际的列码
            ORL A,#40H                    ;将实际的页数和 40 相或所得的结果即为要送的指令代码
            MOV COM,A                     ;设置显示起始列为第 0 列
            LCALL PRM                     ;调用写入指令子程序
            RET
;显示字符
CHIN:       MOV DPTR,#TAB
            MOV A,CODES
            MOV B,#32
            MUL AB
            ADD A,DPL
            MOV DPL,A
            MOV A,B
            ADDC A,DPH
            MOV DPH,A
;设置显示起始页
            MOV COM,YM                    ;设置显示起始页
            LCALL PAG1
;设置显示起始列
            MOV COM,LM
            LCALL LIE1
;在指定位置显示汉字
            MOV R0,#00H
RET0:       MOV A,R0
```

```
            MOVC A,@A+DPTR
            MOV DAT,A
            LCALL PRD
            INC R0
            CJNE R0,#16,RET0
;设置显示起始页
            MOV A,YM
            INC A
            MOV COM,A            ;设置显示起始页为第 4 页
            LCALL PAG1
;设置显示起始列
            MOV COM,LM
            LCALL LIE1
RET1:       MOV A,R0
            MOVC A,@A+DPTR
            MOV DAT,A
            LCALL PRD
            INC R0
            CJNE R0,#32,RET1
            RET
TAB: ;字符代码表
DB 000H,000H,000H,0F0H,052H,054H,050H,0F0H ;"单"
DB 050H,054H,052H,0F0H,000H,000H,000H,000H
DB 000H,008H,008H,00BH,00AH,00AH,00AH,07FH
DB 00AH,00AH,00AH,00BH,008H,008H,000H,000H
DB 000H,000H,000H,000H,0FCH,020H,020H,020H ;"片"
DB 020H,03EH,020H,020H,020H,030H,020H,000H
DB 000H,040H,020H,010H,00FH,001H,001H,001H
DB 001H,001H,07FH,000H,000H,000H,000H,000H
DB 000H,020H,020H,0A0H,0FEH,0A0H,020H,000H ;"机"
DB 0FCH,004H,004H,0FEH,004H,000H,000H,000H
DB 000H,004H,002H,001H,07FH,040H,021H,010H
DB 00FH,000H,000H,03FH,040H,040H,078H,000H
DB 000H,000H,000H,0FCH,004H,004H,0E4H,0A4H ;"原"
DB 0B4H,0ACH,0A4H,0A4H,0E4H,006H,004H,000H
DB 000H,040H,030H,00FH,020H,010H,00BH,022H
DB 042H,03EH,002H,00AH,013H,030H,000H,000H
DB 000H,088H,088H,0F8H,088H,088H,000H,0FCH ;"理"
DB 024H,024H,0FCH,024H,024H,0FEH,004H,000H
DB 000H,010H,030H,01FH,008H,048H,040H,04BH
DB 049H,049H,07FH,049H,049H,06BH,040H,000H
DB 000H,000H,000H,0C0H,0BEH,090H,090H,090H ;"与"
DB 090H,090H,090H,0D0H,098H,010H,000H,000H
DB 000H,004H,004H,004H,004H,004H,004H,004H
DB 024H,044H,020H,01FH,000H,000H,000H,000H
DB 000H,000H,000H,0F8H,008H,088H,008H,02AH ;"应"
```

```
DB 04CH,088H,008H,008H,008H,0CCH,008H,000H
DB 000H,040H,030H,00FH,020H,020H,023H,02CH
DB 020H,023H,030H,02CH,023H,030H,020H,000H
DB 000H,000H,000H,0FCH,024H,024H,024H,024H ;"用"
DB 0FCH,024H,024H,024H,0FEH,004H,000H,000H
DB 000H,040H,030H,00FH,002H,002H,002H,002H
DB 07FH,002H,022H,042H,03FH,000H,000H,000H
END
```

【例 9-20】 12864 液晶模块的 C 语言驱动程序。

```c
#include<reg51.h>
#include<absacc.h>
#include<intrins.h>
#define uchar unsigned char
#define uint unsigned int
#define PORT P0

sbit CS1=P2^0;
sbit CS2=P2^1;
sbit RS=P2^2;
sbit RW=P2^3;
sbit E=P2^4;
sbit bflag=P0^7;

uchar code Num[ ]={    //字模点阵数据
0x00,0x00,0x00,0xF0,0x52,0x54,0x50,0xF0, //单
0x50,0x54,0x52,0xF0,0x00,0x00,0x00,0x00,
0x00,0x08,0x08,0x0B,0x0A,0x0A,0x0A,0x7F,
0x0A,0x0A,0x0A,0x0B,0x08,0x08,0x00,0x00,
0x00,0x00,0x00,0x00,0xFC,0x20,0x20,0x20, //片
0x20,0x3E,0x20,0x20,0x20,0x30,0x20,0x00,
0x00,0x40,0x20,0x10,0x0F,0x01,0x01,0x01,
0x01,0x01,0x7F,0x00,0x00,0x00,0x00,0x00,
0x00,0x20,0x20,0xA0,0xFE,0xA0,0x20,0x00, //机
0xFC,0x04,0x04,0xFE,0x04,0x00,0x00,0x00,
0x00,0x04,0x02,0x01,0x7F,0x40,0x21,0x10,
0x0F,0x00,0x00,0x3F,0x40,0x40,0x78,0x00,
0x00,0x00,0x00,0xFC,0x04,0x04,0xE4,0xA4, //原
0xB4,0xAC,0xA4,0xA4,0xE4,0x06,0x04,0x00,
0x00,0x40,0x30,0x0F,0x20,0x10,0x0B,0x22,
0x42,0x3E,0x02,0x0A,0x13,0x30,0x00,0x00,
0x00,0x88,0x88,0xF8,0x88,0x88,0x00,0xFC, //理
0x24,0x24,0xFC,0x24,0x24,0xFE,0x04,0x00,
0x00,0x10,0x30,0x1F,0x08,0x48,0x40,0x4B,
0x49,0x49,0x7F,0x49,0x49,0x6B,0x40,0x00,
0x00,0x00,0x00,0xC0,0xBE,0x90,0x90,0x90, //与
```

```
0x90,0x90,0x90,0xD0,0x98,0x10,0x00,0x00,
0x00,0x04,0x04,0x04,0x04,0x04,0x04,0x04,
0x24,0x44,0x20,0x1F,0x00,0x00,0x00,0x00,
0x00,0x00,0x00,0xF8,0x08,0x88,0x08,0x2A,  //应
0x4C,0x88,0x08,0x08,0x08,0xCC,0x08,0x00,
0x00,0x40,0x30,0x0F,0x20,0x20,0x23,0x2C,
0x20,0x23,0x30,0x2C,0x23,0x30,0x20,0x00,
0x00,0x00,0x00,0xFC,0x24,0x24,0x24,0x24,  //用
0xFC,0x24,0x24,0x24,0xFE,0x04,0x00,0x00,
0x00,0x40,0x30,0x0F,0x02,0x02,0x02,0x02,
0x7F,0x02,0x22,0x42,0x3F,0x00,0x00,0x00
};

//清左半屏
void Left( ){
    CS1=0; CS2=1;
}
//清右半屏
void Right( ){
    CS1=1; CS2=0;
}
//判忙
void Busy_12864( ){
    do{
        E=0;RS=0;RW=1;
        PORT=0xff;
        E=1;E=0;}while(bflag);
}
//命令写入
void Wreg(uchar c){
    Busy_12864( );
    RS=0; RW=0;
    PORT=c;
    E=1;   E=0;
}
//数据写入
void Wdata(uchar c){
    Busy_12864( );
    RS=1; RW=0;
    PORT=c;
    E=1;   E=0;
}
//设置显示初始页
void Pagefirst(uchar c){
    uchar i=c;
    c=i|0xb8;
```

316

```
        Busy_12864( );
        Wreg(c);
}
//设置显示初始列
void Linefirst(uchar c){
        uchar i=c;
        c=i|0x40;
        Busy_12864( );
        Wreg(c);
}
//清屏
void Ready_12864( ){
        uint i,j;
        Left( );
        Wreg(0x3f);
        Right( );
        Wreg(0x3f);
        Left( );
        for(i=0;i<8;i++){
                Pagefirst(i);
                Linefirst(0x00);
                for(j=0;j<64;j++){
                        Wdata(0x00);
                }
        }
        Right( );
        for(i=0;i<8;i++){
                Pagefirst(i);
                Linefirst(0x00);
                for(j=0;j<64;j++){
                        Wdata(0x00);
                }
        }
}
//16×16汉字显示，纵向取模，字节倒序
void Display(uchar *s,uchar page,uchar line){
        uchar i,j;
        Pagefirst(page);
        Linefirst(line);
        for(i=0;i<16;i++){
                Wdata(*s); s++;
        }
        Pagefirst(page+1);
        Linefirst(line);
        for(j=0;j<16;j++){
                Wdata(*s); s++;
```

```
            }
        }
        //主函数
        main( ){
            Ready_12864( );
            Left( );
            Display(Num,0x03,0);
            Display(Num+32,0x03,16);
            Display(Num+64,0x03,32);
            Display(Num+96,0x03,48);
            Right( );
            Display(Num+128,0x03,64);
            Display(Num+160,0x03,80);
            Display(Num+192,0x03,96);
            Display(Num+224,0x03,112);
            while(1);
        }
```

复习思考题

1. 分别画出共阴极和共阳极的 7 段 LED 电路连接图，并列出段码表。

2. 采用 8051 单片机 P1 口驱动 1 个共阴极 7 段 LED 数码管，循环显示数字"0"～"9"，画出原理电路图，并编写驱动程序。

3. 采用 8051 单片机 P1 口和 P3 口设计一个 8 位共阴极 7 段 LED 数码管动态显示接口，画出原理电路图，并编写驱动程序。

4. 设计一个 8051 单片机与 MAX7219 实现的 8 位共阴极 7 段 LED 数码管显示接口，画出原理电路图，并编写驱动程序。

5. 编码键盘与非编码键盘各有什么特点？

6. 键盘接口需要解决哪几个主要问题？什么是按键弹跳？如何解决按键弹跳的问题？试画出硬件反弹跳电路和软件反弹跳流程。

7. 采用 8051 单片机 P1 口驱动 1 个共阴极 7 段 LED 数码管，P3 口连接 8 个独立按键，分别控制数码管显示数字"0"～"9"，画出原理电路图，并编写驱动程序。

8. 简述行扫描式非编码键盘的工作原理和线反转式非编码键盘的工作原理。

9. 采用 8051 单片机和 8155 芯片设计一个 4×4 行扫描式非编码键盘和共阴极数码管动态显示接口电路，要求实现按数字顺序排列的键值，有键按下时在数码管上显示相应的键值，画出原理电路图，并编写识别按键和数码管显示程序。

10. 试根据上题获得的键值，用查表法设计一个键值分析程序。

11. 简述键盘、显示器接口芯片 8279 各个主要组成模块的功能。

12. 采用 8051 单片机和 8279 芯片设计一个 4×4 行扫描式非编码键盘和共阴极数码管显示接口电路，要求实现按数字顺序排列的键值，有键按下时在数码管上显示相应键值，画出原理电路图，编写出 8279 初始化、显示器更新及键盘输入中断子程序，并画出各个子程序的

318

流程图。

13. 简述 LCD 显示器的工作原理。

14. 采用直接接口方式设计一个字符型 LCD 模块与 8051 单片机的接口电路，要求 2 行，第一行显示英文字符串"Hello World"，第二行显示中文字符"上""中""下"，画出原理电路图，并编写显示驱动程序。

15. 采用间接接口方式设计一个图型 LCD 模块 12864 与 8051 单片机的接口电路，要求第一行显示英文字符串"8051 MCU"，第二行显示中文字符"单片机 8051"，画出原理电路图，并编写显示驱动程序。

第 10 章　虚拟仿真设计实例

在进行单片机应用系统设计时，应先按系统功能要求制定出总体设计方案，并论证方案的正确性，作出初步的评价，然后分别进行硬件和软件的具体设计工作。在硬件设计方面，要选用合适的单片机和其他电路，以满足系统的各种需要。单片机应用系统功能的实现，在很大程度上取决于软件的设计，在软件设计方面，应当根据具体要求确定程序的总体流程，划分功能模块，按模块进行结构化程序设计。通常，单片机应用系统设计会涉及硬件和软件技术，因此，设计人员应具有较为广泛的硬件、软件知识和技能，具有良好的技术素质，而Proteus 软件的出现，为单片机应用工程师提供了又一种新的设计途径。

10.1　数字多用仪表设计

10.1.1　功能要求

采用 8 位 8 路 A/D 转换器 ADC0808 和 8051 单片机，设计一台数字多用仪表，能进行电压、电流和电阻的测量，测量结果通过 LED 数码管显示，通过按键进行测量功能转换。电压测量范围为 0～5V，测量误差约为 ±0.02V，电流测量范围 1～100mA，测量误差约为 ±0.5mA，电阻测量范围 0～1000Ω，测量误差约为 ±2Ω。

10.1.2　硬件电路设计

数字多用仪表的主电路如图 10-1 所示。8051 单片机通过线选方式扩展了 A/D 转换器 ADC0808 和 4 位 LED 数码管，单片机的 P2.7 引脚作为 ADC0808 的片选信号，因此 A/D 转换器的端口地址为 7FFFH；片选信号和 $\overline{WR}$ 信号一起经或非门产生 ADC0808 的启动信号 START 和地址锁存信号 ALE；片选信号和 $\overline{RD}$ 信号一起经或非门产生输出允许信号 OE，OE=1 时，选通三态门，使输出锁存器中的转换结果送入数据总线；ADC0808 的 EOC 信号经反相后接到 8051 的 $\overline{INT1}$ 引脚，用于产生 A/D 转换完成中断请求信号；ADC0808 芯片的 3 位模拟量输入通道地址输入端 A、B、C 分别接到 8051 的 P0.0、P0.1 和 P0.2，故只要向端口地址 0C000H 分别写入数据 00H～07H，即可启动模拟量输入通道 0～7 进行 A/D 转换。ADC0808 参考正电压为 5V，参考负电压为 0V，时钟输入为 2MHz。

单片机的 P2.0 引脚作为数码管锁存器 74LS374 的片选信号，片选信号和 $\overline{WR}$ 信号一起经或非门及反相器接到数码管锁存器 74LS374 的 CLK 端，因此显示器的数字端口地址为 0FEFFH，而单片机的 P1.4～P1.7 引脚作为数码管的数位选择，显示时先将数据通过数字端口写入锁存器，再通过数位选择，点亮相应的数码管。

单片机的 P1.0～P1.2 引脚通过一个转换开关接地，通过判断 P1.0～P1.2 引脚电平的高低，决定是否进行电阻测量、电压测量或电流测量。

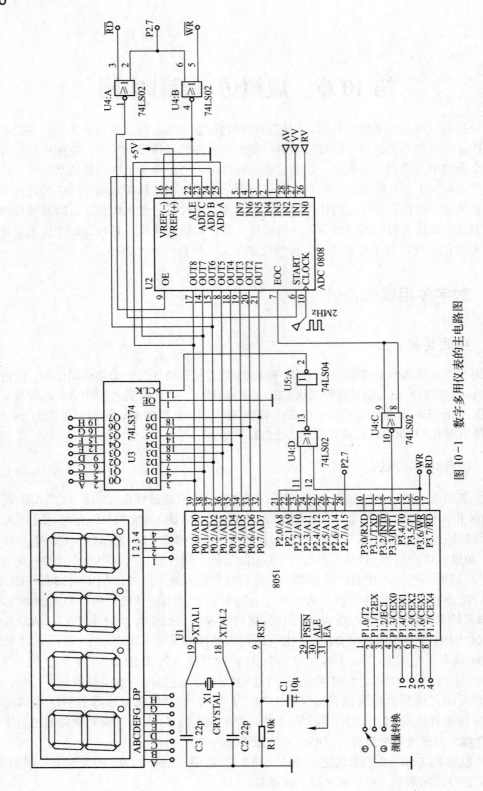

图 10－1　数字多用仪表的主电路图

图 10-2 所示为数字多用仪表的电阻测量输入电路。运算放大器的反馈电阻 RX 作为待测量电阻，通过 1000Ω电阻 R19 接到电源-5V。假定运算放大器理想，那么 $RV = \dfrac{5V \times RX}{R19}$，将 RV 送给 ADC0808，转换后得到数字量为 $DV = \dfrac{RV \times 255}{5}$，单片机读取 A/D 转换数据，再经过逆向运算可得 $RX = \dfrac{DV \times R19}{255}$，注意此时得到的 RX 为二进制数，需要转化为十进制数后才能送给数码管显示。程序中采用 4B 无符号除法，连续进行 4 次除以 10 的除法，依次取得 4 位数值，并且电阻测量范围只保证在 0～1000Ω范围内误差不超过 2Ω，如果测量其他范围的电阻，需要修改 R19 的数值，或者采用其他电路。

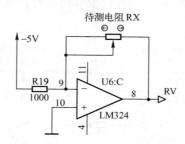

图 10-2　数字多用仪表的电阻测量输入电路

图 10-3 所示为数字多用仪表的电压测量输入电路。待测电压经过低通滤波器滤除高频干扰，再通过同相放大器送给 ADC0808，电压测量范围为 0～5V，ADC0808 的分辨率为 8 位，测量误差约为 5/255≈0.02V。

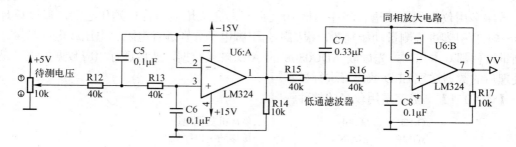

图 10-3　数字多用仪表的电压测量输入电路

图 10-4 所示为数字多用仪表的电流测量输入电路。电流测量范围为 1～100mA，因为 ADC0808 是电压转换器件，必须将电流转换为电压才能进行测量，这可以通过串接电阻 RL 来实现，注意，RL 必须很小（例如 0.1Ω），否则影响电流数值。由于待测电流和 RL 都很小，RL 两端的电压也很小，必须将其放大到 ADC0808 能够分辨的范围之内。假设待测电流大小为 I，RL 两端节点电压分别为 VA 和 VB，VA 经过反向放大缓冲电路之后 VC=-VA。VA 和 VB 经过差分反向放大电路，得 $VD = -(VB - VA) \times \dfrac{R29}{R27} = (VA - VB) \times \dfrac{R29}{R27} = I \times RL \times \dfrac{R29}{R27}$，再经过同相放大电路得 $AV = VD \times \left(1 + \dfrac{R32}{R30}\right) = I \times RL \times \dfrac{R29}{R27} \times \left(1 + \dfrac{R32}{R30}\right) = I \times 0.1 \times 352$。将 AV

送给 ADC0808 转换后得到数字量为 $DAV = \dfrac{AV \times 255}{5} = \dfrac{I \times 0.1 \times 352 \times 255}{5} = \dfrac{I \times 0.1 \times 89760}{5}$，单

片机读取 A/D 转换数据，再经过逆向运算可得 $I = \dfrac{DAV \times 5}{0.1 \times 89\,760}$。有两个问题值得注意，由于电

流的单位是 mA，不能直接计算 I 的值，应先变换为 $I = \dfrac{DAV \times 50\,000}{89\,760}$ 再进行计算；其次，这样

算出来的电流数值误差比较大，原因是 LM324 不是精密理想运算放大器，当输入信号很小时，误差比较大。因此需要对计算数值进行修正，方法是：先计算 DAV*50 000，然后将结果减去 102 000，再将得到的结果除以 89 760，这样比较准确。关于 102 000 这个数值是，通过反复测试并经过曲线拟合得到的。

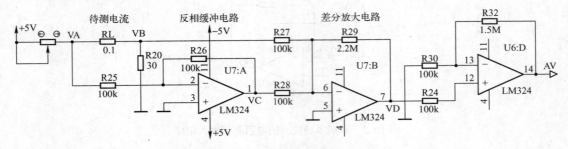

图 10-4　数字多用仪表的电流测量输入电路图

10.1.3　软件程序设计

数字多用仪表的汇编语言程序如例 10-1 所示。完成堆栈指针初始化之后，通过单片机 P1.0～P1.2 引脚进行测量功能判断，根据不同引脚电平分别进行电阻、电压或电流测量。每种测量过程都基本相同，先读取 ADC0808 的 A/D 转换数据，然后进行相应数据处理，最后将处理后的数据送往 LED 数码管进行显示。

【例 10-1】　数字多用仪表的软件程序。

```
              ORG    0000H        ;单片机复位地址
              AJMP   MAIN         ;转移到主程序处
              ORG    0100H        ;主程序入口地址
     MAIN:    MOV    SP,#80H      ;初始化堆栈指针
              JNB    P1.0,CR      ;测量功能判断
              JNB    P1.1,CV
              JNB    P1.2,CA
     CR:      MOV    R7,#00H      ;电阻测量
              LCALL  ADC          ;读取 A/D 转换值
              LCALL  RDAT         ;数据处理
              LCALL  DISPLAY      ;调用显示子程序
              SJMP   MAIN
     CV:      MOV    R7,#01H      ;电压测量
              LCALL  ADC          ;读取 A/D 转换值
              LCALL  VDA          ;数据处理
```

```
         LCALL    DIS              ;调用显示子程序
         SJMP     MAIN
CA:      MOV      R7,#02H          ;电流测量
         LCALL    ADC              ;读取 A/D 转换值
         LCALL    ADA              ;数据处理
         LCALL    DIS              ;调用显示子程序
         SJMP     MAIN
;****************************************************
ADC:     MOV      A,R7             ;A/D 转换子程序
         MOV      DPTR,#7FFFH
         MOVX     @DPTR,A
         JB       P3.3,$
         MOVX     A,@DPTR          ;输入转换结果
         RET
;****************************************************
VDAT:    MOV      R2,#00H          ;电压测量数据处理
         MOV      R3,A
         MOV      R6,#01H
         MOV      R7,#0F4H
         CALL     MULD2            ;乘以 500
         CLR      C
         MOV      A,R5
         ADD      A,#60H           ;加 96 修正
         MOV      R5,A
         MOV      A,R4
         ADDC     A,#00H
         MOV      R4,A
         MOV      A,R3
         ADDC     A,#00H
         MOV      R3,A
         MOV      A,R2
         ADDC     A,#00H
         MOV      R2,A
         MOV      R0,#30H
         MOV      R1,#34H
         MOV      A,R2
         MOV      @R1,A
         INC      R1
         MOV      A,R3
         MOV      @R1,A
         INC      R1
         MOV      A,R4
         MOV      @R1,A
         INC      R1
         MOV      A,R5
         MOV      @R1,A
         INC      R1
```

```
        MOV     @R1,#00H
        INC     R1
        MOV     @R1,#00H
        INC     R1
        MOV     @R1,#00H
        INC     R1
        MOV     @R1,#0FFH
        CALL    DIVD4                           ;除以 255
        MOV     R1,#38H
        MOV     @R1,#00H
        INC     R1
        MOV     @R1,#00H
        INC     R1
        MOV     @R1,#00H
        INC     R1
        MOV     @R1,#0AH
        CALL    DIVD4
        MOV     43H,33H
        CALL    DIVD4
        MOV     42H,33H
        CALL    DIVD4
        MOV     41H,33H
        MOV     R0,#40H
        MOV     @R0,#00H
        INC     R0
        MOV     A,41H
        MOV     DPTR,#SEGMENT7
        MOVC    A,@A+DPTR
        ORL     A,#80H
        MOV     @R0,A
        INC     R0
        MOV     A,42H
        MOV     DPTR,#SEGMENT7
        MOVC    A,@A+DPTR
        MOV     @R0,A
        INC     R0
        MOV     A,43H
        MOV     DPTR,#SEGMENT7
        MOVC    A,@A+DPTR
        MOV     @R0,A
        RET
;****************************************************
ADAT:   MOV     B,A                             ;电流测量数据处理
        MOV     A,#0B6H
        CLR     C                               ;根据测量范围设置数值以防溢出
        SUBB    A,B
```

```
              JC        LARGERA
              MOV       A,B
              SUBB      'A,#16H
              JC        LESSA
              AJMP      MIDDLEA
LARGERA:MOV             A,#0B6H
              AJMP      CALCULATEA
LESSA:    MOV           A,#16H
              AJMP      CALCULATEA
MIDDLEA:MOV             A,B
CALCULATEA: MOVR2,#0C3H
              MOV       R3,#50H
              MOV       R6,#00H
              MOV       R7,A
              CALL      MULD2              ;乘以 50 000
              CLR       C
              MOV       A,R5
              SUBB      A,#70H             ;减去 102 000
              MOV       R5,A
              MOV       37H,A
              MOV       A,R4
              SUBB      A,#8EH
              MOV       R4,A
              MOV       36H,A
              MOV       A,R3
              SUBB      A,#01H
              MOV       R3,A
              MOV       35H,A
              MOV       A,R2
              SUBB      A,#00H
              MOV       R2,A
              MOV       34H,A
              MOV       R0,#30H
              MOV       R1,#38H
              MOV       @R1,#00H
              INC       R1
              MOV       @R1,#01H
              INC       R1
              MOV       @R1,#5EH
              INC       R1
              MOV       @R1,#0A0H
              CALL      DIVD4              ;除以 89 760
              MOV       R1,#38H
              MOV       @R1,#00H
              INC       R1
              MOV       @R1,#00H
              INC       R1
```

```
          MOV     @R1,#00H
          INC     R1
          MOV     @R1,#0AH
          MOV     DPTR,#SEGMENT7
          CALL    DIVD4
          MOV     A,33H
          MOVC    A,@A+DPTR
          MOV     43H,A
          CALL    DIVD4
          MOV     A,33H
          MOVC    A,@A+DPTR
          MOV     42H,A
          CALL    DIVD4
          MOV     A,33H
          MOVC    A,@A+DPTR
          CJNE    A,#3FH,NOTEQU
          MOV     A,#00H
NOTEQU:   MOV     41H,A
          MOV     40H,#00H
          RET
;****************************************************
;
RDAT:     MOV     R2,#00H                  ;电阻测量数据处理
          MOV     R3,A
          MOV     R6,#03H
          MOV     R7,#0E8H
          CALL    MULD2                    ;乘以 1 000
          MOV     R0,#30H
          MOV     R1,#34H
          MOV     A,R2
          MOV     @R1,A
          INC     R1
          MOV     A,R3
          MOV     @R1,A
          INC     R1
          MOV     A,R4
          MOV     @R1,A
          INC     R1
          MOV     A,R5
          MOV     @R1,A
          INC     R1
          MOV     @R1,#00H
          INC     R1
          MOV     @R1,#00H
          INC     R1
          MOV     @R1,#00H
          INC     R1
          MOV     @R1,#0FFH
```

```
        CALL     DIVD4                       ;除以255
        MOV      R1,#38H
        MOV      @R1,#00H
        INC      R1
        MOV      @R1,#00H
        INC      R1
        MOV      @R1,#00H
        INC      R1
        MOV      @R1,#0AH
        MOV      DPTR,#SEGMENT7
        CALL     DIVD4                       ;连续进行4次除以10的操作
        MOV      A,33H                        ;取得十进制值
        MOVC     A,@A+DPTR
        MOV      43H,A
        CALL     DIVD4
        MOV      A,33H
        MOVC     A,@A+DPTR
        MOV      42H,A
        CALL     DIVD4
        MOV      A,33H
        MOVC     A,@A+DPTR
        MOV      41H,A
        CALL     DIVD4
        MOV      A,33H
        MOVC     A,@A+DPTR
        CJNE     A,#3FH,NONZERO
        MOV      A,#00H
NONZERO:MOV      40H,A
        RET
;**************************************************
DELAY_5MS:   MOVR5,#01H                       ;5ms 延时子程序
DELAY_5MS1:  MOVR6,#16H
DELAY_5MS2:  MOVR7,#70H
DELAY_5MS3:  DJNZ      R7,DELAY_5MS3
             DJNZ      R6,DELAY_5MS2           ;
             DJNZ      R5,DELAY_5MS1           ;
             RET
;**************************************************
SEGMENT7:    DB   3FH                         ;数码管显示字符段码表
             DB   06H
             DB   5BH
             DB   4FH
             DB   66H
             DB   6DH
             DB   7DH
             DB   07H
```

```
                    DB      7FH
                    DB      6FH
;*****************************************************
DISPLAY:MOV         DPTR,#0FEFFH        ;数码管显示子程序
        MOV         R1,#40H             ;写第 1 位数码管
        MOV         A,@R1
        MOVX        @DPTR,A
        SETB        C
        MOV         P1.4,C
        CLR         C
        MOV         P1.4,C
        CALL        DELAY_5MS
        SETB        C
        MOV         P1.4,C
        INC         R1
        MOV         A,@R1               ;写第 2 位数码管
        MOVX        @DPTR,A
        SETB        C
        MOV         P1.5,C
        CLR         C
        MOV         P1.5,C
        CALL        DELAY_5MS
        SETB        C
        MOV         P1.5,C
        INC         R1
        MOV         A,@R1               ;写第 3 位数码管
        MOVX        @DPTR,A
        SETB        C
        MOV         P1.6,C
        CLR         C
        MOV         P1.6,C
        CALL        DELAY_5MS
        SETB        C
        MOV         P1.6,C
        INC         R1
        MOV         A,@R1               ;写第 4 位数码管
        MOVX        @DPTR,A
        SETB        C
        MOV         P1.7,C
        CLR         C
        MOV         P1.7,C
        CALL        DELAY_5MS
        SETB        C
        MOV         P1.7,C
        RET
;*****************************************************
```

```
MULD2:   MOV     A,R3            ;双字节二进制无符号数乘法
         MOV     B,R7            ;被乘数在 R2R3 中，乘数在 R6R7 中
         MUL     AB              ;乘积在 R2R3R4R5 中
         MOV     R4,B            ;使用累加器 A、B、PSW、R2～R7
         MOV     R5,A            ;在出口时总是清除 C，永远不会产生进位
         MOV     A,R3            ;若结果超出 2 个字节范围，则 OV=1
         MOV     B,R6
         MUL     AB
         ADD     A,R4
         MOV     R4,A
         CLR     A
         ADDC    A,B
         MOV     R3,A
         MOV     A,R2
         MOV     B,R7
         MUL     AB
         ADD     A,R4
         MOV     R4,A
         MOV     A,R3
         ADDC    A,B
         MOV     R3,A
         CLR     A
         RLC     A
         XCH     A,R2
         MOV     B,R6
         MUL     AB
         ADD     A,R3
         MOV     R3,A
         MOV     A,R2
         ADDC    A,B
         MOV     R2,A
         ORL     A,R3
         JZ      MULD21
         SETB    OV
         RET
MULD21:  CLR  OV
         RET
;********************************************************
DIVD4:   MOV     A,R0            ;4 个字节无符号数除法，R0 存放被除数、除数、商数的地址
         MOV     B,A             ;从 R0 开始的连续 4 个字节为结果的余数
         ADD     A,#08H          ;其后连续 4 个字节在入口时为被除数，出口时为商
         MOV     R1,A            ;再其后连续 4 个字节在入口时为除数，出口时保持不变
         MOV     A,#00H          ;用到累加器 A、B、PSW、R0～R7
         ORL     A,@R1           ;如果除数为零，则 OV=1，否则 OV=0
         INC     R1              ;在出口时总是清零进位标志 CY
         ORL     A,@R1
```

```
            INC     R1
            ORL     A,@R1
            INC     R1
            ORL     A,@R1
            JZ      DIVD45
            MOV     R1,B
            MOV     R2,#04H
DIVD41:     MOV     @R1,#00H
            INC     R1
            DJNZ    R2,DIVD41
            MOV     R3,#20H
DIVD42:     MOV     R2,#08H
            MOV     A,B
            MOV     R0,A
            ADD     A,#07H
            MOV     R1,A
            CLR     C
DIVD43:     MOV     A,@R1
            RLC     A
            MOV     @R1,A
            DEC     R1
            DJNZ    R2,DIVD43
            MOV     A,R0
            ADD     A,#03H
            MOV     R1,A
            MOV     A,R0
            ADD     A,#0BH
            MOV     R0,A
            MOV     A,@R1
            SUBB    A,@R0
            MOV     R4,A
            DEC     R1
            DEC     R0
            MOV     A,@R1
            SUBB    A,@R0
            MOV     R5,A
            DEC     R1
            DEC     R0
            MOV     A,@R1
            SUBB    A,@R0
            MOV     R6,A
            DEC     R1
            DEC     R0
            MOV     A,@R1
            SUBB    A,@R0
            MOV     R7,A
```

```
        JC      DIVD44
        MOV     A,B
        MOV     R0,A
        ADD     A,#03H
        MOV     R1,A
        MOV     A,R4
        MOV     @R1,A
        DEC     R1
        MOV     A,R5
        MOV     @R1,A
        DEC     R1
        MOV     A,R6
        MOV     @R1,A
        DEC     R1
        MOV     A,R7
        MOV     @R1,A
        MOV     A,R0
        ADD     A,#07H
        MOV     R1,A
        INC     @R1
DIVD44: DJNZ    R3,DIVD42
        MOV     R0,B
        CLR     OV
        CLR     C
        RET
DIVD45: SETB    OV
        CLR     C
        RET
            END
```

10.2　红外遥控系统设计

10.2.1　功能要求

设计一套红外遥控系统，要求以 8051 单片机作为遥控发射和接收的主控制器，利用单片机内部定时器和外部中断功能实现发射编码和接收解码，通过键盘按键启动发射，通过 LED 灯显示接收到的数据。

10.2.2　硬件电路设计

红外遥控系统由发射端和接收端两大部分组成。发射端由键盘电路、编码芯片、电源和红外发射电路组成。接收端由红外接收电路、解码芯片、电源和应用电路组成。通常为了使信号能更好地传输，发送端将基带二进制信号调制为脉冲串信号后，再通过红外发射管发射。其实质是一种脉宽调制的串行通信，红外线通信的发送部分主要是把待发送的数据转换成一定格式的脉冲，然后驱动红外发光管向外发送数据。接收部分则是由户外接收头来完成红外

332

线的接收、放大、解调，还原成与同步发射格式相同的脉冲信号，并输出 TTL 兼容电平。最后通过解码把脉冲信号转换成数据，从而实现信号的传输。红外遥控系统电路如图 10-5 所示，由 8051 单片机作为主控制器完成数据的编码和解码任务。实际电路中只要将 IR 引脚接上红外线发射/接收头之后就可以实现遥控功能。

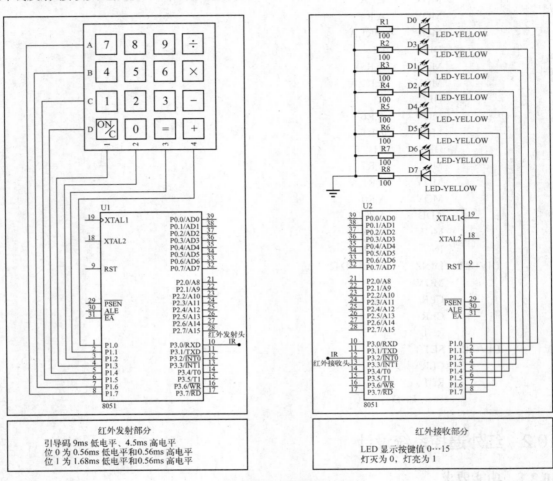

图 10-5 红外遥控系统电路图

10.2.3 软件程序设计

红外遥控系统程序设计包括编码程序和解码程序，编码程序按规定的数据格式，为键盘中每个按键设置相应的码值，解码程序则根据接收到的脉冲来还原键码，实现按键识别。

遥控系统的串行数据格式如图 10-6 所示，包括引导码、用户码、数据码和数据码反码。引导码为 9ms 低电平加 4.5ms 高电平，用户码为 16 位，数据码和数据反码各为 8 位，数据反码主要用于判断接收的数据是否正确。用户码或数据码中的每一位可以是 1，也可以是 0，位 0 用 0.56ms 低电平加 0.56ms 高电平表示，位 1 用 1.68ms 低电平加 0.56ms 高电平表示，如图 10-7 所示。根据以上数据格式和位电平，采用 C 语言编写了遥控编码程序，采用汇编语言编写了遥控解码程序。

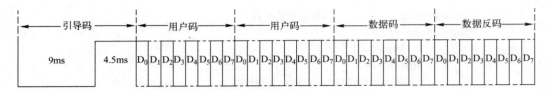

图 10-6　红外遥控系统的数据格式

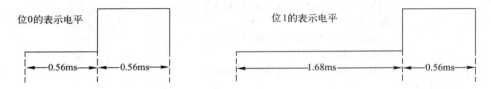

图 10-7　数据格式中位 0 和位 1 的表示电平

【例 10-2】　遥控编码 C 语言程序清单。

```
uint keyvalue=0x00,flag_key=0,value1,value2,keycount=0,i,j,flag_set=0,flag_press=0;
uchar code keycode[4]={0x7f,0xbf,0xdf,0xef};
uchar code portvalue[16]={0x07,0x08,0x09,0x0a,0x04,0x05,0x06,0x0b,
                          0x01,0x02,0x03,0x0c,0x0d,0x00,0x0e,0x0f };
uchar code wy[8]={0x01,0x02,0x04,0x08,0x10,0x20,0x40,0x80};

uchar user1=0x00,user2=0x00;    //用户码标志位 0 和 1
uint count=0,endcount=0;
uint irdata=0;

void deltime(void);
void key_scan(void);
void sendirdata(void);

main(void) {                    //主函数
  EA = 1;                       //开中断
  TMOD = 0x11;                  //T0 和 T1 设置为 16 位模式
  ET0 = 1;                      //T0 中断允许
  p3_0=1;
  P1=0xff;
  TH0 = 0xFF;                   //设置 T0 初值
  TL0 = 0xE4;                   //T0 每隔 28μs 中断一次，也就是 38K
  TR0 = 0;                      //启动 T0
  while(1) {
          key_scan( );
          if(flag_press==1) {
             flag_press=0;
             TR0=1;
             sendirdata( );
          }
     }
}
```

```
void key_scan(void)   {              //键盘扫描函数
    for(i=0;i<=3;i++) {
            P1=keycode[i];
            if(p1_3==0)
               {keycount=i*4+0;flag_key=1; break;}

            if(p1_2==0)
               {keycount=i*4+1;flag_key=1;break;}
            if(p1_1==0)
               {keycount=i*4+2;flag_key=1;break;}
            if(p1_0==0)
               {keycount=i*4+3;flag_key=1;break;}
    }
    if(flag_key==1) {
        flag_key=0;
        value1=P1;
        deltime( );
        value2=P1;
        if(value1==value2)
              {keyvalue=portvalue[keycount];flag_set=1;flag_press=1;}
        while(flag_set) {
            value2=P1;
            if(value1!=value2)
                flag_set=0;
        }
    }
}

void deltime(void) {                 //延时函数
    uint k;
    for(k=0;k<=20;k++);
}

void time0int(void) interrupt 1      {   //T0 终端服务函数
  TH0 = 0xFF;                            //设置 T0 初值
  TL0 = 0xE4;                            //T0 每隔 28μs 中断一次，也就是 38K
  count++;
}

void sendirdata( ) {                 //发送数据函数
  uchar s=0,datapd=0;
  endcount=346;                      //发送起始码的 9ms 低电平
  p3_0=0;
  count=0;
  while(count<endcount);
  endcount=173;                      //发送 4.5ms 的高电平
  count=0;
  p3_0=1;
```

```
        while(count<endcount);
        for(s=0;s<=15;s++) {           //发送用户码1,为简单起见这里连发16个0
            endcount=21;               //发送0.56ms低电平和0.56ms高电平表示0
            count=0;
            p3_0=0;
            while(count<endcount);
            endcount=21;
            count=0;
            p3_0=1;
            do{}while(count<endcount);
        }
    irdata=keyvalue;                   //发送数据码
    for(s=0;s<=7;s++) {
        datapd=irdata & wy[s];
        if (datapd==0)
            {endcount=21;count=0;}
         else
             {endcount=64;count=0;}
        p3_0=0;
        while(count<endcount);
        endcount=21;count=0;           //发送公共的0.56ms高电平
        p3_0=1;
        while(count<endcount);
    }
    irdata=keyvalue;                   //发送数据反码
    for(s=0;s<=7;s++) {
        datapd=irdata & wy[s];
        if (datapd==0)
            {endcount=60;count=0;}
        else
            {endcount=20;count=0;}
        p3_0=0;
        while(count<endcount);
        endcount=20;count=0;           //发送公共的0.56ms高电平
        p3_0=1;
        while(count<endcount);
    }
    TR0=0;
}
```

【例10-3】 遥控解码汇编语言程序清单。

```
        COUNT EQU 30H                  ;定时计数数值
        FLAG_USER1 EQU 45H             ;用户码位置1
        FLAG_USER2 EQU 46H             ;用户码位置2
        SAVEDATA EQU 47H               ;数据保存位置
                ORG 0000H
```

```
                LJMP MAIN
                ORG 0003H
                LJMP EXTER0INT

                ORG 000BH
                LJMP TIMER0INT
                ORG 1000H
    MAIN:       MOV TMOD,#01H              ;主程序
                MOV TH0,#0FFH              ;定时器 0 模式 1，定时 100μs
                MOV TL0,#9CH
                SETB EA
                SETB IT0                   ;外部中断 0 边沿触发方式，负跳变有效
                SETB ET0
                SETB EX0
                MOV R0,52H                 ;接收的数据 8 个一组所存放的起始位置
                MOV 52H,#00H               ;先进行清零
                MOV 53H,#00H
                MOV 54H,#00H
                MOV 55H,#00H
                MOV 51H,#00H               ;中间数据存储单元
                MOV COUNT,#00H
                MOV R1,#08H                ;设定接收的数据 8 个一组
                MOV R2,#02H                ;设定接收的数据组为 4 个
                CLR PSW.5                  ;数据接收标志
                CLR PSW.1                  ;数据处理标志
                MOV FLAG_USER1,#00H        ;设定用户码为 0
    LOOP:       JNB PSW.1,$                ;判断是否进行数据处理，为 1 则进行处理，反之等待
                LCALL DATACHULI            ;调用用户码、数据和数据反码的判断子程序
                CLR PSW.1                  ;清零等待下一组数据的接收
                MOV A,SAVEDATA
    ENDLOOP:LJMP LOOP

    EXTER0INT:                             ;外部中断 0 服务程序
                SETB TR0
                MOV COUNT,#00H             ;COUNT 为计数值
                RETI

    TIMER0INT:                             ;定时器 0 服务程序
                MOV TH0,#0FFH              ;定时 100μs
                MOV TL0,#9CH
                INC COUNT                  ;COUNT 要在外部中断开始后设定初始值为 0
                SETB P3.2
                MOV C,P3.2
                JB PSW.5,DATARECEIVEPD     ;若为 1 即可进入数据接收判断，否则还是引导码
                JNC ENDTIMER0INT
                MOV A, COUNT               ;COUNT=115 为 9ms
```

```
            CLR C                           ;0.56ms 和 1.68ms 对应的 COUNT 分别为 6 和 16
            SUBB A,#90
            JC ENDTIMER0INT                 ;C 为 1，不符合引导码的 9ms，直接退出
            SETB PSW.5                      ;数据接收标志
            CLR TR0
            MOV R1,#08H                     ;接收的数据 8 个一组
            MOV 51H,#00H                    ;中间数据存储区清零
            MOV R0,#52H
            MOV R2,#04H                     ;总共接收 2 组
            LJMP ENDTIMER0INT

   DATARECEIVEPD:                           ;数据接收处理程序
            JNC ENDTIMER0INT                ;C 为 1，表明状态变化，可判断接收的位是 0 还是 1
            CLR TR0
            MOV A,30H
            CLR TR0                         ;关闭定时器 0
            SUBB A,#10                      ;以 8 为分界线，小于 8 为 0，大于 8 为 1
            JC ORECIVE                      ;接收位 0
            SETB C
            MOV A,51H                       ;接收位 1
            RRC A
            MOV 51H,A
            LJMP WENDPD
   ORECIVE:CLR C
            MOV A,51H
            RRC A
            MOV 51H,A
   WENDPD: DJNZ R1,ENDTIMER0INT
            MOV R1,#08H
            MOV @R0,51H                      ;重复 2 次，确保接收数据写到存储单元
            MOV @R0,51H
            INC R0
            MOV 51H,#00H
            DJNZ R2,ENDT0                    ;4 组数据未接收完则返回
            CLR PSW.5
            SETB PSW.1
   ENDTIMER0INT
            RETI
   DATACAL:                                  ;用户码、数据和数据反码的判断子程序
            MOV A,52H
            CLR C
            SUBB A,FLAG_USER1
            JNZ ENDDATA                      ;用户码比较，本用户码设置的是 0，也可设置其他值
            MOV A,54H
            ANL A,55H
            JNZ ENDDATA                      ;判断数据接收的是否正确
```

```
                MOV A,54H
                MOV SAVEDATA,A              ;将数据保存起来
                MOV P1,A

                MOV 52H,#00H
                MOV 53H,#00H
                MOV 54H,#00H
                MOV 55H,#00H
        ENDDATA:RET
                END
```

10.3　简易电子琴设计

10.3.1　功能要求

利用 8051 单片机片内定时器和 I/O 端口，设计一台简易电子琴，能通过按键进行简单乐曲弹奏。

10.3.2　硬件电路设计

图 10-8 所示为简易电子琴的硬件电路图，由 8051 单片机、矩阵键盘和蜂鸣器组成。8051 单片机的 P1.0 端口输出方波信号，用于驱动蜂鸣器，P3.0～P3.7 端口用于驱动 4×4 矩阵键盘，每个按键对应一个音符。

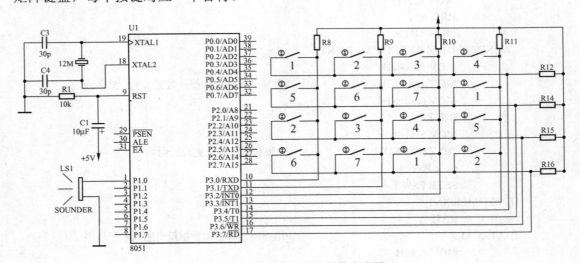

图 10-8　简易电子琴的硬件电路图

10.3.3　软件程序设计

程序设计内容包括按键识别和音符产生，这里重点描述关于音符的产生方法。每个不同的音符对应着不同的频率，利用单片机内部定时器 T0 结合 I/O 端口来产生不同频率的方波信

号，改变 T0 的计数值即可改变不同的音符。当单片机采用 12MHz 晶振时，高、中、低音符与单片机定时器 T0 计数值的关系如表 10-1 所列。

表 10-1　高、中、低音符与单片机定时器 T0 计数值的关系

音符	频率/Hz	简谱码（T 值）	音符	频率/Hz	简谱码（T 值）
低 1 DO	262	63628	#4　#FA	740	64860
#1　#DO	277	63731	中 5 SO	784	64898
低 2 RE	294	63835	#5　#SO	831	64934
#2　#RE	311	63928	中 6 LA	880	64968
低 3 ME	330	64021	#6　#LA	932	64994
低 4 FA	349	64103	中 7 SI	988	65030
#4　#FA	370	64185	高 1 DO	1046	65058
低 5 SO	392	64260	#1　#DO	1109	65085
#5　#SO	415	64331	高 2 RE	1175	65110
低 6 LA	440	64400	#2　#RE	1245	65134
#6　#LA	466	64463	高 3 ME	1318	65157
低 7 SI	494	64524	高 4 FA	1397	65178
中 1 DO	523	64580	#4　#FA	1480	65198
#1　#DO	554	64633	高 5 SO	1568	65217
中 2 RE	587	64684	#5　#SO	1661	65235
#2　#RE	622	64732	高 6 LA	1760	65252
中 3 ME	659	64777	#6　#LA	1865	65268
中 4 FA	698	64820	高 7 SI	1967	65283

【例 10-4】　简易电子琴的 C 语言程序清单。

```
#include <AT89X51.H>
unsigned char temp;
unsigned char key;
unsigned char i,j;
unsigned char STH0;
unsigned char STL0;
unsigned int code tab[ ]=        //音符表
{64021,64103,64260,64400,
64524,64580,64684,64777,
64820,64898,64968,65030,
65058,65110,65157,65178};

void main(void){                 //主程序
    TMOD=0x01;
    ET0=1;
    EA=1;
    while(1){
        P3=0xff;
        P3_4=0;
        temp=P3;
```

```c
        temp=temp & 0x0f;
        if (temp!=0x0f)   {                    //从第一行开始扫描键盘
            for(i=50;i>0;i--)                  //延时，反弹跳
            for(j=200;j>0;j--);
            temp=P3;
            temp=temp & 0x0f;
            if (temp!=0x0f){
                temp=P3;
                temp=temp & 0x0f;
                switch(temp){                  //读取按键值
                    case 0x0e:
                        key=0;
                        break;
                    case 0x0d:
                        key=1;
                        break;
                    case 0x0b:
                        key=2;
                        break;
                    case 0x07:
                        key=3;
                        break;
                }
                temp=P3;
                P1_0=~P1_0;
                STH0=tab[key]/256;             //计算音符对应的定时器计数值
                STL0=tab[key]%256;
                TR0=1;
                temp=temp & 0x0f;
                while(temp!=0x0f){
                    temp=P3;
                    temp=temp & 0x0f;
                }
            TR0=0;
            }
        }

        P3=0xff;
        P3_5=0;
        temp=P3;
        temp=temp & 0x0f;
        if (temp!=0x0f){                       //扫描键盘第 2 行
            for(i=50;i>0;i--)
            for(j=200;j>0;j--);
            temp=P3;
            temp=temp & 0x0f;
```

```
            if (temp!=0x0f){
                temp=P3;
                temp=temp & 0x0f;
                switch(temp){
                    case 0x0e:
                        key=4;
                        break;
                    case 0x0d:
                        key=5;
                        break;
                    case 0x0b:
                        key=6;
                        break;
                    case 0x07:
                        key=7;
                        break;
                }
                temp=P3;
                P1_0=~P1_0;
                STH0=tab[key]/256;
                STL0=tab[key]%256;
                TR0=1;
                temp=temp & 0x0f;
                while(temp!=0x0f){
                    temp=P3;
                    temp=temp & 0x0f;
                }
                TR0=0;
            }
    }

    P3=0xff;
    P3_6=0;
    temp=P3;
    temp=temp & 0x0f;
    if (temp!=0x0f){                //扫描键盘第3行
        for(i=50;i>0;i--)
        for(j=200;j>0;j--);
        temp=P3;
        temp=temp & 0x0f;
        if (temp!=0x0f){
            temp=P3;
            temp=temp & 0x0f;
            switch(temp){
                case 0x0e:
                    key=8;
```

```
                                break;
                        case 0x0d:
                                key=9;
                                break;
                        case 0x0b:
                                key=10;
                                break;
                        case 0x07:
                                key=11;
                                break;
                    }
                    temp=P3;
                    P1_0=~P1_0;
                    STH0=tab[key]/256;
                    STL0=tab[key]%256;
                    TR0=1;
                    temp=temp & 0x0f;
                    while(temp!=0x0f){
                        temp=P3;
                        temp=temp & 0x0f;
                    }
                    TR0=0;
                }
        }
    }

    P3=0xff;
    P3_7=0;
    temp=P3;
    temp=temp & 0x0f;
    if (temp!=0x0f){                    //扫描键盘第 4 行
        for(i=50;i>0;i--)
        for(j=200;j>0;j--);
        temp=P3;
        temp=temp & 0x0f;
        if (temp!=0x0f){
            temp=P3;
            temp=temp & 0x0f;
            switch(temp){
                case 0x0e:
                    key=12;
                    break;
                case 0x0d:
                    key=13;
                    break;
                case 0x0b:
                    key=14;
```

```
                              break;
                      case 0x07:
                              key=15;
                              break;
                  }
                  temp=P3;
                  P1_0=~P1_0;
                  STH0=tab[key]/256;
                  STL0=tab[key]%256;
                  TR0=1;
                  temp=temp & 0x0f;
                  while(temp!=0x0f){
                      temp=P3;
                      temp=temp & 0x0f;
                  }
                  TR0=0;
              }
          }
      }
  }

  void t0(void) interrupt 1 using 0 {          //定时器 T0 中断服务函数
      TH0=STH0;
      TL0=STL0;
      P1_0=~P1_0;                              //产生方波
  }
```

10.4 带农历的电子万年历设计

10.4.1 功能要求

设计一台电子万年历，主控芯片采用 8051 单片机，日历时钟芯片采用美国 DALLAS 公司推出的高性能、低功耗、带 RAM 的实时时钟 DS1302，通过按键进行日历时间设置，显示器采用点阵图形液晶显示模块，要求能够用汉字同时显示公历、农历、属相和星期。

10.4.2 硬件电路设计

图 10-9 所示为电子万年历的硬件电路图，主要包括 8051 单片机、日历时钟芯片 DS1302、点阵图形液晶显示模块以及按键等。日历时钟芯片 DS1302 是一种串行接口的实时时钟，芯片内部具有可编程日历时钟和 31 个字节的静态 RAM，日历时钟可自动进行闰年补偿，计时准确，接口简单，使用方便，工作电压范围宽（2.5～5.5V)，功耗低，芯片自身还具有对备份电池进行涓流充电功能，可有效延长备份电池的使用寿命。DS1302 采用 8 脚 DIP 封装，其引脚排列如图 10-10 所示，各引脚功能如下。

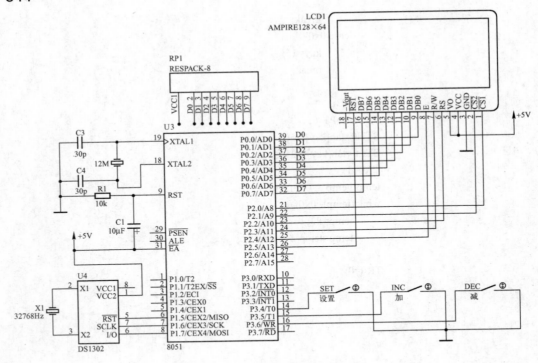

图 10-9　电子万年历的硬件电路图

VCC2,VCC1:	电源输入。
GND:	地。
X1,X2:	外接 32.768kHz 石英晶振输入。
RST:	复位/通信允许。
I/O:	数据输入/输出信号。
SCLK:	串行时钟输入。

图 10-10　DS1302 的引脚排列

8051 单片机与 DS1302 之间采用 3 线串行通信方式，复位/通信允许信号 $\overline{RST}$ 接到单片机的 P1.5 引脚，$\overline{RST}$=1 允许通信，$\overline{RST}$=0 禁止通信。串行时钟信号 SCLK 接到单片机的 P1.6 引脚，数据输入/输出信号 I/O 接到单片机的 P1.7 引脚。8051 作为主机通过控制 $\overline{RST}$、SCLK 和 I/O 信号实现两芯片间的数据传送。DS1302 芯片的 X1 和 X2 端外接 32768Hz 的石英晶振，VCC1 和 VCC2 是电源引脚，单电源供电时接 VCC1 脚，双电源供电时主电源接 VCC2，备份电池接 VCC1，如果采用可充电镉镍电池，可启用内部涓流充电器在主电压正常时向电池充电，以延长电池使用时间。备份电池也可用 1μF 以上的超容量电容代替，备份电池的电压应略低于主电源工作电压。

数据传送是以 8051 单片机为主控芯片进行的，每次传送时由 8051 向 DS1302 写入一个命令字节开始。命令字节的格式如下：

D7	D6	D5	D4	D3	D2	D1	D0
1	RAM/CK	A4	A3	A2	A1	A0	RD/W

命令字节的最高位必须为 1，RAM/CK 位为 DS1302 片内 RAM/时钟选择位，RAM/CK=1

选择 RAM 操作，RAM/CK=0 选择时钟操作。RD/W 位为读写控制位；RD/W=1 为读操作，表示 DS1302 接受完命令字节后，按指定的选择对象及寄存器（或 RAM）地址，读取数据并通过 I/O 线传送给单片机 8051；RD/W=0 为写操作，表示 DS1302 接受完命令字节后，紧跟着再接收来自于单片机 8051 的数据字节，并写入到 DS1302 相应的寄存器或 RAM 单元中。A4～A0 为片内日历时钟寄存器或 RAM 的地址选择位。

　　DS1302 与 8051 之间通过 I/O 线进行同步串行数据传送，SCLK 为串行通信时的位同步时钟，一个 SCLK 脉冲传送一位数据。每次数据传送时都以字节为单位，低位在前，高位在后，传送一个字节需要 8 个 SCLK 脉冲。数据传送可以单字节方式或多字节突发方式进行。DS1302 单字节数据传送时序如图 10-11 所示，在 $\overline{\text{RST}}$=1 期间，8051 单片机先向 DS1302 发送一个命令字节，紧接着发送一个字节的数据，DS1302 在接收到命令字节后自动将数据写入指定的片内地址或从该地址读取数据。

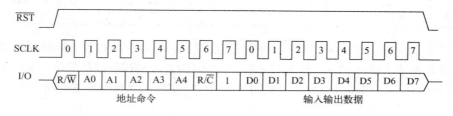

图 10-11　DS1302 单字节数据传送时序

　　DS1302 多字节数据传送时序如图 10-12 所示。$\overline{\text{RST}}$=1 期间，若 8051 单片机向 DS1302 发送的命令字节中 A0～A4 全为 1，则 DS1302 在接收到这个字节命令后，可以一次进行 8 个字节日历时钟数据或是 31 个片内 RAM 单元数据的读写操作。

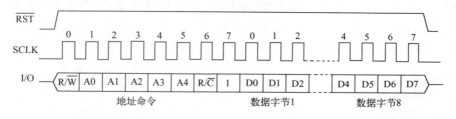

图 10-12　DS1302 多字节数据传送时序

　　从以上时序可知，单字节方式传送一次数据需要 16 个 SCLK 脉冲，多字节方式传送一次数据在对日历时钟进行读写时，需要 72 个 SCLK 脉冲，而在对片内 RAM 单元读写时，则最多需要 256 个 SCLK 脉冲。单字节操作方式可保证数据传送时的安全性和可靠性，多字节操作方式则可提高数据传送速度，两种方式可视需要灵活选用。另外 DS1302 的外接晶振推荐采用 32768Hz，电容推荐值为 6pF。由于晶振频率较低，也可以不接电容，对计时精度影响不大。

　　DS1302 共有 12 个寄存器，其中 7 个寄存器与日历时钟有关，存放的数据为 BCD 码格式。日历、时钟寄存器地址及其内容如表 10-2 所列，秒寄存器的第 7 位为时钟暂停控制位，该位为 1 时暂停时钟振荡器，DS1302 进入低功耗状态；该位为 0 时启动时钟。时寄存器的第 7 位为 12 或 24 小时方式选择；该位为 1 时选择 12 小时方式，该位为 0 时选择 24 小时方式。在 12 小时方式下，时寄存器的第 5 位为 AM/PM 选择，该位为 1 时选择 PM，该位为 0 时选择

AM。在 24 小时方式下，时寄存器的第 5 位为第 2 个小时位(20～23)。

表 10-2　DS1302 内部寄存器地址与内容

寄存器名	命令字节		取值范围	寄存器内容							
	写	读		7	6	5	4	3	2	1	0
秒寄存器	80H	81H	00～59	CH		10s			SEC		
分寄存器	82H	83H	00～59	0		10min			MIN		
时寄存器	84H	85H	00～23 或 01～12	12/24	0	10A/P	HR		HR		
日期寄存器	86H	87H	01～28,29,30,31	0	0	10DATE			DATE		
月寄存器	88H	89H	01～12	0	0	0	10M		MONTH		
周寄存器	8AH	8BH	01～07	0	0	0	0	0	DAY		
年寄存器	8CH	8DH	00～99	10YEAR				YEAR			

电子万年历的显示部分采用点阵图形液晶显示模块，以间接方式与 8051 单片机进行接口。将单片机的 I/O 端口 P2.4、P2.3、P2.2、P2.1 和 P2.0 分别接到液晶显示模块的 E、R/W、RS、CS2 和 CS1 端，模拟液晶显示模块的工作时序，实现对显示模块的控制，将 DS1302 中的日历时钟信息显示在 LCD 屏幕上。

10.4.3　软件程序设计

电子万年历的软件程序采用 C 语言分模块编写，包括主模块 main.c、日历时钟模块 ds1302.c、年历转换模块 lunar.c，液晶显示模块 12864.h 和字模模块 model.h。

主模块完成对 8051 单片机、DS1302 日历时钟芯片以及液晶显示模块的初始化，循环读取 DS1302 的日历时钟数据，送到液晶屏上显示。

【例 10-5】　主模块 main.c 程序清单。

```c
#include <reg52.h>
#include "12864.h"
#include "model.h"
#include "ds1302.h"
#include "lunar.h"
#include "keyinput.h"
#define uchar unsigned char
#define uint unsigned int
#define NoUpLine      1
#define UpLine        0
#define NoUnderLine   1
#define UnderLine     0
#define FALSE         0
#define TRUE          1
uchar dispBuf[7];
uchar T0_Count=0,Tmp_Count=0;
bit T0_Flag,Tmp_Flag,Flash_Flag;
```

```
SYSTIME sys;                                            //系统日期
SPDATE SpDat;                                           //农历日期
bit Hour_Flag=TRUE,Min_Flag=TRUE,Sec_Flag=TRUE;        //设置时间标志
bit Year_Flag=TRUE,Mon_Flag=TRUE,Day_Flag=TRUE;
uchar State_Set=0;                                      //设置时、分、秒、日、月、年等状态
bit State_Flag=FALSE,Inc_Flag=FALSE,Dec_Flag=FALSE;    //按键标志
uchar code Mon2[2][13]={0,31,28,31,30,31,30,31,31,30,31,30,31,
                        0,31,29,31,30,31,30,31,31,30,31,30,31};
```

```
/**************************LCD 显示函数**************************
入口参数：
            cDat:       要显示的数
            X:          行数 0~7
            Y:          列数 0~127
            show_flag:  是否反白显示，0 反白，1 不反白
            upline:     上划线, 0 表示带上划线
            underline:  下划线, 0 表示带下划线
******************************************************************/
void LCD_ShowTime(char cDat,uchar X,uchar Y,bit show_flag,bit up,bit under){
    uchar s[2];
    s[0]=cDat/10+'0';
    s[1]=cDat%10+'0';
    en_disp(X,Y,2,Asc,s,show_flag,up,under);
}
void Show_YMD( ){                                       //年、月、日、星期、显示函数
    uchar uiTempDat;
    uiTempDat=RDS1302(0x88|0x01);
    sys.cMon=((uiTempDat&0x1f)>>4)*10+(uiTempDat&0x0f);
    LCD_ShowTime(sys.cMon,2,5,Mon_Flag,NoUpLine,NoUnderLine);
    hz_disp(4,5,1,uMod[1],1,NoUpLine,NoUnderLine);      //月
    Show16X32(2,27,ucNum3216[sys.cDay/10],Day_Flag);    //日
    Show16X32(2,43,ucNum3216[sys.cDay%10],Day_Flag);
    hz_disp(6,8,2,ucLunar[13],1,UpLine,UnderLine);
    if(sys.cWeek==7)
    hz_disp(6,40,1,uMod[2],1,UpLine,UnderLine);         //星期
    else
    hz_disp(6,40,1,ucLunar[sys.cWeek],1,UpLine,UnderLine);  //星期
    LCD_ShowTime(20,0,9,1,UpLine,UnderLine);
    LCD_ShowTime(sys.cYear,0,25,Year_Flag,UpLine,UnderLine);
    hz_disp(0,41,1,uMod[0],1,UpLine,UnderLine);         //年

    SpDat=GetSpringDay(sys.cYear,sys.cMon,sys.cDay);    //获得农历
    if(SpDat.cMon==1)                                   //显示农历月
       hz_disp(4,64,1,ucLunar[15],1,UpLine,NoUnderLine);   // "正"
    else if(SpDat.cMon==11)
       hz_disp(4,64,1,ucLunar[16],1,UpLine,NoUnderLine);   // "冬"
```

```
        else if(SpDat.cMon==12)
            hz_disp(4,64,1,ucLunar[17],1,UpLine,NoUnderLine);                 // "腊"
        else
            hz_disp(4,63,1,ucLunar[SpDat.cMon],1,UpLine,NoUnderLine);         // "二" ~ "十"
        if(SpDat.cDay/10==1 && SpDat.cDay%10>0)                               //显示 "十"
            hz_disp(4,95,1,ucLunar[10],1,UpLine,NoUnderLine);
        else if(SpDat.cDay/10==2 && SpDat.cDay%10>0)                          //显示 "廿"
            hz_disp(4,95,1,ucLunar[19],1,UpLine,NoUnderLine);
        else
            hz_disp(4,95,1,ucLunar[SpDat.cDay/10],1,UpLine,NoUnderLine);      //数字
        if(!(SpDat.cDay%10))                                                  // "十"
            hz_disp(4,111,1,ucLunar[10],1,UpLine,NoUnderLine);
        else
            hz_disp(4,111,1,ucLunar[SpDat.cDay%10],1,UpLine,NoUnderLine);     //数字
        hz_disp(0,104,1,SX[(uint)(2000+SpDat.cYear)%12],
                1,UpLine,UnderLine);                                          //生肖
        hz_disp(2,95,1,TianGan[(uint)(2000+SpDat.cYear)%10],
                1,NoUpLine,NoUnderLine);                                      //天干
        hz_disp(2,111,1,DiZhi[(uint)(2000+SpDat.cYear)%12],
                1,NoUpLine,NoUnderLine);                                      //地支
}

void LCD_ShowWNL( ){                                                          //万年历显示函数
    LCD_ShowTime(sys.cSec,6,111,Sec_Flag,UpLine,UnderLine);                   //秒
    if(!sys.cSec || State_Set)                                                //分
    LCD_ShowTime(sys.cMin,6,87,Min_Flag,UpLine,UnderLine);
    if(!sys.cSec && !sys.cMin || State_Set)                                   //时
    LCD_ShowTime(sys.cHour,6,63,Hour_Flag,UpLine,UnderLine);
    if(!sys.cSec && !sys.cMin && !sys.cHour || State_Set ){
        Show_YMD( );
        if(State_Set==7) State_Set=0;
    }
}

void CAL_Init( ){                                                            //日期初始化函数
    sys.cYear=0x0A;
    sys.cMon=0x01;
    sys.cDay=0x01;
    sys.cHour=0x23;
    sys.cMin=0x59;
    sys.cSec=0x55;
    sys.cWeek=GetWeekDay(sys.cYear,sys.cMon,sys.cDay);
}

void SFR_Init( ){                                                            //定时器1初始化函数
    Flash_Flag=FALSE;
```

```
        TMOD=0x11;
        ET1=1;
        TH1= (-10000)/256;
        TL1= (-10000)%256;
        EA=1;
    }

    void GUI_Init( ){                                              //LCD 初始化函数
        LCD12864_init( );
        ClearLCD( );
        Rect(0,0,127,63,1);                                        //描绘框架
        Line(62,0,62,62,1);
        Line(0,48,127,48,1);
        Line(0,15,127,15,1);
        Line(24,15,24,48,1);
        Line(63,32,128,32,1);

        SetTime(sys);                                              //设置时间
        GetTime(&sys);                                             //获得时间

        Show_YMD( );
        LCD_ShowTime(sys.cSec,6,111,Sec_Flag,UpLine,UnderLine);
        en_disp(6,103,1,Asc,":",1,UpLine,UnderLine);
        LCD_ShowTime(sys.cMin,6,87,Min_Flag,UpLine,UnderLine);
        en_disp(6,79,1,Asc,":",1,UpLine,UnderLine);
        LCD_ShowTime(sys.cHour,6,63,Hour_Flag,UpLine,UnderLine);

        hz_disp(2,64,1,ucLunar[11],1,NoUpLine,NoUnderLine);        // "农"
        hz_disp(2,80,1,ucLunar[12],1,NoUpLine,NoUnderLine);        // "历"
        hz_disp(4,79,1,uMod[1],1,UpLine,NoUnderLine);              // "月"
    }

    void DecToBCD( ){                                              //二-十进制转换函数
        sys.cHour=(((sys.cHour)/10)<<4)+((sys.cHour)%10);
        sys.cMin=(((sys.cMin)/10)<<4)+((sys.cMin)%10);
        sys.cSec=((sys.cSec/10)<<4)+((sys.cSec)%10);
        sys.cYear=((sys.cYear/10)<<4)+((sys.cYear)%10);
        sys.cMon=((sys.cMon/10)<<4)+((sys.cMon)%10);
        sys.cDay=((sys.cDay/10)<<4)+((sys.cDay)%10);
    }

    void Time_Set( ){                                             //时间设置函数
        if(State_Flag){                                          //设置键按下
            State_Flag=FALSE;
            State_Set++;
            if(State_Set==8) State_Set=0;
```

```
                }
                Hour_Flag=TRUE;Min_Flag=TRUE;Sec_Flag=TRUE;
                Year_Flag=TRUE;Mon_Flag=TRUE;Day_Flag=TRUE;
                switch(State_Set){                      //设置键被按下
                        case 0:                         //无设置
                                break;
                        case 1:                         //设置时
                                Hour_Flag=FALSE;
                                break;
                        case 2:                         //设置分
                                Min_Flag=FALSE;
                                break;
                        case 3:                         //设置秒
                                Sec_Flag=FALSE;
                                break;
                        case 4:                         //设置天
                                Day_Flag=FALSE;
                                break;
                        case 5:
                                Mon_Flag=FALSE;         //设置月
                                break;
                        case 6:
                                Year_Flag=FALSE;        //设置年
                                break;
                        case 7:                         //无动作,设置此值是为了让"年"的反白消失
                                break;
                }
                if(Inc_Flag){                           //加键被按下
                    Inc_Flag=FALSE;
                    switch(State_Set)       {
                        case 0:
                                break;
                        case 1:                         //小时加1
                                sys.cHour++;
                                (sys.cHour)%=24;
                                break;
                        case 2:                         //分加1
                                sys.cMin++;
                                sys.cMin%=60;
                                break;
                        case 3:                         //秒加1
                                sys.cSec++;
                                sys.cSec%=60;
                                break;
                        case 4:                         //天加1
                                (sys.cDay)=(sys.cDay%Mon2[YearFlag(sys.cYear)][sys.cMon])+1;
```

```
                    break;
            case 5:                                      //月加1
                sys.cMon=(sys.cMon%12)+1;
                    break;
            case 6:
                sys.cYear++;                             //年加1
                sys.cYear=sys.cYear%100;
                break;
        }
        DecToBCD( );                                      //转为 BCD 数
        sys.cWeek=GetWeekDay(sys.cYear,sys.cMon,sys.cDay);  //计算出星期
        DecToBCD( );                                      //转为 BCD 数
        SetTime(sys);                                     //存入 DS1302
    }
    if(Dec_Flag){                                        //减键被按下
        Dec_Flag=FALSE;
        switch(State_Set){
            case 0:
                    break;
            case 1:
                sys.cHour=(sys.cHour+23)%24;             //时减1
                break;
            case 2:                                      //分减1
                sys.cMin=(sys.cMin+59)%60;
                    break;
            case 3:                                      //秒减1
                sys.cSec=(sys.cSec+59)%60;
                    break;
            case 4:                                      //天减1
              sys.cDay=((sys.cDay+Mon2[YearFlag(sys.cYear)][sys.cMon]-1)
                %Mon2[YearFlag(sys.cYear)][sys.cMon]);
                if(sys.cDay==0)sys.cDay=Mon2[YearFlag(sys.cYear)][sys.cMon];
                    break;
            case 5:                                      //月减1
                sys.cMon=(sys.cMon+11)%12;
                if(sys.cMon==0) sys.cMon=12;
                    break;
            case 6:                                      //年减1
                sys.cYear=(sys.cYear+99)%100;
                    break;
        }
        DecToBCD( );              //转为 BCD 数
        sys.cWeek=GetWeekDay(sys.cYear,sys.cMon,sys.cDay);
        DecToBCD( );
        SetTime(sys);
    }
}
```

```
void  main( ){                              //主函数
    SFR_Init( );
    CAL_Init( );
    GUI_Init( );
    TR1=1;
    while(1){
        GetTime(&sys);                      //获得时间
        LCD_ShowWNL( );                     //显示万年历
        Time_Set( );                        //时间设置
    }
}

void timer1( ) interrupt   3 {              //定时器 1 中断服务函数
    TH1= (−10000)/256;
    TL1= (−10000)%256;
    keyinput( );                            //读取按键
    if (keyvalue&0x10){
        State_Flag=TRUE;
        keyvalue &= 0xef;                   //清键值，保证一直按下，只执行一次按键动作
    }
    if (keyvalue&0x20 ){                    //加
        Inc_Flag=TRUE;
        keyvalue &= 0xdf;                   //清键值，保证一直按下，只执行一次按键动作
    }
    if (keyvalue&0x40){                     //减
        Dec_Flag=TRUE;
        keyvalue &= 0xbf;                   //清键值，保证一直按下，只执行一次按键动作
    }

}
```

日历时钟模块完成对 DS1302 芯片的初始化和读写操作，在 8051 单片机片内 RAM 中开辟 80H～8CH 作为万年历的秒、分、时、日、月、星期和年计时单元，并将初始时间设为 23:59:55，初始日期设为 2010 年 1 月 1 日第 1 个星期。

【例 10-6】 日历时钟模块 ds1302.c 程序清单。

```
#include <reg52.h>
#define uchar unsigned char
#define uint   unsigned int
#define SECOND 0x80                         //秒
#define MINUTE 0x82                         //分
#define HOUR    0x84                        //时
#define DAY         0x86                    //天
#define MONTH   0x88                        //月
#define WEEK    0x8a                        //星期
#define YEAR    0x8c                        //年
```

```
sbit DS1302_RST=P1^5;
sbit DS1302_SCLK=P1^6;
sbit DS1302_IO=P1^7;

typedef struct systime{
    uchar       cYear;
    uchar cMon;
    uchar cDay;
    uchar cHour;
    uchar cMin;
    uchar cSec;
    uchar cWeek;
}SYSTIME;

void DS1302_Write(uchar D){                    //DS1302 写入函数
    uchar i;
    for(i=0;i<8;i++){
        DS1302_IO=D&0x01;
        DS1302_SCLK=1;
        DS1302_SCLK=0;
        D=D>>1;
    }
}

uchar DS1302_Read( ){                          //DS1302 读出函数
    uchar TempDat=0,i;
    for(i=0;i<8;i++){
        TempDat>>=1;
        if(DS1302_IO) TempDat=TempDat|0x80;
        DS1302_SCLK=1;
        DS1302_SCLK=0;
    }
    return TempDat;
}

void WDS1302(uchar ucAddr, uchar ucDat){       //DS1302 单字节写入函数
    DS1302_RST = 0;
    DS1302_SCLK = 0;
    DS1302_RST = 1;
    DS1302_Write(ucAddr);                      //地址，命令
    DS1302_Write(ucDat);                       //写数据字节
    DS1302_SCLK = 1;
    DS1302_RST = 0;
}

uchar RDS1302(uchar ucAddr){                   //DS1302 单字节读出函数
    uchar ucDat;
```

```
        DS1302_RST = 0;
        DS1302_SCLK = 0;
        DS1302_RST = 1;
        DS1302_Write(ucAddr);                   //地址，命令
        ucDat=DS1302_Read( );                   //读数据字节
        DS1302_SCLK = 1;
        DS1302_RST = 0;
        return ucDat;
    }

    void SetTime(SYSTIME sys){                   //时间设置函数
        WDS1302(YEAR,sys.cYear);
        WDS1302(MONTH,sys.cMon&0x1f);
        WDS1302(DAY,sys.cDay&0x3f);
        WDS1302(HOUR,sys.cHour&0xbf);
        WDS1302(MINUTE,sys.cMin&0x7f);
        WDS1302(SECOND,sys.cSec&0x7f);
        WDS1302(WEEK,sys.cWeek&0x07);
    }

    void GetTime(SYSTIME *sys){                   //时间获取函数
        uchar uiTempDat;
        uiTempDat=RDS1302(YEAR|0x01);
        (*sys).cYear=(uiTempDat>>4)*10+(uiTempDat&0x0f);
        uiTempDat=RDS1302(0x88|0x01);
        (*sys).cMon=((uiTempDat&0x1f)>>4)*10+(uiTempDat&0x0f);
        uiTempDat=RDS1302(DAY|0x01);
        (*sys).cDay=((uiTempDat&0x3f)>>4)*10+(uiTempDat&0x0f);
        uiTempDat=RDS1302(HOUR|0x01);
        (*sys).cHour=((uiTempDat&0x3f)>>4)*10+(uiTempDat&0x0f);
        uiTempDat=RDS1302(MINUTE|0x01);
        sys->cMin=((uiTempDat&0x7f)>>4)*10+(uiTempDat&0x0f);
        uiTempDat=RDS1302(SECOND|0x01);
        sys->cSec=((uiTempDat&0x7f)>>4)*10+(uiTempDat&0x0f);
        uiTempDat=RDS1302(MONTH|0x01);
        (*sys).cMon=uiTempDat&0x17;
        uiTempDat=RDS1302(WEEK|0x01);
        sys->cWeek=uiTempDat&0x07;
    }
```

年历转换模块完成公历与农历之间的转换。农历中采用天干地支纪年法，十天干为甲、乙、丙、丁、戊、己、庚、辛、壬、癸；十二地支为子、丑、寅、卯、辰、巳、午、未、申、酉、戌、亥。

十天干与数字的对应关系如下：

甲、乙、丙、丁、戊、己、庚、辛、壬、癸
4、 5、 6、 7、 8、 9、 0、 1、 2、 3

十二地支与数字的对应关系如下：

子、丑、寅、卯、辰、巳、午、未、申、酉、戌、亥

4、 5、 6、 7、 8、 9、 10、 11、 0、 1、 2、 3

天干地支纪年法是天干在前地支在后，代表天干的数字为公历年分的最后一位数字。计算地支时用年份数除以 12，后面的余数就代表某个地支，例如，2010 年最后一位数字是 0，对应的天干为庚，2010 除以 12，余数为 6，对应的地支为寅，所以 2010 年为庚寅年。

【例 10-7】 年历转换模块 lunar.c 程序清单。

```c
#include "lunar.h"
#define uchar unsigned char
#define TRUE    1
uchar code Data[]={
0x04,0xAe,0x53,                                     //1901
0x0A,0x57,0x48,                                     //1902
...                                                 // 1903~2100 略
};

uchar code Mon1[2][13]={0,31,28,31,30,31,30,31,31,30,31,30,31,
                        0,31,29,31,30,31,30,31,31,30,31,30,31};    //月修正数据表
static unsigned char const table_week[12]={0,3,3,6,1,4,6,2,5,0,3,5};
SPDATE Spdate;

//获得当年春节的公历日期，第三字节 BIT6-5 表示春节的月份，BIT4-0 表示春节的日期
SPDATE GetSpringDay(uchar GreYear,uchar GreMon,uchar GreDay){
    int day;
    uchar i,Flag,F;
    uint Offset1;
    unsigned char L=0x01,Flag1=1;
    unsigned int   Temp16,L1=0x0800;
    Spdate.cYear=GreYear ;
    Spdate.cMon=(Data[(200-(100-GreYear)-1)*3+2]&0x60)>>5;  //春节公历月份
    Spdate.cDay=(Data[(200-(100-GreYear)-1)*3+2])&0x1f;     //春节公历日期
    if( (!(GreYear%4) && (GreYear%100)) || !(GreYear%400) ) Flag=1; else Flag=0;
    if(Spdate.cMon>GreMon){                                 //春节离公历日期的天数
        day=Mon1[Flag][GreMon]-GreDay;
        for(i=GreMon+1;i<=Spdate.cMon-1;i++)
                day+=Mon1[Flag][i];
        day+=Spdate.cDay;
        F=1;
    }
    else if(Spdate.cMon<GreMon){                            //春节月份小于目标月份
        day=Mon1[Flag][Spdate.cMon]-Spdate.cDay;
        for(i=Spdate.cMon+1;i<=GreMon-1;i++)
                day+=Mon1[Flag][i];
        day+=GreDay;
        F=0;
```

```
        }
        else{
              if(Spdate.cDay>GreDay){
                    day=Spdate.cDay-GreDay;
                    F=1;
              }
              else if(Spdate.cDay<GreDay){
                    day=GreDay-Spdate.cDay;
                    F=0;
              }
              else day=0;
        }
        Spdate.cYear=Spdate.cYear;
        Spdate.cMon=1;
        Spdate.cDay=1;
        if(!day) return Spdate;
        if(F){                                              //春节在公历日期后
              Spdate.cYear--;
              Spdate.cMon=12;
              Offset1=(200-(100-Spdate.cYear)-1)*3;
              while(TRUE){
                    if(Data[Offset1+1]&L)
                    day-=30;
                    else
                    day-=29;
                    L<<=1;
                    if(((Data[Offset1+0]&0xf0)>>4)==Spdate.cMon && Flag1){
                          Flag1=0;
                          if(Data[Offset1+2]&0x80) day-=30; else day-=29;
                          continue;
                    }
                    if(day>0) Spdate.cMon--; else break;
              }
              Spdate.cDay=-day+1;
        }
        if(!F){
              Spdate.cMon=1;
              Offset1=(200-(100-Spdate.cYear)-1)*3;
              Temp16=(Data[Offset1+0]<<8)+Data[Offset1+1];
              while(TRUE){
                    if(Temp16 & L1) day-=30; else day-=29;
                    if(day>=0)
                          Spdate.cMon++;
                    else if(day<0){
                          if(Temp16 & L1) day+=30; else day+=29;
                          break;
                    }
```

```
                    L1>>=1;
                    if(((Data[Offset1+0]&0xf0)>>4)==(Spdate.cMon-1) && Flag1){      //闰月
                        Flag1=0;
                        Spdate.cMon--;
                        if(Temp16 & L1) day-=30; else day-=29;
                        if(day>=0)
                            Spdate.cMon++;
                        else if(day<0){
                            if(Temp16 & L1) day+=30; else day+=29;
                            break;
                        }
                        L1>>1;
                    }
                }
                Spdate.cDay=day+1;
            }
        return Spdate;
    }

    bit YearFlag(uchar cYear){                                          //计算闰年
        if( (!(cYear%4) && (cYear%100)) || !(cYear%400) ) return 1; else return 0;
    }

    uchar GetWeekDay(uchar cYear,uchar cMon,uchar cDay){
        char i;
        int   Sum=0,tmpyear=2000+cYear;
        for(i=1;i<=cMon-1;i++)
            Sum+=Mon1[YearFlag(cYear)][i];
        Sum+=cDay-1;
        return ((tmpyear-1)+(tmpyear-1)
            /4-(tmpyear-1)/100+(tmpyear-1)/400+Sum)%7)+1;
    }
```

复习思考题

1. 采用双积分 A/D 转换器 7135 设计一台数字电压表，画出原理电路图，并编写 C 语言驱动程序。

2. 简述红外遥控系统的工作原理，采用 8051 单片机设计红外遥控发射器和接收器，画出原理电路图，并编写 C 语言驱动程序。

3. 简述电子琴的基本工作原理，采用 8051 单片机和 I^2C 存储芯片 24C04 设计一种带存储功能的简易电子琴，画出原理电路图，并编写 C 语言驱动程序。

4. 简述日历时钟芯片 DS1302 的功能和数据传输格式。

5. 采用时钟芯片 DS1302 和 8051 单片机设计一台电子万年历，画出原理电路图，并编写 C 语言驱动程序。

第11章　单片机系统的抗干扰技术

单片机系统设计完成之后，不仅需要通过仿真确定其正确性，更重要的是应用于实际工业生产过程。而工业生产环境往往比较恶劣，干扰严重，这些干扰有时会严重损坏单片机系统的器件或程序，导致单片机系统不能正常运行。因此，为了保证单片机系统能在实际应用中可靠地工作，必须周密考虑和解决抗干扰的问题。本章介绍单片机系统的硬件和软件抗干扰技术。

11.1　干扰源

干扰信号主要通过三个途径进入单片机系统内部，即电磁感应、传输通道和电源线。一般情况下，经电磁感应进入单片机系统的干扰在强度上远远小于从传输通道和电源线进入的干扰。对于电磁感应干扰可采用良好的"屏蔽"和正确的"接地"加以解决。所以，抗干扰措施主要是尽量切断来自传输通道和电源线的干扰。

11.1.1　串模干扰、共模干扰及电源干扰

1. 串模干扰

串模干扰是干扰电压与有效信号串联叠加后作用到单片机系统上的，如图 11-1 所示。串模干扰通常来自于高压输电线、与信号线平行敷设的电源线及大电流控制线所产生的空间电磁场。由传感器来的信号线有时长达一、二百米，干扰源通过电磁感应和静电耦合作用加到如此长的信号线上的感应电压数值是相当可观的。例如，一路电线与信号线平行敷设时，信号线上的电磁感应电压和静电感应电压分别都可达到毫伏级，然而来自传感器的有效信号电压的动态范围通常仅有几十毫伏，甚至更小。

由此可知：第一，由于测量控制系统的信号线较长，通过电磁和静电耦合所产生的感应电压有可能大到与被测有效信号相同的数量级，甚至比后者大得多；第二，对测量控制系统而言，由于采样时间短，工频的感应电压也相当于缓慢变化的干扰电压，这种干扰信号与有效直流信号一起被采样和放大，造成有效信号失真。

除了信号线引入的串模干扰外，信号源本身固有的漂移、纹波和噪声、电源变压器不良屏蔽或稳压滤波效果不良等，也会引入串模干扰。

2. 共模干扰

共模干扰是指输入通道两个输入端上共有的干扰电压。这种干扰可以是直流电压，也可以是交流电压，其幅值可达几伏甚至更高，取决于现场产生干扰的环境条件和单片机系统的接地情况。因为在测控系统中，检测元件和传感器分散在生产现场的各个地方，所以，被测信号 V_s 的参考接地点和单片机系统输入信号的参考接地点之间往往存在着一定的电位差 V_{cm}，如图 11-2 所示，对于输入通道的两个输入端来说，分别有 V_s+V_{cm} 和

V_{cm} 两个输入信号。显然，V_{cm} 是转换器输入端上共有的干扰电压，故称共模干扰电压。

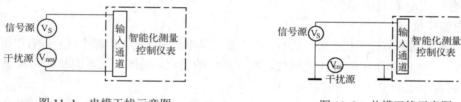

图 11-1　串模干扰示意图　　　　　　　　图 11-2　共模干扰示意图

在测量电路中，被测信号有单端对地输入和双端不对地输入两种输入方式，如图 11-3 所示。对于存在共模干扰的场合，不能采用单端对地输入方式，如图 11-3a 所示，因为此时的共模干扰电压将全部成为串模干扰电压，必须采用双端不对地输入方式，如图 11-3b 所示。

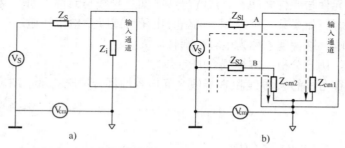

Z_S、Z_{S1}、Z_{S2}—信号源内阻；Z_i、Z_{cm1}、Z_{cm2}—输入通道的输入阻抗

图 11-3　被测信号的输入方式

a) 单端对地输入方式　b) 双端不对地输入方式

由图 11-3b 可见，共模干扰电压 V_{cm} 对两个输入端形成两个电流回路（如虚线所示），每个输入端 A、B 的共模电压为

$$V_A = \frac{V_{cm}}{Z_{S1} + Z_{cm1}} Z_{cm1} \tag{11-1}$$

$$V_B = \frac{V_{cm}}{Z_{S2} + Z_{cm2}} Z_{cm2} \tag{11-2}$$

因此在两个输入端之间呈现的共模电压为

$$\begin{aligned} V_{AB} &= V_A - V_B \\ &= \frac{V_{cm}}{Z_{S1} + V_{cm1}} Z_{cm1} - \frac{V_{cm}}{Z_{S2} + V_{cm2}} Z_{cm2} \\ &= V_{cm}\left(\frac{Z_{cm1}}{Z_{S1} + V_{cm1}} - \frac{Z_{cm2}}{Z_{S2} + V_{cm2}} \right) \end{aligned} \tag{11-3}$$

如果此时 $Z_{S1}=Z_{S2}$ 和 $Z_{cm1}=Z_{cm2}$，则 $V_{AB}=0$，表示不会引入共模干扰，但实际上无法满足上述条件，只能做到 Z_{S1} 接近于 Z_{S2}，Z_{cm1} 接近于 Z_{cm2}，因此 $V_{AB} \neq 0$，也就是说实际上总存在一定的共模干扰电压。显然，Z_{S1}、Z_{S2} 越小，Z_{cm1}、Z_{cm2} 越大，并且 Z_{cm1} 与 Z_{cm2} 越接近时，共模干扰的影响就越小。一般情况下，共模干扰电压 V_{cm} 总是转化成一定的串模干扰出现在两个输入端之间。

输入通道的输入阻抗通常由直流绝缘电阻和分布耦合电容产生的容抗决定。差分放大器的直流绝缘电阻可做到 $10^9\Omega$，工频寄生耦合电容可小到几个皮法（容抗达 10^9 数量级），但共模电压仍有可能造成 1%的测量误差。

3．电源干扰

除了串模干扰和共模干扰之外，还有一些干扰是从电源引入的，电源干扰一般有以下几种：

1）当同一电源系统中的可控硅器件通断时产生的尖峰，通过变压器的初级和次级之间的电容耦合到直流电源中所产生的干扰。

2）附近的断电器动作时产生的浪涌电压，由电源线经变压器级间电容耦合产生的干扰。

3）共用同一个电源的附近设备接通或断开时产生的干扰。

11.1.2 数字电路的干扰

在数字电路的元件与元件之间、导线与导线之间、导线与元件之间以及导线与结构件之间都存在着分布电容。如果某一个导体上的信号电压（或噪声电压）通过分布电容使其他导体上的电位受到影响，这种现象称为电容性耦合。

下面以一个实际例子分析电容性耦合的特点。

图 11-4a 为平行布线的 A 导线和 B 导线之间电容性耦合情况的示意图。

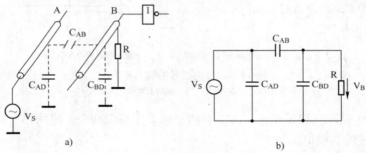

图 11-4　平行导线的电容耦合

a) 电容性耦合　b) 等效电路

图中，C_{AB} 是两导线之间的分布电容，C_{AD} 是 A 导线对地的分布电容，C_{BD} 是 B 导线对地的分布电容，R 是输入电路的对地电阻。

图 11-4b 为等效电路，其中 V_S 为等效的信号电压。若 ω 为信号电压的角频率，B 导线为受感线，则不考虑 C_{AD} 时，B 导线上由于耦合形成的对地噪声电压（有效值）V_B 为

$$V_B = \left| \frac{j\omega C_{AB}}{\frac{1}{R} + j\omega(C_{AB} + C_{BD})} \right| V_S \tag{11-4}$$

在下述两种情况下，可将上式简化：

① 当 R 很大时，即

$$R \geqslant \frac{1}{\omega(C_{AB} + C_{BD})} \tag{11-5}$$

则

$$V_B \approx \frac{C_{AB}}{C_{AB} + C_{BD}} V_S \tag{11-6}$$

可见，此时 V_B 与信号电压频率基本无关，而正比于 C_{AB} 和 C_{BD} 的电容分压比。显然只要

设法降低 C_{AB}，就能减小 V_B 值。因此在布线时应增大两导线间的距离，并尽量避免两导线平行。

② 当 R 很小时，即

$$R \ll \frac{1}{\omega(C_{AB} + C_{BD})} \tag{11-7}$$

则

$$V_B \approx |j\omega R C_{AB}| V_S \tag{11-8}$$

这时 V_B 正比于 C_{AB}、R 和信号幅值 V_S，而且与信号电压频率 ω 有关。

因此，只要设法降低 R 值就能减小耦合受感回路的噪声电压。实际上，R 可看作受感回路的输入等效电阻，从抗干扰考虑，降低输入阻抗是有利的。

现假设 A、B 两导线的两端均接有门电路，见图 11-5，当门 1 输出一个方波脉冲，而受感线（B 线）正处于低电平时，可以从示波器上观察到如图 11-6 所示的波形。

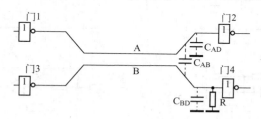

图 11-5　布线干扰

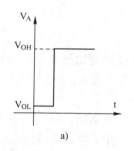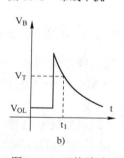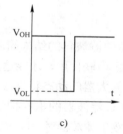

图 11-6　干扰脉冲

a) 门 1 的输出　b) 门 4 的输入　c) 门 4 的输出

图 11-6 中，V_A 表示信号源，V_B 为感应电压。若耦合电容 C_{AB} 足够大，使得正脉冲的幅值高于门 4 的开门电平 V_T，脉冲宽度也足以维持使门 4 的输出电平从高电平下降到低电平时，门 4 就输出一个负脉冲，即干扰脉冲。

在印制电路板上，两条平行导线间的分布电容约为 0.1～0.5pF/cm，与靠在一起的绝缘导线间的分布电容有相同数量级。除以上所介绍之外，还有其他一些干扰和噪声，如：由印制电路板电源线与地线之间的开关电流和阻抗引起的干扰；元器件的热噪声；静电感应噪声等。

11.2　硬件抗干扰措施

11.2.1　串模干扰的抑制

串模干扰的抑制能力用串模抑制比 NMR 来衡量，一般要求 NMR≥80dB：

$$NMR = 10 \lg \frac{V_{nm}}{V_{nm1}} \quad dB \tag{11-9}$$

式中　V_{nm}——串模干扰电压；

　　　V_{nm1}——单片机系统输入端由串模干扰引起的等效差模电压。

　　单片机系统中，主要的抗串模干扰措施是用低通输入滤波器滤除交流干扰，而对直流串模干扰则采用补偿措施。

　　常用的低通滤波器有 RC 滤波器、LC 滤波器、双 T 滤波器及有源滤波器等，它们的原理图分别见图 11-7a、b、c 和 d。

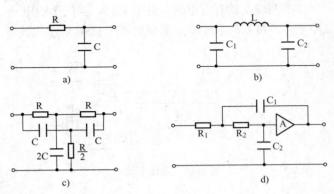

图 11-7　滤波器原理图

- RC 滤波器的结构简单，成本低，也不需调整。但它的串模抑制比不高，一般需 2～3 级串联使用，才能达到规定的 NMR 指标，而且时间常数 RC 较大。RC 过大时将影响放大器的动态特性。

- LC 滤波器的串模抑制比较高，但需要绕制电感，体积大、成本高。

- 双 T 滤波器对一固定频率的干扰具有很高的抑制比，偏离该频率后抑制比迅速减小。主要用来滤除工频干扰，而对高频干扰无能为力，其结构虽然也简单，但调整比较麻烦。

- 有源滤波器可以获得较理想的频率特性，但作为单片机系统输入级，有源器件（运算放大器）的共模抑制比一般难以满足要求，其本身带来的噪声也较大。

　　通常，单片机系统的输入滤波器都采用 RC 滤波器，在选择电阻和电容参数时，除了要满足 NMR 指标外，还要考虑信号源的内阻抗，兼顾共模抑制比和放大器动态特性的要求，故常用两级阻容低通滤波网络作为输入通道的滤波器，如图 11-8 所示。它可使 50Hz 的串模干扰信号衰减至 1/600 左右。该滤波器的时间常数小于 200ms，因此，当被测信号变化较快时，应当相应改变网络参数，以适当减小时间常数。

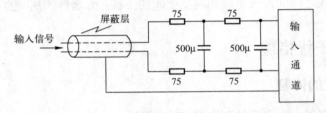

图 11-8　两级阻容滤波网络

用双积分式 A/D 转换器可以削弱周期性的串模干扰的影响。因为，此类转换器是对输入信号的平均值而不是瞬时值进行转换，所以对周期干扰具有很强的抑制能力。如果取积分周期等于主要串模干扰的周期或整数倍，则通过双积分 A/D 转换器后，对串模干扰的抑制有更好的效果。

对于主要来自于电磁感应的串模干扰，应尽可能早地对被测信号进行前置放大，以提高回路中的信号噪声比；或者尽可能早地完成 A/D 转换或采取隔离屏蔽措施。

在选取单片机系统的元器件时，可以采用高抗扰度的逻辑器件，通过提高阈值电平来抑制低噪声的干扰；或采用低速逻辑器件来抑制高频干扰；也可人为地附加电容器，以降低某个逻辑电路的工作速度来抑制高频干扰。这些方法都能有效地抑制由元器件内部的热扰动产生的随机噪声干扰以及在数字信号传输过程中夹带的低噪声或窄脉冲干扰。

如果串模干扰的变化速度与被测信号相当，则一般很难通过以上措施来抑制这种干扰。此时，应从根本上消除产生干扰的原因。对测量元件或变送器进行良好的电磁屏蔽，同时信号线应选用带屏蔽层的双绞线或电缆线，并应有良好的接地系统。

11.2.2 共模干扰的抑制

共模干扰的抑制能力用共模抑制比 CMR 表示：

$$CMR = 10lg\frac{V_{cm}}{V_{cm1}} \quad dB \tag{11-10}$$

式中 V_{cm}——共模干扰电压；

V_{cm1}——单片机系统输入端由共模干扰引起的等效电压。

共模干扰是一种常见的干扰源，采用双端输入的差分放大器作为单片机系统输入通道的前置放大器，是抑制共模干扰的有效方法，设计比较完善的差分放大器，在不平衡电阻为 1kΩ 的条件下，共模抑制比 CMR 可达 100～160dB。

也可以利用变压器或光耦合器把各种模拟负载与数字信号隔离开来，也就是把"模拟地"与"数字地"断开，被测信号通过变压器耦合或光耦合获得通路，而共模干扰由于不成回路而得到有效的抑制。如图 11-9 所示。

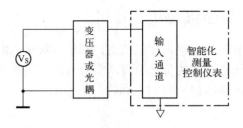

图 11-9 输入隔离

当共模干扰电压很高或要求共模漏电流很小时，常在信号源与单片机系统的输入通道之间插入隔离放大器。

还可以采用浮地输入双层屏蔽放大器来抑制共模干扰，如图 11-10 所示。这是利用屏蔽方法使输入信号的"模拟地"浮空，从而达到抑制共模干扰的目的。图中 Z_1 和 Z_2 分别为模拟地与内屏蔽罩之间和内屏蔽罩和外屏蔽罩（机壳）之间的绝缘阻抗，它们由漏电阻和分布电容组成，所以阻抗值很大。图中，用于传递信号的屏蔽线的屏蔽层和 Z_2 为共模电压 V_{cm} 提供

364

了共模电流 I_{cm1} 的通路。由于屏蔽线的屏蔽层存在电阻 R_C，因此，共模电压 V_{cm} 在 R_C 上会产生较小的共模信号，它将在模拟量输入回路中产生共模电流 I_{cm2}，I_{cm2} 会在模拟量输入回路中产生串模干扰电压。显然，由于 $R_C \ll Z_2$，$Z_S \ll Z_1$，故由 V_{cm} 引入的串模干扰电压是非常微弱的，所以这是一种十分有效的共模干扰抑制措施。

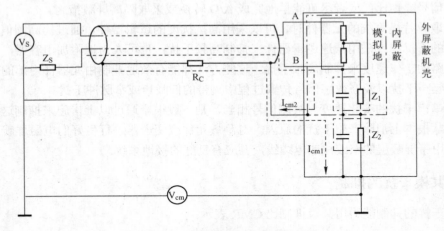

图 11-10　浮地输入双层屏蔽放大器

在采用这种方法时要注意以下几点：

1）信号线屏蔽层只允许一端接地，并且只在信号源侧接地，而放大器侧不得接地，当信号源为浮地方式时，屏蔽只接信号源的低电位端。

2）模拟信号的输入端要相应地采用三线采样开关。

3）在设计输入电路时，应使放大器两输入端对屏蔽罩的绝缘电阻尽量对称，并且尽可能减小线路的不平衡电阻。

采用浮地输入的单片机系统输入通道虽然增加了一些器件，如每路信号都要用屏蔽线和三线开关，但对放大器本身的抗共模干扰能力的要求大为降低，因此这种方案已获得广泛应用。

11.2.3　输入/输出通道干扰的抑制

开关量输入输出通道和模拟量输入输出通道，都是干扰窜入的渠道，要切断这条渠道，就要去掉对象与输入输出通道之间的公共地线，实现彼此电隔离以抑制干扰脉冲。最常见的隔离器件是光耦合器，其内部结构见图 11-11a。

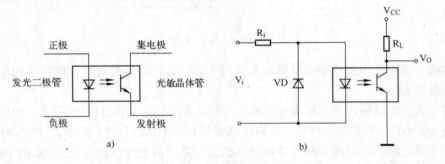

图 11-11　二极管-晶体管型的光耦合器

光耦合器之所以具有很强的抗干扰能力，主要有以下几个原因：

1）光耦合器的输入阻抗很低，一般在 100～1000Ω之间，而干扰源的内阻一般都很大，通常为 10^5～10^6Ω。根据分压原理可知，这时能馈送到光耦合器输入端的噪声自然会很小，即使有时干扰电压的幅度较大，但所提供的能量却很小，即只能形成很微弱的电流。而光耦合器输入部分的发光二极管，只有在通过一定强度的电流时才能发光；输出部分的光敏晶体管只在一定光强下才能工作，见图 11-11b。因此电压幅值很高的干扰，由于没有足够的能量而不能使二极管发光，从而被抑制掉了。

2）输入回路与输出回路之间的分布电容极小，一般仅为 0.5～2pF，而绝缘电阻又非常大，通常为 10^{11}～10^{13}Ω，因此回路一边的各种干扰噪声都很难通过光耦合器馈送到另一边去。

3）光耦合器的输入回路与输出回路之间是光耦合的，而且又是在密封条件下进行的，故不会受到外界光的干扰。

接入光耦合器的数字电路如图 11-11b 所示，其中 R_i 为限流电阻，VD 为反向保护二极管，可以看出，这时并不要求输入 V_i 值一定得与 TTL 逻辑电平一致，只要经 R_i 限流之后符合发光二极管的要求即可。R_L 是光敏晶体管的负载电阻（R_L 也可接在光敏晶体管的射极端）。当 V_i 使光敏晶体管导通时，V_O 为低电平（即逻辑 0）；反之为高电平（即逻辑 1）。

R_i 和 R_L 的选取说明如下：若光耦合器选用 GO103，发光二极管在导通电流 I_F=10mA 时，正向压降 V_F≤1.3V，光敏晶体管导通时的压降 V_{CE}=0.4V，设输入信号的逻辑 1 电平为 V_i=12V，并取光敏晶体管导通电流 I_C=2mA 时，R_i 和 R_L 可由下式计算：

$$R_i=(V_i-V_F)/I_F=(12-1.3)/10=1.07k\Omega \qquad (11-11)$$

$$R_L=(V_{CC}-V_{CE})/I_C=(5-0.4)/2=2.3k\Omega \qquad (11-12)$$

需要强调指出的是：在光耦合器的输入部分和输出部分必须分别采用独立的电源，如果两端共用一个电源，则光耦合器的隔离作用将失去意义。顺便提一下，变压器是无源器件，它也经常用作隔离器，其性能虽不及光耦合器，但结构简单。

开关量输入电路接入光耦合器后，由于光耦合器的抗干扰作用，使夹杂在输入开关量中的各种干扰脉冲都被挡在输入回路的一边。另外，光耦合器还起到很好的安全保障作用，即使故障造成 V_i 与电力线相接也不至于损坏单片机系统，因为光耦合器的输入回路与输出回路之间可耐很高的电压（GO103 为 500V，有些光耦合器可达 1000V，甚至更高）。

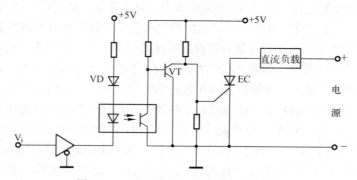

图 11-12　光隔离抗干扰开关量输出电路

图 11-12 是光隔离抗干扰开关量输出电路的原理图。三态缓冲门接成直通式，当开关量信号 V_i 为 0 时，电流通过发光二极管，使光敏晶体管导通，外接晶体管 VT 截止；晶闸管 EC

366

导通，直流负载加电。反之，V_i 为 1 时，直流负载断电。VD 是普通发光二极管，用作开关指示。光敏晶体管一边的电源值不一定是+5V，其他值也可以，只要其值不超过光敏晶体管和晶体管 VT 的容许值就行。若为交流负载，则只要把驱动电器的电源改成交流电源，晶闸管换成双向晶闸管即可。也可用光耦合器来隔离开关量输出电路和二位式执行机构（如电磁阀），图 11-13 为光耦合器用于隔离电磁阀驱动电路。

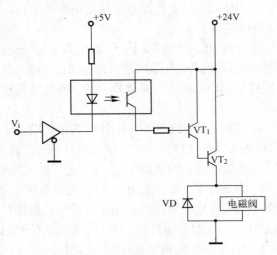

图 11-13　光隔离电磁阀驱动电路

　　模拟量 I/O 电路与外界的电气隔离可用安全栅来实现。安全栅是有源隔离式的四端网络。和变送器相接时，它的输入信号由变送器提供；和执行部件相接时，它的输入信号由电压/电流转换器提供，都是 4～20mA 的电流信号。它的输出信号是 4～20mA 的电流信号，或 1～5V 的电压信号，经过安全栅隔离处理之后，可以防止一些故障性的干扰损害单片机系统。但是，一些强电干扰还会经此或通过其他一些途径，从模拟量输入、输出电路窜入系统。因此在设计时，为保证单片机系统在任何时候都能工作在既平稳又安全的环境里，要另加隔离措施加以防范。

　　由于模拟量信号的有效状态有无数个，而数字（开关）量的状态只有两个，所以叠加在模拟量信号上的任何干扰，都因有实际意义而起到干扰作用。叠加在数字（开关）量信号上的干扰，只有在幅度和宽度都达到一定量时才能起到作用。这表明抗干扰屏障的位置越往外推越好，最好能推到模拟量入、出口处，也就是说，最好把光耦合器设置在 A/D 电路模拟量输入和 D/A 电路模拟量输出的位置上。要想把光耦合器设置在这两个位置上，就要求光耦合器必须具有能够进行线性变换和传输的特性。但限于线性光耦的价格和性能指标等方面原因，国内一般都采用逻辑光耦合器，此时，抗干扰屏障就应设在最先遇到的开关信号工作的位置上。对 A/D 转换电路来说，光耦合器设在 A/D 芯片和模拟量多路开关芯片这两类电路的数字量信号线上。对 D/A 转换电路来说，应设在 D/A 芯片和采样保持芯片的数字量信号线上。对具有多个模拟量输入通道的 A/D 转换电路来说，各被测量的接地点之间存在着电位差，从而引入共模干扰，故单片机系统的输入信号应连接成差分输入的方式。为此，可选用差分输入的 A/D 芯片，如 ADC0801/4 等，并将各被测量的接地点经模拟量多路开关芯片接到差分输入的负端。

　　图 11-14 是具有 4 个模拟量输入通道的抗干扰电路原理图。这个电路与 80C51 单片机的外围接口电路 8155 相连。8155 的 PA 口作为 8 位数据输入口，PC 口的 PC_0 和 PC_1 作为控制

信号输出口。4 路信号的输入由 4052 选通，经 A/D 转换器 14433 转换成 3 位半 BCD 码数字量。因为 14433 为 CMOS 集成电路，驱动能力小，故其输出通过 74LS244 驱动光耦合器。数字信号经光耦合器与 8155 的 PA 口相连。4052 的选通信号由 8155 的 PC 口发出。两者之间同样用光耦隔离。14433 的转换结束信号 EOC 通过光耦由 74LS74D 触发器锁存，并向 80C51 的 $\overline{INT1}$ 发出中断请求。

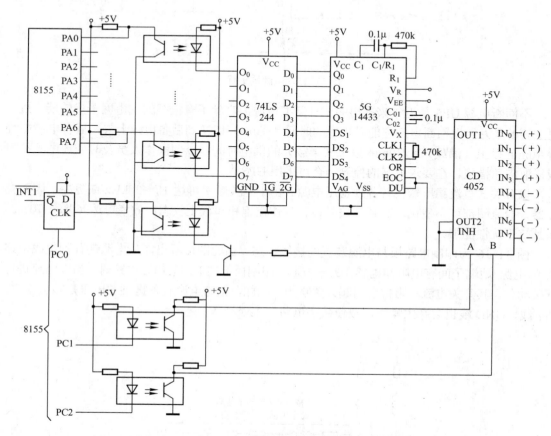

图 11-14　具有 4 个模拟量输入通道的抗干扰电路原理图

必须注意的是，当用光耦合器来隔离输入输出通道时，必须对所有的信号（包括数字量信号、控制信号、状态信号）全部隔离，使得被隔离的两边没有任何电气上的联系。否则这种隔离是没有意义的。

11.2.4　电源与电网干扰的抑制

为了抑制电网干扰所造成稳压电源的波动，可以采取以下一系列措施：

采用能抑制交流电源干扰的计算机系统电源，如图 11-15 所示。图中的电感器用来抑制交流电源线上引入的高频干扰，让 50Hz 的基波通过；变阻二极管用来抑制进入交流电源线上的瞬时干扰（或者大幅值的尖脉冲干扰）；隔离变压器的初、次级之间加有静电屏蔽层，从而进一步减小进入电源的各种干扰。该交流电压再通过整流、滤波和直流电子稳压后，使干扰被抑制到最小。

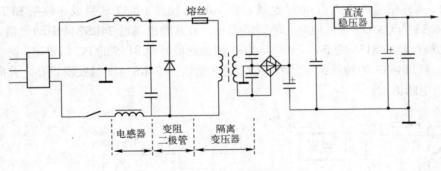

图 11-15　电源抗干扰

不间断电源 UPS 是近年来推出的一种新型电源，它除了有很强的抗电网干扰的能力外，更主要的是万一电网断电，它能以极短的时间（<3ms）切换到后备电源上去，后备电源能维持 10min 以上（满载）或 30min 以上（半载）的供电时间，以便操作人员及时处理电源故障或采取应急措施。在要求很高的控制场合可采用 UPS。

以开关式直流稳压器代替各种稳压电源。由于开关频率可达 10～20kHz 或更高，因而变压器、扼流圈都可小型化。高频开关晶体管工作在饱和和截止状态，效率可达 60%～70%。而且抗干扰性能强。

图 11-16 为印制电路板与电源装置的接线状态。由此图可看出，从电源装置到集成电路 IC 的电源-地端子间有电阻和电感。另一方面，印制板上的 IC 是 TTL 电路时，当以高速进行开关动作，其开关电流和阻抗会引起开关噪声。因此，无论电源装置提供的电压是多么稳定，V_{CC} 线、GND 线也会产生噪声，致使数字电路发生误动作。

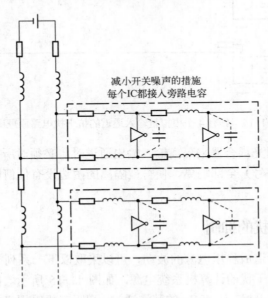

图 11-16　印制电路板与电源装置的接线状态

降低这种开关噪声的方法有两种：其一是以短线向各印制电路板并行供电，而且印制电路板里的电源线采用格子形状或用多层板，做成网眼结构以降低线路的阻抗；其二是在印制电路板上的每个 IC 都接入高频特性好的旁路电容器，将开关电流经过的线路局限在印制电路板内一个极小的范围内。旁路电容可用 0.01～0.1μF 的陶瓷电容器。旁路电容器的引线要短，而且要紧靠在需要旁路的集成器件的 V_{CC} 与 GND 端，若离开了则毫无意义。

若在一台单片机系统中有多块逻辑电路板，则一般应在电源和地线的引入处附近并联一个 10～100μF 的大电容和一个 0.01～0.1μF 的瓷片电容，以防止板与板之间的相互干扰，但此时最好在每块逻辑电路板上装一片或几片"稳压块"，形成独立的供电，防止板间干扰。

11.2.5 地线系统干扰的抑制

正确接地是单片机系统抑制干扰所必须注意的重要问题。在设计中若能把接地和屏蔽正确地结合，可很好地消除外界干扰的影响。

接地设计的基本目的是，消除各电路电流流经公共地线时所产生的噪声电压，以及免受电磁场和地电位差的影响，即不使其形成地环路。接地设计应注意如下：

（1）一点接地和多点接地的使用原则

一般高频电路应就近多点接地，低频电路应一点接地。在低频电路中，接地电路形成的环路对干扰影响很大，因此应一点接地。在高频时，地线上具有电感，因而增加了地线阻抗，而且地线变成了天线，向外辐射噪声信号，因此，要多点就近接地。

（2）屏蔽层与公共端的连接

当一个接地的放大器与一个不接地的信号源连接时，连接电缆的屏蔽层应接到放大器公共端，反之应接到信号源公共端。高增益放大器的屏蔽层应接到放大器的公共端。

（3）交流地和功率地与信号地不能共用

流过交流地和功率地的电流较大，会造成数毫伏、甚至几伏电压，这会严重地干扰低电平信号的电路。因此信号地应与交流地和功率地分开。

（4）屏蔽地（或机壳地）接法随屏蔽目的不同而异

电场屏蔽是为了解决分布电容问题，一般接大地；电磁屏蔽主要避免雷达、短波电台等高频电磁场的辐射干扰，地线用低阻金属材料做成，可接大地，也可不接。屏蔽是防磁铁、电机、变压器等的磁感应和磁耦合的，办法是用高导磁材料使磁路闭合，一般接大地。

（5）电缆和接插件的屏蔽

在电缆和接插件的屏蔽中要注意：

① 高电平线和低电平线不要走同一条电缆。不得已时，高电平线应单独组合和屏蔽。同时要仔细选择低电平线的位置。

② 高电平线和低电平线不要使用同一接插件。不得已时，要将高低电平端子分立两端，中间留接高低电平引地线的备用端子。

③ 设备上进出电缆的屏蔽应保持完整。电缆和屏蔽线也要经插件连接。两条以上屏蔽电缆共用一个插件时，每条电缆的屏蔽层都要用一个单独接线端子，以免电流在各屏蔽层流动。

11.3 软件抗干扰措施

硬件抗干扰措施的目的是尽可能切断干扰进入单片机系统的通道，十分必要。但是由于干扰存在的随机性，尤其是在一些较恶劣的外部环境下工作的单片机系统，尽管采用了硬件抗干扰措施，但并不能将各种干扰完全拒之于门外。这时就应该充分发挥单片机在软件编程方面的灵活性，采用各种软件抗干扰措施，与硬件措施相结合，提高单片机系统工作的可靠性。

11.3.1 数字量输入/输出中的软件抗干扰

数字量输入过程中的干扰，其作用时间较短，因此在采集数字信号时，可多次重复采集，直到若干次采样结果一致时才认为其有效。例如，通过 A/D 转换器测量各种模拟量时，如果有干扰作用于模拟信号上，就会使 A/D 转换结果偏离真实值。这时如果只采样一次 A/D 转换结果，就无法知道其是否真实可靠，而必须进行多次采样，得到一个 A/D 转换结果的数据系列，对这一系列数据再作各种数字滤波处理，最后才能得到一个可信度较高的结果值。如果对于同一个数据点经多次采样后得到的信号值变化不定，说明此时的干扰特别严重，已经超出允许的范围，应该立即停止采样并给出报警信号。如果数字信号属于开关量信号，如限位开关、操作按钮等，则不能用多次采样取平均值的方法，而必须每次采样结果绝对一致才行。如图 11-17 所示编写的采样子程序，程序中设置有采样成功和采样失败标志，如果对同一开关量信号进行若干次采样，其采样结果完全一致，则成功标志置位；否则失败标志置位。后续程序可通过判别这些标志来决定程序的流向。

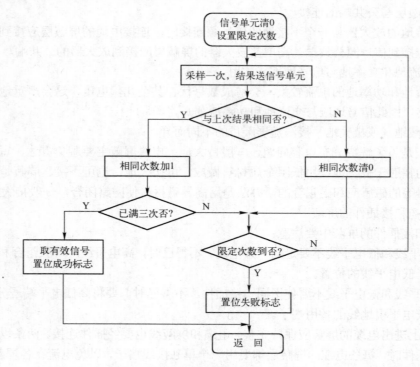

图 11-17　开关量信号采样子程序

单片机系统对外输出的控制信号很多是以数字量的形式出现的，如各种显示器、步进电动机或电磁阀的驱动信号等。即使是以模拟量输出，也是经过 D/A 转换而获得的。单片机给出一个正确的数据后，由于外部干扰的作用有可能使输出装置得到一个被改变了的错误数据，从而使输出装置发生误动作。对于数字量输出，软件抗干扰最有效的方法是重复输出同一个数据，重复周期应尽量短。这样输出装置在得到一个被干扰的错误信号后，还来不及反应，一个正确的信号又来到了，从而可以防止误动作的产生。

在程序结构上，可将输出过程安排在监控循环中，循环周期取得尽可能短，就能有效地防止输出设备的错误动作。需要注意的是，经过这种安排后，输出功能是作为一个完整的模块来执行的。与这种重复输出措施相对应，软件设计中还必须为各个外部输出设备建立一个输出暂存单元，每次将应输出的结果存入暂存单元中，然后再调用输出功能模块，将各暂存单元的数据一一输出，不管该数据是刚送来的。还是以前就有的。这样可以让每个外部设备不断得到控制数据，从而使干扰造成的错误状态不能得以维持。在执行输出功能模块时，应将有关输出接口芯片的初始状态也一并重新设置，因为，由于干扰的作用可能使这些芯片的工作方式控制字发生变化，而不能实现正确的输出功能，重新设置控制字就能避免这种错误，确保输出功能的正确实现。

11.3.2　程序执行过程中的软件抗干扰

前面述及的是针对输入输出通道而言的，干扰信号还未作用到 CPU 本身，CPU 还能正确地执行各种抗干扰程序。如果干扰信号已经通过某种途径作用到了 CPU 上，则 CPU 就不能按正常状态执行程序，从而引起混乱，这就是通常所说的程序"跑飞"。程序"跑飞"后，使其恢复正常的一个最简单的方法是使 CPU 复位，让程序从头开始重新运行。单片机系统中都应设置如图 11-18 所示的人工复位电路，上电时电容 C 通过电阻 R2 充电，使单片机 8051 的 RESET 端维持一段足够时间的高电平，达到上电复位的目的。需要人工复位时，按下按钮 K_A，电容 C 通过 R1 放电，放开按钮后，电容 C 重新充电，8051 的复位端重又获得一段时间的高电平，达到复位的目的。这种方法虽然简单，但需要人的参与，而且复位不及时。人工复位一般是在整个系统已经完全瘫痪、无计可施的情况下才不得已而为之的。因此在进行软件设计时就要考虑到万一程序"跑飞"，应让其能够自动恢复到正常状态下运行。

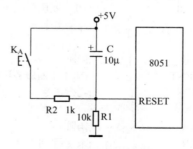

图 11-18　人工复位电路

程序"跑飞"后往往将一些操作数当作指令码来执行，从而引起整个程序的混乱。采用"指令冗余"是使"跑飞"的程序恢复正常的一种措施。所谓"指令冗余"，就是在一些关键的地方人为地插入一些单字节的空操作指令 NOP。当程序"跑飞"到某条单字节指令上时，就不会发生将操作数当成指令来执行的错误。对于 8051 单片机来说，所有的指令都不会超过 3 个字节，因此在某条指令前面插入两条 NOP 指令，则该条指令就不会被前面冲下来的失控程序拆散，而会得到完整的执行，从而使程序重新纳入正常轨道。通常是在一些对程序的流向起关键作用的指令前面插入两条 NOP 指令。应该注意的是在一个程序中"指令冗余"不能使用过多，否则会降低程序的执行效率。

采用"指令冗余"使"跑飞"的程序恢复正常是有条件的。首先"跑飞"的程序必须落到程序区，其次必须执行到所设置的冗余指令。如果"跑飞"的程序落到非程序区（如 EPROM 中未用完的空间或某些数据表格等），或在执行到冗余指令之前已经形成了一个死循环，则"指令冗余"措施就不能使"跑飞"的程序恢复正常了。这时可以采用另一种软件抗干扰措施，即所谓"软件陷阱"。"软件陷阱"是一条引导指令，强行将捕获的程序引向一个指定的地址，在那里有一段专门处理错误的程序。假设这段处理错误的程序入口地址为 ERR，则下面三条指令即组成一个"软件陷阱"：

```
        NOP
        NOP
        LJMP        ERR
```

"软件陷阱"一般安排在下列四种地方：

1）未使用的中断向量区。80C51 单片机的中断向量区为 0003H～002FH，如果所设计的单片机系统未使用完全部中断向量区，则可在剩余的中断向量区安排"软件陷阱"，以便能捕捉到错误的中断。例如某单片机系统使用了两个外部中断 $\overline{INT0}$、$\overline{INT1}$ 和一个定时器中断 T0，它们的中断服务子程序入口地址分别为 FUINT0、FUINT1 和 FUT0，则可按下面的方式来设置中断向量区：

```
            ORG     0000H
    START: LJMP     MAIN            ;引向主程序入口
            LJMP     FUINT0          ; INT0 中断服务程序入口
            NOP                      ;冗余指令
            NOP
            LJMP     ERR             ;陷阱
            LJMP     FUT0            ;T0 中断服务程序入口
            NOP                      ;冗余指令
            NOP
            LJMP     ERR             ;陷阱
            LJMP     FUINT1          ;INT1 中断服务程序入口
            NOP                      ;冗余指令
            NOP
            LJMP     ERR             ;陷阱
            LJMP     ERR             ;未使用 T1 中断，设陷阱
            NOP                      ;冗余指令
            NOP
            LJMP     ERR             ;陷阱
            LJMP     ERR             ;未使用串行口中断，设陷阱
            NOP                      ;冗余指令
            NOP
            LJMP     ERR             ;陷阱
            LJMP     ERR             ;未使用 T2 中断，设陷阱
```

```
        NOP                        ;冗余指令
        NOP
MAIN:   . . .                      ;主程序
```

2）未使用的大片 EPROM 空间。单片机系统中使用的 EPROM 芯片一般都不会使用完其全部空间，对于剩余未编程的 EPROM 空间，一般都维持其原状，即其内容为 0FFH。0FFH 对于 80C51 单片机的指令系统来说是一条单字节的指令：MOV R7，A。如果程序"跑飞"到这一区域，则将顺序向后执行，不再跳跃（除非又受到新的干扰）。因此在这段区域内每隔一段地址设一个陷阱，就一定能捕捉到"跑飞"的程序。

3）表格。有两种表格，即数据表格和散转表格。由于表格的内容与检索值有一一对应的关系，在表格中间安排陷阱会破坏其连续性和对应关系，因此只能在表格的最后安排陷阱。如果表格区较长，则安排在最后的陷阱不能保证一定能捕捉到飞来的程序的流向，有可能在中途再次"跑飞"。

4）程序区。程序区是由一系列的指令所构成的，不能在这些指令中间任意安排陷阱，否则会破坏正常的程序流程。但是在这些指令中间常常有一些断点，正常的程序执行到断点处就不再往下执行了，如果在这些地方设置陷阱就有能有效地捕获"跑飞"的程序。例如在一个根据累加器 A 中内容的正、负和零的情况进行三分支的程序，软件陷阱安排如下：

```
        JNZ      XYZ              ;零处理
         .
         .
         .
        AJMP     ABC              ;断裂点
        NOP      NOP
        LJMP     ERR              ;陷阱
XYZ:    JB       ACC.7，UVW
                                  ;正处理
         .
         .
         .
        AJMP     ABC              ;断裂点
        NOP
        NOP
        LJMP     ERR              ;陷阱
UVW:     .                        ;负处理


ABC:    MOV      A，R2            ;取结果
        RET                       ;断裂点
        NOP
        NOP
        LJMP     ERR              ;陷阱
```

由于软件陷阱都安排在正常程序执行不到的地方，故不会影响程序的执行效率。在 EPROM 容量允许的条件下，这种软件陷阱多一些为好。

如果"跑飞"的程序落到一个临时构成的死循环中时，冗余指令和软件陷阱都将无能为力。这时可以采用人工复位的方法使系统恢复正常，实际上可以设计一种模仿人工监测的"程序运行监视器"，俗称"看门狗"（WatchDog）。

WatchDog 有如下特征：

1）本身能独立工作，基本上不依赖于 CPU，CPU 只在一个固定的时间间隔内与之打一次交道，表明整个系统"目前尚属正常"。

2）当 CPU 落入死循环之后，能及时发现并使整个系统复位。

图 11-19 所示为采用硬件电路组成的 WatchDog。十六进制计数器对振荡电路发出的脉冲计数，当计到第 8 个脉冲时 Q_D 端变成高电平。单片机执行一个从 P1.7 输出清零脉冲的固定程序，只要每次清零脉冲的时间间隔小于 8 个振荡脉冲周期，计数器就总也计不到 8，Q_D 端就一直保持低电平。如果 CPU 受到干扰使程序"跑飞"，就无法执行这个发清零脉冲的固定程序，计数器就会计数到 8，使 Q_D 端变成高电平，经微分电路 C2、R3 输出一个正脉冲到单片机 8051 的 RESET 端，使 CPU 复位。此电路中还包括有上电复位（C1、R1）和人工复位（K_A、R1、R2）部分。在有些新型的单片机中，已经集成了片内的硬件 WatchDog 电路，使用起来更为方便。

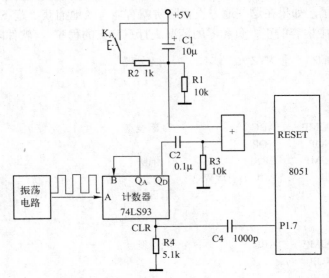

图 11-19　硬件 WatchDog 电路

也可以用软件程序来形成 WatchDog。例如，可以将 8051 定时器 T0 的溢出中断设为高级中断，其他中断均设置为低级中断，若采用 6MHz 的时钟，则可用以下程序使 T0 定时约 10ms 来形成软件 WatchDog：

```
MOV     TMOD，#01H          ;置 T0 为 16 位定时器
SETB    ET0                ;允许 T0 中断
SETB    PT0                ;设置 T0 为高级中断
MOV     TH0，  #0E0H        ;定时约 10ms
SETB    TR0                ;启动 T0
SETB    EA                 ;开中断
```

软件 WatchDog 启动后，系统工作程序必须每隔小于 16ms 的时间执行一次 MOV TH0，

#0E0H 指令，重新设置 T0 的计数初值。如果程序"跑飞"后执行不到这条指令，则在 16ms 之内即会产生一次 T0 溢出中断，在 T0 的中断向量区安放一条转移到出错处理程序的指令：LJMP ERR，由出错处理程序来处理各种善后工作。

采用软件 WatchDog 有一个弱点，就是如果"跑飞"的程序使某些操作数变形，成为了修改 T0 功能的指令，则执行这种指令后软件 WatchDog 就会失效。因此，软件 WatchDog 的可靠性不如硬件高。

11.3.3 系统的恢复

前面列举的各项措施只解决了如何发现系统受到干扰和如何捕捉"跑飞"程序，但仅此还不够，还要能够让单片机根据被破坏的残留信息自动恢复到正常工作状态。

硬件复位是使单片机重新恢复正常工作状态的一个简单有效的方法。前面介绍的上电复位、人工复位及硬件 WatchDog 复位，都属于硬件复位。硬件复位后 CPU 被重新初始化，所有被激活的中断标志都被清除，程序从 0000H 地址重新开始执行。硬件复位又称为"冷启动"，它是将系统当时的状态全部作废，重新进行彻底的初始化来使系统的状态得到恢复；而用软件抗干扰措施来使系统恢复到正常状态，是对系统的当前状态进行修复和有选择的部分初始化；这种操作又可称为"热启动"。热启动时首先要对系统进行软件复位，也就是执行一系列指令来使各专用寄存器达到与硬件复位时同样的状态，这里需要注意的是，还要清除中断激活标志。如用软件 WatchDog 使系统复位时，程序出错有可能发生在中断子程序中，中断激活标志已经置位，它将阻止同级的中断响应；而软件 WatchDog 是高级中断，它将阻止所有的中断响应。由此可见清除中断激活标志的重要性。在所有的指令中，只有 RETI 指令能清除中断激活标志。前面提到的出错处理程序 ERR 主要就是用来完成这一功能的。这部分程序如下：

```
                  ORG   0030H
ERR:    CLR     EA                ;关中断
        MOV     DPTR，#ERR1       ;准备返回地址
        PUSH    DPL
        PUSH    DPH
        RETI                      ;清除高级中断激活标志
ERR1:   MOV     66H，#0AAH        ;重建上电标志
        MOV     67H，#55H
        CLR     A                 ;准备复位地址
        PUSH    ACC               ;压入复位地址
        PUSH    ACC
        RETI                      ;清除低级中断激活标志
```

在这段程序中，用两条 RETI 指令来代替两条 LJMP 指令，从而清除了全部的中断激活标志；另外在 66H、67H 两个单元中存放一个特定的数据 0AA55H 作为软件复位标志，系统程序在执行复位操作时，可以根据这一标志来决定是进行全面初始化还是进行有选择的部分初始化。如前所述，热启动时应进行部分初始化，但如果干扰过于严重而使系统遭受的破坏太大，热启动不能使系统得到正确的恢复时，则只有采取冷启动，对系统进行全面初始化来使之恢复正常。

在进行热启动时，为使启动过程能顺利进行，首先应关中断并重新设置堆栈。因为热启动

过程是由软件复位（如软件 WatchDog 等）引起的，这时中断系统未被关闭，有些中断请求也许正在排队等待响应，因此使系统复位的第一条指令应为关中断指令。第二条指令应为重新设置栈底指令。因为在启动过程中要执行各种子程序，而子程序的工作需要堆栈的配合，在系统得到正确恢复之前堆栈指针的值是无法确定的，所以在进行正式恢复工作之前要先设置好栈底。然后应将所有的 I/O 设备都设置成安全状态，封锁 I/O 操作，以免干扰造成的破坏进一步扩大。接下来即可根据系统中残留的信息进行恢复工作。系统遭受干扰后会使 RAM 中的信息受到不同程度的破坏，RAM 中的信息有：系统的状态信息，如各种软件标志、状态变量等；预先设置的各种参数；临时采集的数据或程序运行中产生的暂时数据等。对系统进行恢复实际上就是恢复各种关键的状态信息和重要的数据信息，同时尽可能地纠正由于干扰而造成的错误信息。对于那些临时数据则没有必要进行恢复。在恢复了关键的信息之后，还要对各种外围芯片重新写入它们的命令控制字，必要时还需要补充一些新的信息，才能使系统重新进入工作循环。

对于系统，信息的恢复工作是至关重要的。系统中的信息以代码的形式存放在 RAM 中，为了使这些信息在受到破坏后能得到正确的恢复，在存放系统信息时应该采取代码冗余措施。下面介绍一种三重冗余编码，它是将每个重要的系统信息重复存放在三个互不相关的地址单元中，建立双重数据备份。当系统受到干扰后，就可以根据这些备份的数据进行系统信息的恢复。这三个地址应当尽可能的独立，如果采用了片外 RAM，则应在片外 RAM 中对重要的系统信息进行双重数据备份。片外 RAM 中的信息只有 MOVX 指令才能对它进行修改，而能够修改片内 RAM 中信息的指令则要多得多，因此在片外 RAM 中进行双重数据备份是十分必要的。通常将片内 RAM 中的数据供程序使用，以提高程序的执行效率，当数据需要进行修改时，应将片外 RAM 中的备份数据作同样的修改。在对系统信息进行恢复时，通常采用如图 11-20 所示的三中取二表决流程。

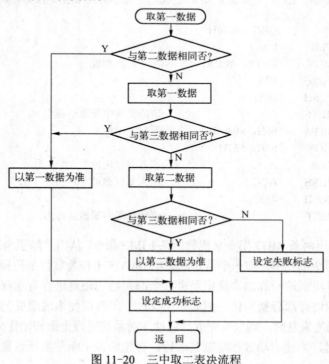

图 11-20　三中取二表决流程

首先将要恢复的单字节信息及它的两个备份信息分别存放到工作寄存器 R2、R3 和 R4 中，再调用表决子程序，子程序出口时若 F0=0 表示表决成功，即三个数据中有两个是相同的；若 F0=1 表示表决失败，即三个数据互不相同。表决结果存放在累加器 A 中。表决子程序如下：

```
VOTE3:    MOV    A，R2        ;第一数据与第二数据比较
          XRL    A，R3
          JZ     VOTE32
          MOV    A，R2        ;第一数据与第三数据比较
          XRL    A，R4
          JZ     VOTE32
          MOV    A，R3        ;第二数据与第三数据比较
          XRL    A，R4
          JZ     VOTE31
          SETB   F0          ;失败
          RET
VOTE31:   MOV    A，R3        ;以第二数据为准
          MOV    R2，A
VOTE32:   CLR    F0          ;成功
          MOV    A，R2        ;取结果
          RET
```

所有重要的系统信息都要一一进行表决，对于表决成功的信息应将表决结果再写回到原来的地方，以进行统一；对于表决失败的信息要进行登记。全部表决结束后再检查登记，如果全部成功，系统将得到满意的恢复。如果有失败者，则应根据该失败信息的特征采取其他补救措施，如从现场采集数据来帮助判断，或者按该信息的初始值处理，其目的都是为了使系统得到尽可能满意的恢复。

复习思考题

1. 单片机系统中有几种类型的干扰？它们是通过什么途径进入单片机系统内部的？
2. 什么是串模干扰和共模干扰？应如何克服？
3. 采用浮地双层屏蔽放大器来抑制共模干扰时，有哪些注意事项？
4. 为什么说光耦合器具有很强的抗干扰能力？
5. 采用光耦合器抑制干扰时，它应分别设置在 A/D 电路和 D/A 电路的什么位置？为什么？
6. 如何抑制来自电源与电网的干扰？
7. 如何抑制地线系统的干扰？接地设计时应注意什么问题？
8. 对于输入输出的数字量如何实现软件抗干扰？
9. 软件抗干扰中有哪几种对付程序"跑飞"的措施？它们各有什么特点？
10. 软件陷阱一般应设在程序的什么地方？
11. 使受干扰的系统重新恢复正常时，何时应采用冷启动？何时应采用热启动？热启动时要进行哪些工作？

附　录

附录 A　8051 指令表

8051 指令表中所用到的符号和含义如下：

P：程序状态字寄存器 PSW 中的奇偶标志位

OV：程序状态字寄存器 PSW 中的溢出标志

AC：程序状态字寄存器 PSW 中的辅助进位标志

CY：程序状态字寄存器 PSW 中的进位标志

addr11：11 位地址

bit：位地址

rel：相对偏移量，为 8 位有符号数（补码形式）

direct：直接地址指出的单元内容

#data：立即数

Rn：工作寄存器 Rn(n=0～7)

(Rn)：工作寄存器 Rn 的内容

A：累加器

(A)：累加器中的内容

Ri：i=0 或 1

(Ri)：R0 或 R1 的内容

((Ri))：R0 或 R1 指出单元的内容

X：某一个寄存器

(X)：某一个寄存器内容

((X))：某一个寄存器指出的单元内容

→：数据传送方向

⊕：逻辑异或

∧：逻辑与

∨：逻辑或

√：对标志产生影响

×：不影响标志

表 A-1　算术运算指令

十六进制代码	助　记　符	功　　能	对标志影响				字节数	周期数
			P	OV	AC	CY		
28～2F	ADD A，Rn	(A)+(Rn)→A	√	√	√	√	1	1
25	ADD A，direct	(A)+(direct)→A	√	√	√	√	2	1

（续）

十六进制代码	助 记 符	功 能	P	OV	AC	CY	字节数	周期数
26，27	ADD A，@Ri	(A)+((Ri))→A	√	√	√	√	1	1
24	ADD A，#data	(A)+data→A	√	√	√	√	2	1
38~3F	ADDC A，Rn	(A)+(Rn)+CY→A	√	√	√	√	1	1
35	ADDC A，direct	(A)+(direct)+CY→A	√	√	√	√	2	1
36，37	ADDC A，@Ri	(A)+((Ri))+CY→A	√	√	√	√	1	1
34	ADDC A，#data	(A)+data+CY→A	√	√	√	√	2	1
98~9F	SUBB A，Rn	(A)-(Rn)-CY→A	√	√	√	√	1	1
95	SUBB A，dirct	(A)-(direct)-CY→A	√	√	√	√	2	1
96，97	SUBB A，@Ri	(A)-((Ri))-CY→A	√	√	√	√	1	1
94	SUBB A，#data	(A)-data-CY→A	√	√	√	√	2	1
04	INC A	(A)+1→A	√	×	×	×	1	1
08~0F	INC Rn	(Rn)+1→(Rn)	×	×	×	×	1	1
05	INC direct	(direct)+1→direct	×	×	×	×	2	1
06，07	INC @Ri	((Ri))+1→(Ri)	×	×	×	×	1	1
A3	INC DPTR	(DPTR)+1→DPTR	×	×	×	×	1	2
14	DEC A	(A)-1→A	√	×	×	×	1	1
18~1F	DEC Rn	(Rn)-1→Rn	×	×	×	×	1	1
15	DEC direct	(direct)-1→direct	×	×	×	×	2	1
16，17	DEC @Ri	((Ri))-1→(Ri)	×	×	×	×	1	1
A4	MUL AB	(A)*(B)→AB	√	√	×	0	1	4
84	DIV AB	(A)/(B)→AB	√	√	×	0	1	4
D4	DA A	对(A)进行 BCD 码调整	√		√	√	1	1

表 A-2　逻辑运算指令

十六进制代码	助 记 符	功 能	P	OV	AC	CY	字节数	周期数
58~5F	ANL A,Rn	(A)∧(Rn)→A	√	×	×	×	1	1
55	ANL A,direct	(A)∧(direct)→A	√	×	×	×	2	1
56，57	ANL A,@Ri	(A)∧((Ri))→A	√	×	×	×	1	1
54	ANL A,#data	(A)∧data→A	√	×	×	×	2	1
52	ANL direct,A	(direct)∧(A)→direct	×	×	×	×	2	1
53	ANL direct,#data	(direct)∧data→direct	×	×	×	×	3	2
48~4F	ORL A,Rn	(A)∨(Rn)→A	√	×	×	×	1	1
45	ORL A,direct	(A)∨(direct)→A	√	×	×	×	2	1
46，47	ORL A,@Ri	(A)∨((Ri))→A	√	×	×	×	1	1
44	ORL A,#data	(A)∨data→A	P	×	×	×	2	1
42	ORL direct,A	(direct)∨(A)→direct	×	×	×	×	2	1
43	ORL direct,#data	(direct)∨data→direct	×	×	×	×	3	2
68~6F	XRL A,Rn	(A)⊕(Rn)→A	√	×	×	×	1	1
65	XRL A,direct	(A)⊕(direct)→A	√	×	×	×	2	1
66，67	XRL A,@Ri	(A)⊕((Ri))→A	√	×	×	×	1	1
64	XRL A,#data	(A)⊕data→A	√	×	×	×	2	1
62	XRL direct,A	(direct)⊕(A)→direct	×	×	×	×	2	1
63	XRL direct,#data	(direct)⊕data→direct	×	×	×	×	3	2

（续）

十六进制代码	助 记 符	功 能	对标志影响				字节数	周期数
			P	OV	AC	CY		
E4	CLR A	0→A	√	×	×	×	1	1
F4	CPL A	($\overline{A}$)→A	×	×	×	×	1	1
23	RL A	A 循环左移一位	×	×	×	×	1	1
33	RLC A	A 带进位循环左移一位	√	×	×	√	1	1
03	RR A	A 循环右移一位	×	×	×	×	1	1
13	RRC A	A 带进位循环右移一位	√	×	×	√	1	1
C4	SWAP A	A 半字节交换	×	×	×	×	1	1

表 A-3　数据传送指令

十六进制代码	助 记 符	功 能	对标志影响				字节数	周期数
			P	OV	AC	CY		
E8~EF	MOV A,Rn	(Rn)→A	√	×	×	×	1	1
E5	MOV A,direct	(direct)→A	√	×	×	×	2	1
E6，E7	MOV A,@Ri	((Ri))→A	√	×	×	×	1	1
74	MOV A,#data	data→A	√	×	×	×	2	1
F8~FF	MOV Rn,A	(A)→Rn	×	×	×	×	1	1
A8~AF	MOV Rn,direct	(direct)→Rn	×	×	×	×	2	2
78~7F	MOV Rn,#data	data→Rn	×	×	×	×	2	1
F5	MOV direct,A	(A)→direct	×	×	×	×	2	1
88~8F	MOV direct,Rn	(Rn)→direct	×	×	×	×	2	2
85	MOV direct1,direct2	(direct2)→direct1	×	×	×	×	3	2
86，87	MOV dirrect,@Ri	((Ri))→direct	×	×	×	×	2	2
75	MOV direct,#data	data→direct	×	×	×	×	3	2
F6，F7	MOV @Ri,A	(A)→((Ri))	×	×	×	×	1	1
A6，A7	MOV @Ri,direct	(direct)→(Ri)	×	×	×	×	2	2
76，77	MOV @Ri,#data	data→(Ri)	×	×	×	×	2	1
90	MOV DPTR,#data16	datda16→DPTR	×	×	×	×	3	2
93	MOVC A,@A+DPTR	((A)+(DPTR))→A	√	×	×	×	1	2
83	MOVC A,@A+PC	((A)+(PC))→A	√	×	×	×	1	2
E2，E3	MOVX A,@Ri	((Ri)+(P2))→A	√	×	×	×	1	2
E0	MOVX A,@DPTR	((DPTR))→A	√	×	×	×	1	2
F2，F3	MOVX @Ri,A	(A)→(Ri)+(P2)	×	×	×	×	1	2
F0	MOVX @DPTR,A	(A)→(DPTR)	×	×	×	×	1	2
C0	PUSH direct	(SP)+1→SP (direct)→(SP)	×	×	×	×	2	2
D0	POP direct	((SP))→direct ((SP))-1→SP	×	×	×	×	2	2
C8~CF	XCH A,Rn	(A)←→(Rn)	√	×	×	×	1	1
C5	XCH A,direct	(A)←→(direct)	√	×	×	×	2	1
C6，C7	XCH A,@Ri	(A)←→((Ri))	√	×	×	×	1	1
D6，C7	XCHD A,@Ri	(A)0~3←→((Ri)0~3	√	×	×	×	1	1

表 A-4　控制转移指令

十六进制代码	助 记 符	功 能	对标志影响				字节数	周期数
			P	OV	AC	CY		
*1	ACALL,addr11	(PC)+2→PC,(SP)+1→SP, (PCL)→(SP),(SP)+1→SP, (PCH)→(SP),addr11→PC	√	×	×	×	2	2
12	LCALL addr16	(PC)+3→PC,(SP)+1→SP (PCL)→(SP),(SP)+1→SP, (PCH)→(SP),addr16→PC	×	×	×	×	3	2
22	RET	((SP))→PCH,(SP)-1→SP ((SP))→PCL,(SP)-1→SP	×	×	×	×	1	2
32	RETI	((SP))→PCH,(SP)-1→SP, ((SP))→PCL,(SP)-1→SP, 从中断返回	×	×	×	×	1	2
*1	AJMP addr11	PC+2→PC, addr11→PC	×	×	×	×	2	2
02	LJMP addr16	addr16→PC	×	×	×	×	3	2
80	SJMP re1	(PC)+2→PC,(PC)+rel→PC	×	×	×	×	2	2
73	JMP @A+DPTR	(A)+(DPTR)→PC	×	×	×	×	1	2
60	JZ rel	(PC)+2→PC, 若(A)=0,(PC)+rel→PC	×	×	×	×	2	2
70	JNZ rel	(PC)+2→PC,若(A)不等 0, 则(PC)+rel→PC	×	×	×	×	2	2
40	JC rel	(PC)+2→PC,若 CY=1, 则(PC)+rel→PC	×	×	×	×	2	2
50	JNC rel	(PC)+2→PC,若 CY=0, 则(PC)+rel→PC	×	×	×	×	2	2
20	JB bit,rel	(PC)+3→PC,若(bit)=1, 则(PC)+rel→PC	×	×	×	×	3	2
30	JNB bit,rel	(PC)+3→PC,若(bit)=0, 则(PC)+rel→PC	×	×	×	×	3	2
10	JBC bit,rel	(PC)+3→PC,若(bit)=1, 则 0→bit,(PC)+rel→PC	×	×	×	×	3	2
B5	CJNE A,direct,rel	(PC)+3→PC,若(A)不等于 (direct),则(PC)+rel→PC, 若(A)<(direct),则 1→CY	×	×	×	×	3	2
B4	CJNE A,#data,rel	(PC)+3→PC,若(A)不等于 data,则(PC)+rel→PC, 若(A)<data,则 1→CY	√	×	×	×	3	2
B8～BF	CJNE Rn,#data,rel	(PC)+3→PC,若(Rn)不等于 data,则(PC)+rel→PC, 若(Rn)<data,则 1→CY	√	×	×	×	3	2
B6，B7	CJNE @Ri,#data,rel	(PC)+3→PC,若(Ri)不等于 data,则(PC)+rel→PC, 若(Ri)<data,则 1→CY	√	×	×	×	3	2
D8～DF	DJNZ Rn,rel	(PC)+2→PC, (Rn)-1→Rn 若(Rn)不等于 0, 则(PC)+rel→PC	√	×	×	×	2	2
D5	DJNZ direct,rel	(PC)+3→PC, (direct)-1→direct, 若(direct)不等于 0, 则(PC)+rel→PC	×	×	×	×	3	2
00	NOP	空操作	×	×	×	×	1	1

表 A-5 位操作指令

十六进制代码	助 记 符	功 能	对标志影响				字节数	周期数
			P	OV	AC	CY		
C3	CLR C	0→CY	×	×	×	√	1	1
C2	CLR bit	0→bit	×	×	×	×	2	1
D3	SETB C	1→CY	×	×	×	√	1	1
D2	SETB bit	1→bit	×	×	×	×	2	1
B3	CPL C	$\overline{CY}$→CY	×	×	×	√	1	1
B2	CPL bit	($\overline{bit}$)→bit	×	×	×	×	2	1
82	ANL C,bit	(CY)∧(bit)→CY	×	×	×	√	2	2
B0	ANL C,/bit	(CY)∧($\overline{bit}$)→CY	×	×	×	√	2	2
72	ORL C,bit	(CY)∨(bit)→CY	×	×	×	√	2	2
A0	ORL C,/bit	(CY)∨($\overline{bit}$)→CY	×	×	×	√	2	2
A2	MOV C,bit	(bit)→CY	×	×	×	√	2	1
92	MOV bit,C	CY→bit	×	×	×	×	2	2

附录 B　Proteus 中的常用元器件

表 B-1　Proteus 中的常用元器件

元 器 件 名	中 文 注 释	元 器 件 名	中 文 注 释
80C51	8051 单片机	RELAY	继电器
AT89C52	Atmel 8052 单片机	ALTERNATOR	交互式交流电压源
CRYSTAL	晶体振荡器	POT-LIN	交互式电位计
CERAMIC22P	陶瓷电容	CAP-VAR	可变电容
CAP	电容	CELL	单电池
CAP-ELEC	通用电解电容	BATTERY	电池组
RES	电阻	AREIAL	天线
RX8	8 电阻排	PIN	单脚终端接插针
RESPACK-8	带公共端的 8 电阻排	LAMP	动态灯泡模型
MINRES5K6	5K6 电阻	TRAFFIC	动态交通灯模型
74LS00	四 2 输入与非门	SOUNDER	压电发声模型
74LS164	8 位并出串行移位寄存器	SPEAKER	喇叭模型
74LS244	8 同相三态输出缓冲器	7805	5V,1A 稳压器
74LS245	8 同相三态输出收发器	78L05	5V,100mA 稳压器
NOR	二输入或非门	LED-GREEN	绿色发光二极管
OR	二输入或门	LED-RED	红色发光二极管
XOR	二输入异或门	LED-YELLOW	黄色发光二极管
NAND	二输入与非门	MAX7219	串行 8 位 LED 显示驱动器
AND	二输入与门	7SEG-BCD	7 段 BCD 数码管
NOT	数字反相器	7SEG-DIGITAL	7 段数码管
COMS	COMS 系列	7SEG-COM-CAT-GRN	7 段共阴极绿色数码管
4001	双 2 输入或非门	7SEG-COM-AN-GRN	7 段共阳极绿色数码管
4052	双 4 通道模拟开关	7SEG-MPX6-CA	6 位 7 段共阳极红色数码管
4511	BCD-7 段锁存/解码/驱动器	7SEG-MPX6-CC	6 位 7 段共阴极红色数码管
DIODE-TUN	通用沟道二极管	MATRIX-5×7-RED	5×7 点阵红色 LED 显示器
UF4001	二极管急速整流器	MATRIX-8×8-BLUE	8×7 点阵蓝色 LED 显示器
1N4148	小信号开关二极管	AMPIRE128×64	128×64 图形 LCD
SCR	通用晶闸管整流器	LM016L	16×2 字符 LCD
TRIAC	通用三端双向晶闸管开关	555	定时器/振荡器
MOTOR	简单直流电动机	NPN	通用 NPN 型双极性晶体管
MOTOR-STEPPER	动态单极性步进电动机	PNP	通用 PNP 型双极性晶体管
MOTOR-SERVO	伺服电动机	PMOSFET	通用 P 型金属氧化物场效应晶体管
COMPIN	COM 口物理接口模型	2764	8KB×8 EPROM 存储器
CONN-D9M	9 针 D 型连接器	6264	8KB×8 静态 RAM 存储器
CONN-D9F	9 孔 D 型连接器	24C04	4KB 位 I^2C EEPROM 存储器
BUTTON	按钮	ADC0808	8 位 8 通道 A/D 转换器
SWITCH	带锁存开关	DAC0832	8 位 D/A 转换器
SW-SPST-MOM	非锁存开关	DS1302	日历时钟

参 考 文 献

[1] 李朝青. 单片机原理及接口技术[M]. 3 版. 北京：北京航空航天大学出版社，2005.

[2] 江世明. 基于 Proteus 的单片机应用技术[M]. 北京：电子工业出版社，2009.

[3] 张靖武. 单片机原理、应用与 Proteus 仿真[M]. 北京：电子工业出版社，2008.

[4] 周明德. 单片机原理与技术[M]. 北京：人民邮电出版社，2008.

[5] 徐爱钧，彭秀华. Keil Cx51 V7.0 单片机高级语言编程与 μVision2 应用实践[M]. 2 版. 北京：电子工业出版社，2008.

[6] 徐惠民，安德宁. 单片微型计算机原理、接口及应用[M]. 2 版. 北京：北京邮电大学出版社，2006.

[7] 赵佩华. 单片机接口技术及应用[M]. 北京：机械工业出版社，2005.

[8] 徐爱钧. 智能化测量控制仪表原理与设计[M]. 2 版. 北京：北京航空航天大学出版社，2004.

[9] 胡健. 单片机原理及接口技术实践教程[M]. 北京：机械工业出版社，2004.

[10] 梁合庆. 增强核闪存 80C51 教程[M]. 北京：电子工业出版社，2003.

[11] 楼然苗，李光飞. 51 系列单片机设计实例[M]. 北京：北京航空航天大学出版社，2003.

[12] 周航慈. 单片机应用程序设计基础（修订版）[M]. 北京：北京航空航天大学出版社，2003.

[13] 余永全. ATMEL89 系列单片机应用技术[M]. 北京：北京航空航天大学出版社，2002.

[14] 张友德. 飞利浦 80C51 系列单片机原理与应用技术手册[M]. 北京：北京航空航天大学出版社，1992.

[15] 尤一鸣，傅景义，王俊省. 单片机总线扩展技术[M]. 北京：北京航空航天大学出版社，1993.

[16] 张友德，赵志英，涂时亮. 单片微型机原理、应用、实验[M]. 上海：复旦大学出版社，1992.

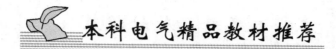
本科电气精品教材推荐

21 世纪高等院校电气信息类系列教材

FX 系列 PLC 编程及应用

书号：16219　　　　定价：29.00 元

作者：廖常初　　　配套资源：光盘

推荐简言：

　　经典畅销书，累计销量 8 万余册。本书以三菱的 FX 系列 PLC 为例，介绍了 PLC 的工作原理、硬件结构、编程元件与指令系统，还介绍了梯形图的经验设计法、继电器电路转换法和顺序控制设计法，这些编程方法易学易用，可以节约大量的设计时间。

S7-200PLC 编程及应用

书号：21650　　　　定价：32.00 元

作者：廖常初　　　配套资源：电子教案、光盘

获奖情况：普通高等教育"十一五"国家级规划教材

推荐简言：

　　本书是全国优秀畅销书《PLC 编程及应用》 教材版，以西门子公司的 S7-200 为例，介绍了 PLC 的工作原理、硬件结构、指令系统、最新版编程软件和仿真软件的使用方法。各章配有习题，附有实验指导书和部分习题的答案。本书配套的光盘有 S7-200 编程软件和 OPG 服务器软件 PCAccess、与 S7-200 有关的中英文手册和应用例程等。

微型计算机原理与接口技术 第 2 版

书号：26218　　　　定价：37.00 元

作者：张荣标　　　配套资源：电子教案

推荐简言： 经典畅销书。本书以 Intel 系列微处理器为背景，介绍了微型计算机原理与接口技术。全书以弄懂原理、掌握应用为编写宗旨。本书分三个部分：微型计算机原理部分，汇编语言程序设计部分，接口与应用部分。

单片机原理与应用　第 2 版

书号：26506　　　　定价：36.00 元

作者：赵德安　　　配套资源：电子教案

获奖情况：普通高等教育"十一五"国家级规划教材

推荐简言： 本书全面系统地讲述了 MCS-51 系列单片机的基本结构和工作原理、基本系统、指令系统、汇编语言程序设计、并行和串行扩展方法、人机接口、以及单片机的开发应用等方面的内容，每章都附有习题，以供课后练习。

微型计算机控制技术

书号：28859　　　　定价：27.00 元

作者：黄勤　　　　配套资源：电子教案

推荐简言： 本书共分 7 章，以 80X86 及 51 系列单片机为控制工具，其主要内容包括：微型计算机控制系统的一般概念；系统设计的基本内容和方法；工业控制微型计算机的过程输入输出技术、数据通信技术、控制网络技术、现场总线技术、分散型控制系统（DCS）的构成、工控组态软件的设计思想及相关包的使用方法。

集散控制与现场总线（第 2 版）

书号：34393　　　　定价：18.00 元

作者：刘国海　　　配套资源：电子教案

推荐简言： 本书将控制领域的两大技术热点———集散控制和现场总线有机结合起来，从集散控制系统的基本思想、硬件软件体系等方面进行了介绍。介绍了集散控制系统的通信系统、控制算法设计评价等相关技术，全面分析了 ControlNet、DeviceNet、Profibus、FF、CAN 等现场总线技术特点、通信接口的设计方法，并给出了工程应用举例。

本科电气精品教材推荐

高等院校精品课程系列教材

电路原理（第2版）

书号：34512　　　　定价：49.00 元
作者：陈晓平　　　　配套资源：电子教案
获奖情况：国家精品课程、省级精品教材
推荐简言：本书是根据教育部电子电气基础课程教学指导分委员会制订的高等工业学校电路课程教学的基本要求，并充分考虑各院校新的教学计划及现代科技发展趋势，为电子电气信息类各专业学生编写的教材。配有《电路原理学习指导与习题全解》、《电路原理习题库与题解》。

模拟电子电路原理与设计基础

书号：34392　　　　定价：42.00 元
作者：刘祖刚　　　　配套资源：电子教案
获奖情况：省级精品课程配套教材。
推荐简言：本书着重讲清讲透模拟电子电路的工作原理、分析方法；各章对一些基本电路的设计作了必要的讨论。通过本书的学习，读者不仅能较好地理解和掌握模拟电子电路的工作原理和分析方法，而且还能根据实际要求初步设计一些实用的模拟电子电路。

自动控制原理

书号：31071　　　　定价：36.00 元
作者：潘丰　　　　配套资源：电子教案
获奖情况：江苏省高等教育质量工程建设精品教材
推荐简言：本书以经典控制理论为主，较系统地介绍了自动控制理论的基本内容，着重于基本概念、基本理论、基本的分析和设计方法。为适应不同专业和不同层次教学的需要，各章所述的基本分析方法尽可能做到相对独立，以便灵活选择。

单片机原理及控制技术

书号：29900　　　　定价：36.00 元
作者：王君　　　　配套资源：电子教案
推荐简言：本书着重介绍计算机控制系统的组成，单片微型计算机的结构，软硬件系统，基本控制算法及在工业控制中的应用技术。以单片机控制系统为例，介绍微机控制系统的结构、组成、算法；讲述基于 MCS-51 系列单片机的结构及工作原理、指令系统及程序设计（包括 C51 程序设计）、中断系统及定时/计数器、串行通信、系统扩展技术等内容。

单片机原理与应用——基于 Proteus 虚拟仿真技术

书号：31033　　　定价：43.00 元
作者：徐爱钧　　　配套资源：电子教案、光盘
推荐简言：省级精品课程配套教材。本书以 Proteus 虚拟仿真技术为基础阐述 8051 单片机原理与应用，对 8051 单片机基本结构、中断系统、定时器、串行口等功能部件的工作原理作了完整介绍。给出了大量在 Proteus 集成环境 ISIS 中绘制的原理电路图、汇编语言和 C 语言应用程序范例，所有范例均在 Proteus 软件平台上调试通过，可以直接运行。

信号与系统——信号分析与处理 （上册）

书号：26030　　　定价：22.00 元
作者：程耕国　　　配套资源：电子教案
推荐简言：省级精品课程配套教材。本书是根据当前信息和电子技术的发展，结合高校教学改革的形势和要求，综合近十年来的教学实践，整合原"信号与系统"和"数字信号处理"两门课程的教学内容精心编写而成的。上册讲述信号分析与处理。